U0142341

FLORICULTURE: PRINCIPLES AND SPECIES
（SECOND EDITION）

花卉學

John M. Dole & Harold F. Wilkins 著

葉德銘、張耀乾 譯

五南圖書出版公司 印行

關於作者

　　約翰・多爾（John Dole）與哈羅德・威爾金斯（Harold Wilkins）終身熱愛花卉栽培。多爾是北卡羅萊納州立大學園藝學系教授，出生密西根州西部，於密西根州立大學取得學士學位，於明尼蘇達大學取得博士學位。到北卡羅萊納州立大學前，曾於奧克拉荷馬州立大學任教 11 年。多爾撰寫了數以百計的園藝雜誌文章、科學期刊論文和書籍章節。研究項目主要聚焦於切花、球根作物、復活節百合、聖誕紅，尤其是開花生理以及水和礦物營養。身為切花生產者協會（Association of Specialty Cut Flower Growers, ASCFG）要員，多爾曾在董事會擔任美國南區董事、財務主管和執行顧問，也統籌主持 ASCFG 全國試驗計畫。除此之外，多爾教授也專精溫室管理和商業花卉作物生產。多爾曾參訪歐洲、亞洲以及中南美洲許多國家的花卉產業。他獲得 1992 年 Kenneth Post 傑出花卉研究論文獎、1995 年 ASCFG 傑出服務獎、2000 年 ASCFG 的 Allan Armitage 獎。

　　威爾金斯是明尼蘇達大學榮譽教授，俄亥俄州立大學的前 D. C. Kiplinger 主席，以及美國最大盆花生產商的前研發總監。他出生於伊利諾州南部，獲得了伊利諾大學厄巴納分校的學士、碩士及博士學位。在 1966 年進入明尼蘇達大學任教前，他曾在佛羅里達大學位於布雷登頓的海灣沿岸研究中心擔任採後生理學家。威爾金斯研究的作物種類十分廣泛，包括復活節百合、小蒼蘭、水仙百合、杜鵑花、鬱金香、聖誕紅等作物；研究主題包括光質、側枝生長以及低溫與光交互作用等。他於 1989 年進入加州半月灣的苗木培育所，擔任研發人員。從 1992 年到 1994 年，擔任俄亥俄州立大學的客座教授、D. C. Kiplinger 花卉學主席。威爾金斯被公認為是花卉領域最多產的作者之一。威爾金斯廣泛地遊歷並造訪過西歐和東歐、中東、亞洲、南非、澳大利亞、紐西蘭、中美洲和南美洲的許多國家。於 1987 年，他受頒傅爾布萊特獎學金，到挪威大學研究。

　　威爾金斯的生涯經歷使他和他的學生獲得了無數獎項，包括 1967 年、1978

年、1980 年、1985 年和 1992 年美國園藝學會（American Society for Horticulture Science, ASHS）的傑出花卉研究論文獎。他於 1991 年和 1993 年分別獲得了美國花商協會和俄亥俄州花商協會頒發的 Alex Laurie 獎。1984 年獲頒美國園藝學會院士，並於 1992 年成為 Pi Alpha Xi 會員。1988 年，威爾金斯入選美國花卉名人堂。

關於譯者

　　葉德銘教授爲英國諾丁漢大學農業園藝系博士，現任臺灣大學園藝暨景觀系教授兼系主任。專研室內植物與景觀草本之開花生理、植物營養、逆境生理與品種選育，發表相關科學報告百餘篇，包括 30 餘篇 SCI 期刊（含封面）之研究報告與多次臺灣園藝期刊最佳論文獎。於臺大獲免評鑑教師、績優教師、校教學傑出教師、10 餘次校教學優良教師與校內服務優良獎等榮譽。執行環保署計畫，培訓 7 千餘名種子教師推動應用植物淨化室內空氣。獲頒 12 項菊花與粗肋草等植物品種權。曾任臺大山地實驗農場場長，協助獲頒 6 個一葉蘭植物品種權、推動有機轉型期農產品驗證與環境教育，獲第一屆國家環境教育獎機關類全國優等獎，並獲選第 38 屆「全國十大傑出農業專家」。曾擔任臺大農業試驗場場長，推動園藝分場獲環保署之環境教育設施場所認證。擔任臺灣園藝學會理監事並曾擔任臺灣園藝期刊總編輯，獲頒臺灣園藝學會事業獎與學術獎，協助花卉學術與產業發展。曾任國際園藝生產者協會 AIPH 科學委員會副主席等，協助臺灣申辦花博等活動。

　　張耀乾爲臺灣大學園藝系學士、碩士，美國康乃爾大學園藝系博士，現任臺灣大學園藝暨景觀學系教授。11 歲開始種植草花及蘭花，與花卉結下不解之緣，立志以花卉爲終生志業。於擔任教職前，曾於臺糖公司協助臺灣蘭花產業開發，而後至行政院農業委員會綜理產業政策輔導，產、官、學歷練豐富。研究以蘭花作物、球根作物及切花作物爲主，領域涵蓋生理、營養、開花調節及採收後處理；著重研究與教學的相輔相成，成就學術與產業的協調發展。在教學方面，六度榮獲臺灣大學教學傑出獎與教學優良獎。在研究方面，獲頒美國園藝學會觀賞作物年度最佳論文獎（ASHS Ornamental Publication Award）、三度榮膺美國園藝學會傑出花卉研究論文獎（Kenneth Post Award），以及臺灣園藝學會學術獎。張耀乾歷年擔任國際園藝學會（ISHS）臺灣國家代表及臺灣園藝學會常務理事及理事，也受邀爲美國康乃爾大學 Robert W. Langhans 學者。在產業服務方面，常年擔任臺灣蘭花產

銷發展協會顧問及臺灣蘭花育種者協會學術顧問，指導業者蘭花栽培相關技術並協助解決問題，亦常獲邀至他國協助診斷花卉產業問題。在國際交流方面，張耀乾為 2021 Virtual World Orchid Conference 世界蘭展國際研討會主席，也擔任新加坡濱海花園（Gardens by the Bay）研究顧問。

CONTENTS · 目錄

本書爲花卉一般生產資訊和基礎植物生理原理，也包括了個別花卉作物中的共通資訊，利用表格呈現使讀者易於查閱，內容包含繁殖、栽培溫度、組織營養分析、植物生長調節、採後乙烯敏感度、採收適期和貯藏溫度。然而，特定殺蟲劑施用建議並未包含在內，因爲每家公司所生產之商品效用差異大且變化大；而植物生長調節劑的施用則包含在章節中，因爲生長調節劑已在市場施用多年，且仍會持續使用。

CHAPTER 1

繁殖
Propagation

前言

　　對於所有花卉作物而言，商業生產的核心為植物繁殖。以往，花卉生產者通常需要繁殖技術良好的員工；如今，許多企業則直接向能有效大規模繁殖植株的業者購買營養繁殖苗、穴盤苗、有根或無根的插穗。最終以經濟效益、品質與運輸的方便性決定要自行繁殖或購買種苗，當然也需考慮材料的可得性、勞力與溫室空間。若生產者不自行繁殖植物材料，則需思考如何利用節省下來的時間獲得更高收益。然而種苗外購有一個潛在的缺點，生產者無法直接掌控種苗的品質，必須要信任種苗業者會生產整齊且高品質的植物材料，並且及時將其安全地送到栽培者端。然而，若為非當季生產或專業繁殖業者無法提供之物種或品種，生產者仍須自行進行繁殖。

　　繁殖方法可分為有性繁殖——種子或孢子；無性繁殖——扦插（cuttings）、壓條（layers）、分株（divisions）、嫁接（grafting）、種球（bulbs）以及微體繁殖（*in vitro* micropropagation）。許多花壇植物、切花、盆花、觀葉作物藉由種子繁殖。但對大多數物種而言，有性繁殖所生產之後代對商業化生產而言變異性太大，因此利用無性繁殖生產出的個體（clone），其特性與母株相同。若種子繁殖時間過長且成本高的情況下，也可以使用無性繁殖。

分類和命名（Taxonomy and Nomenclature）

　　繁殖的目的係增加被選定植物種類之個體數，如植物物種、亞種、品種或栽培種。植物物種（species）定義為在自然繁殖情況發生、具有特別特徵的物種，與其他相近物種藉由開花時間和地域分隔等特性，將其依分類階層分開。物種獨特的特性可透過種子或孢子傳播給下一代。物種之間若交叉授粉，則種子可能發育不良或幼苗在野外生長不良。

　　舉一商業栽培種的例子說明：紫芳花（*Exacum affine*）由二名法命名，第一個字為此物種所屬之「屬（genus）」，而第二個字為「種（species）」，屬名的第一個字母大寫，種小名小寫，兩者皆用斜體表示。二名法後面通常加註物種命名人

的縮寫，例如 *Exacum affine* Balf. 由 Isaac Bayley Balfour 命名，命名者縮寫不斜體。一個物種中的多個個體通常存在一種或多種性狀的自然變異，而具有一個或多個可區別性狀的種群，在分類學上被稱為亞種（subspecies）或變種（varieties），通常簡寫為 subsp. 和 var.，亞種或變種名以小寫及斜體表示。例如 *Exacum affine* 有藍花也有深紫色的花，深紫色的花則以 *Exacum affine* var. *atrocaeruleum* 表示。亞種或變種的特徵通常可透過種子或孢子從一世代傳到另一世代。

栽培種與變種相似，兩者都是以某種方式區別出變異，但是栽培種通常不是自然存在的，而是透過栽培來維持的。在野外出現的物種的變異個體通常被無性繁殖，並以一個栽培種命名之。Cultivar（栽培種）這個詞是 cultivated variety 的縮寫，儘管 variety 和 cultivar 有不同的定義，但在商業園藝中，這兩個名詞經常被錯誤地使用。Cultivar 名稱每個字的第一個字母以大寫表示，並用單引號括起來，且不用斜體，例如 *Exacum affine* 'Blue Champion'。如果將天然存在的亞種或變種進行種植，有時會將名稱錯誤地轉換為栽培種名稱。

雜交種（hybrids）是遺傳上從不同的親本植物產生的後代，儘管雜交種可以自然存在，但最常見的是透過植物育種者在栽培中的生產操作。雜交種可由 (1) 一個物種的變種或栽培品種、(2) 不同的物種或 (3) 兩個不同屬的物種之間進行雜交。若一雜交種內的植物個體間可雜交，則同個物種異花授粉所產生的後代通常變化很大，且大多數後代將不會與親本出現相同性狀。物種間之雜交通常以 × 表示，例如 *Delphinium* ×*belladonna* 是 *D. elatum* 和 *D. grandiflorum* 的雜交種。而若是親緣種不清楚的雜交種，則會在屬名後接著栽培種名，如 *Rosa* 'Forever Yours'。屬間雜交之後代通常新創一屬名，如 ×*Fatshedera* 為 *Fatsia japonica* 'Moseri' 和 *Hedera hibernica* 之雜交後代。

儘管分類名稱的定義在命名時寫得很清楚，但實際上植物在自然環境下十分複雜，當我們對分類越了解，物種名稱可能隨之更改，例如瓜葉菊目前寫為 *Pericallis* ×*hybrida* 而非 *Senecio* ×*hybrida*。而在商業上，當相似的植物被不同的公司以不同名稱命名時，植物名稱會更加複雜。

栽培種保護與權利申請（Cultivar Protection, Licensing, and Leasing）

植物繁殖的目的是繁殖具有特定理想性狀的植物，儘管這些特徵可能是由自發突變產生的，但新品種通常是通過長時間育種程序所育成。由於育出一個新品種需要投入大量的時間和金錢，植物育種者可以利用美國的法規來保護品種並從中獲利（Craig, 1993; Darke, 1991; Hutton, 1991; Rogers, 1991）。這些方法可能會涉及到法律，因此通常需要律師協助。

· 可透過無性繁殖且性狀新穎獨特的植物材料申請專利，專利有效期限為 20 年，專利到期後無法續簽，屆時植物品種可自由被繁殖及銷售。植物專利由美國專利商標局發布，許多公司在植物名稱的末端使用 PPAF 的字母，為 plant patent applied for 的縮寫，當已提交專利申請但尚未授予專利時，可使用此名稱（圖 1-1）。在沒有實際提交專利申請的情況下使用 PPAF 是違法的，此外，如果專利申請被批准，則銷售標有 PPAF 之植物的公司將對專利持有人負責，植物專利與商標無關。

圖 1-1 植物標章上的 ®、™ 和 PPAF。

- 商標可以是文字、符號或設計。商標係為「將商品或服務與他者相互區別，並指明商品或服務的提供者」（Hutton, 1991；第 40 頁）。例如特定植物或特定植物系列的名稱（例如玫瑰 Sunblaze®）可以註冊成商標，商標通常與專利結合在一起，但是商標不會過期。儘管植物可以在專利到期後進行流通和銷售，但是除非獲得持有商標公司的許可，否則不能使用植物的商標名稱。植物的商標名稱與其栽培種名稱不同，栽培種不能註冊商標，可以自由使用（Darke, 1991）。例如在未經商標持有人許可的情況下，任何人都不能使用 Supertunia® Lavender Morn 中的 Supertunia，而可用 Lavender Morn，未註冊商標的使用符號以 ™ 標記，註冊商標用 ® 標記。
- 植物品種保護為保護自交植物的種子品種，品種必須是新穎、一致和穩定的。
- 生物技術公司經常使用植物專利來保護獨特的生產過程，像是基因、植物部位以及與其產品相關的物理特性。
- 商業祕密用於保護許多親本近交系 F1 雜交種子的栽培種。
- 植物所有權可用於控管沒有專利、商標或品種保護之植物品種的繁殖和銷售，植物品種的配售受合約協議約束，若非合約指定者傳播和銷售植物，均屬違法行為。

美國和許多國家都制定了法律，以保護開發新品種的公司和個人所開發之品種。如歐洲植物育種者權利（European Plant Breeder's Rights）在歐洲有效。植物新品種保護聯盟（Union for the Protection of New Varieties of Plants, UPOV）是成員國之間的一項國際協議，旨在保護植物開發商的育種行為（Fowler, 1994）。然而，許多國家仍未加入國際植物新品種保護聯盟，也不承認植物品種保護。

一品種一旦獲得法律保護，除了開發者以外，任何人傳播都需要許可證。實際上，繁殖者沒有植物材料的擁有權，而是類似向開發者租賃。通常種植者向植物開發者支付每個繁殖個體（如切穗或組織培養苗）的特許權使用費。當種植者購買受保護的植物材料時，特許權使用費已包含在價格中，種植者未經開發者許可就不能合法地繁殖專利植物，而必須對每棵植物進行適宜的標記。若任意繁殖受保護植物將構成非法侵權，未支付特許權使用費而繁殖受保護植物也是違法的。商標也可經授權後使用。

種子（Seed）

種子是有生命的，就算是發芽前，也需要將其視為活著的植物來處理。種子需要適當溫度、溼度、光線和氧氣以促進發芽。發芽所需的適當條件因物種或栽培種而異，種子不僅必須具有發芽能力〔潛在發芽力（viability）〕，還必須快速且均勻發芽〔活力（vigor）〕，需仔細貯藏、處理種子，才能高效地生產。

種子貯藏（Seed Storage）

最理想的作業流程是種植者在一個季節內購買足夠整季的種子，並且當季播種完畢。然而，實際上會貯藏一些種子以便明年播種。最適宜的種子貯藏環境為低溼低溫環境，但溫度需高於 2°C。滲調和預萌發（primed and pregerminated）的種子應貯藏在 7°C 環境下，種子應放在密閉的容器中，並用全新的 Dryright™ 紙包冷藏，以吸收容器與空氣中的水分並保持較低的溼度。於 5-10°C 的溫度下，相對溼度應為 25%-35%，若溼度較低，則可設定較高溫度 15-25°C 貯藏少於 1 年（Carpenter et al., 1995）。大部分物種種子適合的水分含量約為 5%-8%，而從種子貯藏環境中取出種子進行播種後，2 小時內種子的水分含量最多可以增加 2%，水分含量若增加太多，會降低種子發芽率（Carpenter et al., 1995）。如果種子的水分含量很低（5%-8%），許多物種的種子可以在冰點以下保存（Styer and Koranski, 1997）。

播種時，只取用一次播種的種子量，若因吃午餐或其他須暫停播種工作，則必須將種子先放回冷藏室。記得保持種子在低溼度的冷涼環境，已開封的種子應優先使用完畢。一般來說，許多物種的種子存活期超過 1 年，第 2 年可以持續播種順利發芽，但若種子未經良好貯藏而發芽，則所得幼苗的活力將比新鮮種子的幼苗弱。無法貯藏種子超過 1 年的物種有耬斗菜（*Aquilegia*）、翠菊（*Callistephus*）、日日春（*Catharanthus*）、矢車菊（*Centauria*）、醉蝶花（*Cleome*）、飛燕草亞屬（*Consolida*）、飛燕草（*Delphinium*）、地膚（*Kochia*）、亞麻（*Linum*）、銀扇草（*Lunaria*）、福祿考（*Phlox*）、鼠尾草（*Salvia*）、夏堇（*Torenia*）、馬鞭草（*Verbena*）和菫菜（*Viola*）。

種子檢測（Seed Testing）

無論採用何種貯藏方式都應在下一個生長季節前進行種子檢測，其中簡單的方法是每個品種以特定的種子數量，例如 50 粒，放在兩塊溼潤紙巾之間並捲起紙巾，將其放入塑膠袋中密封，袋子應於 21-24°C 溫度下保持潮溼和溫暖。當種子發芽時，記錄發芽的種子數量，將發芽數除以使用的種子總數，將結果數乘以 100 將得出發芽百分比（發芽率）。若發芽率低於 60%，播種將浪費時間和材料；若發芽率並非 100%，則播種前應計算播種數量，確保有足夠數量的幼苗。計算播種的種子數量，係將所需的幼苗數除以種子的發芽率。例如：如果需要 3,000 棵幼苗且發芽率是 80%，則播種量為 3,000 / 0.8 = 3,750 顆種子。

種子前處理（Seed Pretreatments）

儘管許多花卉栽培作物的種子〔像是萬壽菊（*Tagetes*）等花壇植物〕在溫暖的溫室中播種時都容易發芽，但其他物種（尤其是多年生植物）的種子需要各種特定的環境條件才能發芽。有些種子必須經歷一段低溫、高溼，甚至是燃燒產生的熱或煙燻，才能發芽（Bell et al., 1993）。有些則需在有光照或黑暗中才能順利發芽，而蘭花需要與菌根菌共生才能自然發芽，以上這些過程都是為了確保自然發芽的種子具有最大的存活率。

種子供應商或種植者可以進行幾種種子處理，以提高發芽率並簡化許多流程，這些處理稱為種子增強（seed enhancement），而未經處理的種子稱為原始種子（raw seed）。

收穫後將原始種子進行品質分級，以生產大小、重量、形狀、顏色和密度相近的種子，稱為精製種子（refined seed），精製種子更能均勻發芽。種子公司許多產品皆為精製種子，包括鳳仙花（*Impatiens*）和鼠尾草（*Salvia*）。

溼冷層積（stratification）為種子於 0-10°C 環境下進行溼冷處理，該處理方法可以應用於已播種在育苗盤中的種子，也可應用於已與溼沙、泥炭苔或蛭石混合的種子。處理持續時間將隨物種和處理溫度而有所差異（Hartmann et al., 1997）。理想的貯藏溫度為 2-7°C，較高的溫度可能會導致過早發芽，而較低的溫度可能會增加所需的貯藏時間。層積處理前可使用溫水浸泡以軟化種皮，層積使種子維持潮溼

狀態，但切勿溼透，過多的水分可能會導致腐爛並阻擋氧氣進入種子，若種子在密閉的容器中層積，則應不定時打開以進行空氣交換。層積對於許多多年生物種非常有效，如烏頭屬（*Aconitum*）和龍膽屬（*Gentiana*）植物。

刻傷法（Scarification）為破壞堅硬、不透水的種皮以使水滲透的方法。豆科的許多物種，如羽扇豆屬（*Lupinus*）和北美靛藍屬（*Baptisia*）植物都適合使用刻傷法（Hartmann et al., 1997）。少數大種子可以透過銼削或砂紙摩擦種子，而大部分種子可以透過特製機器完成機械性刻傷處理。酸液處理法也可用於多數種子，將種子浸入濃硫酸中，其比例為 1：2（種子：酸），種子應定期輕輕攪拌，使酸均勻接觸種子，但攪拌可能會增加溶液溫度，劇烈攪拌甚至可能會傷害種子或引起飛濺。切勿將種子放置於酸中太久，否則它們將會受損，有些物種的種子具有較厚的表皮，浸泡時間可能從 10 分鐘到 6 小時不等。在處理結束後，徹底清洗種子 10 分鐘以完全去除表面附著之酸，剩餘的酸應添加到大量水中進行稀釋並妥善處理。種子可立即播種，或乾燥後播種。務必先對每批種子進行試驗，因為結果會因物種、品種和種子來源而異。

化學浸泡還可以使用激勃素（gibberellins）、細胞分裂素（cytokinins）和硝酸鉀等物質提升發芽率。激勃素對許多物種之種子發芽率有效，如報春花（*Primula*），首先對少量種子進行測試，處理濃度約為 100-10,000 ppm，浸泡 24 小時。另外可以將種子浸在 Bonzi〔多效唑（paclobutrazol）〕中，以減少發芽後的伸長率（Pasian and Bennett, 2001）。

種子浸潤（seed hydration）為種子供應商使種子吸水並開始發芽，但在胚根突出之前中止處理的一種種子前處理技術。當浸潤的種子播種後，發芽過程將繼續，優點為出苗更快且一致性高，並對發芽溫度具有更大的適應性（McDonald and James, 1997）。種子浸潤只需將種子放入 77-98°C 的熱水中，熱水體積為總種子體積的 4-5 倍，接著冷卻 12-24 小時即可，此種處理對帶有硬種皮或種皮中有發芽抑制物的種子十分有效。浸種可以加速種子的發芽，處理後立即種下種子，使發芽過程繼續進行，種子可進行短暫的表面乾燥以利機械播種。

種子滲調（seed priming）是另一種浸潤方法，它需要專用設備、處理更為精確，並且通常由種子公司進行。將種子浸泡在充氣的鹽溶液或聚乙二醇

（polyethylene glycol, PEG）溶液中，可以控制種子在水合過程中吸收的水量。兩種溶液都限制了種子吸水速率，發芽率相較於浸潤作用更加整齊，此外還有其他類型的處理溶液。鳳仙花、馬鞭草和三色堇等許多物種的種子都常用此種方法。

介質調整（matriconditioning）為一種滲調方法，種子與潮溼的介質混合，如粒狀黏土或蛭石（McDonald and James, 1997）。於浸潤後篩除固體介質，將種子表面乾燥，再來種子可如一般種子來播種，而經浸潤之種子應立即播種以獲得最佳效果。

預萌發（pregermination）與種子浸潤作用相似，不同之處在於該過程可以進一步進行，直到種皮裂開並且胚根可見為止（McDonald and James, 1997）。此時對種子進行篩選，去除無胚根的種子。與其他浸潤方法相比，預萌發之幼苗生產更加快速，並可獲得 100% 可用的幼苗，缺點為種子之保存期限只有 4-5 週，因此作物選擇性不多且成本增加。有關預萌芽的研究仍持續在進行，並且正在開發具有更長保存期限的產品。

造粒種子（pelleted seed）透過將種子外包覆一層塗層，使得每粒種子之大小和重量增加，以利用自動播種機進行播種，例如可使用於粉塵狀的秋海棠種子（*Begonia* Semperflorens-Cultorum），或使番茄（*Lycopersicon esculentum*）種子形狀變平滑。塗層可以由黏土、矽藻土、石墨、真珠石粉或木粉與黏合劑結合製成（McDonald and James, 1997），可以將各種其他物質摻入塗料中以改善發芽，例如微量營養素、生長調節劑、殺菌劑和微生物接種劑等。對於體積小的種子，每個顆粒中通常會包含多於一粒種子，以確保每個穴格至少有一棵植物。鮮豔的染料可以使顆粒著色，使它們更容易在介質中辨識，如香雪球（*Lobularia maritima*）和馬齒莧（*Portulaca*）。

包衣種子（coated seed）與造粒種子類似，不同之處在於包衣種子之外層物質很薄且不會遮蓋種子的形狀，包衣的主要目的是將微量營養素或殺菌劑等物質添加到種子上。這些包衣物質通常以液態型式施用來為種子包覆一層既薄且輕的膜，如萬壽菊種子通常使用此技術。

機械化處理（mechanization treatment）為對某些物種進行機械處理，以利於種子的機械播種。例如萬壽菊種子上如尾巴之突起物，可透過 de-tailing 過程去除；

或可將霍香薊屬種子上的翅去除；亦可以將番茄和千日紅種子去膠質，這些處理會破壞種皮，進而縮短種子的貯藏壽命（Styer and Koranski, 1997）。

容器（Containers）

　　儘管可以用手將種子播種到育苗盤或穴盤中，但大多數種子可以透過自動播種機機械播種到穴盤之每個穴格中（圖 1-2；圖 1-3）。穴盤種類多樣，穴格數從 50-512 格，穴格形狀有圓形、正方形、八邊形，而且孔的直徑和孔的深度皆不相同。穴格越大，幼苗移植時間越長，正方形和八邊形的穴格可以減少幼苗盤根，盤根可能導致移植後植株生長不良，大部分的穴盤由塑膠製成，但有些由聚苯乙烯泡沫塑料製成。

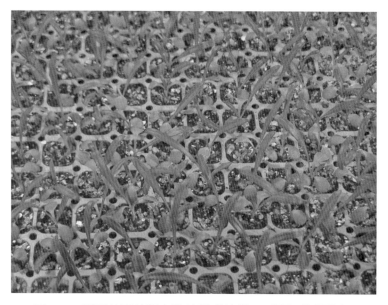

圖 1-2　種子於育苗盤中發芽長成幼苗。（張耀乾攝影）

圖 1-3　自動播種機由右方填充介質後，運輸到左方以真空播種機播種。（張耀乾攝影）

介質（Media）

　　種子發芽的介質應排水良好，可溶性鹽濃度低，電導度（EC）需小於 1.0 dS · m⁻¹，且質地優良不含病原體。高可溶性鹽濃度可能損害幼苗，一般成株可耐受的 EC 值會傷害幼苗。此外，介質質地應足夠細，以防小種子放入介質時過於深入。無病原之介質十分重要，猝倒病〔立枯病（damping-off disease）〕會快速傷害幼苗。許多種植者使用商業預混合的介質，其中大多數 EC 值低但含有少量營養素，若使用開放式或育苗盤育苗，則經常在介質中添加無菌砂，以利於徒手移植幼苗時容易分離。

溫度（Temperature）

　　低溫通常為種子發芽不良的主因，大多數物種發芽之最佳介質溫度為 21-24°C，但因物種而異（表 1-1）。若低於 21°C 則發芽緩慢且不穩定，也不要高於 27°C。隨著光照度的提高，育苗盤介質的溫度也會升高，尤其是深色育苗盤（Faust et al., 1997）。應隨時注意監控介質溫度，因為在多雲環境下，可能因水的蒸發介質溫度比氣溫低 3-6°C，噴霧系統的冷水也可以直接降低介質溫度。施加冷水後，介質溫度恢復到 21°C 需要 8 小時（Ball, 1991）。相對地，有些物種如毛地黃

（*Digitalis purpurea*）、福祿考（*Phlox*）和甜豌豆（*Lathyrus splendens*）適合發芽的介質溫度為 16-18°C，而非 21-24°C。

　　有許多方法可以確保介質溫度升高而又不會提高溫室的溫度。放在植床板上的加熱線適合於小區域使用。對於特定的床架，可於下方放置一個具風管的加熱器。但無論採用哪種方法，都應在床架上方加塑膠床以防止過度乾燥，並可將保溫塑膠布垂至地面以保留熱量。對於較大的區域，檯式加熱如 Biotherm® microclimate tubing 十分有效（請參閱第 11 章「溫室構造與運作」）。含有多個架子的獨立發芽室可播種大量種子，大大提升效率。若育苗室內沒有螢光燈，沒有空氣循環及通風設備，在種子發芽後即應移走幼苗，以防徒長或過熱的情形發生。

光（Light）

　　細小的種子通常在光照下發芽更好，因此應播種在介質表層且不覆土（表 1-1），但光照度需求相對不高，可能低至 0.2 fc（0.04 $\mu mol \cdot m^{-2} \cdot s^{-1}$）（Cathey, 1964a, b）。大理花（*Dahlia*）和萬壽菊（*Tagetes*）等少數物種的種子應在覆土或黑暗的發芽室中發芽。

　　種子發芽後需要足夠的光線使其正常生長，若光度太低會導致幼苗徒長且難以移植。於冷涼或光線昏暗的地區，播種生長至早春，可以給予植株全日照，大約從 4 月開始遮蔭。在美國南部地區，從 1 月下旬開始就可能需要遮蔭，以防溫度過高和太乾，大於 2,000 fc（400 $\mu mol \cdot m^{-2} \cdot s^{-1}$）的光照可能導致介質溫度比空氣溫度高 2-3°C（Faust et al., 1997）。4,000-5,000 fc（800-1,000 $\mu mol \cdot m^{-2} \cdot s^{-1}$）的光照可能會使介質溫度比空氣溫度高 7-10°C。

　　利用發芽室時，光照應為 1,200 fc（240 $\mu mol \cdot m^{-2} \cdot s^{-1}$）（Koranski, 1983）。對於沒有光線的發芽室或加蓋的育盆器，需在種子發芽後立即移離該場所，否則幼苗莖部會迅速伸長倒伏且無法利用。

水（Water）

　　高品質低 EC 值的水和均勻施用對於種子良好發芽甚為重要，高 EC 值可能阻礙種子發芽，引起發芽不穩定以及增加對疾病的敏感性。

表 1-1 多種花卉栽培品種的光照、發芽溫度及發芽時間（改編自 Nau, 1999）。

學名	別名	光照	發芽溫度 (℃)	發芽溫度 (℉)	發芽時間 (天)	穴盤苗生長時間 (週)
秋葵 (Abelmoschus esculentus)	Okra	表層覆土	21	70	4-9	
黃香葵 (A. moschattus)	Annual hibiscus		22-24	72-75	10-14	
葉薊 (Acanthus mollis)	Bear's breech	覆土	18-22	65-72	8-16	
鳳尾蓍 (Achillea filipendulina)	Fernleaf yarrow	不覆土（需光照）	18-21	65-70	11-15	6-7
西洋蓍草 (A. millefolium)	Common yarrow					
白高古花 (A. ptarmica)	Sneezeweed					
長毛蓍草 (A. tomentosa)	Woolly yarrow	不覆土（需光照）	18-21	65-70	4-8	
長筒花 (Achimenes hybrids)	Achimenes	不覆土（需光照）	24-27	75-80	14-27	
歐洲烏頭 (Aconitum napellus)	Monkshood	不覆土（需光照）	18-21	65-70	10-21	
紫花藿香薊 (Ageratum houstonianum)	Ageratum	不覆土（需光照）	24-25	75-78	7-10	5-6
麥桿石竹 (Agrostemma githago)	Agrostemma	不覆土（需光照）或覆土	18-21	65-70	4-8	
霞糠穗草 (Agrostis nebulosa)	Cloud grass	表層覆土	21-22	70-72	3-7	
蜀葵 (Alcea rosea)	Hollyhock	表層覆土	21-22	70-72	5-10	
洋蔥 (Allium cepa)	Onion	覆土	21-24	70-75	9-15	8-9
蝦夷蔥 (A. schoenoprasum)	Chives	覆土	21	70	7-10	
尾穗莧 (Amaranthus caudatus)	Amaranthus	表層覆土	21-24	70-75	6-10	
雁來紅 (A. tricolor)						
香矢車菊 (Amberboa moschata)	Sweet sultan	表層覆土	18-21	65-70	7-14	
蕾絲花 (Ammi majus)	Lace or bishop's flower	不覆土（需光照）	22-24	72-75	12-14	6-7
珠光香青 (Anaphalis margaritacea)	Pearly everlasting	不覆土（需光照）或覆土	20-21	68-70	4-8	
海角牛舌草 (Anchusa capensis)	Anchusa	不覆土（需光照）	20-21	68-72	4-8	

（續下頁）

學名	別名	光照	發芽溫度 (℃)	發芽溫度 (℉)	發芽時間（天）	穴盤苗生長時間（週）
白頭翁（Anemone coronaria）	Anemone	覆土	15-18	60-65	7-14	12-13
蒔蘿（Anethum graveolens）	Dill	不覆土（需光照）	18-21	65-70	5-8	
春黃菊（Anthemis tinctoria）	Anthemis	表層覆土	21-22	70-72	3-7	
金魚草（Antirrhinum majus）	Snapdragon	不覆土（需光照）	21-24	70-75	5-7	5-6
西洋芹（Apium graveolens var. dulce）	Celery	覆土	21-24	70-75	14-22	8-9
耬斗菜（Aquilegia caerulea）	Columbine	不覆土（需光照）	21-24	70-75	10-20	
筷子芥（Arabis alpina）	Rock cress	不覆土（需光照）	18-21	65-70	6-12	
海石竹（Armeria maritima）	Thrift	不覆土（需光照）或覆土	20-21	68-70	4-10	
柳葉馬利筋（Asclepias tuberosa）	Butterfly weed	不覆土（需光照）	21-24	70-75	21-28	
狐尾武竹（Asparagus densiflorus） 文竹（A. setaceus）	Asparagus	覆土 覆土	29 24	Day: 85 Night: 75	21-42	10-12
阿爾卑斯紫菀（Aster alpinus）	Michaelmas daisy	覆土	20-21	68-70	11-12	5-6
美花泡盛草（Astilbe ×arendsii）	False spirea	不覆土（需光照）	15-21	60-70	14-21	
紫芥菜（Aubrieta deltoidea）	False rockcress	不覆土（需光照）	18-21	65-70	7-14	
岩生庭薺（Aurinia saxatilis）	Alyssum	不覆土（需光照）	20-22	68-72	3-8	
北美靛藍（Baptisia australis）	Wild blue indigo	覆土	21	70	10-18	
麗格秋海棠（Begonia ×heimalis）	Heimalis begonia	不覆土（需光照）	24-26	75-78	7-14	
四季秋海棠（B. Semperflorens） Cultorum hybrids	Wax begonia	不覆土（需光照）	26-27	78-80	7-14	8-9
球根秋海棠（B. tuberhybrida hybrids）	Tuberous begonia	不覆土（需光照）	24-26	75-78	7-14	8-9
雛菊（Bellis perennis）	English daisy	不覆土（需光照）	21-24	70-75	7-14	

（續下頁）

學名	別名	光照	發芽溫度（°C）	發芽溫度（°F）	發芽時間（天）	穴盤苗生長期間（週）
岩白菜（*Bergenia cordifolia*）	Heartleaf bergenia	不覆土（需光照）	21-24	70-75	4-8	
甜菜（*Beta vulgaris*）	Beet	表層覆土	22	72	7-10	
琉璃苣（*Borago officinalis*）	Borage	覆土	21	70	5-8	
藍河菊（*Brachycome iberidifolia*）	Swan River daisy	不覆土（需光照）	21-22	70-72	4-8	
葉牡丹（*Brassica oleracea*）	Flowering cabbage	覆土	18-21	65-70	7-11	4-5
（*B. oleracea*）	Flowering kale					
甘藍（*B. oleracea*）	Cole crops	覆土	18-21	65-70	10-11	5-6
羽衣甘藍（*B. oleracea (acephala)*）	Kale					
葉用甘藍（*B. oleracea* var. *acephala*）	Collard					
花椰菜（*B. oleracea* var. *botrytis*）	Cauliflower					
結球甘藍（*B. oleracea* var. *capitate*）	Cabbage					
抱子甘藍（*B. oleracea* var. *gemmifera*）	Brussels sprouts					
球莖甘藍（*B. oleracea* var. *gongylodes*）	Kohlrabi					
青花菜（*B. oleracea* var. *italica*）	Broccoli					
大銀鈴茅（*Briza maxima*）	Quaking grass	表層覆土	21	70	4-6	
小銀鈴茅（*B. minima*）	Short quaking grass					
紫水晶（*Browallia speciosa*）	Browallia	不覆土（需光照）	24-25	75-78	18-19	6-7
荷包花（*Calceolaria ×herbeohybrida group*）	Calceolaria	不覆土（需光照）	18-21	65-70	10-14	5-6
金盞花（*Calendula officinalis*）	Calendula	覆土	21	70	5-10	
翠菊（*Callistephus chinensis*）	Aster	覆土	21	70	8-10	
同葉鐘花（*Campanula isophylla*）	Campanula	不覆土（需光照）	20-22	68-72	14-20	9-10
風鈴草（*C. medium*）	Canterbury bells	表層覆土	21	70	14-21	
大花美人蕉（*Canna ×generalis*）	Canna	覆土	21-24	70-75	8-12	

（續下頁）

學名	別名	光照	發芽溫度 (°C)	發芽溫度 (°F)	發芽時間 (天)	穴盤苗生長時間 (週)
辣椒 (Capsicum annuum)	Pepper	覆土	21-24	70-75	10-12	7-8
紅花 (Carthamus tinctorius)	Safflower	不覆土（需光照）	20-22	68-72	5-14	
蕕香草 (Caryopteris incana)	Blue spirea	覆土	21-24	70-75	12	
藍苦菊 (Catananche caerulea)	Catananche	不覆土（需光照）或覆土	21-22	70-72	4-10	
日日春 (Catharanthus roseus)	Vinca	表層覆土	25-26	78-80	11-16	5-6
羽狀雞冠花 (Celosia argentea Plumosa group)	Plume celosia	覆土	24-25	75-78	11-12	5-6
頭狀雞冠花 (C. argentea Cristata group)	Crested celosia	覆土	24	75	8-10	
穗狀雞冠花 (C. argentea Spicata group)	Wheat celosia	覆土	24	75	5-10	
大矢車菊 (Centaurea americana)	Centaurea	表層覆土	15-18	60-65	7-14	
矢車菊 (C. cyanus)	Bachelor's buttons	表層覆土	15-18	60-65	7-14	6-7
大頭矢車菊 (C. macrocephala)	Golden basket flower	表層覆土	20-22	68-72	5-10	
山矢車菊 (C. montana)	Perennial cornflower	表層覆土	20-22	68-72	7-14	
紅纈草 (Centranthus ruber)	Red valerian	不覆土（需光照）或覆土	15-18	60-65	14-21	
夏雪草 (Cerastium tomentosum)	Snow-in-summer	不覆土（需光照）	18-20	65-68	7-14	
袖珍椰子 (Chamaedorea elegans)	Parlor palm	覆土	24	75	—	
大薊 (Cirsium japonicum)	Japanese thistle	不覆土（需光照）或覆土	15-18	68-72	12-14	7
西瓜 (Citrullus lanatus)	Watermelon	覆土	27-29	80-85	7-11	5-6
古代稀 (Clarkia amoena)	Satin flower	覆土	20-22	68-72	7-10	4-7
醉蝶花 (Cleome hassleriana)	Cleome	不覆土（需光照）	26 / 21	Day: 80 / Night: 70	8-12	
電燈花 (Cobaea scandens)	Cobaea	不覆土（需光照）或覆土	21	70	4-8	
咖啡 Coffea arabica	Coffee	覆土	24	76	28-35	

（續下頁）

學名	別名	光照	發芽溫度 (°C)	(°F)	發芽時間（天）	穴盤苗生長時間（週）
薏苡（Coix lacryma-jobi）	Job's tears	覆土	21	70	10-15	
朝冠菊（Coleostephus myconis）	Chrysanthemum	表層覆土	15-18	60-65	10-14	
千鳥草（Consolida ambigua）	Larkspur	覆土	13	55	14-27	5-6
厚葉千年木蘭（Cordyline indivisa）	Dracaena	不覆土（需光照）	22-26	72-78	56	14-16
大金雞菊（Coreopsis grandiflora）	Tickseed	不覆土（需光照）	18-24	65-75	9-12	
芫荽（Coriandrum sativum）	Coriander	不覆土（需光照）或覆土	18-21	65-70	7-10	
銀蘆（Cortaderia selloana）	Pampas grass	表層覆土	21	70	4-8	
硫華菊（Cosmos sulphureus）	Cosmos	覆土	18-21	65-70	7-11	4-5
大波斯菊（C. bipinnatus）	Cover		5-7	70	21	
金鎚球（Craspedia uniflora）	Craspedia	覆土	22-24	72-75	12-14	8-9
鳥尾花（Crossandra infundibuliformis）	Crossandra	覆土	26 / 21	Day: 80 / Night: 70	21-28	
哈密瓜（Cucumis melo var. reticulatis）	Muskmelon	覆土	24-26	75-80	7-10	
黃瓜（C. sativus）	Cucumber	覆土	22	75-78	7-9	
南瓜、夏南瓜（Cucurbita maxima）	Pumpkin	覆土	24-25	75-78	5-8	3
南瓜、夏南瓜（C. maxima）	Squash	覆土	22	72	5-10	
火紅萼距花（Cuphea platycentra）	Cuphea	表層覆土	21	70	12-15	
仙客來（Cyclamen persicum）	Cyclamen	覆土	15-20	59-68	28-42	9-10
朝鮮薊（Cynara scolymus）	Artichoke	不覆土（需光照）或覆土	21-24	70-75	4-8	
勿忘我（Cynoglossum amabile）	Cynoglossum	覆土	18-21	65-70	5-8	
大理花（Dahlia × hybrida）	Dahlia	覆土	20-21	68-70	3-4	4-5

（續下頁）

學名	別名	光照	發芽溫度 （°C）	發芽溫度 （°F）	發芽時間 （天）	穴盤苗生長時間 （週）
大飛燕草（Delphinium grandiflorum）雜交飛燕草（D. × belladonna）飛燕草（D. ×cultorum）	Delphinium	覆土	15-20	59-68	8-15	8-9
菊花（Dendranthema × grandiflorum）	Chrysanthemum	不覆土（需光照）	15-21	60-70	5-10	
西洋石竹（Dianthus barbatus）少女石竹（D. deltoides）常夏石竹（D. plumarius）	Sweet William / Maiden pinks / Cottage pinks	表層覆土	21-24	70-75	10-12	5-6
修道石竹（D. carthusianorum）	Pot carnation	表層覆土	18-20	64-68	5-13	
康乃馨（D. caryophyllus）	Cut carnation	表層覆土	18-21	65-70	12-17	5-6
中國石竹（D. chinensi）	Dianthus	表層覆土	21-24	70-75	10-12	5-6
毛地黃（Digitalis purpurea）	Foxglove	不覆土（需光照）	18-21	65-70	11-12	7-8
扁豆（Dolichos lablab）	Dolichos	覆土	21-22	70-72	5-8	
高加索多榔豹菊（Doronicum columnae）	Leopard's bane	不覆土（需光照）	20-22	68-72	14-21	
彩虹菊類（Dorotheanthus species）	Mesembryanthemum	不覆土（需光照）	18-20	65-68	7-15	
金毛菊（Dyssodia tenuiloba）	Dahlberg daisy	不覆土（需光照）	18-21	65-70	10-16	
紫錐花（Echinacea purpurea）	Purple coneflower	不覆土（需光照）或覆土	18-24	64-75	7-10	
藍球薊（Echinops bannaticus）	Globe thistle	表層覆土	18-21	65-70	14-21	
纓絨花（Emilia javanica）	Tassel flower	覆土	20-22	68-72	8-15	
花菱草（Eschscholzia californica）	California poppy	覆土	21-22	70-72	4-8	
銀邊翠（Euphorbia marginata）	Snow-on-the-mountain	覆土	15-20	60-68	10-14 +	
黃戟草（E. myrsinites）	Myrtle euphorbia	不覆土（需光照）	18-21	65-70	7-14	
多彩大戟（E. polychroma）	Cushion spurge	不覆土（需光照）	18-21	65-70	8-15	

（續下頁）

學名	別名	光照	發芽溫度（℃）	發芽溫度（℉）	發芽時間（天）	穴盤苗生長時間（週）
洋桔梗（*Eustoma grandiflorum*）	Lisianthus	不覆土（需光照）	20-25	68-77	10-15	9-11
紫芳草（*Exacum affine*）	Persian violet	表層覆土	22-25	72-77	14-21	
八角金盤（*Fatsia japonica*）	Fatsia	不覆土（需光照）	29 / 20	*Day: 85 / Night: 68*	28-40	
大藍羊茅（*Festuca amethystine*）	Amethyst fescue	表層覆土	21	70	6-12	
藍羊茅（*F. ovina var. glauca*）	Blue fescue				4-6	
茴香（*Foeniculum vulgare*）	Sweet fennel	覆土	21	70	7-10	
草莓類（*Fragaria species*）	Strawberries	表層覆土	18-21	65-70	10-14	
小蒼蘭類（*Freesia species*）	Freesia	覆土	15-20	59-68	21-25	
大花天人菊（*Gaillardia ×grandiflora*）	Blanket flower	不覆土（需光照）	21-24	70-75	5-15	
白蝶花（*Gaura lindheimeri*）	Gaura	不覆土（需光照）	21-22	70-72	5-11	
勳章菊（*Gazania rigens*）	Gazania	覆土	20-21	68-70	12-14	5-6
龍膽類（*Gentiana species*）	Gentian	不覆土（需光照）或覆土	20-25	68-77	20	
非洲菊（*Gerbera jamesonii*）	Gerbera	不覆土（需光照）	20-25	68-74	7-14	5-6
千日紅（*Gomphrena globosa*）（*G. haageana*）	Gomphrena	覆土	22-24	72-75	10-14	6-7
韃靼補血草（*Goniolimon tataricum*）	German statice	不覆土（需光照）	18-24	65-75	14-21	
霞草（*Gypsophila elegans*）	Gypsophila	不覆土（需光照）或覆土	21-22	70-72	5-15	6-7
匍枝滿天星（*G. repens*）	Creeping baby's breath	不覆土（需光照）	21-26	70-80	5-15	
滿天星（*G. paniculata*）	Baby's breath					
堆心菊（*Helenium autumnale*）	Helenium	不覆土（需光照）	22	72	8-12	

（續下頁）

學名	別名	光照	發芽溫度 (°C)	發芽溫度 (°F)	發芽時間（天）	穴盤苗生長時間（週）
短圓葉半日花 (*Helianthemum nummularium*)	Rockrose	不覆土（需光照）或覆土	21-24	70-75	5-15	
向日葵 (*Helianthus annuus*)	Sunflower	覆土	18-24	65-75	2-7	3
麥桿菊 (*Helichrysum bracteatum*)	Helichrysum	覆土	21-24	70-75	8-12	5-6
赫蕉類 (*Heliconia* species)	Heliconia		25-35	77-95	整週至數個月	
賽菊芋 (*Heliopsis helianthoides*)	Oxeye daisy	不覆土（需光照）或覆土	18-21	65-70	3-10	
香水草 (*Heliotropium arborescens*)	Heliotropium	表層覆土	21-22	70-72	4-8	
粉蠟菊 (*Helipterum roseum*)	Acrolinium	不覆土（需光照）或覆土	21-22	70-72	6-10	
歐亞香花芥 (*Hesperis matronalis*)	Sweet rocket	不覆土（需光照）	21-26	70-72	5-7	
腎形草 (*Heuchera sanguinea*) 臀形草 (*H. micrantha*)	Coral bells Alumroot	不覆土（需光照）	18-21	65-70	21-30	
芙蓉葵 (*Hibiscus moscheutos*)	Rose mallow	覆土	21-26	70-80	7-10	
野麥草 (*Hordeum jubatum*)	Squirrel's tail grass	表層覆土	21-22	70-72	3-5	
大萼金絲桃 (*Hypericum calycinum*)	Rose of Sharon	表層覆土	15-21	60-70	10-21	
嫣紅蔓 (*Hypoestes phyllostachya*)	Hypoestes	不覆土（需光照）	21-24	70-75	10-11	5-6
蜂室花 (*Iberis amara*) 屈曲花 (*I. umbellata*)	Candytuft	不覆土（需光照）或覆土	20-22	68-72	7-14	
雪花屈曲花 (*I. sempervirens*)	Hardy candytuft	不覆土（需光照）	15-18	60-65	14-21	
中國鳳仙花 (*Impatiens balsamina*)	Balsam	不覆土（需光照）	22-25	72-77	13-15	5-6
非洲鳳仙花 (*I. walleriana*)	Bedding impatiens	表層覆土	24-26	75-80	15-17	6-7
三色牽牛 (*Ipomoea tricolor*)	Morning glory	覆土	18-21	65-70	5-7	

（續下頁）

學名	別名	光照	發芽溫度 (℃)	發芽溫度 (℉)	發芽時間 （天）	穴盤苗生長時間 （週）
長壽花 (Kalanchoe blossfeldiana)	Kalanchoe	不覆土（需光照）	21	70	10-15	
火炬百合 (Kniphofia uvaria)	Red hot poker	不覆土（需光照）	18-24	65-75	21-28	
藍毛草 (Koeleria glauca)	Koeleria	表層覆土	21	70	3-7	
萵苣 (Lactuca sativa)	Lettuce	覆土	18-21	65-70	7-12	4-5
紫薇 (Lagerstroemia indica)	Crape myrtle	覆土	21	70	14-18	
兔尾草 (Lagurus ovatus)	Hare's tail grass	表層覆土	21	70	4-8	
金雀花 (Lathyrus splendens)	Perennial sweet pea	覆土	18-21	62-70	10-20	
狹葉薰衣草 (Lavandula angustifolia)	English lavender	不覆土（需光照）	18-24	65-75	14-21	
穗花薰衣草 (L. angustifolia var. munstead)		不覆土（需光照）	18-24	65-75	14-21	
花葵 (Lavatera trimestris)	Lavatera	覆土	22	72	4-6	
美葉火筒樹 (Leea coccinea)	Leea	覆土	25	78	28-49	
高山薄雪草 (Leontopodium alpinum)	Edelweiss	不覆土（需光照）	20-22	68-72	5-11	
西洋濱菊 (Leucanthemum lacustre)	Shasta daisy	表層覆土	18-21	65-70	9-12	
白晶菊 (L. paludosum)	Chrysanthemum	表層覆土	15-18	60-65	10-14	
香浦麒麟菊 (Liatris pycnostachya)	Liatris	不覆土（需光照）	24-26	75-78	21-28	
麒麟菊 (L. spicata)	Gay feather					
蘇鱗補血草 (Limonium latifolium)	Sea lavender		18-24	65-75	14-21	
星辰花 (L. sinuatum)	Statice	覆土	21-25	75-77	7-14	5-6
貝利星辰花 (L. perezii)						
宿根亞麻 (Linum perenne)	Flax	不覆土（需光照）或覆土	21-25	70-73	4-8	
六倍利 (Lobelia erinus)	Lobelia	不覆土（需光照）	24-26	75-80	11-13	5-6
大花山梗菜 (L. ×speciosa)		表層覆土	21-22	70-72	10-14	

（續下頁）

學名	別名	光照	發芽溫度 (°C)	發芽溫度 (°F)	發芽時間（天）	穴盤苗生長時間（週）
香雪球（Lobularia maritima）	Sweet alyssum	不覆土（需光照）	25-28	78-82	8-10	
羅娜花（Lonas annua）	Lonas	不覆土（需光照）	20-22	68-72	3-6	
銀扇草（Lunaria annua）	Honesty plant	不覆土（需光照）或覆土	18-24	65-75	3-7	
羽扇豆（Lupinus polyphyllus）	Lupine	覆土	21-24	70-75	8-12	4-5
皺葉剪秋羅／豔紅剪秋羅（Lychnis chalcedonica（L. ×haageana））	Maltese cross	不覆土（需光照）或覆土	21	70	5-7	
番茄（Lycopersicon esculentum）	Tomato	覆土	21-27	70-80	5-7	10
麝香錦葵（Malva moschata）	Musk mallow	覆土	21-22	70-72	3-6	
歐夏至草（Marrubium vulgare）	Horehound	覆土	21	70	12	
紫羅蘭（Matthiola incana）	Stock	覆土	18-21	65-70	7-14	4-5
美蘭菊（Melampodium divaricatum）	Melampodium	表層覆土	18	65	7-10	
歐薄荷（Mentha ×piperita）	Peppermint	表層覆土	21-24	70-75	12	
綠薄荷（M. spicata）	Spearmint	表層覆土	21-24	70-75	12	
含羞草（Mimosa pudica）	Mimosa	覆土	26	80	12-15	
龍頭花（Mimulus ×hybridus）	Monkey flower	不覆土（需光照）	15-21	60-70	5-7	
紫茉莉（Mirabilis jalapa）	Mirabilis	覆土	22	72	4-6	
貝殼花（Moluccella laevis）	Bells of Ireland	不覆土（需光照）	20-22	68-72	14-20	6-7
電信蘭（Monstera deliciosa）	Philodendron	覆土	21-29	70-85	15-20	
勿忘草（Myosotis sylvatica）	Forget-me-not	不覆土（需光照）	20-22	68-72	8-14	
囊距花（Nemesia strumosa）	Nemesia	覆土	18	65	10-14	
粉蝶花（Nemophila menziesii）	Nemophila	覆土	18	65	10-14	

（續下頁）

學名	別名	光照	發芽溫度 (°C)	發芽溫度 (°F)	發芽時間 (天)	穴盤苗生長時間 (週)
葉芹草（*N. maculata*）						
荊芥（*Nepeta cataria*）	Catnip	覆土	21	70	5-8	
花菸草（*Nicotiana alata*）	Nicotiana	不覆土（需光照）	24-26	75-78	10-15	5-6
高盃花（*Nierembergia hippomanica var. violacea*）	Nierembergia	表層覆土	22-24	72-75	17-21	6-7
黑種草（*igella damascena*）	Nigella	不覆土（需光照）或覆土	18-21	65-70	7-14	
小鐘花（*Nolana paradoxa*）	Nolana	表層覆土	20-22	68-72	5-8	
月見草（*Oenothera macrocarpa*）	Evening primrose	不覆土（需光照）	21-27	70-80	8-15	
羅勒（*Ocimum basilicum*）	Sweet basil	不覆土（需光照）或覆土	21	70	5-8	
香牛至（*Origanum majorana*）	Sweet marjoram	表層覆土	21	70	4-8	
牛至（*O. vulgare*）	Oregano	覆土	21	70	4-8	
冰島罌粟（*Papaver nudicaule*）	Iceland/arctic poppy	不覆土（需光照）	18-21	65-70	12-14	6-7
東方罌粟（*P. orientale*）	Oriental poppy	不覆土（需光照）	18-24	65-75	7-14	
天竺葵（*Pelargonium* ×*hortorum*）	Seed geranium	覆土	24-26	75-78	8-10	5-6
常春藤葉天竺葵（*P. peltatum*）	Ivy geranium	覆土	21-24	70-75	5-10	
狼尾草（*Pennisetum setaceum*）	Fountain grass	表層覆土	21	70	3-6	
羽絨狼尾草（*P. villosum*）	Feathertop					
繁星花（*Pentas lanceolata*）	Pentas	不覆土（需光照）	21-24	70-75	12-17	6-7
瓜葉菊（*Pericallis* ×*hybrida*）	Cineraria	不覆土（需光照）	20-24	68-75	10-14	
歐芹（*Petroselinum crispum*）	Parsley	覆土	21	70	15-20	
矮牽牛（*Petunia* ×*hybrida*）	Petunia	不覆土（需光照）	24-26	75-78	10-15	5-6
加拿列鷸草（*Phalaris canariensis*）	Canary grass	表層覆土	21	70	4-8	

（續下頁）

學名	別名	光照	發芽溫度 (°C)	發芽溫度 (°F)	發芽時間 (天)	穴盤苗生長時間 (週)
鋤葉蔓綠絨 (*Philodendron domesticum*) 羽裂緣蔓綠絨 (*P. bipinnatifidum*)	Philodendron	覆土	24-27	75-80	15-20	
福祿考 (*Phlox drummondii*)	Phlox	覆土	18-20	65-68	12-14	5-6
酸漿 (*Physalis alkekengi*)	Physalis	不覆土（需光照）或覆土	15-21	60-70	7-14	
隨意草 (*Physostegia virginiana*)	False dragonhead	不覆土（需光照）或覆土	18-21	65-70	7-14	
茴芹 (*Pimpinella anisum*)	Anise	不覆土（需光照）或覆土	21	70	10-12	
桔梗 (*Platycodon grandiflorus*)	Balloon flower	不覆土（需光照）	20-22	68-72	14-20	9-10
松葉牡丹 (*Portulaca grandiflora*)	Portulaca	不覆土（需光照）	25-26	78-80	9-10	5-6
宿根報春花 (*Primula vulgaris*) (*P. malacoides*)	Primula	不覆土（需光照）	15-20	59-68	14-24	9-11
四季櫻草 (*P. obconica*)	Primula	不覆土（需光照）	15-20	59-68	10-20	
土耳其補血草 (*Psylliostachys stworowii*)	Statice	不覆土（需光照）或覆土	21-25	70-77	7-15	
陸蓮花 (*Ranunculus asiaticus*)	Ranunculus	覆土	15-17	60-62	14-28	11-12
迷迭香 (*Rosmarinus officinalis*)	Rosemary	不覆土（需光照）	21	70	10-15	
黃金菊 (*Rudbeckia fulgida*)	Black-eyed Susan	不覆土（需光照）或覆土	28-31	82-88	7-14	
金光菊 (*R. hirta*)	Black-eyed Susan	不覆土（需光照）或覆土	21	70	5-10	
非洲菫 (*Saintpaulia ionantha*)	African violet	不覆土（需光照）	21-24	70-75	18-25	
美人襟 (*Salpiglossis sinuata*)	Salpiglossis	覆土	21-22	70-72	18-25	
紅花鼠尾草 (*Salvia coccinea*)	Salvia	覆土	24-26	75-78	12-14	5-6
粉萼鼠尾草 (*S. farinacea*)	Salvia	不覆土（需光照）	24-25	75-78	12-15	
鼠尾草 (*S. officinalis*)	Sage	覆土	21	70	6-10	
一串紅 (*S. splendens*)	Salvia	覆土	24-26	75-78	12-14	5-6

（續下頁）

學名	別名	光照	發芽溫度 (°C)	發芽溫度 (°F)	發芽時間（天）	穴盤苗生長時間（週）
雜文大鼠尾草 (S. ×superba)	Salvia	不覆土（需光照）或覆土	22	72	4-8	
山櫚菊 (Sanvitalia procumbens)	Sanvitalia	覆土	21	70	7-10	
岩生肥皂草 (Saponaria ocymoides)	Rock soapwort	覆土	21	70	4-8	
風輪菜 (Satureja hortensis)	Summer savory	不覆土（需光照）	21	70	12-15	
松蟲草 (Scabiosa atropurpurea)	Scabiosa	覆土	18-21	65-70	14-17	6-7
大花松蟲草 (S. caucasica)	Pincushion flower	不覆土（需光照）	18-21	65-70	10-18	
鴨掌木 (Schefflera actinophylla (Brassaia))	Schefflera	覆土	22-24	72-75	14-21	
鵝掌藤 (S. arboricola)	Schefflera	覆土	22-24	72-75	14-21	
孔雀木 (S. elegantissima (Dizygotheca))	Aralia	不覆土（需光照）	29 / 20	Day: 85 / Night: 68	35-42	
蝴蝶花 (Schizanthus ×wisetonensis)	Schizanthus	不覆土（需光照）	15-21	60-70	7-14	
金毯景天 (Sedum acre)	Golden carpet	不覆土（需光照）	20-22	68-72	8-14	
高加索景天 (S. spurium)	Dragon's blood	不覆土（需光照）				
銀葉菊 (Senecio cineraria)	Dusty miller	不覆土（需光照）	22-24	72-75	10-20	6-7
千里光 (S. maritimus)						
巴西黃槐 (Senna angulata)	Christmas candle	覆土	29 / 21	Day: 85 / Night: 70	5-8	
大岩桐 (Sinningia speciosa)	Gloxinia	不覆土（需光照）	18-21	65-70	10-12	
小圓彤 (Smithiantha zebrina)	Smithiantha	不覆土（需光照）	18-21	65-70	14-21	
茄 (Solanum melongena)	Eggplant	覆土	24-25	75-78	10-16	6-7
觀賞辣椒 (S. pseudocapsicum)	Christmas cherry	表層覆土	13-30	55-86	7-15	
馬鈴薯 (S. tuberosum)	Potato	表層覆土	15-18	60-65	7-14	

（續下頁）

學名	別名	光照	發芽溫度 (°C)	發芽溫度 (°F)	發芽時間（天）	穴盤苗生長時間（週）
彩葉草 (Solenostemon scutellarioides)	Coleus	不覆土（需光照）	22-24	72-75	14-15	5-6
一枝黃花、麒麟草類 (Solidago species)	Goldenrod	表層覆土	20-22	68-72	14-21	
綿毛水蘇 (Stachys byzantina)	Lamb's ears	不覆土（需光照）	21	70	8-15	
黃窄葉菊 (Steirodiscus tagetes)	Steirodiscus	不覆土（需光照）	15-21	60-70	5-6	
天堂鳥蕉 (Strelitzia reginae)	Bird of paradise	覆土	25	77	30-90	
菫蘭 (Streptocarpus ×hybridus)	Cape primrose	不覆土（需光照）	21	70	14	
合果芋 (Syngonium podophyllum)	Nephthytis	覆土	24-26	75-80	14-21	
萬壽菊 (Tagetes erecta) / 雜交孔雀草 (T. erecta ×patula) / 孔雀草 (T. patula) / 細葉孔雀草 (T. tenuifolia)	African marigold / Triploid marigold / French marigold / Signate marigold	表層覆土	24-27	75-80	2-3	4-5
紅花除蟲菊 (Tanacetum coccineum)	Painted daisy	不覆土（需光照）	15-21	60-70	5-10	
玲瓏菊 (T. parthenium)	Matriacaria	不覆土（需光照）	21	70	7-10	
菊蒿 (T. ptarmiciflorum)	Dusty miller	不覆土（需光照）	22-24	72-75	10-15	
黑眼鄧伯花 (Thunbergia alata)	Thunbergia	表層覆土	21-24	70-75	6-12	
鋪地香 (Thymus serphyllum)	Mother of thyme	覆土	21	71	3-6	
百里香 (T. vulgaris)	Culinary thyme	覆土	21	70	3-6	
夏菫 (Torenia fournieri)	Torenia	不覆土（需光照）	24-26	75-80	11-13	5-6
夕霧草 (Trachelium caeruleum)	Throatwort	不覆土（需光照）	17-21	62-70	14-21	
金蓮花 (Tropaeolum majus)	Nasturtium	覆土	18-21	65-70	10-14	
琉璃唐棉 (Tweedia caerulea)	Oxypetalum	不覆土（需光照）	21-22	70-72	6-10	
王不留行 (Vaccaria hispanica)	Cow-coddle	覆土	20-22	68-72	4-8	

（續下頁）

學名	別名	光照	發芽溫度（°C）	（°F）	發芽時間（天）	穴盤苗生長時間（週）
毛蕊花（Verbascum phoeniceum）	Purple mullein	不覆土（需光照）	21-22	70-72	4-7	
美女櫻（Verbena ×hybrida）	Verbena	表層覆土	24-26	75-80	14-21	5-6
柳葉馬鞭草（V. bonariensis）玫瑰馬鞭草（V. canadensis）糙葉美女櫻（V. rigida）	Verbena	表層覆土	24	75	5-10	
白婆婆納（Veronica incana）伏地婆婆納（V. repens）穗花婆婆納（V. spicata）	Woolly speedwell Creeping speedwell Spike speedwell	不覆土（需光照）	20-22	68-72	12-14	7-8
角菫（Viola cornuta）	Horned violet	表層覆土	18-24	65-75	12-14	6-7
香菫菜（V. tricolor）	Johnny-jump-up	表層覆土	13-16	55-60	4-7	
三色菫（V. ×wittrockiana）	Pansy	表層覆土	17-20	62-68	4-7	5-6
乾花菊（Xeranthemum annuum）	Xeranthemum	不覆土（需光照）或覆土	21-22	70-72	4-8	
玉米（Zea mays var. saccharata）	Sweet corn	覆土	21-24	70-75	3-5	
細葉百日草（Zinnia angustifolia）	Zinnia	覆土	24-26	75-78	3-5	3-4
百日草（Z. elegans）		覆土	20-21	68-70	7-10	3-4

另外，保持均勻的介質溼度也極為重要，若種子開始發芽過程中介質變乾，幼苗將受到傷害或死亡，造成發芽不穩定。可透過噴霧、薄霧或加蓋保溼來維持介質的水分含量，通常會使用薄霧或加蓋保溼方式，因為過量噴霧易導致介質養分淋失，且易造成病害問題。如果只使用少量的育苗盤，可將其封閉在白色或透明的塑膠袋中，若有大量育苗盤可將其用塑膠布或紡纖布覆蓋，例如 Remay® 或 Vispore®。高溼度育苗室中架設層架可容納許多育苗盤播種大量種子，無論採用何種方法，若將它們放置在高溼度環境中之前進行澆水，則種子通常會在乾燥之前發芽。然而，在溼度低的地區則需要額外灌溉。再次強調，當種子發芽後須立即從發芽室中移出，以防止其徒長。此外，發芽室應有足夠的冷卻裝置，以防止過熱。

營養（Nutrition）

商業上用於發芽之介質通常含有少量的營養，若在 2-3 週內進行移植，則不須額外供給養分。但對於生長緩慢尚需一段時間才能移植的幼苗，則需要補充 25-75 ppm 的氮肥，可使用商業預混肥料（例如 20-10-20）或 KNO_3 + $Ca(NO_3)_2$。發芽後的 2-3 週內可以每週施用液體肥料直至移植，一定要進行試驗，因為某些作物所需肥分不多，不宜過度施肥；其他的則對高濃度可溶性鹽敏感，並可能因過高的肥料含量而受傷害。

病蟲害（Diseases）

種子繁殖中最常見的三種疾病是猝倒病（damping-off）（請參閱後面的討論）、白絹病（*Sclerotium* blight）和灰黴病（*Botrytis* blight）（請參閱第 9 章「病蟲害管理」）。這些疾病能透過預防加以控制，因此工作環境中之工作檯、育苗盤、標籤和其他耗材應清潔且無菌，嚴格確保衛生並使用乾淨介質。繁殖區域應清潔且無雜草和碎屑，及時清除可能感染的任何資材或植物，將減少該區域的病害發生機率。若試圖保存受感染的育苗盤或植物，可能會導致更嚴重的染病後果，如果一部分育苗盤被感染，最保險的解決方案是立即丟棄整個育苗盤，因為許多看似健康的幼苗很可能已被感染，只是尚未出現症狀。

猝倒病（damping-off）是由一種或多種病原體引起之常見病害，包括腐霉菌（*Pythium*）、疫黴菌（*Phytophthora*）和根瘤菌（*Rhizoctonia*）（Horst, 1990）（請

參閱第 9 章「病蟲害管理」）。要確認病原體是很困難的，因為這三種都是常見的病原，出土前猝倒為萌發中苗株在介質中即已被感染；而在出土後發病者則是於萌發出土後染病。在發芽後發病者，可能會看到棕色或黑色的真菌菌絲，發芽率低或無法發芽者通常歸因於種子品質不佳，亦可能是發芽前感染猝倒病。以下為幾項導致猝倒病發生之因子：

· 介質溫度過低或過高。

· 過度澆灌或溼度過高。

· 未經消毒或受汙染的介質。

· 過度施肥。

雖然種子和幼苗可以用殺真菌劑處理猝倒病，但幼苗對殺菌劑特別敏感，因此殺菌劑僅用於緊急處理。

白絹病（*Sclerotium* blight）的特徵是白絹菌（*Sclerotium rolfsii*）所形成的獨特白色棉絮狀物，會快速感染幼苗。白絹病易於冷涼潮溼的環境中發生，由於它是一種土壤傳播的疾病，因此介質消毒與田間衛生能有效控制此病害。

灰黴病（*Botrytis* spp.）的外觀特徵是灰色且絲狀的真菌，通常比發芽後猝倒病更為多見。灰黴病通常從植物幼苗頂部向下侵襲，並且在幼苗遭遇逆境和空氣流動不足時更為普遍。

移植（Transplanting）

為了提升產量及生產效率，幼苗應儘快移植。利用育苗盤育苗，幼苗一般在長出一對本葉時移植，而使用穴盤育苗，移植期稍晚，通常等根部良好發育至可輕易將植株從穴格中移出時再進行移植（請參閱本章 44 頁「穴盤生產」）。儘管穴盤苗可比育苗盤苗較晚移植，但無論使用何種盆器，延遲移植育苗皆會導致莖伸長，增加疾病發生的可能性，使苗木發育遲緩，誘導提早開花，並降低作物的品質。天氣或市場供需問題皆可能延遲移植，依據品種和貯藏條件，可將幼苗和穴盤苗在溫室中保存 2 週，在冷藏室中保存 11 週（請參閱本章 44 頁「穴盤生產」）。

孢子（Spores）

蕨類和其他原始物種透過孢子繁殖，在商業上許多蕨類植物作為室內觀葉植物或多年生觀賞植物。蕨類植物的繁殖與種子繁殖相似，孢子可播種在介質表面並保持溫暖溼潤即可發芽。當孢子發芽時，會形成一個小的綠葉狀構造，稱之為原葉體（prothallus），隨著原葉體的成熟，會產生雄性和雌性生殖器官，在適當的環境條件下（通常是高溼度）將受精，並形成孢子體，孢子體最終將長成蕨類植株。孢子體再產生孢子，形成蕨類生長週期。以上資訊皆可從 Hartmann 等（1997）獲得。

扦插（Cuttings）

扦插繁殖是最常見的無性繁殖方法，並且是許多花卉作物繁殖的主要方法，包括聖誕紅（*Euphorbia pulcherrima*）、菊花（*Dendranthema* ×*grandiflorum*）、康乃馨（*Dianthus*）、玫瑰（*Rosa*），以及許多觀葉及花壇植物（表 1-2）。雖然扦插繁殖通常比種子繁殖所需的繁殖時間更短，但傳播疾病的可能性更大。

病害檢測（Disease Indexing）

為了生產無病健康種苗，種苗繁殖業者開發了病害檢測（disease indexing），該模式可用於生產菊花、康乃馨、天竺葵（*Pelargonium*）、麗格秋海棠（*Begonia* ×*hiemalis*）、長壽花（*Kalanchoe blossfeldiana*）、新幾內亞鳳仙花（*Impatiens* ×*hawkeri*）和菫蘭（*Streotocarpus* ×*hybridus*）（Klopmeyer, 1991）。病害檢測過程所選的植物必須確認品種正確（true-to-type）。

病害檢測包括兩個步驟：栽培檢測和病毒檢測。栽培檢測指在嚴格控管的衛生條件下選定種苗取得插穗，測試莖段是否感染系統性細菌和真菌。如果發現有任何病害，則將插穗及採穗母株一併銷毀。檢測後若無病害，則將插穗扦插發根，而後進行病毒檢測（virus indexed）。如果檢測到病毒，可以對植物進行熱處理以降低植物中的病毒密度，熱處理後，取生長點進行組織培養，如此或可得到去病毒植株。之後對組織培養繁殖出的植物進行編號，並多次檢測是否存在病毒。如此得到

表 1-2 多種觀葉植物的繁殖技術（改編自 Joiner 等，1981）。

學名	別名	空中壓條	柱狀莖 (cane) 扦插	分株	葉插	種子	芽點扦插 (Eye stem cuttings)	孢子	頂芽扦插	微體繁殖
鐵線蕨類（Adiantum species）	Maidenhair fern			X				X		X
蜻蜓鳳梨（Aechmea species）	Bromeliad			X		X				
芒毛苣苔類（Aeschynanthus species）	Lipstick vine						X		X	
粗肋草類（Aglaonema species）	Aglaonema		X	X		X			X	
姑婆芋類（Alocasia species）	Alocasia			X		X	X			X
火鶴類（Anthurium cultivars）	Flamingo flower	X		X					X	X
金脈單藥花（Aphelandra squarrosa）	Zebra plant						X		X	
柱狀南洋杉（Araucaria columnaris）	Australian pine	X				X				
萬兩（Ardisia crenata）	Coral ardisia					X			X	
天門冬類（Asparagus species）	Asparagus			X		X				
蜘蛛抱蛋（Aspidistra elatior）	Cast-iron plant			X						
山蘇（Asplenium nidus）	Bird's-nest fern							X		X
蝦蟆秋海棠（Begonia Rex Cultorum hybrids）	Rex begonia			X	X	X	X		X	X
鳳梨科（Bromeliaceae species）	Bromeliads			X		X				X
仙人掌類（Cactaceae species）	Cactus			X		X	X		X	X
肖竹芋類（Calathea species）	Calathea			X		X	X			X
袖珍椰子（Chamaedorea elegans）	Parlor palm					X				
吊蘭（Chlorophytum comosum）	Spider plant			X		X				
南極白粉藤（Cissus antarctica）	Kangaroo vine					X	X		X	
羽裂菱葉藤（C. rhombifolia）	Grape ivy						X		X	

（續下頁）

學名	別名	空中壓條	柱狀莖 (cane) 扦插	分株	葉插	種子	莖點扦插 (Eye stem cuttings)	孢子	頂芽扦插	微體繁殖
變葉木 (*Codiaeum variegatum*)	Croton	X				X			X	
小果咖啡 (*Coffea arabica*)	Coffee					X		X		
彩紅朱蕉 (*Cordyline terminalis*)	Ti	X	X			X			X	X
翡翠木 (*Crassula species*)	Jade plant								X	
兔腳蕨 (*Davallia fejeensis*)	Rabbit's-foot fern			X				X		X
黛粉葉類 (*Dieffenbachia species*)	Dieffenbachia		X						X	X
香龍血樹 (*Dracaena fragrans*)	Corn plant	X	X						X	X
星點木 (*D. surculosa*)	Gold-dust dracaena	X							X	X
紅邊竹蕉 (*D. marginata*)	Marginata	X	X						X	X
富貴竹 (*D. sanderiana*)	Ribbon plant	X							X	X
麒麟尾類 (*Epipremnum species*)	Pothos						X		X	
喜蔭花 (*Episcia species*)	Episcia			X	X	X			X	
熊掌木 (×*Fatshedera lizei*)	Fatshedera						X		X	
八角金盤 (*Fatsia japonica*)	Japanese fatsia	X				X			X	
垂葉榕 (*Ficus benjamina*)	Benjamin fig	X							X	X
印度榕 (*Ficus elastica*)	Rubber plant	X					X		X	X
大琴葉榕 (*F. lyrata*)	Fiddle-leaf fig	X					X		X	X
網紋草 (*Fittonia verschaffeltii*)	Nerve plant								X	
紫鵝絨 (*Gynura aurantiaca*)	Purple passion vine								X	
球蘭 (*Hoya carnosa*)	Wax plant						X		X	

（續下頁）

學名	別名	空中壓條	柱狀莖(cane)扦插	分株	葉插	種子	芽點扦插(Eye stem cuttings)	孢子	頂芽扦插	微體繁殖
長壽花（Kalanchoe species）	Kalanchoe				X				X	
竹芋類（Maranta species）	Maranta			X					X	X
龜背芋（Monstera deliciosa）	Monstera	X					X		X	
香蕉（Musa species）	Banana			X						X
波士頓腎蕨（Nephrolepis exaltata）	Boston fern			X						X
酒瓶蘭（Nolina recurvata）	Ponytail palm					X				
棕櫚類（Palmae species）	Palms			X		X				
圓葉椒草（Peperomia species）	Peperomia			X	X		X		X	X
鋤葉蔓綠絨（Philodendron domesticum）	Spade-leaf philodendron	X					X		X	X
蔓綠絨類（P. scandens spp.）小葉蔓綠絨（P. scandens f. micans）	Velvet-leaf philodendron						X		X	X
圓葉蔓綠絨（P. oxycardium）	Heart-leaf philodendron						X		X	X
琴葉蔓綠絨（P. bipennifolium）	Horse-head philodendron						X		X	X
二刄裂蔓綠絨（P. bipinnatifidum）	Selloum					X				X
花葉冷水花（Pilea cadierei）	Aluminum plant								X	
鹿角蕨類（Platycerium species）	Staghorn fern			X				X		
馬刺花類（Plectranthus species）	Swedish ivy						X		X	
羅漢松（Podocarpus macrophyllus）	Podocarpus					X			X	
福祿桐（Polyscias species）	Aralia		X						X	

（續下頁）

學名	別名	空中壓條	柱狀莖 (cane) 扦插	分株	葉插	種子	芽點扦插 (Eye stem cuttings)	孢子	頂芽扦插	微體繁殖
鳳尾蕨類 (*Pteris* species)	Pteris fern			X				X		X
菜豆樹 (*Radermachia sinica*)	China doll					X				
非洲堇 (*Saintpaulia* species)	African violet				X	X				X
虎尾蘭 (*Sansevieria trifasciata*)	Sansevieria			X	X					
虎尾蘭 (*S. trifasciata* 'Hahnii')	Hahnii sansevieria			X	X					
虎尾蘭 (*S. trifasciata* 'Laurentii')	Laurentii sansevieria			X						
鴨腳木 (*Schefflera actinophylla* (*Brassaia*))	Schefflera	X				X	X		X	
孔雀木 (*S. elegantissima* (*Dizygotheca*))	False aralia	X				X	X		X	
螃蟹蘭類 (*Schlumbergera* species)	Christmas cactus								X	
白鶴芋類 (*Spathiphyllum* species)	Spathiphyllum			X		X			X	
合果芋 (*Syngonium* species) variegated cultivars	Nephthytis						X		X	X
合果芋 (*S.* species green cultivars)	Nephthytis					X	X		X	X
千母草 (*Tolmiea menziesii*)	Piggyback plant			X						
紫露草類 (*Tradescantia* species)	Wandering jew								X	
象腳王蘭 (*Yucca elephantipes*)	Spineless yucca		X	X		X			X	
美鐵芋 *Zamioculus zamiifolia*	ZZ plant			X	X					

的繁殖母株，將作為未來採穗用的母株。如果在任何測試或插穗生產過程中發現了患病的母株或插穗，則該染病的母株及由其繁殖的所有植物都應被銷毀。

衛生（Sanitation）

進行病害檢測後，大多數物種都不會感染嚴重系統性病害，但仍必須確保無病的母株和插穗的衛生，防止切穗感染病原體，定期清潔和消毒繁殖所用長凳、工具、容器和手。對於許多物種而言，衛生是成功繁殖的關鍵要素。

繁殖母株（Stock Plants）

繁殖母株為扦插枝條切取來源。插穗可自繁殖母株取得，也可來自生產植株修剪下來的枝條。如果使用繁殖母株，則應將其視為一種作物，用以生產高質量的插穗，因此需規劃足夠的空間和投注心力栽培，插穗母株也可以在生產季節結束時作為較大盆植栽出售。劣質植物很可能是由於從營養不足、病蟲害感染、或過老且木質化母株取穗繁殖造成的。切取插穗的時機十分重要，因為切取插穗的成熟度會影響後續發根狀況，例如聖誕紅扦插發根能力與枝條年齡具顯著關係。其影響程度隨栽培品種的不同而有所差異。對於對光週期敏感的植物，必須避免母株提早開花，以免對插穗發根能力造成不利影響，延誤農作物的繁殖，或使插穗無繁殖功能。如果繁殖過程中插穗易有徒長狀況，可以在取得插穗之前在母株上施用生長抑制劑。

最後，在選擇母株時必須格外謹慎，確認品種正確、健康有活力，定期檢查繁殖母株，並清除任何突變或活力不佳的植物。保留母株至下一年度時，請選擇最好的繁殖母株，而不是未售出剩餘的植物。另外，需隨時注意植物的任何變化，如葉片雜色等不在期望內之特性，通常可以歸因於母株選擇不當。

發根物質（Rooting Compounds）

發根物質的需求取決於所繁殖的物種，發根激素對於某些物種商業繁殖發根十分重要，而對有些物種而言則無效或不必要。對於許多物種而言，發根物質不是必需的，但會加速根的萌發，增加發根的均勻度，並增加發根數量和質量。發根物質對難以發根或需要均勻發根的物種最具經濟效益。

商業發根物質含有植物生長素，有些含有殺菌劑和其他物質（請參閱第 8

章「植物生長調節」），吲哚 -3- 丁酸（Indole-3-butyric acid, IBA）和萘乙酸（naphthaleneacetic acid, NAA）是最常見的有效發根植物生長素，通常含有 0.1% IBA 的產品足以使草本植物發根，對於難以發根的物種，可能需要更高的濃度。這些發根劑多以粉末沾在插穗基部，粉末多為混合了滑石粉的生長激素，可有效地一次沾附於整批插穗基部，輕拍插穗即可清除多餘的粉末。此外，插穗的末端應保持溼潤以利發根劑沾附。

生長素也可以溶解在乙醇或異丙醇中，與水的比例為 1：1，液體處理通常可提升發根的一致性，因為液體施用比粉塵更加均勻，但是粉狀施用比液態更方便取用，也可避免疾病傳播。需確保容器密閉，以防酒精蒸發。

介質（Media）

將插穗插入泡棉或岩棉條（使用前應浸溼）、可膨脹的泥炭顆粒或經介質填充的盆子或托盤中，避免將介質堆積在插穗周圍，並避免軟管澆水，兩種方法都會壓實介質，並減少了插穗底部的氧氣供應，而抑制根系發育並易使病原體孳生。在枝條頂部噴薄霧，保持插穗硬挺。若使用育苗盤繁殖，則介質可含有少量肥料，以 2：1（水：介質）懸浮法測量時，EC 值應低於 $0.8 \text{ dS} \cdot \text{m}^{-1}$。

溫度（Temperature）

發根的最佳介質溫度因物種而異，但通常為 22-24°C，適宜的介質溫度將加快發根，當溫度過高或過低可能會延遲、抑制發根、降低發根均勻性，並增加插穗發病率。可能需於介質底部加熱以保持適當的介質溫度。

光照（Light）

扦插繁殖區域可適當遮蔭，以防插穗因乾燥而枯萎。光照度通常應小於 2,000 fc（400 $\mu\text{mol} \cdot \text{m}^{-2} \cdot \text{s}^{-1}$），但過低的光度會減慢發根或導致生長緩慢，最佳光度通常為 1,400-1,800 fc（280-360 $\mu\text{mol} \cdot \text{m}^{-2} \cdot \text{s}^{-1}$），當扦插發根後，可適當地漸次增加光線。

噴霧與薄霧（Misting and Fogging）

噴霧和薄霧都是直接將水施用到插穗上，以減少蒸發作用保持插穗的硬挺，進

而使根系發育。薄霧系統產生的水顆粒大小比噴霧系統小，因此，使用薄霧系統減少了施水量，並減少了葉片養分的淋洗。噴霧或薄霧系統應完全覆蓋整個床架，以確保所有插穗均勻溼潤，且不會因過於潮溼而造成傷害。冷水會嚴重延遲發根，尤其在低溫的天候，可將水加熱到 29-32°C；如果空氣溫暖乾燥，則可能需要在夜間啟用噴霧和薄霧系統，可於幾天後停止。噴霧通常由定時器控制，但專為晴天設置的時間間隔會導致陰天時過度噴霧，這可能會延遲發根並促進病原體的生長。過於潮溼的環境可能導致葉片營養流失與黃化，為防止該任何情況發生，可將少量的氮和鉀加入噴霧溶液中，每 379 公升加入 57 克的 KNO_3 和 85 克的 $Ca(NO_3)_2$ 之混合物可提供約 55 ppm 的氮和鉀。噴霧或薄霧的噴灑頻率與持續時間也可透過測量太陽輻射量、蒸發或蒸氣壓差，使用設備進行控制（請參閱第 5 章「水」），這樣的控制系統使噴霧或薄霧的施用與環境條件更直接相關，可避免插穗溼度不足或太潮溼。

　　無論採用何種控制系統，都應在插穗開始發根或在弱光條件下降低噴霧頻率，如果日間溫度可順利控制或環境溼度高，則可以完全關閉噴霧。

帳篷（Tents）

　　高溼度帳篷通常比噴霧系統更為可行，因為帳篷可以避免過度澆水、藻類在地面上滋生、系統故障並確保繁殖環境條件一致（圖 1-4）。與噴霧和薄霧相比，高溼度的帳篷還可以減少葉子中養分的流失、葉子上的水氣凝結以及疾病的發生。帳篷免除了對噴霧和薄霧系統的需求，也使繁殖植物能直接種植到最終容器中。帳篷繁殖的主要缺點是需安裝、拆卸和處理塑料所需的額外勞力。由於帳篷下的熱量容易聚積，帳篷在高光強度或高溫區域可能較不可行，即使有額外的遮蔭以降低光強度也是如此，通常冬天在弱光條件下使用透明塑膠布，夏天在光線較大的情況下則使用白色塑膠布。為了在繁殖過程中提供短日環境，例如風鈴草盆栽，可以在晚上用額外的黑色塑料層覆蓋帳篷（圖 1-5）。

　　搭建帳篷的方法如下：在植床上鋪上有穿孔的塑料網布，使至少 1 呎懸在植床的側面，接著在植床上放置毛細管墊和帶孔的黑色覆蓋塑料，將盆器放在已澆水的毛細管墊上，手動噴溼插穗後，用白色或透明的塑膠帳幕覆蓋在植床之上，使植床

內插穗能於空氣溼度高的環境生長。帳篷應在開始繁殖的 24 小時內蓋上，此後可以每天打開帳篷使新鮮空氣進入，並在插穗開始生根後使其健化，最後將塑膠帳幕去除。

圖 1-4　使用高溼度帳篷繁殖。（張耀乾攝影）

圖 1-5　使用高溼度帳篷繁殖，外層可替換為黑色塑膠布用於短日處理。（張耀乾攝影）

適當行株距（Spacing）

　　在繁殖區需於插穗之間保留足夠空間，以確保充分的空氣流通，而插穗的葉子

不應遮蔽相鄰插穗的生長點，因爲可能會延遲插穗的生根。

疾病（Diseases）

許多疾病很常見於潮溼的插穗繁殖區，其中兩種常見的疾病是灰黴病和細菌性軟腐病（*Erwinia*），它們都具有廣泛的宿主範圍，可能感染幾乎所有種類的插穗（請參閱第 9 章「病蟲害管理」）。灰黴病（*Botrytis*）灰色、毛絨狀的眞菌生長區域通常始於受傷或壞死的區塊，接著感染健康組織。細菌性軟腐迅速擴散，細菌散布在飛濺的水中，因此，細菌軟腐在霧氣傳播過程中尤其麻煩。

衛生對於預防這兩種疾病都十分重要，快速清除感染的組織或切穗，即可有效消除感染，稍嚴重時可以使用殺眞菌劑和殺菌劑來控制。在幼苗上使用化學藥品，可能會發生植物毒害，應將化學藥品作爲最後的手段。而對於長期性發生的病害，首先要實行嚴格的衛生措施，如果感染問題仍然存在，則可以在繁殖前一至數天使用殺蟲劑作爲預防措施，但須確實遵守用藥規範。

繁殖後期管理（Postpropagation Care）

當插穗的根開始形成後，有些植物可以開始施用肥料和殺眞菌劑。一旦明顯生根，就可以開始進行低濃度液肥的施用，施肥濃度應低，以防在弱光環境下過度生長和組織軟化，並防止高可溶性鹽對根的損害。插穗生根後應立即移植至生長盆器中，並避免在種植過程中萎凋，插穗種植的深度同於繁殖階段。各項操作必須十分小心，直到插穗完全適應新環境，札根並開始生長。

莖插（Stem Cuttings）

根據植株種類和作物生產時程，可以採用各種類型的莖條。頂生插穗包括莖頂、嫩葉和一片或多片成熟葉，它們通常能以最快的速度長成可販售的植株（圖 1-6；圖 1-7）。插穗的大小取決於繁殖的物種，老莖組織的生根速度通常比年輕組織慢，某些物種的莖，如黃金葛（*Epipremnum aureu*）在節上產生不定根，繁殖歷程加速。有些植物可以在生長季後再切取更大更強壯的枝條進行扦插（例如聖誕紅），以更快地獲得大植株。通常，莖粗且節間短的插穗可產出最好的植株，只去除阻礙插穗插入介質中的葉子，並且插穗上至少應留有一片完全成熟的葉子，如果沒有成熟的葉片留在枝條上來提供光合產物，將使生根速度減慢。

圖 1-6　彩葉草的莖插穗已除去下部的葉子，準備插入繁殖介質中。（朱修煒攝影）

圖 1-7　完成發根的天使花插穗，準備進行移植。（林羲攝影）

使用帶有一個或多個腋芽和葉但不帶莖頂的莖插物種，包含黃金葛、繡球花、吊竹草和巴西鐵樹；單芽插穗指只有一個腋芽（眼）的那些莖段（圖 1-8）；雙芽（眼）插穗有兩個腋芽。葉芽插穗是單芽插中只含了少量莖，包括一個節和腋芽，並且莖和芽都插入了介質表面以下，當繁殖材料受到限制時，通常使用葉芽插穗。

圖 1-8　插穗由葉子、芽和莖組織組成，葉片已被修剪以減少葉表的蒸散作用。（林藔攝影）

不帶葉片的莖幹扦插用於龍血樹和其他具莖幹特徵的植物，從母株切下成熟莖，將其切成不同長度的莖幹，接著插入介質中。須留意確保插入到介質中的枝條端是莖的基部末端（為之前靠近母株根部的那端）。

根插（Root Cuttings）

透過切取植株根部並將其切段來繁殖植物，接著將其種植在介質中，如為垂直插入〔如柳葉馬利筋（*Asclepias tuberosa*）〕的根插，須確保在種植根條時為正確的方向。為避免種植方向混淆，可以將切口的近端（之前最靠近芽冠部位）平切，而遠端（距離芽冠最遠的部分）可以切成一斜切角度，根條的近端向上種植。許多物種的扦插，例如東方罌粟（*Papaver orientale*）的根，可水平置放於介質表面下方 2.5-5 公分處，免除定向的問題。

葉插（Leaf Cuttings）

許多常見的花卉栽培作物都可以由葉片繁殖，包括非洲董（*Saintpaulia ionantha*）、蝦蟆秋海棠（*Begonia* Rex Cultorum）、虎尾蘭科、圓葉椒草、鏈球果和許多多肉植物。將虎尾蘭葉子切成段，並將基端向下插入介質，每個部分都能再生芽和根。葉插的極端型式是使用軟木塞鑽孔器從秋海棠單片葉子上切出數十個葉圓片段（Lagerstedt, 1967）。將葉圓片用 IBA 和細胞分裂素處理，並放在培養皿中的溼濾紙上，而其他物種如圓葉椒草需要同時存在葉片和葉柄以進行繁殖。

穴盤生產（Plug Culture）

在花卉產業中，很大一部分的植物繁殖是藉由穴盤栽培（圖 1-9），穴盤苗可以向專業種苗業者購買，也可以在公司內部自行操作。穴盤苗生產已成為花卉產業的重要業務。

圖 1-9　穴盤生產。（張耀乾攝影）

穴盤與育苗盤比較（Plugs Versus Open Flats）

　　與育苗盤繁殖相比，種植或購買穴盤苗有幾個優點，穴盤苗可機械化、自動移植，通常生產時間較短（幾乎沒有移植傷害），更長的貯藏時間，減少疾病傳播並增加了作物繁殖次數。但缺點是不適用於沒有穴盤栽種經驗的種植者。每個穴格中的介質量非常少，限制了排水，但當含水量低時，將會導致穴盤苗迅速變乾，此外，穴格中的介質也容易產生 pH 和營養成分快速變化的問題。而穴盤繁殖需要特殊且昂貴的播種設備，相較於育苗盤育苗需要更大的繁殖面積（大約 4 倍的空間）。多年生植物和木本植物由於發芽期長或不規則的發芽或發根，因此不太適合利用穴盤來繁殖。有些作物由於種子形狀或其他特性，難以進行機械播種，但經過特殊處理的種子，例如去尾（de-tailed）萬壽菊種子，可能適合機械播種。

　　高效率且具成本效益的穴盤苗生產需要高品質、高發芽率且發芽均勻的種子，或是高品質、快速、均勻發根的扦插枝條。穴盤生產可與高效省工技術結合，包括自動播種機、育苗盤填充機、移植機、標籤機、輸送機、盤床、噴水吊桿或淹灌，高度自動化可以完全控制發芽和發根過程，使繁殖苗株生長一致。

購買與自產穴盤苗比較（Purchasing Versus Growing Own Plugs）

　　直接向穴盤苗生產者購買可以避免生產穴盤苗的問題，節省下來的空間可生產更多的農作物。購買穴盤苗還能使花壇植物和田間插穗的種植者不再需要繁殖溫室，或在冬季或春季的較晚期才開始移植及生產。購買穴盤苗的缺點包括失去對品質和時程的控制，單一穴盤苗成本提高以及可選擇品種不多，尤其是試圖從競爭者中脫穎而出的公司可能需要種植自己獨特品種的穴盤苗。許多公司自己生產部分的穴盤苗，其他則購自種苗供應商。

自種子生產穴盤苗（Plugs from Seed）

　　若自種子開始種植生產穴盤苗，生長過程分為四階段：

階段一：胚根突出。

階段二：根系形成與子葉出現。

階段三：第一片子葉展開。

階段四：幼苗即將可移植。

　　每個階段的環境條件將隨物種而異，當穴盤苗從階段一至階段四時，應降低介質溫度和溼度，並增加光照和營養。三色堇為冷涼溫度代表作物，中間溫度為矮牽牛，溫暖作物代表為鳳仙花（Styer and Koranski, 1997）。

三色堇（*Viola ×wittrockiana*）

　　階段一：溫度為 18-24°C、100% 相對溼度，維持 3-7 天。
　　階段二：溫度為 17-24°C、75% 相對溼度、每週施 50-75 ppm N 一次，連續 7 天。
　　階段三：溫度為 16-24°C、每週施 100-150 ppm N 一次、維持 14-24 天。
　　階段四：溫度為 13-18°C、每週施 100-150 ppm N 一次、連續 7 天。

矮牽牛（*Petunia ×hybrida*）

　　階段一：溫度為 24-26°C、100% 相對溼度、90 $\mu mol \cdot m^{-2} \cdot s^{-1}$、維持 3-5 天。
　　階段二：溫度為 20-24°C、85% 相對溼度、90 $\mu mol \cdot m^{-2} \cdot s^{-1}$、每週施 50-75 ppm N 兩次、連續 7-10 天。
　　階段三：溫度為 18-21°C、每週施 100-150 ppm N 兩次、維持 14-21 天。
　　階段四：溫度為 15-17°C、每週施 100-150 ppm N 兩次、連續 7 天。

鳳仙花（*Impatiens walleriana*）

　　階段一：溫度為 22-25°C、100% 相對溼度、90 $\mu mol \cdot m^{-2} \cdot s^{-1}$、維持 3-5 天。
　　階段二：溫度為 21-22°C、75% 相對溼度、90 $\mu mol \cdot m^{-2} \cdot s^{-1}$、每週施 50-75 ppm N 一次、連續 10 天。
　　階段三：溫度為 20-22°C、每週施 100-150 ppm N 一次、維持 14-21 天。
　　階段四：溫度為 17-18°C、每週施 100-150 ppm N 一次、連續 7 天。

扦插繁殖生產穴盤苗（Plugs from Cuttings）

　　取得插穗後的扦插繁殖流程可分為五階段：
　　階段零：插穗抵達前。
　　階段一：插穗取得至扦插。
　　階段二：癒傷組織生成。

階段三：插穗發根。

階段四：微調已發根插穗。

在第零階段，應清潔或消毒插穗處理和繁殖區域，檢查環境調控條件，並備妥潮溼且不含病原體的介質。扦插用的穴盤十分多樣，通常每個單位有84-105穴格。

在第一階段中，打開插穗包裝盒，挑選高品質、未失水及有清楚標示的插穗，有些物種的插穗可以在 7°C 下保存 24 小時再種植。將插穗種植於介質中時，若必要可使用發根劑，並儘快打開薄霧系統以防水分逆境發生。

在第二階段，插穗形成癒傷組織。此時介質應是潮溼的，相對溼度接近100%，但不可過於潮溼，使空氣無法接觸插穗基部。

在第三階段，根部開始發育，新生頂端組織逐漸出現，且更容易維持插穗膨壓。透過減少霧氣噴灑量和頻率，或增加帳篷中的空氣流通量來減少介質中的水分含量。此外，可以開始使用低磷的硝酸態氮肥料，濃度 100-150 ppm 氮。之後施肥濃度可增加至 200 ppm N，以保持 EC 值為 1.5-1.8 dS·m^{-1}，並可以將光強度提高到360-500 µmol·m^{-2}·s^{-1}，並將介質溫度降低到 19-21°C，空氣溫度降低到 16-18°C。若需要可以使用農藥和生長抑制劑。

在第四階段中，須開始減少介質水分以便運輸或種植，輕微萎凋是可以接受的，但不應發生嚴重的萎凋徵狀。可以將光強度提高到 500-800 µmol·m^{-2}·s^{-1}，介質的溫度降低到 18-19°C，而氣溫降低至 14-17°C，如果有需要，可以使用農藥和生長抑制劑。

光照（Light）

穴格生產可以加入提高光合作用的輔助照明，以加速植物的生長（請參閱第 4章「光」），每個高強度光照（high intensity discharge, HID）的照明燈具可以照亮數千個穴格。在發芽後的 4-6 週，有使用 HID 的插穗生長狀況，相較於沒有使用HID 的植株更好、更有活力且品質提升，利於日後生產勢，效益顯著。輔助照明可以使得在相同的空間內生產更多的農作物。

穴盤貯藏（Plug Storage）

在適當環境下，穴盤苗可在溫室中貯藏達 2 週：將氣溫降低到 10-16°C，光度

增加到 500 μmol·m⁻²·s⁻¹ 以上，限制給水，改施用硝酸態氮肥，降低施肥量並使用植物生長調節劑（Styer and Koranski, 1997）。但這可能會增加部分作物早期開花的可能性，尤其是對於雞冠花、萬壽菊、百靈草、洋桔梗、紫苑和百日草等敏感物種。此外，植物生長調節可能對移植後的生長仍有影響，而且生長調節劑難以均勻施用，因此在此階段請謹慎使用植物生長調節劑。

　　將幼苗放在冷涼的地方可以保存一段時日（Heins et al., 1994）。表 1-3 中列出了幾種花壇植物的穴盤苗適合的貯藏條件，在放入貯藏環境之前，請確保穴格內介質潮溼且植株表面乾燥，而良好的空氣流通和殺菌劑的有助於預防葡萄孢屬病害。

表 1-3　多種花壇植物穴盤苗的保存條件和時間（Heins 等，1994）。

品種	是否照光	貯藏溫度 °C（°F）	貯藏時間（週）
紫花藿香薊（*Ageratum houstonianum*）	是	5-13 (41-55)	6
	否	7 (45)	6
四季秋海棠（*Begonia* Semperflorens-Cultorum）	是	2-7 (36-45)	6
	否	5-7 (41-45)	6
球根秋海棠（*Begonia* Tuberhybrida）	是	5-7 (41-45)	6
	否	5-7 (41-45)	4
日日春（*Catharanthus roseus*）	是	7-13 (45-55)	6
	否	7-13 (45-55)	3
雞冠花（*Celosia argentea*）	是	10 (50)	1
	否	10 (50)	1
仙客來（*Cyclamen persicum*）	是	2-5 (36-41)	6
	否	2-5 (36-41)	6
大理花（*Dahlia* ×*hybrida*）	是	5-10 (41-50)	3
	否	5-7 (41-45)	1
新幾內亞鳳仙（*Impatiens hawkeri*）	是	13 (55)	3
	否	13 (55)	1
非洲鳳仙（*Impatiens walleriana*）	是	7 (45)	6
	否	7 (45)	6
六倍利（*Lobelia erinus*）	是	5 (41)	6
	否	5 (41)	4
香雪球（*Lobularia maritima*）	是	2 (36)	6
	否	2 (36)	2

（續下頁）

品種	是否照光	貯藏溫度 ℃（F）	貯藏時間（週）
番茄（*Lycopersicon esculentum*）	是	7 (45)	3
	否	7 (45)	3
天竺葵（*Pelargonium ×hortorum*）	是	2 (36)	4
	否	2 (36)	4
矮牽牛（*Petunia ×hybrida*）	是	2 (36)	6
	否	2 (36)	6
松葉牡丹（*Portulaca grandiflora*）	是	10-13 (50-55)	6
	否	5-7 (41-45)	6
一串紅（*Salvia splendens*）	是	7-13 (45-55)	6
	否	7 (45)	4
孔雀草（*Tagetes patula*）	是	5 (41)	6
	否	5 (41)	3
美女櫻（*Verbena ×hybrida*）	是	7-13 (45-55)	4
	否	7-13 (45-55)	1
大花三色菫（*Viola ×wittrockiana*）	是	2-7 (32-45)	16
	否	0-2 (32-36)	16

球根作物（Geophytes；地下芽植物）

　　地下芽植物為植物形成特定器官以貯藏碳水化合物，包括鱗莖、球莖、塊莖、塊根、根莖和假球莖，常稱為球根作物。這些具貯藏器官的植物，透過這些貯藏器官的增生而繁殖，如唐菖蒲等物種會產生大量的木子（cormlet；圖 1-10）。將球莖、塊莖、塊莖、塊根和根莖切成小塊，每個都包含至少一個營養分生組織（腋芽或芽眼），重新種植後可得新的植株，彩葉芋屬（*Caladium*）、大理花、鳶尾和水仙的貯藏器官可以用此種方式繁殖。也可以剝下鱗莖的鱗片來繁殖百合（*Lilium*），鱗皮鱗莖通常較難繁殖，可以透過去除（scooping）或切割（scoring）莖基盤（鱗莖的底部）來繁殖風信子和西伯利亞藍鐘花的鱗莖（Le Nard and De Hertogh, 1993）。去底盤法（scooping）係除去整個莖基盤，以使鱗片基部形成新的小鱗莖（圖 1-11）；切割法（scoring）是在鱗莖基部切三刀，使小鱗莖在切口長出。繁殖收穫後，需要對植物進行熱處理，以控制蟲害或病害（Dreistadt, 2001）。

圖 1-10　唐菖蒲經自然繁殖於基部產生小球莖（木子）。（張耀乾攝影）

圖 1-11　風信子挖除莖基盤後，於基部形成許多新的小鱗莖。（William B. Miller 攝影）

分株（Division）

　　分株是將成簇聚集的芽和團塊用鋒利的刀械分開，每個部分應包含一些根和一個或多個生長點，使得分開個體能萌芽長成地上部。春季和夏季開花的品種，

會於花後生長，應該在秋季進行分株，如紫錐花（*Echinacea*）和泡盛花（*Astilbe* ×*arendsii*）；夏季和秋季的開花植物，如紫苑（*Aster*）和金毛菊（*Solidago*），開花後幾乎不生長，因此應在春季進行分株。一年四季都可以生長的室內植物可以隨時進行分株，然而春季和初夏光週長和光度高，此時植株再生最快。由於分株需耗費較高的勞動力且繁殖倍率低，因此限制了商業的使用，但觀葉植物仍常使用分株法進而繁殖。

壓條（Layering）

壓條是指誘導仍附在親本上的莖形成不定根的繁殖方法，也可以在多莖植物的基部將莖部埋入土壤或堆土來人工誘導。此方法可以想像成莖梢扦插，但插穗仍存留在母株上。壓條繁殖在自然界即會發生，見於植物低矮靠近地面的枝條，當接觸到土壤時，枝條發根，例如連翹（*Forsythia*）。

普通壓條法（tip layening）係將莖梢彎入土壤或介質中，使其發根並長成植株。通常部分的莖段進入土壤或介質中，但莖頂並不埋入。堆土壓條法（mound layering）為在多莖植物的基部周圍堆放介質，以誘導莖部的根發育。而掘溝壓條法（trench layering）則是將整個植物彎曲並平放在 8-23 公分深的溝渠底部，接著將植物用介質覆蓋，腋芽即會生根，並從介質中向上生長。另外，空中壓條（air layering）是將潮溼的介質（如水苔）包裹在莖的傷口區域上，並用塑料或其他類型的保水膜包裹來使枝條發根，而促進生根的方法包括環狀剝皮或大幅度彎曲莖桿。空中壓條需於莖桿上造成傷口，而發根劑可用於難以生根的物種。掘溝壓條因使嫩芽黃化而促進生根。由於壓條法需要大量勞力及生產空間，因此在花卉栽培很少以壓條進行大規模繁殖。

走莖（Runners and Other Modified Stems）

許多植物生長出伸長或蔓生的莖，且於莖部尾端生成用於繁殖的營養分生組織（Hartmann et al., 1997）。走莖（runners）自葉腋生長，葉腋在地面上方並沿地

面水平生長，在每個節或尖端產生新的植物，將新植物移出並繁殖，或使其在母株上生根，如吊蘭（圖 1-12）、虎耳草。而山茱萸和薄荷會產生匍匐莖（stolons），匍匐莖是生長在土壤表面或以下的莖，並在節點處產生新植株。短匍莖（offsets）和吸芽（suckers）是從植物基部的不定芽或腋芽發育而來的芽，被除去後形成新植株。吸芽傳統上被定義為從根上長出不定芽，但該術語的含義在常用用法中較為模糊，短匍莖和吸芽通常被視為同義詞，走莖和短匍莖通常用於商業繁殖，但短匍莖和吸芽通常限於小規模繁殖。

圖 1-12　吊蘭於走莖尾端生成新的植株。（李伊庭攝影）

嫁接與芽接（Grafting and Budding）

嫁接是將兩株植物或部分植株合併在一起，使它們經細胞分裂和結合後成為一株植物。嫁接用於 (1) 無法經其他方法繁殖的物種或栽培品種；(2) 提高生長勢；(3) 創造出一個新的植物特性，其特徵與母株相比有所改善。例如雜交茶玫瑰，其根部通常生長不佳，但在嫁接到可能有劣質花朵但具強健根部的植株時，生長會更好。在花卉栽培中，常透過將頂級品種嫁接到細長的莖和砧木上，以創造易於修剪或樹木型式的植物，例如玫瑰和杜鵑花。另外，嫁接可用於研究植物生理、植物疾病或育種，將幼苗嫁接到砧木上，以加速成熟和開花，並縮短植物繁殖週期，如蘋果屬

的海棠（crabapple）。

　　然而，嫁接是有限制的，兩種植物之間的親緣關係越近，嫁接成功機率就越大（Hartmann et al., 1997）。當兩種植物屬於同一物種時，嫁接最容易成功；同一屬但不同種之間的嫁接可能成功，但不一定。在某些情況下，同一科不同屬之間以及不同種之間的嫁接可以成功，但在商業上很少見。嫁接是將兩個植物部分形成層的一部分相互接觸，交接處用橡膠布、塑料布或石蠟包裹，以防分離和乾燥，隨後發生細胞分裂，將細胞切口處接合在一起。

　　嫁接方法包含舌接（tongue）、合接（splice）、腹接（side）、側舌接（side-tongue）、鑲腹接（side veneer）、劈接（cleft；圖 1-13）、靠接（approach）等。芽接（budding）是一種嫁接方法，使用一個腋芽和一部分的樹皮，並將其插入第二棵植物的樹皮下。芽接技術包括 T 字、倒 T 字、補片芽接、捲片芽接、管形芽接、I 字芽和削片芽接，嫁接和芽接通常易於學習但難以掌握，可以從 Hartmann 等人獲得詳細的操作步驟（1997）。

圖 1-13　仙人掌劈接。割傷柱狀仙人掌頂部並將蟹爪仙人掌插入，形成完整的植株。（張耀乾攝影）

微體繁殖（Micropropagation）

　　根據 Hartmann 等人（1975）研究，微體繁殖是指在無菌條件下，在培養基上將胚、種子、莖、芽梢、根尖、癒傷組織、單細胞或花粉粒培育出新植物。微體繁殖或體外繁殖讓植物具有能從一株植物生產幾乎無限數量相同植物的潛力。然而，實際上體外繁殖是複雜、費時、具風險且昂貴的，有時還會因細胞變異獲得與親本不相同的植株。商業上許多作物是透過微體繁殖來生產，包括水仙百合、百合、非洲菊、蘭科植物和許多觀葉植物（表 1-2）。微體繁殖對於生產無病砧木（如天竺葵和康乃馨）、新品種的開發和研究特別重要。

本章重點

- 花卉作物商業生產的核心為植物繁殖。
- 繁殖方法可以分為有性繁殖（種子和孢子），以及無性繁殖（扦插、壓條、分株、球根類繁殖器官增殖、嫁接和體外微體繁殖）。
- 物種由二名法命名，第一個詞是該物種的屬名，第二個詞是該物種的種名。
- 栽培種是可以通過某種方式識別的物種變異體，但是栽培種通常不是天然存在的，而是透過栽培維持而來的。
- 雜交種是從不同遺傳的親本雜交產生的植物。
- 在美國，植物育種者可以採用多種方法來保護其育種成果並從中獲利，包括植物專利和商標。
- 可以透過多種方法繁殖植物，包括種子、孢子、扦插、球根類繁殖器官、分株、壓條、匍匐莖、嫁接和微體繁殖。
- 種子應在 25%-35% 的相對溼度下，5-10°C 的溫度下貯藏，並於播種前進行發芽測試。
- 種子供應商或種植者可以進行幾種種子處理，以提高發芽率並簡化播種流程，包括精製、溼冷層積、刻傷、化學浸泡、浸潤作用、滲調、預發芽、造粒、包衣、去尾、除絨。

- 儘管可以用手將種子播種到開放式育苗盤中，但大多數種子可以利用自動播種機播種到穴盤的穴格中。
- 對於大多數物種而言，種子發芽最佳介質溫度是 21-24°C。
- 細小的種子通常在光線下更易發芽，應播種在介質的表面，不要覆蓋介質。
- 高品質、低 EC 值的水和均勻澆灌對於適當的種子發芽至關重要。
- 種子繁殖中最常見的三種疾病是猝倒病（腐霉菌、疫黴菌和根瘤菌）、白絹病和灰黴病。
- 為了優化生產，應儘快移植幼苗。利用育盤育苗，幼苗一般在長出一對本葉時移植；而使用穴盤育苗，通常移植期稍晚，待根部發育良好，可輕易將植株連同根球自穴格中移出時，移植植株。
- 為了減少插穗疾病感染，商業繁殖者開發了一種稱為病害檢測（disease indexing）的流程，該流程可以生產無病的插穗。
- 須隨時保持衛生環境條件，以防插穗感染病原體。
- 發根激素對於某些商業物種的發根非常重要，對其他物種而言則無效或不需要。
- 最佳發根介質溫度因物種而異，但通常為 22-24°C。
- 可以透過霧氣、薄霧或帳篷來確保插穗含水量充足，維持挺度。
- 扦插的類型包括莖插、莖幹扦插、根插和葉插。
- 在花卉作物產業中，很大一部分比例使用穴盤栽培作為大量繁殖的方式。
- 在穴盤生產中，種子發芽過程分為四個階段，扦插繁殖過程分為五個階段。

參考文獻

Ball, V. 1991. Seed germination, pp. 219-223 in *Ball RedBook*, 15th ed., V. Ball, editor. Geo. J. Ball Publishing, West Chicago, Illinois.

Bell, D.T., J.A. Plummer, and S.K. Taylor. 1993. Seed germination ecology in southwestern western Australia. *The Botanical Review* 59: 24-72.

Carpenter, W.J., E.R. Ostmark, and J.A. Cornell. 1995. Evaluation of temperature and moisture content during storage on the germination of flowering annual seeds.

HortScience 30:1003-1006.

Cathey, H.M. 1964a. Control of plant growth with light and chemicals. *The Exchange* 141(11):31-33. Cathey, H.M. 1964b. Control of plant growth with light and chemicals. *The Exchange* 141(12): 33-35.

Craig, R. 1993. Intellectual property protection, pp. 389-404 in *Geraniums IV*, 4th ed., J.W. White, editor. Ball Publishing, Geneva, Illinois.

Darke, R. 1991. A curator's viewpoint. *HortScience* 26: 362-363.

Dreistadt, S.H. 2001. *Integrated Pest Management for Floriculture and Nurseries*. University of California Division of Agriculture and Natural Resources Publication 3402.

Faust, J.E., R.D. Heins, and J. Shimizu. 1997. Quantifying the effect of plug-flat color on medium surface temperatures. *HortTechnology* 7: 387-389.

Fowler, C. 1994. *Unnatural Selection*. Gordon and Breach, Yverdon, Switzerland.

Hartmann, H.T., and D.E. Kester. 1975. *Plant Propagation: Principles and Practices*, 3rd ed. Prentice Hall, Englewood Cliffs, New Jersey.

Hartmann, H.T., D.E. Kester, F.T. Davies, Jr., and R.L. Geneve. 1997. *Plant Propagation: Principles and Practices*, 6th ed. Prentice Hall, Upper Saddle River, New Jersey.

Heins, R., N. Lange, T.F. Wallace, Jr., and W. Carlson. 1994. *Plug Storage*. Greenhouse Grower. Meister Publishing, Willoughby, Ohio.

Horst, R.K. 1990. *Westcott's Plant Disease Handbook*, 5th ed. Van Nostrand Reinhold, New York. Hutton, R.J. 1991. New funds for plant breeding. *HortScience* 26: 361-362.

Joiner, J.N., R.T. Poole, and C.A. Conover. 1981. Propagation, pp. 284-306 in *Foliage Plant Production*, J.N. Joiner, editor. Prentice Hall, Engle- wood Cliffs, New Jersey.

Klopmeyer, M. 1991. The importance of disease in- dexing and pathogen-free production in *Ball RedBook*, 15th ed., V. Ball, editor. Ball Publishing, West Chicago, Illinois.

Koranski, D.S. 1983. Growing annual plugs. *GrowerTalks* 46(11): 28, 30, 32.

Lagerstedt, H.B. 1967. Propagation of begonias from leaf disks. *HortScience* 2(1): 20-22.

Le Nard, M., and A.A. De Hertogh. 1993. General chapter on spring flowering bulbs, p. 705 in *The Physiology of Flower Bulbs*, A. De Hertogh and M. Le Nard, editors. Elsevier, Amsterdam.

McDonald, M.B., and D.F. James. 1997. Enhancing flower seed performance. *GrowerTalks* 61(7): 20, 22, 24-26.

Nau, J. 1999. *Ball Culture Guide, The Encyclopedia of Seed Germination*, 2nd ed. Ball Publishing, Batavia, Illinois.

Pasian, C.C., and M.A. Bennett. 2001. Paclobutrazol soaked marigold, geranium, and tomato seeds produce short seedlings. *HortScience* 36: 721-723.

Rogers, O.M. 1991. Germplasm and how to protect it. *HortScience* 26: 360-361.

Styer, R.C., and D.S. Koranski. 1997. *Plugs and Transplant Production*. Ball Publishing, Batavia, Illinois.

CHAPTER 2

開花調節
Flowering Control

前言

花卉學以開花植物為主要研究範疇，了解開花的過程極為重要。本章將探討花芽創始和發育，及主要影響開花之環境刺激因子（flowering stimuli）。三個主要控制花卉作物開花的環境因子為光週期（photoperiod）、光強度及溫度。每一個物種都具有不同的開花環境需求，甚至同一物種中的不同品種其開花機制亦可能不同。

植株必須達到成熟期，才能感應接收開花誘導的環境刺激。在成熟期之前的階段稱為幼年期（juvenile period），幼年期植株即使置於有利開花之環境中亦不開花。大多數花卉作物的幼年期偏短，並可用許多方式定義之。最少葉片數（或節位數）為最常見用於敘述幼年期的結束時間，例如金魚草（*Antirrhinum majus*）需18-22片葉（Cockshull, 1985）。風鈴草 'Champion' 需 8-9 片葉（Cavins and Dole, 2001）。球根植物的幼年期則多以周徑定義，例如紫燈花（*Triteleia*）塊莖應至少周徑在 3-4 公分。鬱金香（*Tulipa*）鱗莖需至少周徑 6-10 公分（Fortanier, 1973）。

應用光週期誘導開花時，應考慮植株乾物重或大小。植株需具有一定的葉片〔光合作用容量（photosynthetic capacity）〕，以提供具商業標準的花朵數及品質。雖然能促使部分物種快速開花而降低成本，但可能降低品質，例如菊花（*Dendranthema ×grandiflorum*）插穗發根苗若不能在短日〔誘導之光週期（inductive photoperiod）〕前先於長日〔非誘導之光週期（noninductive photoperiod）〕環境生長 7-14 天，則盆花會於太矮時就開花且花會太小。

除了能夠感應接受開花誘導刺激外，結束幼年期之成年期植株尚有其他特性（Hacket, 1985），例如成年期的常春藤（*Hedera helix*）直立生長、不易扦插繁殖、可開花、具木質莖與全緣葉片。然而市面上常見的常春藤多為幼年期，其匍匐生長、易扦插繁殖、莖柔軟，且葉片具裂片，與成年期之葉片形態大為不同。

有些植物即使已成熟且置於有利開花環境亦不開花，此乃未接受適當的開花刺激所致。例如盆栽型西洋杜鵑（*Rhododendron*）於秋季短日花芽創始後，尚需以 2-7°C 低溫處理 4-6 週，花芽才能順利綻放。

開花過程首先為開花誘導（flower induction），此時植物體內開始進行分化花原體前所需之生化反應過程。而花芽創始（flower initiation）則是第一個實際可觀

察到花原體的階段；頂端分生組織逐漸改變形狀，並可看到花器官形成。部分植物的花芽發育（flower development）一旦花芽創始後就不會停止而直到開花；然而亦有部分物種，一旦環境改變則花芽會停止發育或敗育。有些花卉，如西洋杜鵑，花芽創始及早期花芽發育會在短日下進行，但花芽需要接受低溫處理，後續的發育及開花才能完成。與自然環境之變化相呼應，花芽創始與花芽發育的臨界光週期可能不同。例如短日植物聖誕紅（*Euphorbia pulcherrima*）可於夏末因夜晚漸長而花芽創始，但仍需較長的夜晚時間（呼應秋季）花芽才能繼續發育。除此之外，低光強度、水分不足或其他逆境皆有可能造成花芽夭折（flower bud abortion）。

　　開花（anthesis, flowering）的定義會因物種而略有不同，然而常指花朵中可見花粉或植物花莖達到可採收階段。開花的最後階段是老化（senescence），此時花朵器官會萎凋脫落。若是觀果花卉，例如觀賞辣椒（*Capsicum annuum*）之開花結束，則表示果實可能正開始發育。

　　光週期、光強度及低溫不僅影響花芽創始及發育，也可能有以下之影響：例如貯藏器官形成、誘導或打破休眠狀態、莖抽長、最少花下節位數、側芽發育及發根等。例如 11-12 小時或更短的光週期會誘導大理花（*Dahlia*）形成塊根，休眠的塊根必須經 0-10°C 處理 6 週後，才回復生長（Konishi and Inaba, 1967; Moser and Hess, 1968）。莖抽長與節位數經常有相關性，例如短日使向日葵（*Helianthus annuus*）提早開花，也使花下節位數及株高降低（Pallez et al., 2002）。然而低溫打破鬱金香鱗莖休眠，會促使莖抽長但不影響花下節位數。增加打破鱗莖休眠的低溫處理時間，更能促進莖抽長，但仍不影響花下節位數。

　　開花也與植物形態及生長習性有關，有限生長（determinant）植物之頂端分生組織因形成頂生花序，花序上方不再增生葉或花，例如聖誕紅。而無限生長（indeterminant）植物如朱槿，則在葉腋形成花序，主莖仍持續營養生長。對有限生長植物而言，分化至若干葉片數後，即因花芽創始且頂花之上不再分化葉片，因此決定植株的花下節位數。例如聖誕紅在扦插繁殖 4 週後處理短日，相較於扦插繁殖 8 週後處理短日者，因較早花芽創始而導致其花下節位數較少且植株較矮。因此，花芽創始不僅影響開花時間，也與株高及花下葉片數息息相關。不過對無限生長型植物而言，腋生花芽及開花數視頂芽是否仍持續分化葉片而定，任何抑制主莖

生長速率的因子，諸如低光或不適當的溫度等，皆有可能使花朵數減少。因此，無限生長型植物之花芽創始並不使營養生長結束，對節位數及株高也只有些微影響。

　　許多花卉可依誘導開花環境至開花所需的時間而以品種分群（response groups）。以聖誕紅及菊花等短日植物而言，以短日處理至開花之週數將聖誕紅品種分為 6.5-10 週品種，而菊花則可分為 6-15 週品種。了解各品種群之短日反應週數，有利生產者預測開花日期而規劃生產。

　　生產者多以週為單位規劃生產曆，以美國地區而言，將 1 月第一週為生產曆第一週（week 1），則 12 月最後一週則為第 52 週（week 52）。以週數表示更為簡潔，例如以第 35 週可表示 8 月 29 日至 9 月 4 日，不過應注意每年的日期與週數會有變化。

光週期（Photoperiod）

　　光週期反應是植物對夜長之反應，能夠調節許多生育過程，例如花芽創始及花芽發育（表 2-1）、植物休眠、種子發芽、形成貯藏器官及生育習性等。植物的光週期反應大略可歸納為三大類，即短日（short day, SD）、長日（long day, LD）及日中性（day neutral, DN）。短日植物會因黑暗時間長於臨界夜長（critical night length）而開花；反之，長日植物會因黑暗時間短於臨界夜長而開花。例如，菊花及聖誕紅會在短日條件下開花，而球根秋海棠則在長日下開花。日中性植物（如種子型天竺葵）則不論何種日長都會開花。

　　許多植物在大範圍之日長環境皆能開花，但在短日或長日下開花較早，此類則被稱為相對性或非絕對性（facultative, quantitative）短日／長日植物。增加短日或長日的週期數可以使開花時間縮短。然而，絕對性（obligate, absolute, qualitative）短日／長日植物則必須在適切的光週期下才能開花。鼠尾草屬植物有許多相對性短日植物；而聖誕紅則為絕對性短日植物。除了開花反應外，其他生育過程例如休眠，亦有可能為相對性或絕對性反應。

　　臨界光週期因物種而異。例如同為長日植物，金盞花（*Calendula*）臨界光週為 6.5 小時；而脆鐘花（*Campanula fragilis*）則為 14-16 小時（Kamlesh and Kohli,

1981; Zimmer, 1985）。誘導開花反應所需最少短日或長日週期亦因物種而異。例如朝顏（*Pharbitis nil*）僅需一個短日，而聖誕紅則需數週。在聖誕紅苞片初形成時，自短日移至長日環境，苞片會轉為綠色且形似葉片，事實上聖誕紅應持續置於短日直到開花為止，以免幼苞片形成綠色（圖 2-1）。

圖 2-1　聖誕紅（*Euphorbia pulcherrima*）因未持續置於短日而苞片轉綠。

表 2-1　數種花卉作物開花之光週期反應。本表僅列出常用於商業栽培之物種及雜交種，各物種內特定品種的光週期反應可能會不同。且表中所列有許多物種皆是未春化之反應，許多物種一旦經過春化處理，則在多種光週期下皆能開花。有部分物種光週期需求會因栽培環境溫度或光強度而變化。

作物學名	光週期反應
風鈴花（*Abutilon* ×*hybridum*）	日中性
蓍草（*Achillea* species）	日中性或絕對長日性
埃及蓍草（*A. aegyptiaca* 'Taygetea'）	相對長日性
巴爾幹蓍草（*A. clypeolata* ×'Taygetea': 'Anthea', 'Moonshine'）	相對長日性
鳳尾蓍（*A. filipendulina* 'Cloth of Gold'）	絕對長日性
鳳尾蓍（*A. filipendulina* 'Gold Plate'）	相對長日性
雜交蓍草（*A. filipendulina* ×*clypeolata* 'Coronation Gold'）	相對長日性

（續下頁）

作物學名	光週期反應
西洋蓍草（*A. millefolium* × 'Taygetea': 'Appleblossom', 'Fireland', 'Galaxy', 'Hope', 'Paprika', 'Terra Cotta'）	相對長日性
西洋蓍草（*A. millefolium* × 'Summer Pastels'）	絕對長日性
白蒿古花（*A. ptarmica* 'The Pearl'）	相對長日性
長毛蓍草（*A. tomentosa* 'King Edward VIII'）	日中性
長筒花（*Achimenes* hybrids）	日中性
藿香（*Agastache* × 'Blue Fortune'）	相對長日性
藿香薊（*Ageratum houstonianum*）	相對長日性
藿香薊（*A. houstonianum* 'Blue Danube', 'Tall Blue Horizon'）	相對長日性
麥桿石竹（*Agrostemma githago*）	絕對長日性
蜀葵（*Alcea rosea*）	相對長日性
百合水仙（*Alstroemeria* hybrids）	相對長日性
尾穗莧（*Amaranthus caudatus*）	相對短日性
尾穗莧（*A. hybridus* 'Pygmy Torch'）	日中性
蕾絲花（*Ammi majus*）	絕對長日性
白頭翁（*Anemone coronaria*）	日中性或絕對長日性
打破碗花花（*A. hupehensis*）	絕對長日性
蒔蘿（*Anethum graveolens* 'Mammoth'）	絕對長日性
袋鼠爪花（*Anigozanthos* species and hybrids）	日中性、相對短日性或相對長日性
黃袋鼠爪花（*A. flavidus*）	相對長日性
袋鼠爪花（*A. manglesii*）	相對短日性
紅袋鼠爪花（*A. rufus*）、金袋鼠爪花（*A. pulcherrimus*）、雜交袋鼠爪花（*A. flavidus* × *manglesii*）	日中性
火鶴花（*Anthurium* species）	日中性
金魚草（*Antirrhinum majus*）	相對長日性
金魚草（*A. majus* 'Floral Showers Crimson', 'Spring Giants'）	相對長日性
樓斗菜類（*Aquilegia* species）	日中性或相對長日性
海石竹（*Armeria* × *hybrida* 'Dwarf Ornament Mix'）	日中性
大海石竹（*A. latifolia*）	日中性
柳葉馬利筋（*Asclepias tuberosa*）	絕對長日性
車葉草（*Asperula arvensis* 'Blue Mist'）	絕對長日性

（續下頁）

作物學名	光週期反應
紫菀類（*Aster* species）	日中性或相對長短日性
阿爾卑斯紫菀（*A. alpinus* 'Goliath'）	日中性
叢紫菀（*A. dumosus*）	相對長短日性
雜交紫菀（*A. ericoides*）	相對長短日性
友禪菊（*A. novi-belgii*）	相對長短日性
白毛紫菀（*A. pilosus*）	絕對短日性
美花泡盛草（*Astilbe* ×*arendsii*）	日中性或相對長日性
北美靛藍（*Baptisia australis*）	日中性
麗格秋海棠（*Begonia* ×*hiemalis*）	絕對短日性或相對短日性
四季秋海棠（*B. semperflorens-cultorum* cultivars）	日中性
球根秋海棠（*B. tuberhybrida* cultivars）	相對長日性
九重葛（*Bougainvillea spectabilis*）	相對短日性
蒲苞花（*Calceolaria* ×*herbeohybrida* cultivars）	相對長日性
金盞花（*Calendula officinalis*）	絕對長日性或相對長日性
金盞花（*C. officinalis* 'Calypso Orange'）	相對長日性
小花矮牽牛（*Calibrachoa* 'Colorburst Violet', 'Liricashowers Rose'）	相對長日性
翠菊（*Callistephus chinensis*）	絕對長日性或相對長短日性
風鈴草類（*Campanula* species）	日中性或絕對長日性
風鈴草（*C.* 'Birch Hybrid'）	相對長日性
同葉鐘花（*C. isophylla*）	絕對長日性或相對長日性
風鈴草（*C. medium*）	絕對短長日性
風鈴草（*C. medium* 'Champion'）	絕對長日性
廣口鐘花（*C. carpatica* 'Blue Clips'）	絕對長日性
匍叢鐘花（*C. fragilis*）	絕對長日性
C. leucophylla	絕對長日性
桃葉風鈴草（*C. persicifolia*）	日中性
坡巧氏鐘花（*C. poscharskyana*）	絕對長日性或相對長日性
辣椒（*Capsicum annuum*）	日中性
南非松葉蔔（*Carpanthea pomeridiana* 'Golden Carpet'）	日中性
紅花（*Carthamus tinctorius* 'Lasting Yellow'）	相對長日性
蘭香草（*Caryopteris incana*）	相對短日性
藍苦菊（*Catananche caerulea* 'Blue'）	絕對長日性
日日春（*Catharanthus roseus*）	日中性
嘉德麗雅蘭（*Cattleya* hybrids）	相對短日性
羽狀雞冠花（*Celosia argentea*）	相對短日性或絕對短日性

（續下頁）

作物學名	光週期反應
羽狀雞冠花（*C. argentea* 'Chief Mix'）	相對短日性
羽狀雞冠花（*C. argentea* Plumosa group 'Flamingo Feather Purple'）	絕對短日性
矢車菊類（*Centaurea* species）	相對長日性或絕對長日性
矢車菊（*C. cyanus* 'Blue Boy'）	絕對長日性
紅纈草（*Centranthus macrosiphon*）	日中性
大薊（*Cirsium japonicum*）	日中性
古代稀（*Clarkia amoena*）	日中性或絕對長日性
大花鐵線蓮（*Clematis* ×*jackmanii*）	相對長日性
醉蝶花（*Cleome hassleriana*）	日中性或相對長日性
醉蝶花（*C. hassleriana* 'Pink Queen'）	相對長日性
醉蝶花（*C. hassleriana* 'Rose Queen'）	日中性
醉蝶花（*C. spinosa*）	相對短日性
龍吐珠（*Clerodendrum thomsoniae*）	相對短日性
紅萼龍吐珠（*C.* ×*speciosum*）	相對短日性
電燈花（*Cobaea scandens*）	日中性
藍唇花（*Collinsia heterophylla*）	相對長日性
千鳥草（*Consolida ambigua*）	相對長日性
三色旋花（*Convolvulus tricolor* 'Blue Enchantment'）	日中性
大金雞菊（*Coreopsis grandiflora*）	相對長日性或絕對長日性
大金雞菊（*C. grandiflora* 'Early Sunrise'）	絕對長日性
大金雞菊（*C. grandiflora* 'Sunray'）	相對長日性
細葉金雞菊（*C. verticillata* 'Moonbeam'）	絕對長日性
黃堇（*Corydalis lutea*）	日中性或相對長日性
巧克力波斯菊（*Cosmos atrosanguineus*）	相對長日性
大波斯菊（*C. bipinnatus*）	相對短日性或絕對短日性
大波斯菊（*C. bipinnatus* 'Early Wonder', 'Diablo', 'White Sensation'）	相對短日性
黃波斯菊（*C. sulphureus*）	絕對短日性
鳥尾花（*Crossandra infundibuliformis*）	日中性
仙客來（*Cyclamen persicum*）	日中性
大理花（*Dahlia* cultivars）	相對短日性
翠雀花（*Delphinium elatum* 'Blue Mirror'）	日中性
菊花（*Dendranthema* ×*grandiflorum*）	絕對短日性或相對短日性
石竹／康乃馨（*Dianthus* species）	日中性或相對長日性

（續下頁）

作物學名	光週期反應
修道石竹（*D. carthusianorum*）	日中性或相對長日性
康乃馨（*D. caryophyllus*）	相對長日性
中國石竹（*D. chinensis* 'Ideal Cherry Picotee'）	相對長日性
少女石竹（*D. deltoides* 'Zing Rose'）	日中性
海角金盞（*Dimorphotheca aurantiaca*）	日中性或絕對長日性
海角金盞（*D. aurantiaca* 'Mixed Colors'）	日中性
海角金盞（*D. aurantiaca* 'Salmon Queen'）	絕對長日性
扁豆（*Dolichos lablab*）	絕對短日性
紫錐花（*Echinacea purpurea*）	相對長日性或絕對長日性
紫錐花（*E. purpurea* 'Bravado'）	絕對長日性
藍球薊（*Echinops bannaticus*）	相對長日性
金英花（*Eschscholzia californica* 'Sundew'）	相對長日性
銀邊翠（*Euphorbia marginata*）	絕對短日性
聖誕紅（*E. pulcherrima*）	絕對短日性
洋桔梗（*Eustoma grandiflorum*）	日中性或相對長日性
紫芳草（*Exacum affine*）	日中性
小蒼蘭（*Freesia* ×*hybrida*）	日中性
吊鐘花類（*Fuchsia* hybrids）	日中性或絕對長日性
吊鐘花（*F.* 'Dollar Princess'）	絕對長日性
吊鐘花（*F.* 'Gartenmeister'）	日中性
大花天人菊（*Gaillardia grandiflora* 'Goblin'）	絕對長日性
白蝶草（*Gaura lindheimeri* 'Whirling Butterflies'）	相對長日性
勳章菊（*Gazania rigens* 'Daybreak Red Stripe'）	絕對長日性
小鸛草（*Geranium dalmaticum*）	相對長日性
非洲菊（*Gerbera jamesonii*）	相對短日性
千日紅（*Gomphrena globosa*）	日中性或相對短日性
千日紅（*G. globosa* 'Bicolor Rose'）	相對短日性
紫絨藤（*Gynura aurantiaca*）	相對長日性
霞草（*Gypsophila elegans*）、滿天星（*G. paniculata*）	相對長日性或絕對長日性
滿天星（*G. paniculata* 'Snowflake'）	絕對長日性
向日葵（*Helianthus annuus*）	日中性或相對短日性
向日葵（*H. annuus* 'Big Smile', 'Elf', 'Pacino', 'Sunbright', 'Sunrich Orange', 'Sunspot', 'Teddy Bear'）	相對短日性
向日葵（*H. annuus* 'Sundance Kid'）	日中性
向日葵（*H. debilis* 'Vanilla Ice'）	相對長日性

（續下頁）

作物學名	光週期反應
赫蕉（*Heliconia* species）	日中性、相對長日性或相對短日性
金眼菊（*Heliomeris multiflora*）	相對長日性
珊瑚鐘（*Heuchera sanguinea* 'Bressingham Hybrids'）	日中性
大花芙蓉（*Hibiscus moscheutos*）	絕對長日性
大花芙蓉（*H. moscheutos* 'Disco Belle Mixed'）	絕對長日性
朱槿（*H. rosa-sinensis*）	日中性
玉簪（*Hosta* cultivars and species）	絕對長日性
玉簪〔*H.* 'Fortunei Hyacinthina', 'Francee', 'Golden Scepter', 'Golden Tiara', 'Lancifolia', 'Royal Standard', 'Tokudama' (gold), 'Tokudama' (green), 'Undulata Variegata'〕	絕對長日性
玉簪（*H. montana*）	絕對長日性
玉簪（*H. plantaginea*）	絕對長日性
繡球花（*Hydrangea macrophylla*）	日中性或相對短日性
八寶景天〔*Hylotelephium (Sedum spectabile* × *telephium*) 'Autumn Joy'〕	絕對長日性
金絲桃類（*Hypericum* species）	相對長日性
常綠屈曲花（*Iberis sempervirens* 'Snowflake'）	日中性
鳳仙花（*Impatiens balsamina*）	絕對短日性
新幾內亞鳳仙花（*I. hawkeri*）	日中性
非洲鳳仙花（*I. walleriana*）	日中性
槭葉蔦蘿（*Ipomoea* ×*multifida* 'Scarlet'）	相對短日性
牽牛花／蔦蘿類（*I.* species）	相對短日性
魚花蔦蘿（*I. lobata*）	絕對短日性
紅吉利花（*Ipomopsis rubra* 'Hummingbird Mix'）	絕對長日性
長壽花（*Kalanchoe blossfeldiana*）	絕對短日性
香豌豆（*Lathyrus odoratus* 'Royal White'）	絕對長日性
薰衣草（*Lavandula angustifolia* 'Hidcote Blue'）	絕對長日性
花葵（*Lavatera trimestris* 'Silver Cup'）	絕對長日性
神鑒花（*Legousia speculum-veneris*）	絕對長日性
西洋濱菊（*Leucanthemum* ×*superbum*）	相對長日性或絕對長日性
西洋濱菊（*L.* ×*superbum* 'Snowlady'）	相對長日性
西洋濱菊（*L.* ×*superbum* 'Snowcap'）	絕對長日性
露薇花（*Lewisia cotyledon*）	日中性
麒麟菊（*Liatris spicata*）	相對長日性

（續下頁）

作物學名	光週期反應
鐵砲百合（*Lilium longiflorum*）	相對長日性
百合（*L.* hybrids）	相對長日性
荷包蛋花（*Limnanthes douglasii*）	絕對長日性
星辰花（*Limonium sinuatum*）	相對長日性
星辰花（*L. sinuatum* 'Fortress Deep Rose', 'Heavenly Blue'）	相對長日性
多花秀麗（*Linanthus hybrida*）	絕對長日性
柳穿魚（*Linaria maroccana*）	日中性或相對長日性
宿根亞麻（*Linum perenne*）	日中性或絕對長日性
宿根亞麻（*L. perenne* 'Sapphire'）	日中性
六倍利（*Lobelia erinus*）	日中性或絕對長日性
六倍利（*L. erinus* 'Crystal Palace'）	絕對長日性
大花山梗菜（*L.* ×*speciosa*）	相對長日性
大花山梗菜（*L.* ×*speciosa* 'Compliment Scarlet'）	相對長日性
香雪球（*Lobularia maritima*）	日中性
雙景羽扇豆（*Lupinus hartwegii* 'Bright Gems'）	相對長日性
番茄（*Lycopersicon esculentum*）	日中性
矮桃（*Lysimachia clethroides*）	絕對長日性
紫羅蘭（*Matthiola* hybrids）	相對長日性
夜香紫羅蘭（*M. longipetala* 'Starlight Scentsation'）	日中性
龍頭花（*Mimulus* ×*hybridus* 'Magic'）	絕對長日性
紫茉莉（*Mirabilis jalapa*）	日中性或絕對長日性
葉芹草（*Nemophila maculata* 'Pennie Black'）	日中性
粉蝶花（*N. menziesii*）	日中性
花菸草（*Nicotiana alata*）	日中性或相對長日性
花菸草（*N. alata* 'Domino White'）	日中性
高盃花（*Nierembergia caerulea*）	絕對長日性
黑種草（*Nigella damascena* 'Miss Jekyll'）	絕對長日性
羅勒（*Ocimum basilicum*）	相對短日性或相對長日性
柳葉月見草（*Oenothera fruticosa*）	相對長日性
月見草（*O. missouriensis*）	絕對長日性
淡粉月見草（*O. pallida* 'Wedding Bells'）	絕對長日性
蘭科植物（Orchidaceae, most species）	日中性
牛至（*Origanum vulgare*）	日中性

（續下頁）

作物學名	光週期反應
藍眼菊（*Osteospermum* hybrids）	相對長日性
酢醬草（*Oxalis crassipes* 'Rosea'）	絕對長日性
虞美人（*Papaver rhoeas*）	日中性
天竺葵類（*Pelargonium* species）	日中性
麗加魯天竺葵（*P.* ×*domesticum*）	日中性
天竺葵（*P.* ×*hortorum*）	日中性
藤天竺葵（*P. peltatum*）	日中性
狼尾草（*Pennisetum setaceum* 'Rubrum'）	相對長日性
釣鐘柳（*Penstemon digitalis*）	日中性
釣鐘柳（*P. digitalis* 'Husker Red'）	日中性
繁星花（*Pentas lanceolata*）	日中性
矮牽牛（*Petunia* ×*hybrida*）	相對短日性或絕對長日性
矮牽牛（*P.* ×*hybrida* 'White Storm', 'Cascadia Improved Charlie', 'Doubloon Blue Star', 'Marco Polo', 'Petitunia Bright Dream'）	相對長日性
矮牽牛（*P.* ×*hybrida* 'Fantasy Pink Morn', 'Purple Wave'）	絕對長日性
矮牽牛（*P.* ×*hybrida* 'Cascadia Charme'）	相對短日性
加州藍鈴花（*Phacelia campanularia*）	日中性
紫花艾菊（*P. tanacetifolia*）	相對長日性
朝顏（*Pharbitis* 'Violet'）	相對短日性
錐花福祿考（*Phlox paniculata*）	絕對長日性
苔葉福祿考（*P. subulata*）	日中性
隨意草（*Physostegia virginiana* 'Alba'）	相對長日性
桔梗（*Platycodon grandiflorus*）	日中性
桔梗（*P.* 'Sentimental Blue'）	相對長日性
加州寬絲罌粟（*Platystemon californicus*）	絕對長日性
匐根花蕊（*Polemonium viscosum*）	絕對長日性
晚香玉（*Polianthes tuberosa*）	日中性
報春花（*Primula malacoides*）	日中性或相對短日性
四季櫻草（*P. obconica* 'Libre Light Salmon'）	日中性或相對長日性
西洋櫻草（*P. veris* 'Pacific Giant'）	日中性
白花木犀草（*Reseda alba*）	相對長日性
粉蠟菊（*Rhodanthe chlorocephala* var. *roseum*）	絕對長日性
西洋杜鵑（*Rhododendron* hybrids）	相對短日性

（續下頁）

作物學名	光週期反應
玫瑰（*Rosa* hybrids）	日中性或相對長日性
金光菊（*Rudbeckia hirta* 'Indian Summer'）	絕對長日性
黃金菊（*R. fulgida* 'Goldsturm'）	絕對長日性
非洲菫（*Saintpaulia ionantha*）	日中性
美人襟（*Salpiglossis sinuata*）	相對長日性
粉萼鼠尾草（*Salvia farinacea* 'Strata'）	相對長日性
墨西哥鼠尾草（*S. leucantha*）	絕對短日性
一串紅（*S. splendens*）	日中性、相對長日性或相對短日性
一串紅（*S. splendens* 'Vista Red'）	日中性或相對長日性
雜交大鼠尾草（*S.* ×*superba* 'Blue Queen'）	相對長日性
山衛菊（*Sanvitalia procumbens*）	相對短日性
苔葉虎耳草（*Saxifraga* ×*arendsii*）	相對長日性
苔葉虎耳草（*S.* ×*arendsii* 'Triumph'）	相對長日性
松蟲草（*Scabiosa atropurpurea*）	相對長日性
大花松蟲草（*S. caucasica* 'Butterfly Blue'）	日中性
蟹爪仙人掌（*Schlumbergera truncata, S.* ×*buckleyi*）	絕對短日性或日中性
蟹爪仙人掌（*Schlumbergera gaertneri*）	相對短日性或相對長日性
捕蟲瞿麥（*Silene armeria*）	絕對長日性
捕蟲瞿麥（*S. armeria* 'Elektra'）	絕對長日性
大岩桐（*Sinningia speciosa*）	日中性
玉珊瑚（*Solanum pseudocapsicum*）	日中性
彩葉草（*Solenostemon scutellarioides*）	相對短日性
加拿大一枝黃花（*Solidago canadensis*）	絕對短日性
禾葉一枝黃花（*S. graminifolia*）	絕對短日性
灰葉一枝黃花（*S. nemoralis*）	絕對短日性
垂枝麒麟草（*S. rugosa*）	絕對長日性
雜交麒麟草（×*Solidaster luteus*）	相對長日性
非洲茉莉（*Stephanotis floribunda*）	日中性
琉璃菊（*Stokesia laevis* 'Klaus Jelitto'）	相對中間日長性
天堂鳥蕉（*Strelitzia reginae*）	日中性
菫蘭（*Streptocarpus* ×*hybridus*）	日中性
豔紫菫蘭（*S. nobilis*）	日中性或相對短日性
萬壽菊（*Tagetes erecta*）	日中性或絕對短日性
孔雀草（*T. patula*）	日中性
細葉孔雀草（*T. tenuifolia*）	絕對短日性

（續下頁）

作物學名	光週期反應
紅花除蟲菊（*Tanacetum coccineum* 'James Kelway'）	絕對長日性
黑眼鄧伯花（*Thunbergia alata*）	日中性
墨西哥向日葵（*Tithonia rotundifolia*）	相對長日性或相對短日性
墨西哥向日葵（*T. rotundifolia* 'Fiesta Del Sol'）	相對長日性
墨西哥向日葵（*T. rotundifolia* 'Sundance'）	相對短日性
夕霧草（*Trachelium caeruleum*）	相對長日性
琉璃唐棉（*Tweedia caerulea* 'Blue Star'）	日中性
毛蕊花（*Verbascum phoeniceum*）	日中性
美女櫻（*Verbena* ×*hybridum*）	相對長日性
長葉婆婆納（*Veronica longifolia* 'Sunny Border Blue'）	日中性
穗花婆婆納（*V. spicata* 'Blue'）	日中性
三色堇（*Viola* ×*wittrockiana*）	相對長日性
海芋類（*Zantedeschia* species）	日中性
白花海芋（*Z. aethiopica*）	日中性
白斑葉海芋（*Z. albomaculata*）	日中性
金花海芋（*Z. elliotiana*）	日中性
紅花海芋（*Z. rehmannii*）	日中性
百日草類（*Zinnia* species and cultivars）	日中性或相對長日性或相對短日性
細葉百日草（*Z. angustifolia*）	日中性
百日草（*Z. elegans* 'Benary Giant Deep Red'）	相對長日性
百日草（*Z. elegans* 'Exquisite Pink', 'Peter Pan Scarlet', 'Oklahoma'）	相對短日性

內容整理自 Anderson（2002）、Armitage（1994）、Armitage and Laushman（2003）、Cameron et al.（2000）、Clough et al.（1999）、Dole（未發表）、Erwin et al.（2002）、Fausey et al.（1999）、Karlsson and Werner（2002）、Nausieda et al.（2000）、Pallez et al.（2002）、Runkle et al.（1996, 1998）、Whitman et al.（1998）。

　　有些物種則不能簡單地劃分為短日、長日或日中性植物，因其所具備的光週期反應較複雜，例如長日後應接續短日，或短日－長日－短日等。例如紐約紫菀（*Aster novi-belgii*）的花芽創始及後續發育被認為是長－短日反應（Schwabe, 1986; Wallerstein et al., 1992）。也有少部分植物被歸類為中間型（intermediate）反應，夜長時數必須在一特定範圍，例如琉璃菊（*Stokesia laevis* 'Klaus Jelitto'）即是中間型日長反應之植物（Clough et al., 1999）。

　　許多植物對光週期的反應因溫度而異。例如菊花在溫度高於 29°C 時，開花誘導及早期發育皆延遲（Whealy et al., 1987）。隨溫度自 18°C 提高至 24°C，菊花要較短之光週期才能快速開花（Will et al., 1997）。在 18°C 時，8-12 小時光週期可以生產具觀賞價值之菊花；但在 24°C 下，則必須在 8-10 小時光週期才能開花良好。其他植物光週期反應亦因溫度變化而異。例如荷包花屬（*Calceolaria*）植物在 16-20°C 時是相對長日植物；而在 15°C 及以下則是日中性植物。

　　光週期反應是由光敏素（phytochrome）所調節。光敏素分子為具吸光性色素，以兩種狀態存在，分別為 Pfr 及 Pr。Pr 形態的光敏素會因葉片照射紅光而轉為 Pfr 形態；同樣地，Pfr 形態則會在照射遠紅外光後轉為 Pr 形態。在夜間，Pfr 形態光敏素會緩慢地轉為 Pr 形態。簡言之，高濃度的 Pfr 會抑制長夜（短日）植物開花，但促進短夜（長日）植物開花。有趣的是，以攔截遠紅外光的濾材處理，即使在長光週期下，亦可促進短日性的菊花花芽創始。

　　在花卉生產中，光週期較常以夜間暗中斷（night interruption lighting, night break）（圖 2-2）或遮蓋黑布（black cloth）（圖 2-3）達成（請參閱第 4 章「光」）。夜間中斷將黑暗時間切分為兩個或數個較短的黑暗期間，一般用於防止或減緩短日植物的開花。暗中斷也可應用於促進長日植物開花。長日也可以黃昏後或黎明前點燈，使照光時間增加，即延長日照（day extension, day continuation）。許多物種必須在植株高度附近有 10 呎燭光（2 µmol · m^{-2} · s^{-1}）之光度，才能達到長日效果。一年中需要點燈的時間或有效延長日照的最低光強度因物種而異。

　　可將遮光布料置於作物周遭以延長黑暗時間，遮蓋黑布是為促進短日植物開花或抑制長日植物開花。常見的遮蓋黑布時間為下午 5 點至隔日上午 8 點，或環境溫度會過高時可調整遮蓋黑布時間為下午 7 點至隔日上午 7 點。

　　一般而言，遮蓋黑布處理需要每日行之，否則短日植物之開花將會延後。甚至，沒有維持足夠的短日週期數，則不會開花或產生畸形花朵。許多物種只要花芽或萼片顯色，就不再需要繼續維持短日；但有些植物，如聖誕紅則需要持續短日到第一個花芽完全開放為止（圖 2-4）。

圖 2-2　以鎢絲燈照明調節光週期。

圖 2-3　以遮黑布人工製造短日環境。

圖 2-4　已達出貨階段的聖誕紅（*Euphorbia pulcherrima*）盆栽。

　　有些植物在有利營養生長的光週條件下會形成不正常花芽。例如菊花的柳芽（crown buds）、聖誕紅的裂莖（stem splitting）及未熟過早花芽創始（prematurely initiated flowers），皆是在長日下發生。兩者皆是形成一定數量的節位後，頂端分生組織才發育成生殖生長構造。只要持續在長日環境下，這些柳芽及裂莖皆無法正常發育。

光強度（Light Intensity）

　　總照光量或光積值（total light integral）是調節許多植物開花的因子。例如天竺葵是日中性植物，開花速率會隨光積值增加而加快，亦即可由在相同照光時數，但補充照明（supplemental lights）而提早開花。日中性植物常與相對型長日植物混淆：入春後，隨日長增加，植物接受的光積值增加，且日均溫提高皆有利開花。因此日中性植物常被誤判為長日植物，不過只需提供數種不同光週期但相同光照量的環境即可區分兩者；長日植物會在長光週條件下較早開花，而日中性植物不論在何

種光週期，只要光積值相同即會同時開花。日中性植物也可能因低溫等其他環境因子而誘導開花。

溫度（Temperature）

低溫具促進日後花芽創始及發育的效果，此係為熟知的春化作用（vernalization）。如同光週期反應一般，對低溫的需求亦可分為絕對型春化植物（開花必須有低溫誘導）及相對型春化植物（低溫誘導可加速日後的開花）。低溫處理期間因物種而異，可短至數天、長至數週。部分植物在種子浸潤時期即可接受低溫刺激，稱為種子春化（seed vernalization）；另一些則是成熟期植株才能感應低溫，稱為綠植株春化（green plant vernalization）。許多球根植物需要低溫打破休眠以進行花芽發育及莖抽長，但花芽創始並不需要低溫（表 2-2）。

低溫在植物生活史中扮演角色依物種而異，並可大致分為以下三大類：

1. 生長及發育〔內生性休眠（endodormancy）〕有低溫需求，而且必須有低溫才能完成生活史。例如鬱金香必須有低溫以促進莖伸長及開花（Le Nard and De Hertogh, 1993）。又如鐵砲百合（*Lilium longiflorum*）需要低溫完成開花誘導及花芽創始；而西洋杜鵑在低溫前已形成花芽，但需要低溫處理後花芽才能發育及開花。

2. 生長及發育（內生性休眠）中若被環境誘導休眠，則必須有低溫打破休眠；但生長週期中並不一定有休眠期。例如球根秋海棠在 12 小時或更短的日長會誘導上胚軸膨大及休眠（Lewis, 1951），需要以 1-5°C 處理數週方能打破休眠（Haegeman, 1993）。但持續栽培於 14 小時長日環境且未遭遇低溫，則不會休眠且能持續開花。

3. 低溫並非必須，但可抑制生長及發育進而減少脫水〔外生性休眠（ecodormancy）〕。例如孤挺花（*Hippeastrum*）球根並不需要低溫，但鱗莖貯藏於 5-9°C 可延後開花及葉片萌發，因而有利貯藏及運輸（Boyle and Stimart, 1987; Rees, 1985）。

植株經低溫處理後再遭逢高溫，可能發生去春化作用（devernalization）。

表 2-2 數種球根植物打破休眠之一般性流程。整理自 De Hertogh（1996）、De Hertogh and Le Nard（1993）。

物種	貯藏器官分類	低溫與開花處理	其他
華中紫花蔥（*Allium aflatunense*）	鱗莖	5°C 處理 16-20 週	a 適當溫度隨發育階段而變化
麗葉蔥（*A. karataviense*）	鱗莖	0-9°C 處理 21-22 週	
百合水仙（*Alstroemeria* hybrids）	匍匐莖	置於 5-16°C 介質中至少 6 週	高於 21°C 會造成去春化
希臘銀蓮花（*Anemone blanda*）	塊莖	0-9°C 處理 15-17 週	a 適當溫度隨發育階段而變化
白頭翁（*A. coronaria*）	塊莖	2-10°C 處理 4-6 週	與長日交互作用；易發生高溫及乾旱逆境
打破碗花花（*A. hupensis*）	球莖	5°C 處理 6 週	
球根秋海棠（*Begonia* ×*tuberhybrida*）	膨大下胚軸	1-5°C 處理 9-13 週	短於 12 小時日長會誘導休眠
鈴蘭（*Convallaria majalis*）	匍匐莖	−2~0.6°C 處理 2-3 週	a 適當溫度隨發育階段而變化
番紅花（*Crocus vernus*）	球莖	0-9°C 處理 13-20 週	a 適當溫度隨發育階段而變化
大理花（*Dahlia* hybrids）	塊根	0-10°C 處理 6 週	於 12-14 小時日長不進入休眠；於 11-12 小時日長易形成塊根
小蒼蘭（*Freesia* hybrids）	球莖	15°C（或更低）介質中至少 6 週	可能需要 30°C 預處理 15-16 週；乙烯可取代熱處理
帝王貝母（*Fritillaria imperialis*）	鱗莖	2°C 處理 18 週	
花格貝母（*F. meleagris*）	鱗莖	5°C 處理 13-17 週	
唐菖蒲（*Gladiolus* hybrids）	球莖	2-10°C 處理 8-22 週	38°C 預處理可減少低溫貯藏時間；光週期影響休眠與開花
孤挺花（*Hippeastrum* hybrids）	鱗莖	5-9°C 處理可抑制抽梢	生長開花不需低溫；貯前乾燥會縮短到抽梢時間
風信子（*Hyacinthus orientalis*）	鱗莖	0-9°C 處理 13-18 週	a 適當溫度隨發育階段而變化
矮生黃花鳶尾〔*Iris danfordiae* (Bak.) Boiss〕	鱗莖	0-9°C 處理 13-17 週	a 適當溫度隨發育階段而變化
德國鳶尾（*I.* ×*germanica*）	匍匐莖	−2-4°C 處理 14-16 週	長日可部分取代低溫；可能需要乙烯或 30°C 預處理
荷蘭鳶尾（*I.* ×*hollandica*）	鱗莖	9-15°C 處理 6-13 週	a 適當溫度隨發育階段而變化
矮生鳶尾（*I. reticulata* hybrids）	鱗莖	0-9°C 處理 14-19 週	

（續下頁）

物種	貯藏器官形態	低溫與期間需求	其他
玉米百合 (Ixia species)	球莖	9°C處理4-6週	
爆竹百合 [Lachenalia (Jacq. f. ex Murray) species]	鱗莖	10-15°C處理6.5週或9°C處理6週	種間差異極大
陽光百合 (Leucocoryne coquimbensis F. Phil)	鱗莖	20°C處理16週-11個月	
夏雪片蓮 (Leucojum aestivum L.)	鱗莖	0-9°C處理15-18週	[a] 適當溫度隨發育階段而變化
麒麟菊 (Liatris spicata)	球莖	0-2°C處理至少10週	激勃素可取代部分低溫處理
亞洲型百合 (Lilium Asiatic hybrids)	鱗莖	2-5°C處理6-10週	長日可部分取代低溫
鐵砲型百合 (L. longiflorum)	鱗莖	2-7°C處理6週	長日可部分取代低溫
東方型百合 (L. Oriental hybrids)	鱗莖	2-5°C處理8-10週	長日可部分取代低溫
豔紅百合 (L. speciosum)	鱗莖	5°C處理6週	長日可部分取代低溫
串鈴花 (Muscari armeniacum)	鱗莖	0-9°C處理15-20週	[a] 適當溫度隨發育階段而變化
西洋水仙 (Narcissus pseudonarcissus)	鱗莖	0-9°C處理13-24週	[a] 適當溫度隨發育階段而變化
天鵝絨 (Ornithogalum arabicum)	鱗莖	13°C處理4-8週	促成栽培不需要低溫
伯利恆之星 (O. thyrsoides)	鱗莖	5°C處理6-14週	30°C預處理可縮短打破休眠所需的5°C處理時間
酢醬草類 (Oxalis species)	鱗莖或匍匐莖	5°C貯藏至種植前	部分物種可能需要低溫打破休眠；低溫則減緩其餘物種貯藏時脫水；乾旱或養分逆境會誘導休眠
腺葉酢漿草 (O. adenophylla)	塊莖	2°C處理15-17週	
隆蓮花 (Ranunculus asiaticus)	塊根	4-5°C處理4-5週或2°C處理2週	
波斯海蔥 (Scilla mischtschenkoana)	鱗莖	0-9°C處理15-18週	[a] 適當溫度隨發育階段而變化
三色鳶杖 (Sparaxis species)	球莖	13°C處理2-4週	
紫燈花 (Trieleia laxa)	球莖	5°C處理12週	
鬱金香 (Tulipa hybrids)	鱗莖	0-9°C處理13-23週	[a] 適當溫度隨發育階段而變化

[a] 上盆後，低溫處理自9°C開始直到盆底可見根，此時再將溫度降到5°C。當幼芽萌發至適合該物種之程度，溫度再進一步降至0-2°C，直到可以進行促成栽培。

　　春化作用的最低溫度因物種而異，可能為 0°C 或更高。鐵砲百合即使栽培於 20°C 仍能開花（Lin and Wilkins, 1973）。而春化作用的最低溫度一般與該物種所能忍受的低溫有關。對種子或貯藏器官進行低溫處理，則器官組織需要有一定的含水量才能感應低溫。

　　有些物種僅在特定環境因子（如高溫或乾旱）滿足後才需要低溫（Boyle and Stimart, 1987; Hartsema, 1961; Lewis, 1951）。此類低溫前的處理可能是為了延後發育以利貯藏，或加速發育有利採收後再次行促成栽培。例如將荷蘭鳶尾（*Iris* × *hollandica*）鱗莖置於 30°C 以抑制發育，接著以 9-15°C 打破休眠（Hartsema, 1961）。熱處理的抑制生長效果有利鳶尾可以週年促成栽培生產切花。

　　光週期及激勃素（gibberellic acid, GA）會與低溫互相影響。有些物種可以短日、長日或 GA 取代部分或全部的低溫需求。例如西洋杜鵑花芽形成後，施用 GA 以取代低溫處理（Boodley and Mastalerz, 1959; Larson and Sydnor, 1971）。然而鐵砲百合必須低溫處理 1-2 週後，長日才有取代低溫的效果（Dole and Wilkins, 1994; Weiler and Landghans, 1968, 1972）。

本章重點

・花卉開花調節的三個主要環境因子分別是：光週期、光強度、溫度。

・植株必須已達成熟期，才能接收或感應開花誘導之刺激。

・成熟期前的階段稱為幼年期，幼年期植株即使置於有利開花環境亦不開花。

・植株具有一定葉面積（光合作用容量），才能生產商業標準的花朵數量及大小。

・開花過程的第一階段是花芽誘導，此時開始進行有關花芽創始前的生化合成反應。

・花芽創始階段是最早可肉眼觀察到形成花原體之過程。

・開花（anthesis）的定義因物種而異，大致為可見花粉或植株／花莖達可採收程度。

・花原體（flower primordium）：最早期之花芽。

・花芽（flower bud）：含有萼片、花瓣、雄蕊與雌蕊等花器之不成熟的花。

花卉學

- 花芽誘導（flower induction）：又稱催花，進行花芽呼喚（flower evocation）前所需的過程。

- 花芽呼喚（flower evocation）：莖頂要分化為花原體（即花芽創始）前所需的過程。

- 花芽創始（flower initiation）：形成花原體之過程。

- 花芽分化（flower differentiation）：即花芽構成（flower organization），個別花器（萼片、花瓣、雄蕊和雌蕊）的分化。

- 花芽形成（flower formation）：自花芽創始起以迄各部花器的完成。大致包括花芽創始、花芽分化和部分的發育。

- 花芽成熟（flower maturation）：包括花器的生長以及花粉和胚囊的發育等過程。

- 花芽發育（flower development）：介於花芽創始和開花之間的過程。包括花芽構成和花芽成熟階段。

- 開花（anthesis）：完全開放的花。

- 開花過程（the process of flowering）：為花芽誘導至開花的所有過程，大致可分為花芽誘導、花芽呼喚、花芽創始、花芽分化、花芽發育以至開花等過程。

- 有限生長型植物的頂端分生組織因形成花序而終止花序上方之營養生長；反之，無限生長型植物則在葉腋形成花序，頂芽保持營養生長。

- 品種可依反應週數分類，係由誘導開花環境開始至開花為止之週數。

- 生產者可利用週數系統規劃生產時間，1 月的第一週為週 1，而 12 月最後一週為週 52。

- 開花對光週期反應是植株對夜間時間的反應，光週可調節花芽創始、花芽發育、休眠、種子發芽、形成貯藏器官及其他生育習性。

- 多數植物的光週期反應可大致分為三大類，短日型（SD）、長日型（LD）、日中性（DN）。短日植物會因夜間時數大於臨界夜長而開花；而長日植物則是夜間時數小於臨界夜長而開花。

- 許多植物在長或短光週期情況皆會開花，但在短日或長日下開花較早，稱為相對性短日或相對性長日植物。

- 絕對型短日或絕對型長日植物置於非開花誘導所需光週期環境則不開花。

‧光週期反應是由光敏素所調節。

‧光週通常由夜間暗中斷或以遮蓋黑布調節。

‧每日累積光照量（光積值）調節許多日中性植物之生長開花。

‧低溫促進日後之花芽創始及發育之機制，稱為春化作用。

‧依低溫在植物生活史中扮演角色，可分為三類：(1) 低溫為打破內生性休眠及開花之必須；(2) 若被環境誘導而產生內生性休眠，則必須有低溫打破休眠，但無休眠則不需低溫；(3) 低溫抑制生長發育，減少缺水（外生性休眠）。

參考文獻

Anderson, N.O. 2002. New methodology to teach floral induction in floriculture potted plant production classes. *HortTechnology* 12:157-167.

Armitage, A.M. 1994. *Ornamental Bedding Plants*. CAB International, Oxon, United Kingdom.

Armitage, A.M., and J.M. Laushman. 2003. *Specialty Cut Flowers*. Timber Press, Portland, Oregon.

Boodley, J.W., and J.W. Mastalerz. 1959. The use of gibberellic acid to force azaleas without cold temperature treatments. *Proceedings of the American Society for Horticultural Science* 74:681-685.

Boyle, T.H. and D.P. Stimart. 1987. Influence of irrigation interruptions on flowering of *Hippeastrum* ×*hybridum* 'Red Lion'. *HortScience* 22:1290-1292.

Cameron, A., B. Fausey, R. Heins, and W. Carlson. 2000. Firing up perennials—Beyond 2000. *Greenhouse Grower* 18(8):74-78.

Cavins, T.J. and J.M. Dole. 2001. Photoperiod, juvenility, and high-intensity lighting affect flowering and cut stem qualities of *Campanula* and *Lupinus*. *HortScience* 36:1192-1196.

Clough, E., A. Cameron, R. Heins, and W. Carlson. 1999. Forcing perennials, species: *Stokesia laevis* 'Klaus Jelitto'. *Greenhouse Grower* 17(11):40-46, 48.

Cockshull, K.E. 1985. *Antirrhinum majus*, pp. 476-481 in *Handbook of Flowering*, vol. III, A.H. Halevy, editor. CRC Press, Boca Raton, Florida.

De Hertogh, A.A. 1996. *Holland Bulb Forcers' Guide*, 5th ed. International Flower Bulb Centre, Hillegom, The Netherlands.

De Hertogh, A. and M. Le Nard, editors. 1993. *The Physiology of Flower Bulbs*. Elsevier Science Publishers, Amsterdam.

Dole, J.M. and H.F. Wilkins. 1994. Interaction of bulb vernalization and shoot photoperiods on 'Nellie White' Easter lily. *HortScience* 29:143-145.

Doorenbos, J. 1959. Responses of China aster to daylength and gibberellic acid. *Euphytica* 8:69-75.

Erwin, J., R. Warner, and N. Mattson. 2002. How does daylength affect flowering of spring annuals? *Minnesota Commercial Flower Growers Bulletin* 51(3):6-10.

Fausey, B., A. Cameron, R. Heins, and W. Carlson. 1999. Forcing perennials: Hosta. *Greenhouse Grower* 16(12):84-86, 88, 90.

Fortanier, E.J. 1973. Reviewing the length of the generation period and its shortening, particularly in tulips. *Scientia Horticulturae* 1:107-116.

Hacket, W.P. 1985. Juvenility, maturation and rejuvenation in woody plants, pp. 109-155 in *Horticultural Reviews*, vol. 1, J. Janick editor. AVI Publishing Company, Westport, Connecticut.

Haegeman, J. 1993. Begonia—tuberous hybrids, pp. 227-238 in *The Physiology of Flower Bulbs*, A. De Hertogh and M. Le Nard, editors. Elsevier Science Publishers, Amsterdam.

Hartsema, A.H. 1961. Influence of temperatures on flower formation and flowering of bulbous and tuberous plants, pp. 123-167 in *Handbuch der Pflanzenphysiologie*, vol. 16, W. Ruhland, editor. Springer-Verlag, Berlin.

Kamlesh, S.S. and R.K. Kohli. 1981. *Calendula officinalis* L., a long day plant with an exceptionally low photoperiodic requirement for flowering. *Indian Journal of Plant Physiology* 24:299-303.

Karlsson, M.G. and J.W. Werner. 2002. Photoperiod and temperature affect flowering in German primrose. *HortTechnology* 12:217-219.

Konishi, K. and K. Inaba. 1967. Studies on flowering control of *Dahlia*. VII. On dormancy of crowntuber. *Journal of the Japanese Society of Horticultural Science* 36:131-140.

Larson, R.A. and T.D. Sydnor. 1971. Azalea flower bud development and dormancy as influenced by temperature and gibberellic acid. *Journal of the American Society for Horticultural Science* 96:786-788.

Le Nard, M. and A.A. De Hertogh. 1993. *Tulipa*, pp. 617-682 in *The Physiology of Flower Bulbs*, A. De Hertogh and M. Le Nard, editors. Elsevier Science Publishers, Amsterdam.

Lewis, C. 1951. Some effects of daylength on tuberization, flowering, and vegetative growth of tuberous-rooted begonias. *Proceedings of the American Society for Horticultural Science* 57:376-378.

Lin, W.C. and H.F. Wilkins. 1973. The interaction of temperature on photoperiodic responses of *Lilium longiflorum* Thunb. cv. Nellie White. *Florists' Review* 153(3965):24-26.

McMahon, M.J. 1997. Chrysanthemum cultivars differ in response to photoperiod when grown under far-red absorbing filters. *HortScience* 32:437. (Abstract)

Moser, B.C. and C.E. Hess. 1968. The physiology of tuberous root development in dahlia. *Proceedings of the American Society for Horticultural Science* 93:595-603.

Nausieda, E., L. Smith, T. Hayahsi, B. Fausey, A. Cameron, R. Heins, and W. Carlson. 2000. Forcing perennials: Achillea. *Greenhouse Grower* 18(5):53, 54, 58, 61-62, 64.

Pallez, L.C., J.M. Dole, and B.E. Whipker. 2002. Production and postproduction studies with potted sunflowers. *HortTechnology* 12:206-210.

Rees, A.M. 1985. *Hippeastrum*, pp. 294-296 in *Handbook of Flowering*, vol. 1. A.H. Halevy, editor. CRC Press, Boca Raton, Florida.

Runckle, E.S., R.D. Heins, A.C. Cameron, and W.H. Carlson. 1996. Manipulating day length to flower perennials. *Greenhouse Grower* 14(6):66, 68-70.

Runckle, E.S., R.D. Heins, A.C. Cameron, and W.H. Carlson. 1998. Flowering of herbaceous perennials under various night interruption and cyclic lighting treatments. *HortScience* 33:672-677.

Schwabe, W.W. 1986. *Aster novi-belgii*, pp. 29-41 in *Handbook of Flowering*, vol. 5, A.H. Halevy, editor. CRC Press, Boca Raton, Florida.

Wallerstein, I., A. Kadman-Zahavi, H. Yahel, A. Nissim, R. Stav, and S. Michal. 1992. Control of growth and flowering of five *Aster* cultivars as influenced by cutting type, temperature, daylength. *Scientia Horticulturae* 50:209-218.

Weiler, T.C. and R.W. Langhans. 1968. Determination of vernalizing temperatures in the vernalization requirement of *Lilium longiflorum* (Thunb.) 'Ace'. *Proceedings of the American Society for Horticultural Science* 93:623-629.

Weiler, T.C. and R.W. Langhans. 1972. Growth and flowering responses of *Lilium longiflorum* (Thunb.) 'Ace' to different daylength. *Journal of the American Society for Horticultural Science* 97:176-177.

Whealy, C.A., T.A. Nell, J.E. Barrett, and R.A. Larson. 1987. High temperature effects on growth and floral development of chrysanthemum. *Journal of the American Society for Horticultural Science* 112:464-468.

Whitman, C.M., R.D Heins, A.C. Cameron, and W.H. Carlson. 1998. Lamp type and irradiance level for daylength extensions influence flowering of *Campanula carpatica* 'Blue Clips', *Coreopsis grandiflora* 'Early Sunrise' and *Coreopsis verticillata* 'Moonbeam'. *Journal of the American Society for Horticultural Science* 123:802-807.

Will, E., T.W. Starman, J.E. Faust, and S. Abbitt. 1997. Photoperiodic responses of garden chrysanthemums. *HortScience* 32:502. (Abstract)

Zimmer, K., 1985. *Campanula fragilis*, pp. 117-118 in *Handbook of Flowering*, vol. II, A.H. Halevy, editor. CRC Press, Boca Raton, Florida.

CHAPTER 3

溫度
Temperature

前言

花卉學探討氣溫、葉溫及介質溫度。一般來說，氣溫是最容易監測、控制及記錄。然而實際的葉片或植株溫度可能會與氣溫差異極大。例如，溫暖、颳風且相對溼度低時，會因蒸散作用降溫而使葉溫低於氣溫；相反地，涼爽、強日照、相對溼度高且缺乏空氣流通，會因缺乏對流及蒸散，而使葉溫高於氣溫。介質溫度或土壤溫度反應根域環境之溫度。多數所謂建議溫度，若無特別說明皆係指氣溫或夜溫，因其較易控制。而隨環境監測及電腦科技進步，目前多著重於葉溫及根溫之管理而非氣溫。

溫度可能會對植物生長有廣泛或特定的影響。廣泛的影響係指植物生長速率隨溫度變化而加快或減慢。特定的影響則如春化作用，或誘導特定的反應，例如低溫誘導加速日後的開花。

以烏頭（*Aconitum*）為例，塊根需要經過春化作用才能順利開花（Leeuwen, 1980）。雖然紫錐花（*Echinacea purpurea*）開花並不一定需要低溫誘導，但春化作用可以加速開花及有較佳開花品質（Armitage, 1993）。許多多年生植物都需要春化作用，才能快速且具經濟效益地生產。低溫之應用亦可參照第 1 章「繁殖」中所提到的溼冷層積（stratification），即是低溫處理促進種子發芽。

氣溫（Air Temperature）

適溫與可忍受溫度範圍（Optimum and Tolerable Temperature Ranges）

每種花卉作物皆有其生長的適當溫度範圍及可忍受的溫度範圍。所謂適溫，係指可較快地生產較高品質的植株（表 3-1）。而所謂可忍受的溫度範圍，係指可使植株繼續生長但速率較慢或品質較差之溫度。例如適合菊花生長的夜溫約為 16-18°C，但仍可在低至 4°C 或高至 27°C 的夜溫繼續生長（Whealy et al., 1987; Wilkins et al., 1990）。然而，在可忍受低溫下，植株生長速率緩慢而不具經濟效益；而在可忍受高溫下，花芽創始及發育速率慢且品質低落。由此可見，菊花具較狹隘的適

溫範圍及廣泛的可忍受溫度範圍。許多作物在商業生產、出貨前，會將溫度降至略低於適溫 1 週或數週，以表現較佳的色彩及採後壽命。

表 3-1　數種花卉作物之推薦溫室夜溫。冷（cold）：10°C 或更低；涼（cool）：10-14°C；適中（medium）：14-18°C；暖（warm）：18-22°C。許多花卉作物皆能在略低於建議溫度下生長，但生產期可能會較長。甚且，部分花卉作物推薦在生產末期要降低溫度。部分花卉作物在定植後要立即提高溫度以利初期生長，而許多花卉作物需要特定溫度才能進行花芽創始及發育。

花卉作物學名	夜溫等級
秋葵（*Abelmoschus esculentus*）	適中
黃香葵（*A. moschatus*）	適中
風鈴花（*Abutilon ×hybridum*）	適中
小葉蜠莓（*Acaena microphylla*）	暖
葉薊（*Acanthus mollis*）	適中
鳳尾蓍（*Achillea filipendulina*）	涼至適中
西洋蓍草（*A. millefolium*）	涼至適中
白蒿古花（*A. ptarmica*）	涼至適中
長毛蓍草（*A. tomentosa*）	涼至適中
長筒花（*Achimenes* hybrids）	暖
歐洲烏頭（*Aconitum napellus*）	涼
粉蠟菊（*Acroclinium roseum*）	涼
新疆沙蔘（*Adenophora liliifolia*）	涼
鐵線蕨類（*Adiantum* species）	暖
心葉岩芥菜（*Aethionema cordifolium*）	涼
茴藿香（*Agastache foeniculum*）	適中
紫花藿香薊（*Ageratum houstonianum*）	適中
麥桿石竹（*Agrostemma githago*）	涼
霞糠穗草（*Agrostis nebulosa*）	涼
蜀葵（*Alcea rosea*）	涼
斗篷草（*Alchemilla mollis*）	涼
洋蔥（*Allium cepa*）	涼
韭蔥（*A. porrum*）	適中
蝦夷蔥（*A. schoenoprasum*）	適中
韭菜（*A. tuberosum*）	適中

（續下頁）

花卉作物學名	建議夜溫
瓦氏面罩花（*Alonsoa warscewiczii*）	涼
檸檬馬鞭草（*Aloysia triphylla*）	適中
水仙百合類（*Alstroemeria* hybrids）	冷至涼
紫絹莧（*Alternanthera dentata*） 綠莧（*A. ficoidea*）	適中 適中
木庭芥（*Alyssoides utriculata*）	涼
尾穗莧（*Amaranthus caudatus*） 雁來紅（*A. tricolor*）	暖 暖
香矢車菊（*Amberboa moschata*）	涼
Amethysteya caerulea	適中
蕾絲花（*Ammi majus*）	適中
銀苞菊（*Ammobium alatum*）	適中
擬除蟲菊（*Anacyclus depressus*）	適中
琉璃繁縷（*Anagallis arvensis*）	涼
珠光香青（*Anaphalis margaritacea*）	涼
義大利牛舌草（*Anchusa azurea*） 海角牛舌草（*A. capensis*）	涼 涼
白頭翁（*Anemone coronaria*）	冷
蒔蘿（*Anethum graveolens*）	涼至適中
歐白芷（*Angelica archangelica*）	適中
天使花（*Angelonia angustifolia*）	暖
袋鼠爪花類（*Anigozanthus* hybrids）	涼
戟葉葵（*Anoda cristata*）	涼
蝶鬚（*Antennaria dioica*）	適中
春黃菊（*Anthemis tinctoria*） 春黃菊（*A. tinctoria* 'Kelwayi Anthemis'）	涼 適中
火鶴花類（*Anthurium* species）	暖
金魚草（*Antirrhinum majus*）	冷至涼
單藥花（*Aphelandra squarrosa*）	暖
西洋芹（*Apium graveolens* var. *dulce*）	適中
耬斗菜類（*Aquilegia* hybrids）	涼
筷子芥（*Arabis alpine*）	涼

（續下頁）

花卉作物學名	溫度反應
藍灰熊耳菊（*Arctotis fastuosa*）	適中
藍眼灰毛菊（*A. venusta*）	涼
山地蚤綴（*Arenaria montana*）	涼
瑪格麗特（*Argyranthemum frutescens*）	冷至涼
海石竹（*Armeria maritima*）	涼
龍艾（*Artemisia dracunculus*）	涼
白蒿（*A. schmidtiana*）	暖
假升麻（*Aruncus dioicus*）	適中
蔓玄參（*Asarina scandens*）	適中
馬利筋（*Asclepias curassavica*）	適中至暖
沼澤乳草（*A. incarnate*）	適中
柳葉馬利筋（*A. tuberosa*）	適中至暖
狐尾武竹（*Asparagus densiflorus* 'Myers'）	暖
垂葉武竹（*A. densiflorus* 'Sprengeri'）	暖
文竹（*A. setaceus*）	暖
藍花車葉草（*Asperula orientalis*）	適中
黃日光蘭（*Asphodeline lutea*）	適中
阿爾卑斯紫菀（*Aster alpinus*）	適中
新英格蘭紫菀（*A. novae-angliae*）	適中
友禪菊（*A. novi-belgii*）	適中
美花泡盛草（*Astilbe* ×*arendsii*）	適中
大星芹（*Astrantia major*）	涼
濱藜（*Atriplex hortensis*）	暖
紫芥菜（*Aubrieta deltoidea*）	涼
岩生庭薺（*Aurinia saxatilis* 'Compacta'）	涼
佛塔花類（*Banksia* species）	暖
北美靛藍（*Baptisia australis*）	涼至適中
掃帚草（*Bassia scoparia*）	適中
雜交秋海棠類〔*Begonia* (Interspecific cross)〕	適中
秋海棠（*B. grandis*）	適中
麗格秋海棠（*B.* ×*hiemalis*）	適中至暖
蝦蟆秋海棠（*B. rex-cultorum* hybrids）	適中
四季秋海棠（*B. semperflorens-cultorum* hybrids）	適中
球根秋海棠（*B.* ×*tuberhybrida* hybrids）	適中

（續下頁）

花卉作物學名	建議夜溫
射干（*Belamcanda chinensis*）	適中
雛菊（*Bellis perennis*）	冷至涼
岩白菜（*Bergenia cordifolia*）	涼
甜菜（*Beta vulgaris*）	涼
葉用甜菜（*B. vulgaris* var. *cicla*）	涼
黃花鬼針草（*Bidens ferulifolia*）	適中至暖
擬洋甘菊（*Boltonia asteroides*）	涼
琉璃苣（*Borago officinalis*）	適中
九重葛類（*Bougainvillea* species）	冷至涼
鵝河菊類（*Brachycome* species）	涼
麥桿菊（*Bracteantha bracteata*）	涼至適中
甘藍（*Brassica oleracea*）	涼
葉用甘藍（*B. oleracea* var. *acephala*）	涼
花椰菜（*B. oleracea* var. *botrytis*）	涼
結球甘藍（*B. oleracea* var. *capitata*）	涼
抱子甘藍（*B. oleracea* var. *gemmifera*）	涼
球莖甘藍（*B. oleracea* var. *gongylodes*）	涼
青花菜（*B. oleracea* var. *italica*）	涼
大銀鈴茅（*Briza maxima*）	適中
小銀鈴茅（*B. minima*）	適中
紫水晶（*Browallia speciosa*）	適中
南美紫水晶（*B. viscosa*）	適中
曼陀羅木（*Brugmansia arborea*）	適中
大葉醉魚草（*Buddleia davidii*）	適中
牛眼菊（*Buphthalmum salicifolium*）	適中
圓葉柴胡（*Bupleurum rotundifolium*）	適中至暖
彩葉芋（*Caladium bicolor*）	暖
祕魯岩馬齒莧（*Calandrinia umbellata*）	適中
竹芋類（*Calathea* species）	暖
蒲苞花（*Calceolaria* ×*herbeohybrida* group）	冷至涼
金葉蒲苞花（*C. integrifolia*）	涼
金盞花（*Calendula officinalis*）	冷
小花矮牽牛（*Calibrachoa* hybrids）	適中
翠菊（*Callistephus chinensis*）	適中

（續下頁）

花卉作物學名	建議夜溫
夜牽牛（*Calonyction*）	適中
山茶花（*Camellia japonica*）	涼至適中
加州日杯花（*Camissonia bistorta*）	適中
廣口鐘花（*Campanula carpatica*）	涼至適中
亞德里亞風鈴草（*C. elatines*）	涼
聚花風鈴草（*C. glomerata*）	涼
同葉鐘花（*C. isophylla*）	涼至適中
風鈴草（*C. medium*）	涼至適中
坡巧氏鐘花（*C. poscharskyana*）	暖
大花美人蕉（*Canna ×generalis*）	適中至暖
辣椒（*Capsicum annuum*）	適中
薊（*Carlina acaulis*）	涼至暖
紅花（*Carthamus tinctorius*）	適中至暖
蘭香草（*Caryopteris incana*）	適中至暖
翅果鐵刀木（*Cassia alata*）	適中
藍苦菊（*Catananche caerulea*）	適中
日日春（*Catharanthus roseus*）	暖
嘉德麗雅蘭（*Cattleya* hybrids）	適中
羽狀雞冠花（*Celosia argentea* Plumosa group）	暖
頭狀雞冠花（*C. argentea* Cristata group）	暖
穗狀雞冠花（*C. argentea* Spicata group）	暖
大矢車菊（*Centaurea americana*）	涼至適中
矢車菊（*C. cyanus*）	涼
山矢車菊（*C. montana*）	涼至適中
Centauridia drummondii	暖
紅纈草（*Centranthus ruber*）	適中
夏雪草（*Cerastium tomentosum*）	涼
袖珍椰子（*Chamaedorea elegans*）	暖
香藜（*Chenopodium botrys*）	適中
吊蘭（*Chlorophytum comosum*）	暖
黃椰子（*Chrysalidocarpus lutescens*）	暖
大薊（*Cirsium japonicum*）	涼至適中
西瓜（*Citrullus lanatus*）	暖

（續下頁）

花卉作物學名	建議夜溫
古代稀（*Clarkia amoena*）	涼
鐵線蓮類（*Clematis* species and hybrids）	適中
醉蝶花（*Cleome hassleriana*）	暖
龍吐珠（*Clerodendrum thomsoniae*）	暖
藍蝴蝶（*C. ugandense*）	暖
蝶豆（*Clitoria ternatea*）	適中
電燈花（*Cobaea scandens*）	涼
變葉木（*Codiaeum variegatum*）	暖
咖啡（*Coffea arabica*）	暖
薏苡（*Coix lacryma-jobi*）	適中
鞘冠菊（*Coleostephus myconis*）	適中
藍唇花（*Collinsia bicolor*）	適中
千鳥草（*Consolida ambigua*）	涼
鈴蘭（*Convallaria majalis*）	適中至暖
朱蕉（*Cordyline terminalis*）	暖
樹白菜（*C. indivisa*）	暖
大金雞菊（*Coreopsis grandiflora*）	涼
芫荽（*Coriandrum sativum*）	涼至適中
銀蘆（*Cortaderia selloana*）	適中
大波斯菊（*Cosmos bipinnatus*）	適中
黃波斯菊（*C. sulphureus*）	適中
山芫荽（*Cotula barbata*）	適中
金繡球（*Craspedia uniflora*）	適中至暖
紅鵪菜（*Crepis rubra*）	適中
番紅花（*Crocus vernus*）	涼至適中
鳥尾花（*Crossandra infundibuliformis*）	暖
哈密瓜（*Cucumis melo* var. *reticulatis*）	暖
黃瓜（*C. sativus*）	適中
南瓜、夏南瓜（*Cucurbita maxima*）	適中
細葉雪茄花（*Cuphea hyssopifolia*）	適中
雪茄花（*C. ignea*）	適中
仙客來（*Cyclamen persicum*）	涼至適中

（續下頁）

花卉作物學名	建議夜溫
報歲蘭類（*Cymbidium* hybrids）	冷
朝鮮薊（*Cynara scolymus*）	涼
勿忘我（*Cynoglossum amabile*）	適中
大理花類（*Dahlia* hybrids）	涼至適中
曼陀羅（*Datura metel*）	適中
胡蘿蔔（*Daucus carota* var. *sativus*）	涼
大飛燕草（*Delphinium grandiflorum* var. *chinense*）	涼
雜交飛燕草（*D.* ×*belladonna*）	涼
飛燕草（*D.* ×*cultorum*）	涼
菊花（*Dendranthema grandiflorum*）	適中
石斛蘭類（*Dendrobium* hybrids）	涼
西洋石竹（*Dianthus barbatus*）	冷 至 適中
修道石竹（*D. carthusianorum*）	涼至適中
康乃馨（*D. caryophyllus*）	涼
中國石竹（*D. chinensis*）	冷至涼
少女石竹（*D. deltoides*）	涼
常夏石竹（*D. plumarius*）	涼
黃花石竹（*D. knappii*）	涼
雙距花（*Diascia* hybrids）	涼
馬蹄金（*Dichondra repens*）	適中
黛粉葉類（*Dieffenbachia* hybrids）	適中至暖
毛地黃（*Digitalis purpurea*）	涼至適中
海角金盞（*Dimorphotheca sinuata*）	適中
捕蠅草（*Dionaea muscipula*）	暖
高加索多榔豹菊（*Doronicum columnae*）	涼
彩虹菊類（*Dorotheanthus* species）	適中
龍血樹類（*Dracaena* species）	暖
紫錐花（*Echinacea purpurea*）	適中
藍球薊（*Echinops bannaticus*）	適中
藍薊（*Echium vulgare*）	涼
纓絨花（*Emilia coccinea*）	適中至暖
纓絨花（*E. javanica* 'Lutea'）	適中至暖
黃金葛（*Epipremnum aureum*）	暖

（續下頁）

花卉作物學名	建議夜溫
鯽魚草（*Eragrostis tenella*）	適中
狐尾百合類（*Eremurus* species and hybrids）	涼
墨西哥飛蓬（*Erigeron karvinskianus*）	適中
刺芹（*Eryngium planum*）	涼
桂竹香（*Erysimum cheiri*）	涼
亞麻葉糖芥（*E. linifolium*）	涼
叢金英花（*Eschscholzia caespitosa*）	適中
金英花（*E. californica*）	適中
由加利、桉樹類（*Eucalyptus* species）	適中
亞馬遜百合（*Eucharis* ×*grandiflora*）	適中至暖
續隨子（*Euphorbia lathyris*）	適中
銀邊翠（*E. marginata*）	適中
黃戟草（*E. myrsinites*）	涼
多彩大戟（*E. polychroma*）	涼
聖誕紅（*E. pulcherrima*）	適中至暖
洋桔梗（*Eustoma grandiflorum*）	適中
藍星花（*Evolvulus glomeratus*）	適中
紫芳草（*Exacum affine*）	適中至暖
八角金盤（*Fatsia japonica*）	暖
異葉藍菊（*Felicia heterophylla*）	涼
大藍羊茅（*Festuca amethystine*）	適中
藍羊茅（*F. ovina* var. *glauca*）	適中
單盾薺（*Fibigia clypeata*）	涼
榕類（*Ficus* species）	暖
茴香（*Foeniculum vulgare*）	涼
草莓類（*Fragaria* species）	適中
小蒼蘭類（*Freesia* species）	涼
吊鐘花（*Fuchsia* ×*hybrida*）	適中
大花天人菊（*Gaillardia* ×*grandiflora*）	涼
天人菊（*G. pulchella*）	涼
梔子花（*Gardenia jasminoides*）	適中
白蝶花（*Gaura lindheimeri*）	涼
勳章菊（*Gazania rigens*）	涼

（續下頁）

花卉作物學名	建議夜溫
龍膽類（*Gentiana* species）	適中
紅花老鸛草（*Geranium sanguineum*）	適中
非洲菊（*Gerbera jamesonii*）	適中
智利路邊青（*Geum quellyon*）	涼
唐菖蒲類（*Gladiolus* hybrids）	適中
千日紅（*Gomphrena globosa*）	暖
草莓千日紅（*G. haageneana*）	暖
韃靼補血草（*Goniolimon tataricum*）	涼
霞草（*Gypsophila elegans*）	涼
大葉石頭花（*G. pacifica*）	涼
滿天星（*G. paniculata*）	適中
匍枝滿天星（*G. repens*）	涼
常春藤（*Hedera helix*）	暖
堆心菊（*Helenium autumnale*）	涼
短圓葉半日花（*Helianthemum nummularium*）	涼
向日葵（*Helianthus annuus*）	涼至適中
蠟菊（*Helichrysum* species）	適中
赫蕉類（*Heliconia* species）	暖
賽菊芋（*Heliopsis helianthoides*）	適中
香水草（*Heliotropium arborescens*）	適中
粉蠟菊（*Helipterum roseum*）	適中
歐亞香花芥（*Hesperis matronalis*）	涼
礬根（*Heuchera micrantha*）	涼
珊瑚鐘（*H. sanguinea*）	涼
落神葵（*Hibiscus acetosella*）	適中
大花芙蓉（*H. moscheutos*）	適中
朱槿（*H. rosa-sinensis*）	暖
孤挺花（*Hippeastrum* hybrids）	暖
野麥草（*Hordeum jubatum*）	涼
澳洲椰子（*Howea forsterianai*）	暖
啤酒花（*Humulus lupulus*）	適中
金盃花（*Hunnemannia fumariifolia*）	涼
風信子（*Hyacinthus orientalis*）	涼至適中

（續下頁）

花卉作物學名	建議夜溫
繡球花（*Hydrangea macrophylla*）	適中
美果金絲桃（*Hypericum androsaemum*）	暖
宿萼金絲桃（*H. calycinum*）	涼
嫣紅蔓（*Hypoestes phyllostachya*）	適中
蜂室花（*Iberis amara*）	涼
常綠蜂室花（*I. sempervirens*）	涼
紫屈曲花（*I. umbellate*）	涼
中國鳳仙花（*Impatiens balsamina*）	適中
新幾內亞鳳仙花（*I. hawkeri*）	適中至暖
非洲鳳仙花（*I. walleriana*）	適中
紅波羅花（*Incarvillea delavayi*）	適中
鑽石花（*Ionopsidium acaule*）	涼
番薯（*Ipomoea batatus*）	適中
金魚花（*I. lobate*）	適中
三色牽牛花（*I. tricolor*）	適中
紅吉利花（*Ipomopsis rubra*）	涼
血莧（*Iresine herbstii*）	適中
荷蘭鳶尾（*Iris ×hollandica*）	涼
德國鳶尾（*I. germanica*）	適中
同瓣草（*Isotoma axillaris*）	適中
非洲櫻草（*Jamesbrittania* hybrids）	適中
長壽花（*Kalanchoe blossfeldiana*）	適中至暖
火炬百合（*Kniphofia uvaria*）	適中
藍毛草（*Koeleria glauca*）	涼
扁豆（*Lablab purpureus*）	適中
立金花（*Lachenalia* species）	適中
萵苣（*Lactuca sativa*）	涼
紫薇（*Lagerstroemia indica*）	暖
兔尾草（*Lagurus ovatus*）	適中
馬纓丹類（*Lantana* hybrids）	適中
香豌豆（*Lathyrus odoratus*）	涼
加州香豌豆（*L. splendens*）	涼
狹葉薰衣草（*Lavandula angustifolia*）	適中
齒葉薰衣草（*L. dentata*）	適中

（續下頁）

花卉作物學名	建議夜溫
花葵（*Lavatera trimestris*）	適中
萊氏菊（*Layia platyglossa*）	涼
美葉火筒樹（*Leea coccinea*）	暖
高山薄雪草（*Leontopodium alpinum*）	涼
西洋濱菊（*Leucanthemum lacustre*）	涼
白晶菊（*L. paludosum*）	適中
歐當歸（*Levisticum officinale*）	適中
香蒲麒麟菊（*Liatris pycnostachya*）	涼
麒麟菊（*L. spicata*）	適中
百合〔*Lilium* hybrids (Asiatic, Oriental hybrids)〕	適中
鐵砲百合（*L. longiflorum*）	適中
澤花（*Limnanthes douglasii*）	涼
蘇聯補血草（*Limonium latifolium*）	涼
星辰花（*L. sinuatum*）	涼
貝利星辰花（*L. perezii*）	涼
柳穿魚（*Linaria maroccana*）	涼
大花亞麻（*Linum grandiflorum*）	涼
宿根亞麻（*L. perenne*）	適中
六倍利（*Lobelia erinus*）	涼至適中
大花山梗菜（*L. ×speciosa*）	適中
香雪球（*Lobularia maritima*）	涼
羅娜花（*Lonas annua*）	適中
鸚鵡喙百脈根（*Lotus berthelotti*）	涼
銀扇草（*Lunaria annua*）	涼
羽扇豆（*Lupinus polyphyllus*）	涼
皺葉剪秋羅（*Lychnis chalcedonica*）	涼
毛剪秋羅（*L. coronaria*）	涼
豔紅剪秋羅（*L. ×haageana*）	涼
番茄（*Lycopersicon esculentum*）	適中
矮桃（*Lysimachia clethroides*）	適中
Machaeranthera tanacetifolia	涼
麝香錦葵（*Malva moschata*）	涼
竹芋類（*Maranta* species）	暖

（續下頁）

花卉作物學名	建議夜溫
歐夏至草（*Marrubium vulgare*）	涼
紫羅蘭（*Matthiola incana*）	冷至涼
美蘭菊（*Melampodium divaricatum*）	適中
小穗臭草（*Melica ciliata*）	涼
香蜂草（*Melissa officinalis*）	涼
歐薄荷（*Mentha* ×*piperita*）	涼
綠薄荷（*M. spicata*）	涼至適中
含羞草（*Mimosa pudica*）	暖
龍頭花（*Mimulus* ×*hybridus*）	涼至適中
紫茉莉（*Mirabilis jalapa*）	適中
貝殼花（*Moluccella laevis*）	適中
麝香薄荷（*Monarda citriodora*）	涼
蜂香薄荷（*M. didyma*）	涼
電信蘭（*Monstera deliciosa*）	暖
勿忘草（*Myosotis sylvatica*）	涼
西洋水仙（*Narcissus pseudonarcissus*）	適中
中國水仙（*N. tazetta*）	適中
囊距花（*Nemesia strumosa*）	涼
葉芹草（*Nemophila maculata*）	涼
粉蝶花（*N. menziesii*）	涼
荊芥（*Nepeta cataria*）	涼
花菸草（*Nicotiana alata*）	適中
萊姆菸草（*N. langsdorfii*）	適中
林菸草（*N. sylvestris*）	適中
花菸草（*N.* ×*sanderae*）	適中
高盃花（*Nierembergia hippomanica*）	適中
黑種草（*Nigella damascena*）	涼至適中
小鐘花（*Nolana paradoxa*）	適中
羅勒（*Ocimum basilicum*）	適中
齒舌蘭類（*Odontoglossum* hybrids）	暖
月見草（*Oenothera macrocarpa*）	涼
文心蘭類（*Oncidium* hybrids）	適中至暖
香牛至（*Origanum majorana*）	涼至適中
牛至（*O. vulgare*）	涼

（續下頁）

花卉作物學名	建議夜溫
伯利恆之星類（*Ornithogalum* species）	適中
藍眼菊（*Osteospermum ecklonis*）	涼至適中
腺葉酢漿草（*Oxalis adenophylla*）	適中
大花酢漿草（*O. bowiei*）	涼至適中
巴西酢漿草（*O. braziliensis*）	涼至適中
紫花酢漿草（*O. corymbosa*）	涼
毛酢漿草（*O. hirta*）	涼
芙蓉酢漿草（*O. purpurea*）	涼
三角葉酢漿草（*O. regnelli*）	適中
四葉酢漿草（*O. tetraphyllua*）	涼至適中
二色酢漿草（*O. versicolor*）	涼至適中
勺藥（*Paeonia lactiflora*）	涼至適中
冰島罌粟（*Papaver nudicaule*）	涼
東方罌粟（*P. orientale*）	涼
拖鞋蘭類（*Paphiopedilium* hybrids）	涼
射干鳶尾（×*Pardancanda norrisii*）	適中
大花天竺葵（*Pelargonium* ×*domesticum*）	涼
天竺葵（*P.* ×*hortorum*）	適中
常春藤葉天竺葵（*P. peltatum*）	適中
狼尾草（*Pennisetum setaceum*）	適中
羽絨狼尾草（*P. villosum*）	適中
龍膽釣鐘柳（*Penstemon gentianoides*）	涼
繁星花（*Pentas lanceolata*）	適中
椒草類（*Peperomia* species）	暖
瓜葉菊（*Pericallis* ×*hybrida*）	涼
紫蘇（*Perilla frutescens*）	適中至暖
歐芹（*Petroselinum crispum*）	適中
矮牽牛〔*Petunia* ×*hybrida* (single, double, trailing types)〕	涼至適中
蝴蝶蘭類（*Phalaenopsis* hybrids）	適中至暖
加拿列鷸草（*Phalaris canariensis*）	適中
花豆（*Phaseolus coccineus*）	適中
菜豆（*P. vulgaris* var. *humilis*）	適中
羽裂緣蔓綠絨（*Philodendron bipinnatifidum*）	暖
鋤葉蔓綠絨（*P. domesticum*）	暖
羽葉蔓綠絨（*P. lundii*）	暖

（續下頁）

花卉作物學名	建議夜溫
福祿考（*Phlox drummondii*）	涼
錐花福祿考（*P. paniculata*）	適中
鬍拉密鞋蘭類（*Phragmipedium* hybrids）	暖
酸漿（*Physalis alkekengi*）	涼
墨西哥酸漿（*P. ixocarpa*）	適中
隨意草（*Physostegia virginiana*）	涼
茴芹（*Pimpinella anisum*）	適中
桔梗（*Platycodon grandiflorus*）	適中
紫鳳凰、香茶類（*Plectranthus* species）	適中
藍雪花（*Plumbago auriculata*）	適中
晚香玉（*Polianthes tuberosa*）	暖
粉團蓼（*Polygonum capitatum*）	適中
松葉牡丹（*Portulaca grandiflora*）	適中至暖
馬齒莧（*P. oleracea*）	適中至暖
尼泊爾翻白草（*Potentilla nepalensis*）	涼
報春花（*Primula malacoides*）	涼至適中
四季櫻草（*P. obconica*）	適中
西洋櫻草（*P. ×polyantha*）	涼至適中
宿根報春花（*P. vulgaris*）	涼至適中
土耳其補血草（*Psylliostachys suworowii*）	涼
陸蓮花（*Ranunculus asiaticus*）	冷至涼
棱地黃（*Rehmannia angulata*）	適中
白花木犀草（*Reseda odorata*）	冷
玫瑰袍類（*Rhodochiton* species）	適中
杜鵑花類（*Rhododendron* hybrids）	適中
蓖麻（*Ricinus communis*）	適中
玫瑰（*Rosa* hybrids）	適中
迷迭香（*Rosmarinus officinalis*）	適中
黃金菊（*Rudbeckia fulgida*）	涼
金光菊（*R. hirta*）	涼
麗莎蕨（*Rumohra adiantiformis*）	暖
非洲堇（*Saintpaulia ionantha*）	暖
美人襟（*Salpiglossis sinuata*）	涼

（續下頁）

花卉作物學名	建議夜溫
紅花鼠尾草（*Salvia coccinea*）	適中
粉萼鼠尾草（*S. farinacea*）	適中
鼠尾草（*S. officinalis*）	涼至適中
蔓鼠尾草（*S. patens*）	適中
紫穗鼠尾草（*S. pratensis*）	涼
一串紅（*S. splendens*）	適中
雜交大鼠尾草（*S.* ×*superba*）	涼
彩苞鼠尾草（*S. viridis*）	適中
山衛菊（*Sanvitalia procumbens*）	適中
岩生肥皂草（*Saponaria ocymoides*）	涼
風輪菜（*Satureja hortensis*）	適中
苔葉虎耳草（*Saxifraga* ×*arendsii*）	適中
松蟲草（*Scabiosa atropurpurea*）	涼
大花松蟲草（*S. caucasica*）	涼
紫扇花（*Scaevola aemula*）	暖
鴨掌木（*Schefflera actinophylla*）	暖
鵝掌藤（*S. arboricola*）	暖
孔雀木（*S. elegantissima*）	暖
蝴蝶花（*Schizanthus* ×*wisetonensis*）	涼
蟹爪仙人掌（*Schlumbergera* hybrids）	涼至適中
蟹爪仙人掌（*S. gaertneri*）	適中至暖
金毯景天（*Sedum acre*）	適中
高加索景天（*S. spurium*）	適中
屋根長生花（*Sempervivum tectorum*）	適中
銀葉菊（*Senecio cineraria*）	適中
千里光（*S. maritimus*）	適中
巴西黃槐（*Senna angulata*）	適中
西達葵（*Sidalcea malviflora*）	涼
鞠翠花（*Silene coelirosa*）	涼
大岩桐（*Sinningia speciosa*）	暖
垂筒苣苔（*Smithiantha zebrina*）	暖
茄（*Solanum melongena*）	適中
觀賞辣椒（*S. pseudocapsicum*）	涼
馬鈴薯（*S. tuberosum*）	適中

（續下頁）

花卉作物學名	建議夜溫
彩葉草（*Solenostemon scutellarioides*）	適中至暖
一枝黃花、麒麟草類（*Solidago* species）	涼至適中
白鶴芋（*Spathiphyllum floribundum*）	暖
綿毛水蘇（*Stachys byzantine*）	適中
黃窄葉菊（*Steirodiscus tagetes*）	涼
非洲茉莉（*Stephanotis floribunda*）	暖
波斯紅草（*Strobilanthes dyerianus*）	適中
琉璃菊（*Stokesia laevis*）	適中
天堂鳥蕉（*Strelitzia reginae*）	暖
菫蘭（*Streptocarpus* ×*hybridus*）	適中
假馬齒莧（*Sutera cordata*）	涼至適中
合果芋（*Syngonium podophyllum*）	暖
萬壽菊（*Tagetes erecta*） 　雜交孔雀草（*T. erecta* ×*patula*） 　孔雀草（*T. patula*） 　細葉孔雀草（*T. tenuifolia*）	適中 適中 適中 適中
野人參（*Talinum paniculatum*）	適中
紅花除蟲菊（*Tanacetum coccineum*） 　玲瓏菊（*T. parthenium*） 　銀艾菊（*T. ptarmiciflorum*）	涼 涼 適中
唐松草類（*Thalictrum* species）	涼
黑眼鄧伯花（*Thunbergia alata*）	適中
金毛菊（*Thymophylla tenuiloba*）	適中
鋪地香（*Thymus serphyllum*） 　百里香（*T. vulgaris*）	適中 涼至適中
墨西哥向日葵（*Tithonia rotundifolia*）	涼
夏菫（*Torenia fournieri*）	涼
夕霧草（*Trachelium caeruleum*）	涼至適中
翠珠花（*Trachymene coerulea*）	涼至適中
紫露草（*Tradescantia* ×*andersoniana*）	涼
新疆三肋果（*Tripleurospermum inodorum*）	涼
紫燈花（*Triteleia laxa*）	涼

（續下頁）

花卉作物學名	建議夜溫
金蓮花（*Tropaeolum majus*）	暖
金絲雀金蓮花（*T. peregrinum*）	暖
鬱金香（*Tulipa gesneriana*）	適中
琉璃唐棉（*Tweedia caerulea*）	適中
王不留行（*Vaccaria hispanica*）	適中
毛蕊花（*Verbascum phoeniceum*）	涼
柳葉馬鞭草（*Verbena bonariensis*）	適中
玫瑰馬鞭草（*V. canadensis*）	適中
美女櫻（*V. ×hybrida*）	涼
糙葉美女櫻（*V. rigida*）	適中
細裂美女櫻（*V. speciosa*）	適中
細葉美女櫻（*V. tenera*）	適中
白婆婆納（*Veronica incana*）	涼
伏地婆婆納（*V. repens*）	涼
穗花婆婆納（*V. spicata*）	涼
北美腹水草（*Veronicastrum virginicum*）	適中
角堇（*Viola cornuta*）	涼
香堇菜（*V. tricolor*）	涼
三色堇（*V. ×wittrockiana*）	冷至涼
藍花參類（*Wahlenbergia* species）	適中
乾花菊（*Xeranthemum annuum*）	適中
象腳王蘭（*Yucca elephantipes*）	暖
白花海芋（*Zantedeschia aethiopica*）	涼
彩色海芋（*Z.* hybrids）	適中
玉米（*Zea mays*）	適中
細葉百日草（*Zinnia angustifolia*）	適中
百日草（*Z. elegans*）	適中
雜交百日草（*Z. hybrida*）	適中

　　決定栽培的溫度應考慮溫室加溫或降溫的經濟成本，當能源成本提高時，生產者會降低溫度以減少加溫成本；然而，較低之生產溫度會降低每日均溫（average daily temperature）而使植株生長緩慢。有些作物因降溫而延後開花或採收時間，而增加所需的維管成本，甚至會高於在適當時機加溫所需的成本。溫度降低而增長生

產時間多寡，因花卉作物種類而異。例如，氣溫從 17°C 降低至 12°C 時，鬱金香也能持續生長而僅延後幾天開花；但相同條件會使聖誕紅停止生長。

雖然能源成本多指加溫，然而於一些地區，降溫卻是不可或缺，甚至生產者會考量提高日間溫度，以節省啓動風扇和水牆所需的電力。然而，過高的溫度有可能降低產品品質和採後壽命。

過高或過低的溫度均可能導致植株傷害。其中以霜害（frost injury）和凍害（freeze injury）較爲人所知，凍害係氣溫低於 0°C，而霜害則是氣溫高於 0°C，但因輻射冷卻使植體溫度低於 0°C（Dreistadt, 2001）。霜害和凍害的症狀是枝條、芽或花呈褐色、黑色或捲曲。一般幼嫩組織較易受害，但亦有可能全株死亡。可以利用覆蓋布料、噴霧保溼及加溫，以確保植株不受低溫威脅。

長時間處於 0°C 以上的低溫仍可能使熱帶及亞熱帶植物受傷或死亡，謂之寒害（chilling injury）。部分花卉作物甚至僅需 20°C 即可造成寒害，且隨溫度降低，寒害程度逐漸加強。於 10°C 或更低溫會使非洲菫（*Saintpaulia ionantha*）受傷或死亡（Brown-Faust and Heins, 1991）。

高溫也會造成傷害，例如使葉片黃化、壞疽和生長停頓。高溫傷害常與高光有關，因爲高光常因蒸散不足而使組織溫度過高而受傷。事實上，水分逆境是高溫伴隨高光造成傷害的重要原因。植物忍受高溫的能力因栽培條件而異。美國園藝學會依氣候條件將美國劃分 12 個溫度區域（heat zone），各種植物又依此給予建議的溫度區域，藉以表示其耐熱程度。

每日均溫（Average Daily Temperature）

每日平均溫度影響並控制植物生長速率，包括葉片展開速率或花朵發育速率。在最低溫至最適溫範圍內，葉片展開或花朵發育速率隨溫度上升而加速。然而，快速的生長發育並不等同於良好品質。溫度過高栽培通常導致植體虛弱或品質降低，且易罹病。溫度與光強度常有交感效應，即高溫伴隨低光時更不利生長品質。諷刺的是，夏季爲了降低設施內溫度而過度遮光常產生此種問題。同樣地，較低的日均溫可能會造成早熟花芽創始（premature flower initiation）或提早休眠。光週期也經常會與溫度共同影響生理反應。

　　日均溫是記錄每小時（或更頻繁）的溫度，再計算 24 小時的平均值，而非每日最高及最低溫度之平均。若誤以最高及最低溫計算常會得到較高的日均溫，因爲夜間溫度較爲穩定，而白天溫度則是隨日照而逐漸提高，至午後有一高峰。而且，多雲天氣時常因突然日照而造成瞬間高溫，因此據以計算最高及最低溫度，常誤而偏重日間溫度效應。

日溫及夜溫（Day and Night Temperatures）

　　文獻中敘述溫室內溫度，若無特別強調則多指夜溫。一般來說，夜溫通常低於日溫，且易於利用加溫或降溫設備調控夜溫。白天日照常使日溫難以控制。早期認爲對植物許多生理反應而言，夜溫比日溫更爲重要（Erwin and Heins, 1993）。而高夜溫會使菊花、聖誕紅及長壽花（*Kalanchoe blossfeldiana*）花芽創始延遲，亦使矮牽牛抽苔時間延後（Grueber, 1985; Whealy et al., 1987）。同樣地，低夜溫會造成早熟花芽創始和休眠提早發生（請參閱第 2 章「開花調節」）。然而，日溫、夜溫或日均溫何者對特定生理反應最爲重要，仍需探究。

日夜溫差（DIF）

　　DIF 意指藉由調節日溫與夜溫以控制植物株高（請參閱第 8 章「植物生長調節」）。在次適溫度（suboptimal temperature）範圍內，日溫相對於夜溫之溫差愈大（日溫－夜溫＝ DIF），則植物莖部較長且株高較高（Berghage and Heins, 1991; Erwin et al., 1989a, 1989b; Karlsson et al., 1989）。當商品必須考慮株高者，如聖誕紅、復活節百合及許多花壇植物之生產過程中必須將 DIF 納入考量。日溫高於夜溫常會使許多花卉作物節間明顯伸長。參考以下三種溫室溫度管理（日／夜長皆爲 12 小時）：

	溫室 1（°C）	溫室 2（°C）	溫室 3（°C）
日溫	15.5	13.0	10.0
夜溫	10.0	13.0	15.5
DIF	＋5.5	0	－5.5
株高	高	中	矮
每日均溫	13.0	13.0	13.0

溫室 1 會生產株高最高的植株，因為有最大的 DIF 值；而溫室 3 的植株則最矮。溫室 2 的株高則介於兩者間。三種溫室的植物都會同時開花、有相似的花下葉片數，因為三個溫室的日均溫皆相同。然而希望控制株高、生產矮化緊實的植物，則不論何種天氣，日溫不宜比夜溫高超過 0-3℃。詳參第 8 章「植物生長調節」更多有關利用 DIF 調節株高之論述。

根據實際測量株高變化，每日莖伸長主要發生在日出前與後的短暫時刻，因此至少在日出前 2 小時降溫，產生負 DIF 能有效減少莖伸長（Cockshull et al., 1995; Erwin et al., 1989c; Grindal and Moe, 1995; Moe et al., 1995）。此項清晨降溫以抑制株高的操作，可稱為溫度驟降（temperature DROP）。然而，日溫太高之正 DIF，可能會中和清晨降溫的效果。

DIF 也有可能影響部分花卉作物的花朵大小及數量。負值過大的 DIF（＜–5℃）可能會使復活節百合葉片黃化及捲曲；然一旦 DIF 差值縮小，則可能迅速回復（Erwin et al., 1989a）。植體碳水化合物及氮濃度也可能因負 DIF 而下降，從而使復活節百合採後葉片黃化、聖誕紅萼片褐化及葉苞脫落問題惡化（Miller, 1997）。有些花卉作物則對 DIF 沒有反應，如多數葫蘆科植物及常見球根植物，如風信子、鬱金香及西洋水仙（Erwin et al., 1989a）。

推薦溫度（Temperature Recommandations）

一般推薦的溫度係根據調控株高對該花卉作物是否重要而定。當株高調控不是重要的考量時，例如叢生型植物或切花類，一般設定為：多雲時日溫較夜溫高 0-3℃，晴天時日溫較夜溫高 6-8℃，以使晴天有較多的光合作用，並減少夜間之呼吸作用。在低溫季節，生產者常降低夜溫設定以減少加溫費用。然而當株高調節是重要的考量時，例如聖誕紅和許多盆花及花壇植物，則應將日溫設定儘量接近夜溫。需要以特定溫度組合以精確調控株高（請參閱第 8 章「植物生長調節」）。

介質溫度（Medium Temperature）

在有些狀況下，除氣溫外，介質溫度也應監測。介質加溫對許多花卉作物的種子發芽或插穗發根極為重要（請參閱第 1 章「繁殖」）。一般而言，介質溫度應至少達 21℃，又以 22-24℃ 根溫最佳。適合各花卉作物繁殖的介質適溫可能不同。

若扦插繁殖期間使用噴霧會使介質溫度降低，因而必須額外增加根溫。加熱線可以置於床架上，加溫系統亦可設於床架下，並以資材包覆床架底部以達保溫效果。也可以透過 PE 管自床架底部輸送熱風加熱，但應注意加強覆蓋以減少插穗及實生苗失水。

有研究探討在介質加溫情況下，是否就能於較涼溫度環境生產（Stephens and Widmer, 1976）。相對於增加整間溫室的氣溫，根域加溫（root-zone heating）可以節省燃煤加溫費用。可利用 Biotherm 加熱系統或在床架底部放置加熱管並加以包覆，使熱空氣向上移動而加熱地上部。

根域加溫已被證實能實際且有效應用於部分花卉作物，例如加快仙客來及金魚草之生長發育（Stepehens and Widmer, 1976; Wai and Newman, 1992）。根域加溫在移植後的最初 6 週內較為有效。然根域加溫的潛在問題是可能導致花芽夭折（abortion，指已創始的花芽，發育不全而夭折敗育）或消蕾（blasting，指已發育相當的花芽夭折），和改變水與養分供給狀況。通常根域加溫有效，但並不一定具有經濟效益。

本章重點

· 主要監測三種溫度：氣溫、葉溫及介質溫度。
· 推薦溫度常指夜溫，但葉溫較能準確顯示植物之反應。
· 溫度可對植物生長有廣泛或特定的影響：植物生長速率隨溫度變化而加快或減慢。低溫或特定溫度會誘導開花等特定反應。
· 每一花卉作物種類皆有其適當的生長溫度範圍及可忍受溫度範圍，應依據成本，設定生產時的溫度。
· 過高或過低的溫度可能會傷害植株。
· 每日平均溫度調節植物生長速率，包括葉片展開或花朵發育速率。
· 對多數植物而言，夜溫比日溫對於許多種生理作用更為重要。
· 在次適溫度（suboptimal temperature）範圍內，日溫與夜溫差異愈大（日溫－夜溫＝DIF），則植物莖部伸長常較多。

‧在日出前 2 小時降溫，產生負 DIF，可以有效減少莖伸長。此項清晨降溫以降低株高的操作技術，常稱為 DROP 或 DIP。

‧一般推薦的溫度係根據該花卉作物之調控株高是否重要而定。當株高調控較不重要時，一般在多雲時會設定日溫較夜溫高 0-3℃，晴天時日溫較夜溫高 6-8℃。當株高調節是重要考量時，則將日溫設定盡量接近夜溫。

‧介質加溫對許多花卉作物的種子發芽或插穗發根極為重要，溫度應至少達 21℃，尤以 22-24℃ 更佳。

參考文獻

Armitage, A.M. 1993. *Echinacea*, pp. 197-199 in *Specialty Cut Flowers*. Varsity/Timber Press, Portland, Oregon.

Berghage, R.D., and R.D. Heins. 1991. Quantification of temperature effects on stem elongation in poinsettia. *Journal of the American Society for Horticultural Science* 116:14-18.

Brown-Faust, J., and R. Heins. 1991. Cultural notes on African violets. *Greenhouse Grower* 9(2): 74, 76-77.

Cockshull, K.E., F.A. Langton, and C.R.J. Cave. 1995. Differential effects of different DIF treatments on chrysanthemum and poinsettia. *Acta Horticulturae* 378:15-25.

Dreistadt, S.H. 2001. I*ntegrated Pest Management for Floriculture and Nurseries*, University of California Division of Agriculture and Natural Resources Publication 3402.

Erwin, J.E., and R.D. Heins. 1993. Temperature effects on bedding plant growth. *Minnesota Commercial Flower Growers Association Bulletin* 42(3): 1-11.

Erwin, J., R. Heins, R. Berghage, and W. Carlson. 1989a. How can temperatures be used to control plant stem elongation? *Minnesota State Florists Bulletin* 38(3): 1-5.

Erwin, J.E., R.D. Heins, and M.G. Karlsson. 1989b. Thermomorphogenesis in *Lilium longiflorum. American Journal of Botany* 76:47-52.

Erwin, J.E., R.D. Heins, B.J. Kovanda, R.D. Berghage, W.H. Carlson, and J.A. Biernbaum. 1989c. Cool mornings can control plant height. *GrowerTalks* 52(9): 75.

Grindal, G., and R. Moe. 1995. Growth rhythm and temperature DROP. *Acta Horticulturae* 378:47-52.

Grueber, K.L. 1985. Control of lateral branching and reproductive development in *Euphorbia pulcherrima* Wild. ex Klotzsch. Ph.D. thesis, University of Minnesota.

Karlsson, M.G., R.D. Heins, J.E. Erwin, R.D. Berghage, W.H. Carlson, and J.A. Biernbaum. 1989. Temperature and photosynthetic photon flux influence chrysanthemum shoot development and flower initiation under short day conditions. *Journal of the American Society for Horticultural Science* 114:158-163.

Leeuwen, V.C. 1980. *Aconitum*, pp. 25-27 in *Annual Report for 1980 of the Aalsmeer Proefstation*, The Netherlands. (In Dutch)

Miller, B. 1997. 1998 Easter lily production. *Southeastern Floriculture* 7(5): 43-46.

Moe, R., K. Willumsen, I.H. Ihlebekk, A.I. Stupa, N.M. Glomsrud, and L.M. Mortensen. 1995. DIF and temperature DROP responses in SDP and LDP, a comparison. *Acta Horticulturae* 378:27-33.

Stephens, L.C., and R.E. Widmer. 1976. Soil temperature effects on *Cyclamen* flowering. *Journal of the American Society for Horticultural Science* 101:107-111.

Wai, K.S., and S.E. Newman. 1992. Air and rootzone temperatures influence growth and flowering of snapdragons. *HortScience* 27:796-798.

Whealy, C.A., T.A. Nell, J.E. Barrett, and R.A. Larson. 1987. High temperature effects on growth and floral development of chrysanthemum. *Journal of the American Society for Horticultural Science* 112:464-468.

Wilkins, H.F., W.E. Healy, and K.L. Grueber. 1990. Temperature regime at various stages of production influences growth and flowering of *Dendranthema ×grandiflorum*. *Journal of the American Society for Horticultural Science* 115:732-736.

CHAPTER 4

光
Light

前言

測量光線應考量三個因子，即光譜、光強度及光照時間。光譜（或可稱光質）係光的波長。光強度或可視為光量。而光照時數〔指光週期（photoperiod）或日長（daylength）〕則是光照或黑暗期間的時間。三個因子綜合決定適合植物的光需求條件。光在植物生長過程中扮演兩個角色：第一是經由光合作用使植物生長。植物能將光能轉變為化學能，因而能生長。第二則是啟動或調節多種生理反應，諸如種子發芽、開花、老化、球根形成與休眠等。

光質（Light Quality）

波長多半以奈米（nm）為單位，特定的波長對應特定的顏色。例如，黃光波長大約為 580 nm（圖 4-1）。植物生長通常需要全波長的光，但其中紅光（700 nm）和藍光（470 nm）對植物生長反應有最大的影響（圖 4-2）。光週期性（photoperiodism）和其他特定對光敏感之生長反應，則主要受紅光（660 nm）和遠紅光（720 nm）調節。

遠紅光比例較多的光照會使節間伸長、葉面積增加、分枝減少、葉色及花色較淡（Runkle and Heins, 2002; Smith, 1986）。相對地，生長在紅光比率較多的光環境下則使植株較矮、葉色較深且分枝較多（Cerny et al., 2003）。因為葉片吸收利用紅光而非遠紅光，因此經植物葉片過濾後的光以遠紅外光比例較高，所以當行株距過密時會降低紅光：遠紅光的比例，而使植株抽高且分枝較少。另外，鎢絲燈有較高比例的遠紅光，而螢光燈則有較高比例的紅光。光線通過硫酸銅溶液或濾光薄膜，可產生紅光：遠紅光比例高的光線，可以減少莖伸長（McMahon et al., 1991; Mortensen and Stromme, 1987; Rajapakse and Kelly, 1992; Runkle and Heins, 2002）。隔絕清晨或黃昏之高比例遠紅光光線，也有相似的效果（Blom et al., 1994）。然而，濾除紅光或藍光可使節間伸長，有利切花生產（Khattak and Pearson, 1997）。以濾材調節光質或許是未來園藝生產中一個有效調節株高的方法，但須注意不影響開花時間。

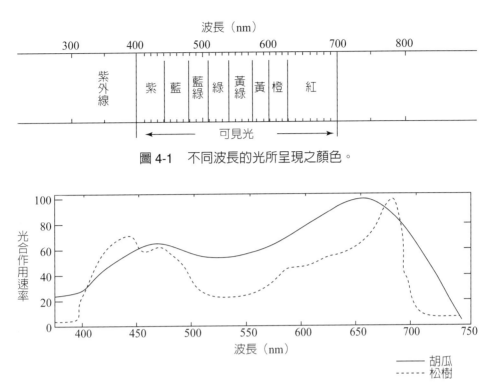

圖 4-1　不同波長的光所呈現之顏色。

圖 4-2　不同波長之光線對光合作用之反應。

光強度（Light litensity）

　　呎燭光（footcandle, fc）是量化光能（luminous energy）或肉眼可見光的單位。呎燭光係強調黃綠色波長（530-580 nm）之光，因為肉眼對此波段的光最為敏感。然而，光合作用是由更為廣泛的波段之光所驅動，特別是紅光及藍光。以呎燭光為單位的光度計能提供溫室光度之粗略值，但可能會與光合作用利用的真實的光合作用輻射能相差 45% 之多（Muckle, 1997）。光合作用有效輻射（photosynthetic active radiation, *PAR*）係測量波長 400-700 nm 的全部光能，而不偏重肉眼較敏感的黃綠色波段。量測光強度的系統則是以光子（photons, quanta）能量為標的，稱為光合作用光通量或光子之流量（photosynthetic photon flux, *PPF*）。光子的數量是以莫耳數（moles, mol）或愛因斯坦數（einsteins, E）表示，一莫耳相當於一愛因斯坦，

即 $6.023×10^{23}$ 個。是故，在光通量系統中，以每單位時間與每單位面積通過的光子數為表示單位（$μmol·m^{-2}·s^{-1}$）（表4-1）。不論 *PAR* 或 *PPF* 系統都是量測 400-700 nm 或 400-850 nm 波長之全波段，而不強調肉眼敏感之黃綠波段。光通量測量儀器雖然較貴，但近年價格有逐漸下降的趨勢。

表 4-1　呎燭光（fc）與光合作用光通量（$μmol·m^{-2}·s^{-1}$）之轉換係數（Thimijan and Heins, 1983）。將呎燭光單位之數據乘以下表所附係數，可得於 400-700 nm 波長範圍之相近光通量。

光源	轉換係數
日光（晴朗無雲）	0.20
高壓鈉燈（high pressure sodium）	0.13
鹵素燈（metal halide）	0.15
水銀燈（mercury deluxe）	0.13
暖白螢光燈（warm white fluorescent）	0.14
冷白螢光燈（cool white fluorescent）	0.15
鎢絲燈（incandescent）	0.22
低壓鈉燈（low-pressure sodium）	0.10

　　生產時的最適光強度因作物不同而異，許多室內觀葉植物的光需求較低，而多數花壇植物、盆花及切花則需要強光。例如，竹芋（*Calathea*）一般只需要 1,000-2,000 fc（約 200-400 $μmol·m^{-2}·s^{-1}$），而繡球花（*Hydrangea macrophylla*）則多半栽培於 7,500 fc（約 1,500 $μmol·m^{-2}·s^{-1}$）或更高的光強度環境，而在扦插繁殖及剛發根苗定植時，則多維持在 2,000 fc（約 400 $μmol·m^{-2}·s^{-1}$）以下的環境。此外，有些作物例如聖誕紅（*Euphorbia pulcherrima*），在出貨前將光度降低，以避免花瓣或萼片燒焦或褪色。

光照期間（Light Duration）

　　光照期間（duration）一詞係指光週期（photoperiod）或日長（daylength）。光照期間可從兩個層面影響植物的生長：1. 在相同光強度下，短光週期的植物相較

於長光週期栽培者會累積較少的總光能；2. 光照期間的長短可誘使特定生理反應發生，而與光強度無關，此種特性即是光週期性（photoperiodism）。例如短日植物的聖誕紅，可藉由長夜／短日而誘導開花。更多相關內容，請參閱第 2 章「開花調節」。

每日光積值（Daily Light Integral）

植物於一天當中接受的所有光能，係累加一天當中測量瞬間（例如一秒）的光強度，且一天當中的光照強度會隨時變化。每日光積值（daily light integral, light sum, daily light level, daily *PPF*）的單位，以每日每平方公尺光子莫耳數（$mol \cdot m^{-2} \cdot d^{-1}$）表示。每日光積值可以用許多方法估測，但仍以光子感應器（quantum sensors）與數據紀錄器或電腦整合記錄為佳。每種植物適合的光積值因花卉種類而異，例如低光需求的非洲堇（*Saintpaulia ionantha*），以每日 5-10 $mol \cdot m^{-2} \cdot d^{-1}$ 為宜，而多數花壇植物、盆花及切花作物則以每日 10-20 $mol \cdot m^{-2} \cdot d^{-1}$ 為宜。可以利用補充光照（supplemental lighting）提高每日光積值（表 4-2），請參考 122 頁補充光照一節的敘述。

表 4-2　以高壓鈉燈為補充光源所提供之每日光積值（$mol \cdot m^{-2} \cdot d^{-1}$）（J. Faust 個人研究成果）。

補充光照小時數	補充光源強度（$\mu mol \cdot m^{-2} \cdot s^{-1}$）	
	35	75
8	1.0	2.2
12	1.5	3.2
16	2.0	4.3
20	2.5	5.4
24	3.0	6.5

植物生長（Plant Growth）

光飽和點（**Light Saturation Point**）

　　光強度超過某種程度之後，光合作用的速率不再增加，這時的光強度稱之為光飽和點（圖 4-3）。超過光飽和點後的光能無法被植物利用，甚至會造成傷害。過多光照〔日燒（sunburning）〕使植物產生葉片黃化、壞疽及生長停滯等症狀。光飽和點因花卉種類而異，例如許多仙人掌類等需高光的植物，比低光需求的植物（如非洲菫及耐陰蕨類）有更高的光飽和點。有些植物的光飽和點可以藉由保持葉片涼爽及充足水分而適度提高。過強光照所造成的傷害經常是因為水分不足而減少蒸散作用，進而使葉片溫度過高所致（圖 4-4）。

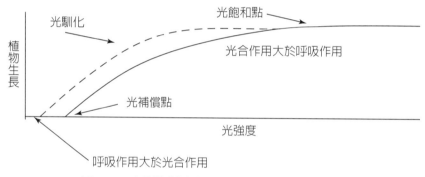

圖 4-3　光馴化對光飽和點及光補償點之影響。

圖 4-4　因強光與水分不足而導致石斛蘭葉片傷害。

光補償點（Light Compensation Point）

光補償點之光強度，恰為植物光合作用獲得之能量被其呼吸作用所消耗（圖4-3）。理論上，植物置於光補償點之光強度既無法進一步生長（累積乾物），也不會衰敗。如同光飽和點，光補償點也因花卉種類而異。應用於室內景觀的觀葉植物，通常有較低的光補償點，而許多利用於戶外的花壇植物則有較高的光補償點。

光馴化（Acclimatization）

藉由調節生長環境，可以一定程度改變植物的光飽和點及光補償點（圖4-3）。觀葉植物可於近光飽和點之較強光環境栽培，使植物快速生長、符合經濟效益，而於出貨前降低光強度進行馴化（表4-3）。光馴化可以降低光飽和點，對於消費者而言更為重要的是降低光補償點，使植栽在低光的室內環境存活或生長。光馴化亦能減少呼吸作用，因而降低消耗光合作用產物（Fonteno and McWilliams, 1978）。有些植物如聖誕紅，不容易人為光馴化；但也有些植物如垂榕（*Ficus benjamina*）則較易光馴化（Milks et al., 1979）。未經光馴化的植株很容易因高低光環境變化而使葉片黃化或脫落。如果高光移至低光的變化不是太劇烈，植株可以存活並形成適應低光的新葉片。低光環境形成的葉片通常較薄且較大、角質層較薄、柵狀組織細胞數較少且葉綠體較水平排列。若光度變化太過劇烈或未能成功光馴化，植株會慢慢衰敗甚至死亡。

一般而言，只有觀葉植物才會進行光馴化，多數盆花及切花以最大光強度栽培，以累積更多碳水化合物及延長採後壽命（請參閱第10章「採後處理」）。雖然有些盆花如盆菊，也可以光馴化，但產後壽命並不會延長，甚至因為累積較少碳水化合物而縮短花期或壽命（Nell et al., 1981）。

表 4-3　數種觀葉植物生產及室內擺設之建議光強度（摘錄自 Conover, 1991; Conover and McConnell, 1981; Vladimirova et al., 1997）。

植物名	生產時光強度		室內光強度		
	(fc)	(μmol·m⁻²·s⁻¹)	低光	中等	高光
鐵線蕨類（*Adiantum* species）	1,200-1,800	240-360		√	√
蜻蜓鳳梨（*Aechmea fasciata*）	-	-		√	√

（續下頁）

117

植物名	生產時光強度		室內光強度		
	（fc）	（μmol·m⁻²·s⁻¹）	低光	中等	高光
口紅花（*Aeschynanthus pulcher*）	4,000-6,000	800-1,200			√
粗肋草類（*Aglaonema* cultivars）	1,000-2,500	200-500		√	√
觀賞食用鳳梨（*Ananas comosus*）	-	-		√	√
火鶴花類（*Anthurium* species）	1,500-3,600	300-720			√
單藥花（*Aphelandra squarrosa*）	1,000-1,500	200-300			√
小葉南洋杉（*Araucaria heterophylla*）	4,000-8,000	800-1,600		√	√
朱砂根（*Ardisia crispa*）	1,500-3,000	300-600		√	√
武竹類（*Asparagus* species）	2,000-4,500	400-900		√	√
蜘蛛抱蛋（*Aspidistra elatior*）	2,000	400	√	√	√
山蘇（*Asplenium nidus*）	1,500-3,000	300-600		√	√
鐵十字秋海棠（*Begonia rex-cultorum*）	2,000-2,500	400-500		√	√
鳳梨科植物（*Bromeliaceae* species）	2,500-4,000	500-800		√	√
仙人掌科植物（*Cactaceae* species）	5,000-8,000	1,000-1,600			√
竹芋類（*Calathea* species）	1,000-2,000	200-400		√	√
美國櫻桃（*Carissa macrocarpa*）	-	-			√
袖珍椰子（*Chamaedorea elegans*）	1,500-3,000	300-600	√	√	√
雪佛里椰子（*C. seifrizii*）	3,000-6,000	600-1,200		√	√
吊蘭（*Chlorophytum comosum*）	1,500-2,500	300-500			√
黃椰子（*Chrysalidocarpus lutescens*）	3,500-6,000	700-1,200			√
菱葉藤類（*Cissus* species）	1,500-2,500	300-500		√	√
四季橘（*Citrofortunella microcarpa*）	-	-			√
變葉木（*Codiaeum variegatum*）	3,000-8,000	600-1,600			√
咖啡（*Coffea arabica*）	4,000	800			√
朱蕉（*Cordyline terminalis*）	2,500-4,500	500-900		√	√
翡翠木（*Crassula ovata*）	5,000-6,000	1,000-1,200		√	√
絨葉小鳳梨類（*Cryptanthus* species）	-	-		√	√
鴨跖草（*Cyanotis kewensis*）	-	-		√	√
全緣貫眾蕨（*Cyrtomium falcatum*）	-	-		√	√
兔腳蕨（*Davallia fejeensis*）	1,200-1,800	240-360		√	√
黛粉葉類（*Dieffenbachia* species）	1,500-3,000	300-600		√	√

（續下頁）

植物名	生產時光強度		室內光強度		
	（fc）	（μmol‧m⁻²‧s⁻¹）	低光	中等	高光
竹蕉（*Dracaena deremensis*）	2,000-3,500	400-700	√	√	√
香龍血樹（*D. fragrans*）	2,000-4,000	400-800	√	√	√
千年木（*D. marginata*）	3,000-4,000	600-800	√	√	√
開運竹（*D. sanderiana*）	2,500-5,000	500-1,000		√	√
其他香龍血樹屬（*D. -other species*）	1,500-3,500	300-700	√	√	√
喜蔭花類（*Episcia* species）	2,000-2,500	400-500		√	√
黃金葛（*Epipremnum aureum*）	1,500-3,000	300-600	√	√	√
樹常春藤（×*Fatshedera lizei*）	4,000-6,000	800-1,200		√	
八角金盤（*Fatsia japonica*）	4,000-6,000	800-1,200		√	√
垂榕（*Ficus benjamina*）	3,000-6,000	600-1,200		√	√
印度橡膠樹（*F. elastica*）	4,000-6,000	800-1,200		√	√
琴葉榕（*F. lyrata*）	4,000-6,000	800-1,200		√	√
榕樹（*F. microcarpa*）	3,000-6,000	600-1,200		√	√
網紋草類（*Fittonia* spp.）	1,000-2,500	200-500		√	√
紫絨藤（*Gynura aurantiaca*）	≤ 1,150	≤ 230		√	√
常春藤（*Hedera helix*）	1,500-2,500	300-500	√	√	√
澳洲椰子（*Howea forsteriana*）	2,500-6,000	500-1,200	√	√	√
心葉毬蘭（*Hoya carnosa*）	1,500-2,500	300-500		√	√
竹芋類（*Maranta* species）	1,000-2,500	200-500		√	√
電信蘭（*Monstera deliciosa*）	3,500-4,500	700-900		√	√
五彩鳳梨（*Neoregelia carolinae*）	-	-		√	√
腎蕨（*Nephrolepis exaltata*）	1,500-3,500	300-700		√	√
酒瓶蘭（*Nolina recurvata*）	4,000-6,000	800-1,200			√
棕櫚類（*Palmae* species）	1,500-6,000	300-1,200		√	√
椒草類（*Peperomia* species）	1,500-3,000	300-600		√	√
蔓綠絨類（*Philodendron* species）	1,500-5,000	300-1,000	√	√	√
冷水花類（*Pilea* species）	1,500-3,000	300-600		√	√
海桐（*Pittosporum tobira*）	-	-			√
鹿角蕨（*Platycerium bifurcatum*）	1,500-3,000	300-600		√	√
香茶類（*Plectranthus* species）	3,000-4,000	600-800		√	√
羅漢松（*Podocarpus macrophyllus*）	-	-		√	√
福祿桐類（*Polyscias* species）	1,500-4,500	300-900		√	√

（續下頁）

植物名	生產時光強度		室內光強度		
	(fc)	(µmol·m⁻²·s⁻¹)	低光	中等	高光
銀脈鳳尾蕨 (*Pteris ensiformis*)	1,200-1,800	240-360		√	√
山菜豆 (*Radermachia sinica*)	3,000-3,500	600-700		√	√
虎尾蘭類 (*Sansevieria* species)	3,500-5,000	700-1,000	√	√	√
星點藤 (*Scindapsus pictus*)	-	-		√	√
鵝掌藤類 (*Schefflera* species) (*Brassaia* species)	4,000-6,000	800-1,200		√	√
孔雀木 (*S. elegantissima*) (*Dizygotheca*)	2,000-4,000	400-800		√	√
螃蟹蘭 (*Schlumbergera* ×*buckleyi*)	1,500-3,000	300-600		√	√
白鶴芋類 (*Spathiphyllum* species)	1,500-2,500	300-500	√	√	√
合果芋 (*Syngonium podophyllum*)	1,500-3,500	300-700		√	√
駝子草 (*Tolmiea menziesii*)	3,500-4,000	700-800			√
吊竹草 (*Tradescantia zebrina*)	3,500-4,500	700-900		√	√
象腳王蘭 (*Yucca elephantipes*)	3,500-4,500	700-900			√
美鐵芋 (*Zamioculcas zamiifolia*)	1,500-2,500	300-500	√	√	√

光能最大化 (Maximizing Light Energy)

溫室結構與維護 (Greenhouse Construction and Maintenance)

溫室建造應以取得最大光照量為優先考量，因為相較於補充光照，降低光度較易操作且更具經濟效益。最重要的影響因子是覆蓋所採用的素材；玻璃透光率很高，然而雙層聚乙烯膜有最低的透光率（請參閱第 11 章「溫室構造與運作」）。儘量減少冷卻管線、水管及其他懸吊於上的設備，以達到最高的透光率。每年定期清理、更新覆蓋材，可以提高溫室內的光強度。溫室內側刷白漆，也能增加反射並增加光線供植物利用。

北緯 40° 以北（或南緯 40° 以南），個別溫室的長邊應為東西向，以利冬季陽光更能進入溫室。而在北緯 40° 至南緯 40° 間，溫室則應南北向建造。連棟溫室則不論緯度，皆以南北向為宜。此外，也應注意溫室內管線及設施的陰影隨陽光的變

化。隨日照角度改變而產生的陰影，除了使植物的光照量暫時減少外，大致上對生產影響不大；但固定不變的陰影處則應種植耐陰植物。

植株間距（Plant Spacing）

植株長大，終會占滿床架上可利用的空間，因此每單位床架上擺放的植物數量愈多，則當穩定冠叢層（canopy）形成後，每植株能接受的光能會減少，使乾物重減少，可能導致品質下降（圖 4-5）。如冬季期間，當光線較弱時，植株品質可藉由增加行株距而提高。然而，提高行株距會減少單位面積栽培的植株數量，因而必須經濟考量以決定最後間距。

懸掛設施上層之吊盆植物會減少光照，因此數量應儘量減少。舉例來說，一個長 6.4 公尺的床架上方，如果懸掛一整排吊盆植物，大約會減少下方床架約 4% 光照，三排時則會減少 11%，六排時則可減少 19% 光照（J. Faust，私人通訊）。此外，白吊盆比綠色吊盆不減少光線，吊盆株距愈密或植株隨生長增大，則減少更多光線。

圖 4-5　行株間距太小使新幾內亞鳳仙花徒長而品質低落。

補充光照（Supplemental Light）

　　雖然補充光照以提高光合作用的成本偏高，但在許多情形下仍有其經濟價值。一般而言，補充光照有利緯度較北之區域及多雲的海岸地區的生產。補充光照對玫瑰等高經濟價值的作物十分重要。對於價格較低的作物之生產，或大量密植之生產階段，如扦插、實生苗及穴盤苗等，也可以有效利用補充光照（圖4-6）。不論情況為何，應先進行成本效益分析，以了解投入的能源、燈具、安裝費用、維護費用是否可增加生長、提高品質、減少生產期間。照明設備釋出的熱，可能可以減少寒冷地區的加溫成本。雖然建議的最低補充光照因物種而異，但一般補充光照提供之光強度建議在 300-600 fc（60-120 $\mu mol \cdot m^{-2} \cdot s^{-1}$）。將照明設備安裝在軌道上，利用自動控制系統在不同區塊移動，可以只用一組設備提供多批作物光照。

圖 4-6　菊花插穗以高功率放電燈（high intensity discharge, HID）進行光照。

　　花卉栽培中使用的燈具有許多種，但大致可分為三大類：鎢絲燈（incandescent lamps）、螢光燈（fluorescent lamps）及高功率放電燈（high-intensity discharge,

HID）（表 4-4）。鎢絲燈最常用於調整光週期，螢光燈在繁殖種苗時使用，而 HID 燈則用於生產溫室補充光強度。HID 燈可以於白天補充日光之不足，也可以應用在延長日長。夜間也可以補充光照，離峰用電的價格較爲便宜。

　　補充光照不僅是提供光能，也能提高葉溫和介質溫度，特別是穴盤苗期（Graper and Healy, 1991）。補充光照所造成的生長加速，不僅是因爲光強度提高，植株溫度提高亦爲部分影響原因。

表 4-4　花卉商業生產中數種常用燈具之能源效率、光波長、壽命及瓦數之比較。

燈具類別	能源效率	主要波長	壽命	瓦數	用途
鎢絲燈	7%	紅、紅外	6 個月	低	光週期
螢光燈					
冷白色	21%	藍、綠、黃	2 年	低	發芽、生長箱
暖白色	21%	藍、綠、黃	2 年	低	發芽、生長箱
高功率放電燈（HID）					
高壓汞燈	13%	藍、綠、黃、橘	3 年	高	溫室
鹵素燈	20%	藍、綠、黃、橘	2-3 年	極高	多用途、生長箱、溫室補充光照
低壓鈉燈	27%	綠、黃、紅	4-5 年	中等	溫室補充光照，非唯一來源
高壓鈉燈	25%	黃、橘、紅	3-4 年	高	溫室補充光照

生長室（Growth Rooms）

　　完全封閉的生長室可以用於栽培剛發育的實生苗及發根苗。以 45-60 公分間隔、層層架設的螢光燈（混用暖白色及冷白色），可以提供足夠的光照及熱源。若是在戶外，可能需要補充熱源，也需要架設風扇及通風系統，以流通空氣及排出餘熱。一般將生長室光週期設爲 16 小時，但也可能因物種而異。

減少光能（Minimizing Light Energy）

　　雖然多數時候提高光強度是主要的考量，但夏季時太強的光線也會造成問題。即使是最耐高光照的花卉作物，強光也可能會造成生長停滯、葉片黃化和壞疽斑塊等症狀。對於員工而言也一樣重要，高光導致溫室之高溫而不利作業。降低溫室

內光強度有兩種做法：應用遮蔭網及遮光塗料。遮蔭網有許多類型，可遮光 25%-98%。常見之遮蔭網遮光程度視編織線材密度而定。此類遮蔭網可以用於特定的床架區或整棟溫室。在溫室外遮蔭可以減少聚乙烯膜或纖維玻璃等溫室覆蓋物受陽光照射而光降解，也能適度減少風和霜害。外遮蔭比內遮蔭更為有效減少光能進入溫室，如採內遮蔭，因為光已經進入溫室，而且容易被遮蔭資材吸收，使溫室內溫度上升（圖 4-7）。然而，內遮蔭可以自動化管理，且栽培者可以自行決定多雲時收縮遮蔭網，轉晴時重新拉開遮蔭網（圖 4-8）。一般會利用光度計及電腦系統自動管控遮蔭網之開閉。此外，遮蔭網也會因光照而降解，因此在不需要使用時應拆下，並保存在黑暗處以延長使用壽命。

另一類遮蔭資材則為玻璃纖維，白色且質地極輕。含玻璃纖維的遮蔭資材質地較弱，不宜用於戶外，多半用於特定床架區。又因為質地極輕，所以可以在插穗剛移植或植株修剪完後，覆蓋在植株上以暫時降低光照（圖 4-9）。

除了遮蔭網外，遮光塗料也可以降低光強度。白色的塗料可以直接厚塗，或稀釋後在溫室覆蓋物外塗抹 2-3 層。遮光塗料：水可用 1：6 比例稀釋以重度遮蔭，

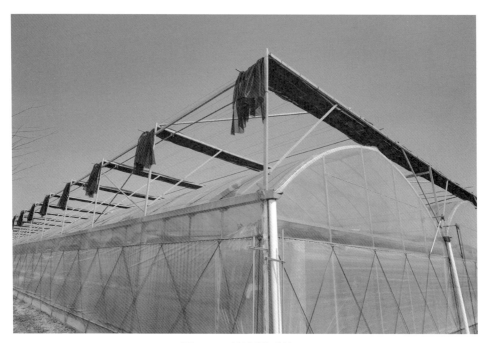

圖 4-7　外遮蔭系統。

圖 4-8　自動化內遮蔭系統。

圖 4-9　遮蔭網應用於戶外，保護移植的植株以利儘早發育。

或以 1：15 到 1：20 的比例稀釋，產生較輕的遮蔭效果。一般的遮光塗料會在夏季期間逐漸降解，殘留物不易去除；但仍應在遮光季節結束後刷除。而溫室專用的遮光塗料相較於乳膠漆較易刷除。請參閱第 11 章「溫室構造與運作」有更詳細的說明。

光週期性（Photoperiodism）

　　光週期性即植物對夜長的特定生理反應，例如花芽創始、花芽發育、植株休眠、種子發芽及植物生長習性等（請參閱第 2 章「開花調節」）。許多植物對光週期的生理反應可區分為三種基本類型：短日性（short day, SD）、長日性（long day, LD）及日中性（day neutral, DN）。例如，短日植物會因夜間時數長於臨界夜長而提早或才能開花；而長日植物則因夜間時數短於臨界夜長而提早或才能開花。菊花及聖誕紅會在短日環境下開花，而球根秋海棠則在長日環境下開花。日中性植物不論在何種日長環境條件皆會開花。溫室內的光週期可利用自然日長、夜間中斷照明或延長暗期（night extension）達成。

夜間中斷照明（Night Interruption Lighting; Night Breaks）

　　夜間中斷照明將暗期切分為二或更多個更短的暗期，一般用在延遲或避免短日性母本開花或延緩短日性植物花芽創始。夜間中斷也可以誘使長日植物開花。除了夜間中斷外，在白天自然日照結束時開啟照明設備，也可以營造長日條件，稱之為日間延長（day extension, day continuation），多半用鎢絲燈或螢光燈泡，因為成本低且易於安裝（de Graaf-van der Zande and Blacquiére, 1992）（圖 4-10）。鎢絲燈

圖 4-10　利用電照以提供人為長日環境。

較螢光燈泡便宜，但鎢絲燈較耗能、壽命較短，且因波長特性易使節間抽長。高功率放電燈泡也可以用於改變日長，但通常用於補充強度以提高光合作用。

　　連串燈泡架設在植株上，燈泡上方可以裝設反光罩，使光源集中向下方，因而可以減少使用的燈具數。夜間中斷照明多設定在夜間 10 時至隔日 2 時（2200-0200 HR），使用期間多半是自然短日的 9 月中旬至隔年 4 月中旬。大型溫室業者則會依照季節變化調整夜間中斷的時機。若要更節能，可以採用間歇式照明（cyclic lighting），燈泡的實際啟動時間為全部夜間中斷時間的20%。有些花卉種類僅需每 5 秒內有 1 秒為明期，即可達中斷暗期效果；但多數短日性花卉作物則設定為 6 分鐘明期、24 分鐘暗期。許多花卉至少需要在莖頂株高處達到 10 fc（2 $\mu mol \cdot m^{-2} \cdot s^{-1}$）的光強度方為有效。需要夜間中斷的月分和所需最低光強度因花卉作物種類而異。

暗期延長（Night Extension）

　　可以將完全遮光的布料（如厚黑布）覆蓋於植株上方以延長暗期。遮黑布延長暗期多半用在誘導短日植物開花或抑制長日植物開花。一般會在下午 5 時開始至隔日清晨 8 時（1700-0800 HR）覆蓋布料，或環境較熱時改為夜間 7 時至隔日清晨 7 時（1900-0700 HR），以避免熱累積。此外，也可以在下午 4 時至夜間 9 時或下午 5 時至夜間 10 時採行，而在其餘夜間時段打開黑布以散熱。完全遮光的布料外側可採用白色或具鋁反射的材質，以降低溫室內高溫。如整間溫室均完全覆蓋，則可採用風扇水牆系統（pads and fans）以降溫。溫室側面可以用黑布覆蓋。完全覆蓋式可以作為暖毯以保溫節省溫室加溫費用（請參閱第 11 章「溫室構造與運作」）。遮黑布的開啟多半採自動化控制，但需要定期監測及維護，以確保運行順暢。

　　一般而言，在長日情況下，未遮黑布的天數等同於短日植物延後開花的天數。若太多天未遮黑布，以致短日天數不足，會使短日性花卉不開花或開畸形花。有些作物在花苞顯色或萼片顯色後，即可停止遮黑布，但也有些花卉如聖誕紅，短日作業必須持續到第一個花序（cyathia）完全綻放才可停止。

本章重點

· 測量光照條件應考量三個因子，即光譜、光強度及光照時間。

· 光譜（或可稱光質）係光的波長。

· 光強度（或可視爲光量）即光的強度，以 $\mu mol \cdot m^{-2} \cdot s^{-1}$ 表示。

· 光照時間則是光週期或是日長。

· 光經由光合作用而使植物生長，啓動或調節多種生理反應，諸如種子發芽、開花、老化、形成地下部、休眠等。

· 光照時間從兩層面影響植物的生長：1. 在相同光強度下，短光週（photoperiod）相較於長光週提供較少的總光能；2. 光週長短（而非總接受光能之影響）可誘使特定生理反應發生，此種特性被稱爲光週期性（photoperiodism）。

· 每日光積值（daily light integral）的單位爲每日每平方公尺光子莫耳數（$mol \cdot m^{-2} \cdot d^{-1}$），表示一天光照期間所接受的光量。

· 達到某程度後，光合作用速率不再隨之增加的光強度，稱之爲光飽和點。

· 植物行光合作用獲得之能量恰爲其呼吸作用所消耗之光強度，稱爲光補償點。

· 藉由人爲調節生長環境，可以一定程度改變植物的光飽和點及光補償點，稱之爲光馴化。

· 適當的溫室構造及維護管理、適當的植株間距、減少吊盆植物量及利用補充照明可以使栽培之植物擁有最大光照量。

· 花卉栽培中使用的燈具有許多種，但大致可分爲三大類：鎢絲燈、螢光燈及高功率放電燈。

· 完全封閉的生長室可以提供爲實生幼苗及發根苗栽培。

· 強光可能會造成生長停滯、葉片黃化、偶爾有葉片壞疽斑塊。

· 降低光強度亦會降低溫室內溫度。

· 降低溫室內光強度有兩種做法：遮蔭網及遮光塗料。

· 光週期反應可區分爲三種基本類型：短日性、長日性及日中性。短日植物會因夜間時數長於臨界夜長而提早或才能開花，而長日植物則因夜間時數短於臨界夜長而提早或才能開花。

· 夜間中斷照明將暗期切分為二或更多個更短的暗期，一般用在抑制短日性母本開花或延後短日性植物的花芽創始。

· 可將完全遮光之材質或黑布覆蓋於植株上方，以達成延長暗期效果。

參考文獻

Blom, T.J., M.J. Tsujita, and G.L. Roberts. 1994. Influence of photoperiod and light intensity on plant height of *Lilium longiflorum* Thunb. *HortScience* 29:542.(Abstract)

Cerny, T.A., J.E. Faust, D.R. Layne, and N.C. Rajapakse. 2003. Influence of photoselective films and growing season on stem growth and flowering of six plant species. *Journal of the American Society for Horticultural Science* 128: 486-491.

Conover, C. 1991. Foliage plants, pp. 498-520 in *Ball RedBook*, 15th ed. V. Ball, editor. Ball Publishing, West Chicago, Illinois.

Conover, C.A., and D.B. McConnell. 1981. Utilization of foliage plants, pp. 519-543 in *Foliage Plant Production*, J.N. Joiner, editor. Prentice Hall, Englewood Cliffs, New Jersey.

de Graaf-van der Zande, M.T., and T. Blacquiére. 1992. Light quality during longday treatment for poinsettia and china aster. *Acta Horticulturae* 327: 87-93.

Fonteno, W.C., and E.L. McWilliams. 1978. Light compensation points and acclimatization of four tropical foliage plants. *Journal of American Society for Horticultural Science* 103: 52-56.

Graper, D.F., and W. Healy. 1991. High pressure sodium irradiation and infrared radiation accelerate *Petunia* seedling growth. *Journal of the American Society for Horticultural Science* 116: 435-438.

Khattak, A.M., and S. Pearson. 1997. The effects of light quality and temperatures on the growth and development of chrysanthemum cvs. Bright Golden Anne and Snowdon. *Acta Horticulturae* 435: 113-121.

McMahon, M.J., J.W. Kelly, D.R. Decoteau, R.E. Young, and R.K. Pollock. 1991. Growth of *Denranthema* ✕*grandiflorum* (Ramat.) Kitamura under various spectral filters. *Journal of American Society for Horticultural Science* 116: 950-954.

Milks, R.A., J.N. Joiner, L.A. Garrard, C.A. Conover, and B.O. Tija. 1979. Effects of shade, fertilizer and media on production and acclimatization of *Ficus benjamina* L. *Journal of American Society for Horticultural Science* 104: 410-413.

Mortensen, L.M., and E. Strømme. 1987. Effects of light quality on some greenhouse crops. *Scientia Horticulturae* 33: 27-36.

Muckle, E. 1997. Space scientists bring light research down to earth. *Greenhouse Business* 3(5): 22-23.

Nell, T.A., J.J. Allen, J.N. Joiner, and L.G. Albrigo. 1981. Light, fertilizer, and water level effects on growth, yield, nutrient composition, and light compensation point of chrysanthemum. *HortScience* 16: 222-223.

Rajapakse, N.C., and J.W. Kelly. 1992. Regulation of chrysanthemum growth by spectral filters. *Journal of the American Society for Horticultural Science* 117: 481-485.

Runkle, E.S., and R.D. Heins. 2002. Stem extension and subsequent flowering of seedlings grown under a film creating a far-red deficient environment. *Scientia Horticulturae* 96:257-265.

Smith, H. 1986. The perception of the light environment, pp. 187-217 in *Photomorphogenesis in Plants*, R.E. Kendrick and G.H.M. Kronenberg, editors. Martinus Nijoff, Boston.

Thimijan, R.W., and R.D. Heins. 1983. Photometric, radiometric, and quantum light units of measure: A review of procedures for interconversion. *HortScience* 18: 818-821.

Vladimirova, S.V., D.B. McConnell, M.E. Kane, and R.W. Henley. 1997. Morphological plasticity of *Dracaena sanderana* 'Ribbon' in response to four light intensities. *HortScience* 32:1049-1052.

CHAPTER 5

水
Water

前言

在過去，許多栽培者認為，拿著水管澆水的人決定了作物的品質，這個說法至今依然正確，儘管人工澆水已被各種自動化淹灌或是頂部灌溉系統所取代或補強。另外，也必須考慮許多除了作物品質以外的因素，包含成本、水分逕流以及養分。

儘管灌溉技術不斷地進步，水分對植物生長仍扮演著重要角色。養分自根部吸收後，透過蒸散作用在植物體裡運輸。水分也是大部分植物之所以能挺直的原因，若失去水分，未木質化的細胞便無法維持膨壓。透過蒸散作用運輸的水分，亦能降低植物組織的溫度。最重要的是，水分可維持細胞中的原生質，使其中的酵素與其他生理反應過程能持續進行。

永久萎凋點（Permanent Wilting Point）

永久萎凋點意指一棵萎凋的植株儘管經澆水後仍無法復原的階段。在這個階段，植物組織已受到不可逆的傷害。未達永久萎凋點之前，植物處在暫時性的萎凋狀態，較不會有災難性的變化。在水分逆境下所形成的細胞較小並具較厚的細胞壁，使植株節間較短且株型較為緊密。事實上，限制水分的做法經常被用於延緩花壇作物的生長，在番茄（*Lycopersicon esculentum*）也是如此（請參閱第 8 章「植物生長調節」）。然而許多作物並不耐水分逆境或萎凋，因而使作物品質下降。缺水萎凋可能導致花朵、果實及下位葉的黃化與掉落；因氣孔關閉及養分吸收限制而使光合作用降低；在高光下缺水會使葉片受損；缺水也會提高植株感病機率。

水質（Water Quality）

在建立灌溉計畫時，最重要的考慮因素為水質（表 5-1）。在選擇新的商業據點前，應先檢測水質，並在後續定期檢測，因為水質可能隨著季節、時間與不同地點而有所變化（Argo et al., 1997）。水質樣品可以透過合作的推廣機構或實驗室進行商業檢測；pH 值與電導度（EC 值）則可在溫室內測量（請參閱第 6 章「營

養」）。第 6 章「營養」有更多關於 pH 及 EC 量測的資訊。

其中最重要的一項因素爲電導度，其爲可溶性鹽類的測量單位（請參閱第 6 章「營養」）。當可溶性鹽類的濃度愈高，電流愈容易通過水溶液。水質維持 0.1-0.5 dS·m^{-1} 的低 EC 值，對於栽培者來說是最佳的灌溉條件，並可減少未來介質中累積大量可溶性鹽類所帶來的問題。不同作物對於介質中高 EC 值的耐受程度有所差異，高 EC 值可能使植株生長受阻、在潮溼介質中仍萎凋，以及導致葉片邊緣焦枯。穴盤苗的介質體積較小，因此對於高 EC 值特別敏感。通常可經由頻繁地淋洗來控制介質的高 EC 值。

灌溉用水的 pH 值範圍應爲 6.0-7.0，而鹼度應介於 0.8-1.3 meq/L（40-65 ppm）之間。pH 值爲水溶液中氫離子（H$^+$）濃度的測量單位，其範圍分爲 0-14（請參閱第 6 章「營養」）。大部分的研究單位通常將鹼度定義爲水中的總碳酸鹽類與碳酸氫鹽類含量，並以碳酸鈣（CaCO$_3$）來表示。其他離子亦影響鹼度，但通常以非常低的濃度存在。碳酸鹽類包含碳酸鈣、碳酸氫鈣、碳酸氫鈉及碳酸氫鎂。因此，使用高鹼度的水來灌溉，相當於把石灰（碳酸鈣、碳酸鎂）施在介質當中。

一般來說，水的鹼度會決定介質的 pH 值是否會改變，以及改變會多快發生。高鹼度的水通常具有較高的 pH 值，然而，中至低 pH 值的水也可能具較高的鹼度，因此相較於水分 pH 值，水的鹼度爲更需要被考量的重要因素。當介質的 pH 值過高或過低時，一些營養元素將難以被植物根部所吸收，而較高的水分 pH 值會降低部分肥料、農藥與植物生長調節劑的溶解度（Argo and Fisher, 2003）。

水的鹼度根據生產時間、容器大小及作物種類之差異，可能會是生產上的問題（Nelson, 2003）。由於花壇作物栽培週期較短，水質鹼度所引起的介質 pH 值上升對其並不是太大的問題，然而卻可能會對長期生產的盆花與切花作物造成影響。雖然穴盤苗屬於短期作物，但是較小的容積使其對高 pH 值介質特別敏感，高鹼度的水會導致穴盤中 pH 值快速上升，超過理想範圍。最後，部分作物例如杜鵑或是藍色繡球花，生長時喜好較低的介質 pH 值（4.5-5.5），使用高鹼度的水時難以栽培，因其鹼度在任何情況下皆會過高而使介質 pH 值上升超過可接受範圍（Nelson, 2003）。

栽培業者可以選擇一些管理方式來預防鹼度的問題（表 5-2）。對於自行混合

介質的生產者，可以減少混入的石灰，至於使用硝酸鈣及硝酸鉀等鹼性肥料的栽培
者，灌溉水的 pH 值及鹼度應保持在建議範圍的下限，以避免介質的 pH 值在栽培
期間上升超過作物可接受範圍（表 5-1）。使用酸性肥料的栽培者，特別是在溫暖
的氣候下，在生產單一作物時的灌溉水 pH 值與鹼度則可達該作物建議範圍的中間
至上限。

表 5-1　優質灌溉水的理想特性。植株對於部分單獨離子通常有較高的耐受性。

性質	適當範圍	上限
可溶性鹽類（EC）	0.2-0.5 dS·m^{-1}	
可溶性鹽類（總溶解鹽濃度）	128-320 ppm	穴盤苗：480 ppm 一般生產：960 ppm
pH	5.4-6.8	7.0
鹼度 　碳酸鈣當量 　碳酸氫鹽	 40-65 ppm (0.8-1.3 meq/L) 40-65 ppm (0.7-1.1 meq/L)	 150 ppm (3 meq/L) 122 ppm (2 meq/L)
硬度（碳酸鈣當量）	< 100 ppm (2 meq/L)	150 ppm (3 meq/L)
鈉	< 50 ppm (2 meq/L)	69 ppm (3 meq/L)
氯	< 71 ppm (2 meq/L)	108 ppm (3 meq/L)
鈉吸收比率（SAR）[a]	< 4	8
氮 　硝酸 　銨	< 5 ppm (0.36 meq/L) < 5 ppm (0.08 meq/L) < 5 ppm (0.28 meq/L)	10 ppm (0.16 meq/L) 10 ppm (0.16 meq/L) 10 ppm (0.56 meq/L)
磷 　磷酸鹽	< 1 ppm (0.3 meq/L) < 1 ppm (0.01 meq/L)	5 ppm (1.5 meq/L) 5 ppm (0.05 meq/L)
鉀	< 10 ppm (0.26 meq/L)	20 ppm (0.52 meq/L)
鈣	< 60 ppm (3 meq/L)	120 ppm (6 meq/L)
硫酸鹽	< 30 ppm (0.63 meq/L)	45 ppm (0.94 meq/L)
鎂	< 5 ppm (0.42 meq/L)	24 ppm (2 meq/L)
錳	< 1 ppm	2 ppm
鐵	< 1 ppm	5 ppm
硼	< 0.3 ppm	0.5 ppm
銅	< 0.1 ppm	0.2 ppm
鋅	< 0.2 ppm	0.5 ppm

（續下頁）

性質	適當範圍	上限
鋁	< 2 ppm	5 ppm
氯	< 2 ppm	3 ppm
氟	< 1 ppm	1 ppm

[a] 鈉吸收比率（sodium absorption ratio）：相對於鈣及鎂的鈉含量。

　　生產者可以輪流使用酸性及鹼性肥料，許多預混肥料的銨鹽含量相對較高並且呈酸性，但是含硝酸鹽的鹼性肥料亦可被使用。此外，栽培者也可以自行將硝酸鉀與硝酸鈣混合成自己偏好的鹼性肥料。然而，高銨鹽的肥料在某些情況下並不適用，限制了栽培者透過挑選肥料來控制介質 pH 值的方式。當介質溫度低於 13°C（55°F）時，不應使用高銨鹽肥料，因為此時介質中的硝化菌將銨鹽轉化為硝酸鹽的速度太慢。另外，銨鹽也會使作物過度生長，因而影響部分作物的株高控制。

　　對於高鹼度的水，可能需要注入酸（請參閱本章 137 頁「酸注入」），若鹼度達到 8 meq/L 以上，則逆滲透可能是唯一能選擇的方式（請參閱本章 137 頁「逆滲透」）。

　　雖然大部分的生產者皆面對灌溉水鹼度過高的問題，但有些卻是鹼度過低。此外，使用逆滲透處理會產生低鹼度的水。當灌溉水鹼度較低的同時又經常使用酸性肥料，可能使介質 pH 值過低。在這種情況下，可在介質當中添加較多石灰、使用鹼性肥料，或是將碳酸氫鉀加入灌溉水當中（表 5-2）。

　　具有高含量鈣與鎂的水被稱為硬水，大部分植物皆可耐受高含量的鈣與鎂，然而以硬水進行頂部灌溉時（特別是噴霧），容易在葉片上殘留白色鹽類沉積，影響美觀。

　　最後，應該要確認灌溉水中的養分含量。雖然灌溉水含有低量養分時，對作物可能是有利的，然而單一或多種養分含量較高時，表示養分供給措施需予以調整。若水中含有高含量的氮、鈣或鎂，那麼這些營養元素在施肥時則可減量使用。在砂質土壤、淺井或密集耕作的地區，存有高含量的氮。然而，高含量的鈣、鎂和鐵元素易與錳或硼等其他元素拮抗，進而影響其吸收。另外，當硼含量高達 1 ppm 時，可能會導致毒害。

表 5-2　水分鹼度的分級與預防鹼度相關問題的管理策略（Whipker, 2001）。

鹼度範圍（meq/L）	分級	管理策略
0-1	低	・純淨水的緩衝力低 ・定期監測介質 pH ・輪流使用酸性與鹼性肥料 ・若鹼度太低，在介質中另外添加石灰或是注入 0.12 g・L^{-1}（0.1lb/100 gal）之碳酸氫鉀
1-3.6 　1-1.5 　1.6-2.4 　2.0-2.8 　2.4-3.6	適於： 　穴盤 　小盆 　4-5 吋（10-13 公分）盆 　6 吋（15 公分）以上盆	・適用程度因盆器大小而異 ・輪流使用酸性與鹼性肥料以及／或是減少介質中石灰的添加量 ・若未充分交替施肥，可注入磷酸、硫酸或硝酸如果不需要磷酸中額外的磷元素，則請使用硫酸或硝酸
1.5-4	接受度邊緣	・範圍依盆器大小而異 ・輪流使用酸性肥料以及／或是減少介質中石灰的添加量 ・若酸性肥料未充分使用，可注入磷酸、硫酸或硝酸。如果不需要磷酸中額外的磷元素，則請使用硫酸或硝酸
4-8	高	・依照養分需求，注入下列一種或多種酸：磷酸、硫酸或硝酸
>8	非常高	・使用逆滲透法

水處理（Water Treatments）

　　當灌溉水質較差時，可以選擇一些方法來改善。首先是找到較高品質的水源，如自來水、井水或是池塘與河流中的表層水，此外也可收集雨水。若使用到水質較差的井水，最好諮詢水文學家，確認是否可以鑽另一口井，其水質常隨著井的深度而有所變化。通常要找尋新的水源相當困難且昂貴，因此，必須考慮對水進行處理。

逆滲透（Reverse Osmosis）

　　逆滲透（RO）是生產低 EC 值水最常見的方式。逆滲透處理強迫水分通過半

透膜，並留下 90%-99% 的可溶性鹽類。RO 的一項缺點是會產生含有大量鹽類的廢水，由於環境與法規方面的考量，應謹慎地處理此廢水。此外，適當地過濾與維護對於 RO 設備的有效運作亦相當重要。其他預處理例如脫氯及酸注入可能也是必要的。經 RO 處理過後的水 pH 值較低，約為 5，幾乎沒有鹼度，且因其過於純淨與昂貴，無法直接對作物進行灌溉，因此經常與未處理的水進行混合，以提高其 pH 值與鹼度至所需的範圍。此外，未經混合的 RO 水有可能對金屬具腐蝕性。

其他的水處理系統，如去離子、蒸餾及電透析法，也可用於處理離子含量高的水，但目前皆較逆滲透法昂貴，且沒辦法產生栽培期間所需的灌溉水用量（Reed, 1996）。去離子的方式為水流經離子交換樹脂後，其中的離子將會被移除，而樹脂通常為帶正電荷或負電荷的固體顆粒，當需要純度較高的水且 EC 值低時，去離子是最可行的方法。蒸餾則是將水煮沸後，生成的水蒸氣凝結成純水，並留下鹽類、顆粒及非揮發性物質。而在電透析法中，水流經陽離子半透膜與陰離子半透膜之間，當施加電流時，離子會移動經過膜，而留下純水。蒸餾與電透析法尚未被大規模商業化使用，但是技術的進步可能會使其在未來具可行性。

若不能透過水處理來降低水中的高 EC 值，可以經由改變栽培習慣來降低此問題。增加淋洗的頻率可以避免可溶性鹽類累積在介質中，並預防植株受損。高 EC 值的灌溉水特別難以進行種苗與扦插苗的生產，因此栽培者可能需要購買穴盤苗或已發根的插穗來代替自行繁殖作物，或者使用較高品質的水進行灌溉。對於使用循環灌溉水的公司，可以使用緩釋性肥料，以降低水中的養分含量。一般來說，適當地使用緩釋性肥料可以提高植物對養分的吸收比例，因而能減少經淋洗流失的養分，有助於循環式灌溉水維持較低的 EC 值。

酸注入（Acid Injection）

透過將磷酸、硝酸或硫酸注入水中，可以輕易調整高鹼度或高 pH 值的水，當水的鹼度愈高，則需要更多的酸來降低其 pH 值。酸會將碳酸氫鹽及碳酸鹽轉化為二氧化碳，使 pH 值降低。磷酸相對而言為弱酸，而比較常需要用到的是強酸，例如硝酸或硫酸。如果使用磷酸或硝酸，因其添加了氮或磷，因此務必調整施肥的規劃。酸的需求量是基於灌溉水中的碳酸氫鹽含量（表 5-3）。另外，也可以使用檸

檬酸，但是較為昂貴。

　　請記住，酸是具危險性的，因此需要進行適當防護，也一定要使用注入設備。一定是將酸倒入水中，而非將水加入酸當中！應穿著防護衣物及使用非金屬的容器與管線，因為酸會腐蝕金屬。並且應使用雙頭的注入設備，將酸與肥料分開注入灌溉水當中。

表 5-3　中和灌溉水中 1 meq/L 鹼度所需之酸量。此表僅估算酸的需求量，實際用量將因起始 pH 值與欲中和之鹼度（meq/L）而有所差異。可使用以下網站進行更精確的計算：http://www.ces.ncsu.edu/depts/hort/floriculture/software/alk.html，或參考 Whipker 等人（1996）之研究。

酸形態	液量盎司／1,000 加侖	毫升／1,000 公升
硝酸（67%）	8.6[a]	67
硝酸（61.4%）	9.6	75
磷酸（75%）	9.3[a,b]	72
磷酸（85%）	7.6	59
硫酸（35%）	14.2[a]	111
硫酸（93%）	3.6	28

[a]　1 液量盎司／1,000 加侖提供 1.4 ppm 的氮、2.7 ppm 的磷及 1.4 ppm 的硫。

[b]　假定每 3 meq/L 的磷酸之有效解離量為 1.1 meq/L 的 H^1。

特定營養元素（Specific Nutrients）

　　有時水中的特定營養元素含量較高，但是總鹽類含量卻不高，因此不見得需要逆滲透處理來降低所有鹽類，可就特定的離子進行特殊的處理。

鐵及錳

　　地下水中的鐵及錳，可能具較高的還原態與可溶型式，其與空氣接觸時容易氧化成不可溶的鐵鏽色狀態。氧化的狀態會導致植物及設備上產生褐色至鐵鏽色的汙漬。在用水之前，可以透過促進氧化的方式來去除鐵和錳。將水噴灑至蓄水池或池塘當中，其會將鐵和錳迅速氧化成不可溶型式而沉降到蓄水池底部。蓄水池或池塘必須有足夠大小，好讓鐵與錳在大量的水被使用前可沉降完畢。

鈣及鎂

硬水可以透過軟化水（將水軟化）的方式，將硬水中的鈣和鎂以鉀元素進行置換，其水中總鹽類含量並不會減少，而鉀可充當肥料使用，因而可減少或去除肥料溶液中鉀的用量。這邊提及的水軟化不應與家庭水軟化混淆，後者使用鈉來置換鈣與鎂，鈉可能對植物造成損傷。

氟化物

氟化物會對多種植物造成傷害，特別是觀葉植物，包括吊蘭（*Chlorophytum*）、龍血樹（*Dracaena*）、白鶴芋（*Spathiphyllum*），以及許多竹芋科的作物。人們為了控制蛀牙，通常添加 0.5-1 ppm 的濃度至水中，其足以傷害較敏感的植物（Nelson, 2003）。一般來說雖然避免使用氟化物是最好的辦法，然而卻難避免使用高含量氟化物的水。活性的氧化鋁或是活性碳可以吸收水中的氟化物，為使氧化鋁發揮效用，水中 pH 值必須維持在 5.5，可以使用離子交換系統來達到此 pH 值。此外，將介質 pH 值維持在 6.0-6.5 可使氟化物形成溶解度相對較低的狀態，以避免氟毒害。

氯

自來水通常含有 1-2 ppm 的氯，但最高可達到 10 ppm（Nelson, 2003）。儘管氯在有機介質當中會迅速轉化成氯化物，但是對某些盆花作物來說，例如秋海棠（*Begonia*）或天竺葵（*Pelargonium*），灌溉水中僅含有 2 ppm 的氯即可抑制其生長（Frink and Bugbee, 1987）。而水耕栽培的作物也容易受到低含量氯的影響。避免使用經氯化的水，或是在使用前通氣一天，可消除氯氣所帶來的問題。

硼

硼在水中以帶負電的硼酸鹽型式存在，可以使用陰離子交換系統來去除水中的硼。陰離子交換系統可作用於所有的陰離子。

病原控制（Pathogen Control）

隨著循環式灌溉系統漸漸普及，許多栽培業者開始思考灌溉水傳播病原菌的可能性。完善的衛生與疾病控制程序應能預防這些問題的發生，然而，從整個生產體系中收集並重複利用灌溉水的公司特別容易出現問題。在生產長期作物例如繁殖母

株，或是利用頂部灌溉的觀葉植物時，應特別注意灌溉水中病原菌的問題。以下是控制灌溉水中病原的一些方式。

紫外光

讓灌溉水流經高強度的紫外光，可殺死當中的微生物。若將水中 5 μm 以下的物質過濾掉，會使該系統更為有效，因為這些物質可能會屏蔽微生物，使其未受紫外光的照射。此系統除了常態維護外，紫外線燈在使用 10,000 小時後也必須做更換。與其他處理系統相比，其整體價格較為適中。

臭氧

雖然使用臭氧系統可以完全地控制微生物，且其所需的過濾條件較低（120 μm），然而現有的蓄水池可能無法使用此系統。由於臭氧是有毒氣體，其需要在完全密閉的蓄水池當中進行消毒，將臭氧通入水中並鼓泡至上方，再從蓄水池頂端收集起來。此系統至少需要兩個蓄水池，一個是用於已處理過的水，另一個則用於未處理的水。

超過濾（Ultrafiltration）

超過濾系統被認為是非常有效的方式，因其在物理層面即阻隔掉微生物，但相對較昂貴、新穎，且尚未經過完善的測試。

氯

氯氣幫浦系統透過將少量的氯（2-3 ppm）打入供水系統中來進行消毒，而將會有 1-2 ppm 的氯在灌溉時留於水中。可以將氯氣施加在蓄水池中，也可以透過氯氣產生器施加在流出的水中，此系統相對較為便宜，但可能並非 100% 的有效。

高溫處理

高溫處理系統被認為非常地有效，因為它是對水進行巴氏消毒。水會被加熱至 82°C（180°F），在使用前需進行冷卻。

過濾（Filtration）

許多自動灌溉系統需要進行過濾，以達到最佳的運作，並防止堵塞。相較於重複清洗或替換噴頭，過濾是較簡易且便宜的一種方式。購買過濾系統時，必須根據用水量而不是單一系統的成本來計算價格，此外也要確認費用及維護頻率。使用黑色塑膠管而非 PVC 管製成的灌溉系統，較可以改善過濾的效果，因為後者容易使

光照射到水中而促進微生物藻類的孳生。

灌漑系統（Irrigation Systems）

灌漑系統可以分為兩種類型：第一種為表面灌漑，例如手動澆水、微管灌漑、移動式噴灌、灑水灌漑以及滴灌；第二種為底部灌漑，包含潮汐灌漑、槽式灌漑及毛細管墊灌漑系統。在底部灌漑中，水分經由容器底部被介質所吸收，並透過毛細現象分布於介質當中。

底部灌漑的施肥濃度應低於表面灌漑（Barrett, 1991; Dole et al., 1994; Nelson, 2003）。此外，使用底部灌漑時，可溶性鹽類也容易累積在介質表層，因為當水分自介質表面蒸發時，鹽類會沉澱出來（Argo and Biernbaum, 1995）。使用表面灌漑時，這些鹽類會重新溶解並移動至介質下方，或是淋洗出盆器外。使用底部灌漑時，介質上層 2.5 公分處（1 吋）的 EC 值可輕易達到 $10 \ dS \cdot m^{-1}$。

自動化系統的優缺點隨各種系統而異，但是相較於手動灌漑，所有自動系統皆大大減少人力成本（Nelson, 2003; Thorsby, 1994），儘管節省的這些成本與自動系統的安裝費用部分抵銷，但也減少了長期的費用。而對大規模的栽培業者而言，另一項好處是提升了作物品質的一致性。當作物在種植時有均一的大小和種類，此時自動化系統可以發揮最佳的效用，其可維持作物從栽種至運輸時的一致性。而自動灌漑系統最終將使栽培者達到節省水資源並減少水分流失的目的。

人工灌漑（Hand Watering）

在某些情況下，人工灌漑是唯一實用的灌漑方式，但因其太過於耗費勞力，在許多商業營運上較不經濟（圖 5-1）。人工灌漑是最易於架設的灌漑系統，因其只需要一個水龍頭、水管及噴嘴，但是其人力成本將會超過微管灌漑等自動灌漑系統的安裝及維護費用。

優點：

· 最便宜也最容易架設的灌漑系統。

· 適用於零售或是不同盆器大小、作物種類及栽培排程的作業環境。

· 在灌漑時能夠檢查昆蟲、病害及其他問題。

圖 5-1　進行人工灌溉。（張耀乾攝影）

缺點：

‧持續性的高人力成本。

‧作物品質可能不如微管灌溉或潮汐灌溉。

‧可能會壓實介質並將部分介質沖刷出盆器外，導致介質保水性降低。人工灌溉只
　需重複三次即會使一介質保水率降低 10%（Dole et al., 1994）。

‧噴濺的水以及溶解鹽類造成的葉斑很有可能會引起葉片的疾病。

‧使用大量的水容易產生過多的逕流。

‧澆灌懸掛於頭頂的吊籃盆栽時，會使人不舒適、感覺麻煩且枯燥乏味。

提示：

‧若澆水的人細心並且快速地將水直接灌溉於介質上，並使用水管開關閥，則可以
　減少因逕流浪費掉的灌溉水。

‧使用吊籃自動移動系統可以減少從高處灌溉的麻煩（圖 5-2）。

圖 5-2　使用吊籃自動灌溉系統亦可減少從高處澆灌的麻煩。（張耀乾攝影）

微管滴灌（Microtube）

　　灌溉水通過大塑膠管（集水管）上延伸的小管子（微管）輸送至每個盆器當中。此系統常俗稱為義大利麵條管（spaghetti tubes）、毛細管（capillary tubes）、Chapin 管（Chapin tubes）、滴流管（trickle tubes）或滴灌管（drip tubes）。微管的末端具有噴頭，用以將灌溉水分配至盆器中（圖 5-3）。材質中的塑膠與鉛可構成不同的配重，來預防管線滑出盆器外。在每個微管的末端也可使用小型的噴霧樁或是環，使水噴灑至較大面積的介質上。微管與集水管的尺寸取決於需要灌溉的盆器數量。滴流管可用於生產吊籃或是較大的盆器，其好處類似微管，但是靈活性較差，因為其出水頭是直接連接到供應管上，因而使盆器之間行株距的調整較不靈活。

優點：

‧穩定生產較高品質的作物。

‧較不會造成介質的壓實與水分流失，因而保留大部分介質的保水性及通氣性。

‧通常比人工灌溉更具水分利用效率，最多可節省 27% 的水（Dole et al., 1994; Morcant et al., 1997）。

‧葉片與根部病害的傳播機率低，因為灌溉時不會弄溼葉片，水也不會在盆器間互

圖 5-3　使用微管系統灌溉。（張耀乾攝影）

相噴濺。

‧安裝費用相對較低。

缺點：

‧將管子插入每個容器很花費時間，且不適用於直徑小於 10 公分（4 吋）的盆器。

‧當管子掉出盆器外或是堵塞時可能會導致植物乾枯，因此需要每天進行檢查。

‧集水管必須保持水平，避免任一邊高於或低於水平面。

‧通常水分利用效率低於循環式的潮汐灌溉及槽式灌溉系統。

提示：

‧使用可調節流速的噴頭，對多層系統中栽培的吊籃很有用。放置於低層吊籃中的噴頭，相較於高層的可以設定為較高的流量。壓力補償器可以裝設在每個微管上，向灌溉管線上的所有吊籃提供均勻的水分。

‧對於較小且密集的盆器使用直徑較小的微管，使集水管的所需尺寸最小化。

‧在苗期時的間距下，微管系統常被規劃為每盆內有一條微管，而在成熟期的間距下，每盆則有兩條微管。在此情況下，生長中期的植株間距會是成熟期間距的

一半。舉例來說，植株苗期所占間距為 23×23 公分（9×9 吋），成熟期間距是 30×30 公分（12×12 吋），則每盆植株所占面積分別為 523 與 1,006 平方公分（81 與 156 平方吋）。

・過於疏水的介質會造成逕流，當水分沒有從微管末端橫向擴散而是僅流向管子下方的介質時，即會發生此種情況。可以在這類型的介質中使用噴霧樁或是環型噴頭，大部分泥炭或是椰纖為基底的介質皆適用。

・當高比例泥炭（50% 以上）的介質過度乾燥時，會傾向由盆壁向內收縮。在此種情況下，水分可能尚未使介質溼潤即流出根團外。若根團已經縮小，此時應灌溉數分鐘，然後將系統關閉，重複此動作一直到介質溼潤並膨脹至填滿盆器。

固定式及移動式噴灌（Sprinkler and Boom Irrigation）

　　頂部灌溉包含移動式橫桿系統或是位於溫室地面或高處管線的噴頭（圖 5-4）。橫桿灌溉系統是可移動的，而部分的噴頭灑水系統也是可攜移動式的。灑水系統分為高流量與低流量（微灌溉）系統，然而，高流量灌溉系統通常不適用於大部分的花卉作物，可能生產出品質比微管灌溉或淹灌低下的作物。使用高流量系統進行灌溉容易壓實介質，並且可能將介質沖刷出盆器外，造成介質保水性降低。

　　低流量系統可以產生出不同大小的水滴，範圍從細小至中等的薄霧，大至灌溉的噴霧量（圖 5-5）。低流量系統不會造成介質壓實，且通常比高流量系統沖洗出較少的介質。然而，為了讓水通過茂密的樹冠層，有時仍必須使用高流量系統。

優點：
・可以一次灌溉較大面積範圍。
・安裝費用低（噴灌）至適中（橫桿系統）。

缺點：
・難以用在某些作物，例如觀葉植物或聖誕紅等有較大葉面積的植物，頂部灌溉的水難以到達盆器當中。
・會用掉大量的水，容易產生過多的逕流。
・噴濺的水以及溶解後的鹽引起的葉斑容易導致葉片疾病。
・通常需要較高的施肥濃度才能獲得與底部灌溉相同的作物品質。

圖 5-4　移動式噴灌系統。（張耀乾攝影）

圖 5-5　安裝於立式水管上的噴嘴。

提示：

· 為了達到最佳的品質與一致性，必須仔細地設定噴頭的間隔，並經常檢查是否有堵塞或磨損。對於每一種類型的噴嘴，必須將水壓維持在其規定的範圍內，否則會造成給水不均勻。

· 架設在作物上方的噴頭應帶有止水閥，好讓水源關閉時也能關閉噴頭，防止水從

灌溉管線排放到植物上。

· 噴嘴可以很容易地更換爲其他的噴霧系統，將一個區域栽培模式從繁殖轉變爲生產，反之亦然。

· 低流量灑水器可與底部灌溉系統配合使用，其中以底部灌溉提供大部分的水分來源，偶爾使用噴灌來提供淋洗的作用。

· 可以將集水碟或托盤放置於盆器下來收集灌溉水，否則灌溉水將會流失並浪費掉。方形的托盤可以收集灌溉於作物的大部分水。這些水盤提供一個長期的小蓄水池讓作物吸收，以延長兩次灌溉期間的間隔。水盤的側面高度應較低或是在側面上有排水孔，好讓過多的水排出。

滴流軟帶（Trickle Tapes）

滴流軟帶包含了用於植床的各種緩釋灌溉系統，其包含內嵌出水噴頭或是穿孔的硬質或軟質塑膠管，讓水可以從管中流出（圖 5-6）。可以用各種的排列方式或密度來配置這些水管，以完全覆蓋植床表面。

圖 5-6　用於灌溉洋桔梗的滴流管路。（張耀乾攝影）

優點：

‧均勻的水分供應。

‧介質的壓實較輕微，並且可保持高介質保水性。

‧葉片可保持乾燥，因此葉片與花朵的疾病以及葉片斑點出現的可能性較低。

缺點：

‧若使用此系統，植物大小應保持一致才能獲得最佳效果，否則可能造成過度灌溉或是缺水。

‧栽培介質須具備良好的水分橫向移動能力，確保整個植床的溼潤。

提示：

‧每一個植床應設立出水開關，以減少一次澆水涵蓋的面積，提高機動性。

‧流管可以提供給間隔緊密的盆花，用作暫時性的灌溉系統。

淹灌（潮汐灌溉）／槽式灌溉〔Flood (Ebb and Flow)/Trough〕

盆栽放置於進行週期性淹灌的水槽、植床或地面上（圖 5-7）。通常灌溉水會循環回到儲水槽當中，以供再利用。儲水槽可以放置於地下，或是用不透光的材質製成，防止藻類生長。由於灌溉後不會有水從盆器中流出，因此儲水槽中的肥料濃度在每次灌溉後的變化不大。然而，EC 值會隨著時間而些微地上升，因為殘留在植床或是地面上的灌溉水蒸發後，留下鹽分。這些鹽分在下一次灌溉時溶解於水中，並排回儲水槽。當灌溉水的 EC 值愈高，水槽中的 EC 則上升愈快。

圖 5-7　槽式灌溉。（張耀乾攝影）

優點：

・由於重複使用灌溉後殘留的養液，可大大減少在循環系統中的水分及肥料需求量以及流失的量。

・僅需比表面灌溉施肥建議值還低的肥料用量，即可獲得優良的作物品質。

・在灌溉期間不會發生介質壓實或流失的情形，並保持較高的介質保水能力。

・由於葉子可保持乾燥，因此葉片與花朵的疾病以及葉片斑點出現的可能性較低。

・若床架是由多孔金屬或其他透氣性材質製成，則水槽灌溉可使盆器間的空氣較為流通。

缺點：

・裝設費用是所有灌溉系統當中最高的。

・容易使鹽類累積於介質表面，必須透過頂部灌溉不含肥料的水來將其消除（淋洗）。

・通常不適用於較大的盆器，因毛細現象所吸收的水分不足以使作物達到最佳的生長。

・水槽間的間距通常是固定的，因此靈活性較差。然而，未來即將推出可調整式的槽式灌溉系統。

・有時，很可能存在著根腐病的病原菌，適當的保持衛生、監控以及預防措施，可以避免疾病在淹灌系統中擴散。

提示：

・使用水質較佳（低鹽度）的灌溉水可以降低可溶性鹽類的累積，並減低淋洗的必要。

・必須確保淹灌植床有最適當的傾斜角度，好讓灌溉時水可以迅速並均勻的覆蓋每一個區域，亦可快速排掉。

・可將熱水管安裝至淹灌植床下方地面，使灌溉後能迅速乾燥，降低溼度。

毛細管墊灌溉（Capillary Mat）

透過纖維性的布墊來保留水分，水再經由毛細現象吸收至介質當中（圖5-8）。此布墊通常置於堅固的植床或塑膠板上。

圖 5-8　毛細管墊灌溉，布墊用於維持水分。（張耀乾攝影）

優點：

‧安裝費用低。

‧架設容易，且植株較微管灌溉更容易移動。

‧由於此種灌溉方式可保持葉片乾燥，因此葉片與花朵的疾病以及葉片斑點出現的可能性較低。

‧相較於其他自動化系統，植物年齡或大小的變化接受度稍微較高，但是過度的差異最終將導致一部分作物的過度或缺乏灌溉。透過將墊子上單獨的作物分開，並分別進行給水，可以應付多變的灌溉需求。

‧較頂部或表面灌溉更低的施肥濃度。

缺點：

‧為了確保盆中介質與毛細管墊達到良好的接觸，第一次的灌溉必須由頂部給水，建立介質與毛細管墊之間的連結。若介質乾燥致使植物萎凋，或是植株被移動時，則必須重新由頂部灌溉。

‧會使鹽類累積於介質表面，必須透過從頂部灌溉不含肥料的水來將其消除（淋洗）。

‧植株根部會長進毛細管墊當中，使收成拿取作物時較為困難，且會對作物採後壽命造成負面影響。若根系已長進布墊裡，可旋轉盆栽來斷根。此問題在長期作物

中較普遍。

· 毛細管墊灌溉通常不適用於較大的盆器，因毛細現象所吸收的水分不足以使作物達到最佳的生長。

· 由於藻類、可溶性鹽類及病原菌的累積，必須定時更換、沖洗或消毒毛細管墊。

· 有時很可能存在著根腐病原菌，適當的保持衛生、監控以及預防措施，可以避免疾病在淹灌系統中擴散。

提示：

· 一般來說，毛細管墊灌溉在高溼度與低光度的地區最有效。在高光低溼的地區，由於水分蒸發旺盛，毛細管墊灌溉生產的作物品質通常較其他灌溉系統來得差（Dole et al., 1994; Morvant et al., 1997）。

· 商業上來說，可以使用各種有孔洞的黑色塑膠來覆蓋，以減少藻類在纖維布墊上的孳生。塑膠覆蓋物也可以減少水分流失，但是在大部分的情況下，這種做法對減少用水量效益極微。丟棄每季作物所使用的塑膠覆蓋物，可以去除沉澱的鹽類、落葉及其他碎屑。

· 可以人工方式在毛細管墊上澆水，但是增加一個給水系統即可使這項工作機械化。安裝滴流軟管可能是最簡易的，可以在更換或清洗毛細管墊時將其捲起來。也可以將微管均勻地覆蓋在植床表面，但可能較爲昂貴。

· 植床不一定要完全地平整，但至少一定要維持在合理的水平面。凹凸不平的植床可能會造成水坑的出現，導致植株生長不均。

自動化（Automation）

機械化灌溉系統的使用，有效降低了人力的需求。大部分系統在一年內即可打平人力成本，下一步則是將決定灌溉週期與時間長短的過程自動化。傳統方法是按照設定好的時間表進行灌溉，然而環境條件變化大，依照時間表來給水可能會導致過度灌溉或灌溉不足。其他更準確的方式包含張力計、光積值、蒸氣壓差（vapor pressure deficit, VPD）以及重力計。張力計用於測量介質內部水柱因蒸發引起的張力（吸力），當達到足夠張力時，即會啓動灌溉系統。在光積值系統中，當規律性

量測之光度的總和達到預設值時，就會啟動灌溉。蒸氣壓差決定了空氣所吸收之水分含量。重力計可測量因水分蒸發造成的重量損失，當被監測的植株失去一定的重量時即開始灌溉。當灌溉過程完全自動化時，就會提升勞動效率。可使用電腦化的灌溉控制系統，讓栽培者從各種灌溉方式中擇一來決定何時進行灌溉。

灌溉策略（Irrigation Strategies）

目前有兩種型式的灌溉策略可供遵循：(1) 標準式，僅在介質「乾燥」時才澆水；或是 (2) 點滴式，每天在每個盆器中給予一次或多次少量的水分。

標準式灌溉

在植物出現水分逆境的症狀前即給予水分。當植物開始萎凋時，代表水分逆境已經發生，且生長勢已開始下降。但在植物未出現任何水分逆境症狀前，並不容易決定什麼時候該給予灌溉。有經驗的栽培者會利用許多跡象來判斷幫植物澆水的時機，包括盆器重量、介質的溼度、距離上次灌溉的時間、天氣條件以及葉片顏色。使用溼度指示計，可以做出更精準的灌溉決策。其中一種指示計為張力計，其可量測介質的水分張力。

間歇式灌溉

使用少量的水對植物進行每天一次或多次的灌溉。間歇式灌溉的好處是植物生長勢普遍較標準式灌溉來得好，且肥料用量較低。不幸的是，植物可能會生長過於旺盛，而莖部脆弱，容易導致莖部斷裂。而在出售前 3-4 週，改為標準式灌溉，可以健化植株且提高採後壽命。降低施肥濃度，使用高銨比例的氮肥和加大的行株距，也有助於改善植株生長勢低落。

無淋洗生產

無論使用何種灌溉策略，水質皆會決定淋洗的頻率。高 EC 值的灌溉水相較於低 EC 值，會需要更頻繁地以不含肥料的水進行淋洗。當淋洗時，需要在數分鐘內以足夠的水量為植物灌溉兩次，使占灌溉量 20%-30% 的水從盆底流出。除非使用無淋洗的生產方式，否則在一般生產過程中應需要定期的淋洗。作物在栽培時可以不需要進行淋洗，但是必須在水質佳、低施肥濃度以及栽培者經驗豐富的前提下。

將無淋洗生產系統運用在吊籃上，亦可消除灌溉水滴落在籃子下方作物的疑慮。對於無淋洗生產，液態肥的用量應低至 25%-50%，或使用緩釋型肥料。

保水性（Water Retention）

在溫暖的環境下或是具有較大的樹冠，植物會蒸散大量的水分，因而容易快速乾燥。特別在晚春或夏天時灌溉頻率會明顯提高。減少灌溉頻率的一個方式是盡可能使用最大的盆器，但同時要考慮總重量與費用。另外，應考慮盆器或籃子的設計，因為相同直徑的容器可能容納不同的介質含量。應向供應商索取不同種容器的樣品，並測量每一種容器可容納的介質含量。

介質應該保有最大的保水量，也應具備足夠的通氣性。商業預混介質的保水能力各不相同，而自行混合的介質中，可增加泥炭苔的比例，或是添加具吸水性成分，來提高介質保水能力。具吸水性的聚合物或是澱粉遇水體積會膨脹，而可維持大量水分，但其有效性受到部分人士的質疑。

在進入市場運銷前，重新施用潤溼劑可能特別有效，雖然潤溼劑通常用於介質混合時，用以促進介質的吸水，但是在銷售前使用亦可改善採後的保水性及延緩萎凋（Barrett, 1997）。謹記延長兩次灌溉之間的時間，也有助於客戶在零售環境或是家中更易於維護植物。

肥料及灌溉綜合管理（Integrated Fertilizer and Irrigation Management, IFIM）

肥料及灌溉綜合管理是盆花生產中，一種全面性控制水分流失的方式（表5-4）。IFIM 與已經被育苗及溫室產業所使用之病害綜合管理（integrated pest management, IPM）類似。透過利用 IFIM，可以消除盆器育苗與溫室栽培所產生的水分流失，同時維持或提高作物品質。IFIM 已經被使用在增加水分與營養管理以及控制逕流的層面上。此外，較高層次的應用通常需要更多栽培實務經驗，或是較高的成本。

表 5-4　利用肥料及灌溉綜合管理系統（IFIM）來減少水分與養分的使用量及流失量。IFIM 法已經應用在提高水分與養分管理的精密程度，以及流失量的控制。要充分利用 IFIM 法的好處，需要豐富的栽培經驗或是付出更高的成本。

Level I
‧儘可能確保高品質水源。可溶性鹽與鹼度低的水會使栽培者有更多的省水選擇。
‧使用保水保肥能力強的介質。
‧施用肥料低於建議值。使用慣用的介質並進行測試，確保作物並未肥料過量或缺乏。
‧在栽培末期時減少水分及養分，此法也有利於增加採後壽命。
‧使用機械化灌溉系統，例如滴灌或微管灌溉，其可以將水分準確的運送至植株，並減少植株間的水分流失。
‧栽培水分及養分需求量少的作物種類。
‧溫室於春天時應立即進行遮蔭，以降低溫度及灌溉頻率。
‧立即修復洩漏的軟管及水管。
‧在所有軟管上使用止水閥。
‧使作物生產最佳化。不適宜的生產操作可能使植株生長緩慢、延後採收期，並增加水分與養分施用量。

Level II
‧減少或避免淋洗。
‧使用比一般液肥不易被淋洗的肥料，可減少逕流中的養分濃度。
‧利用槽式或潮汐灌溉來收集並循環灌溉水，使水分及養分重複利用。
‧使用高溼度室來減少繁殖期間的水分用量。
‧利用灌溉指標使灌溉頻率最佳化。

Level III
‧建造蓄水池。
‧建造人工溼地。

本章重點

‧生產者應優先使用高品質的水，且應定期檢測 EC 值、鹼度、pH 值及營養成分。
‧若灌溉水 EC 值過高，可能需要使用逆滲透處理。
‧若鹼度過高，可使用酸注入法。
‧利用適當處理方法可以降低特定離子的含量，如鐵、錳、鈣、鎂、氟及硼。
‧水處理可對循環式灌溉系統進行病害控管，如紫外光、臭氧、超過濾、氯以及高溫處理。
‧任何自動灌溉系統與水處理過程皆需要過濾的步驟。

- 灌溉系統可以分爲兩種類型：表面灌溉，例如手動澆水、微管滴灌、移動式噴灌、灑水灌溉與滴流灌溉；以及底部灌溉，包含潮汐灌溉、槽式灌溉及毛細管墊灌溉。
- 相較於手動灌溉，所有的自動灌溉系統皆能降低人力成本，且每一獨立的系統都各自有不同的優點與缺點。
- 可透過張力計、光積值法、蒸氣壓差以及重力計來自動化決定灌溉時間。
- 灌溉時間與週期的決定受到灌溉策略（標準式或間歇式）以及是否使用淋洗的影響。
- 應留意盆器出售前的保水量，避免過度灌溉並且讓消費者達到最高的滿意度。
- 透過肥料及灌溉綜合管理系統（IFIM）有助於減少水分與養分的使用及流失。

參考文獻

Argo, W.R., and J.A. Biernbaum. 1995. The effect of irrigation method, water-soluble fertilization, preplant nutrient charge, and surface evaporation on early vegetative and root growth of poinsettia. *Journal of the American Society for Horticultural Science* 120: 163-169.

Argo, W.R., and P.R. Fisher. 2003. Understanding water quality: Part I—Water pH, alkalinity, and control of media pH. *OFA Bulletin* 878: 11-14.

Argo, W.R., J.A. Biernbaum, and D.D. Warncke. 1997. Geographical characterization of greenhouse irrigation water. *HortTechnology* 7: 49-55.

Barrett, J. 1991. Water and fertilizer movement in greenhouse subirrigation systems. *Greenhouse Manager* 10(2): 89-90.

Barrett, J. 1997. Wetting agents: Do they provide benefits after the first irrigation? *Greenhouse Product News* 7(10): 26-28.

Dole, J.M., J.C. Cole, and S.L. von Broembsen. 1994. Growth of poinsettias, nutrient leaching, and water-use efficiency respond to irrigation methods. *HortScience* 29: 858-864.

Frink, C.R., and G.J. Bugbee. 1987. Response of potted plants and vegetable seedlings to chlorinated water. *HortScience* 22: 581-583.

Morvant, J.K., J.M. Dole, and E. Allen. 1997. Irrigation systems alter distribution of roots, soluble salts, nitrogen and pH in the root medium. *HortTechnology* 7: 156-160.

Nelson, P.V. 2003. Watering, pp. 257-301 in *Greenhouse Operation and Management*, 6th ed. Prentice Hall, Upper Saddle River, New Jersey.

Reed, D.W. 1996. Combating poor water quality with water purification systems, pp. 51-67 in *Water, Media, and Nutrition for Greenhouse Crops*, D.W. Reed, editor. Ball Publishing, Batavia, Illinois.

Thorsby, A. 1994. Analysis compares costs of irrigation methods. *Greenhouse Product News* 4(2): 8-10.

Whipker, B.E. 2001. Alkalinity control, pp. 9-12 in *Plant Root Zone Management*, B.E. Whipker, J.M. Dole, T. J. Cavins, J. L. Gibson, W.C. Fonteno, P.V. Nelson, D.S. Pitchay, and D.A. Bailey. North Carolina Commercial Flower Growers' Association, Raleigh, North Carolina.

Whipker, B.E., D.A. Bailey, P.V. Nelson, W.C. Fonteno, and P.A. Hammer. 1996. A novel approach to calculate acid additions for alkalinity control in greenhouse irrigation water. *Communications in Soil Science and Plant Analysis* 27(5-8):959-976.

CHAPTER 6

營養
Nutrition

前言

　　栽培花卉作物時，要非常精確地提供花卉作物養分。使用排水性佳的無土介質進行密集生產時，栽培者需要提供植物所有必需的養分，且僅能允許極小幅度的誤差。進行礦物營養管理需要針對栽培者或設施進行最多最適化的調整。針對每種作物建立肥培管理之操作時，施加的肥料總量、頻率、元素比例、施用方法、肥料與介質之交互作用、pH 值、可溶性鹽類濃度、光強度、水質、澆水操作、栽培溫度及採後壽命，皆是需要考量的變因。

　　另外要了解的是肥料元素的表示方式，以三個數字分別表示肥料中氮（N）、磷（P）、鉀（K）元素比例的方法，氮元素之數值係表示肥料氮元素實際的比例，但是磷及鉀元素之數值分別表示磷酐〔五氧化二磷（P_2O_5）〕及氧化鉀（K_2O）之比例。磷酐中含有 44% 的磷、氧化鉀中則含有 83% 的鉀。因此標示為 10-10-10（N-P_2O_5-K_2O）的肥料，實際的元素比例應表示為 10-4.4-8.3（N-P-K）。在大部分商業文章中會使用 10-10-10 的表示方法，而在學術文章中則較常使用 10-4.4-8.3 之表示方法。植物所需的其他元素皆以實際的元素比例表示。

必要元素（Essential Elements）

　　必要元素（essential elements）為植物完成生活史所需之元素。碳、氫、氧元素用以構成所有的有機物之主要骨架，來自二氧化碳（CO_2）以及水（H_2O）。雖然碳、氫、氧元素不被認為是肥料，有時會於溫室中施加二氧化碳達到施用碳元素之效果（請參閱本章 204 頁「二氧化碳施肥」）。三種主要的巨量元素（macronutrients）為氮、磷、鉀，基本上完全由肥料供給。鈣（Ca）、鎂（Mg）、硫（S）元素的使用量相對大，但不及氮、磷、鉀的施用量，被稱為次級巨量元素（secondary macronutrients）。大部分之混合肥料中已含有次級巨量元素，但還是需要檢查肥料的標示。剩下的必要元素則稱為微量元素（micronutrients, minor nutrients, trace elements, minors），包含鐵（Fe）、錳（Mn）、鋅（Zn）、銅（Cu）、硼（B）、鉬（Mo）、鎳（Ni）及氯（Cl）元素。施用微量元素時，通

常會利用數種微量元素之混合物，這些混合物常做成緩效性配方，例如在作物定植前施用於介質中之基肥，或者水溶性的硫酸鹽類錯合物、螯合物，能搭配灌溉系統使用。經常在水、其他肥料、介質（尤其是含有土壤的介質）以及殺菌劑中發現含有顯著的微量元素。由於微量元素之缺乏症與毒害徵狀相似，在施用時需特別注意。

氮（Nitrogen）

在所有必要元素中，氮及鉀占植物組織中的比例最大。施肥的建議通常會以氮所需要的量來表示，如使用 20-10-20 的混合肥料施用 150 ppm N，磷與鉀則與氮的用量成固定的比例（van Iersel et al., 1988a, b）。

銨態氮（NH_4^+）及硝酸態氮（NO_3^-）為花卉作物重要的兩種氮素形態。常見的尿素〔$CO(NH_2)_2$〕為銨態氮，尿素釋放的醯胺（NH_2^+）在介質中由微生物或在植物體中轉換成銨根離子。多數的植物在同時提供銨態氮及硝酸態氮時生長較佳（Ku and Hershey, 1997）。在僅有硝酸態氮供應時，葉片呈現深綠色、節間較緊密。相較於完全供應硝酸態氮，銨態氮的比例超過 25% 時，植株較為翠綠、節間較長。玫瑰切花（*Rosa*）在栽培上會藉由調整硝酸態氮與銨態氮之比例控制植株之生長。

植物能貯藏過量的硝酸根離子，但無法貯藏過量的銨根離子。因此過量的銨態氮會導致毒害發生。儘管肥料中 40%-50% 的氮可以銨態氮的型式存在，在冬季或氣候冷涼時，肥料中銨態氮需要下降至 25%，甚至更少。介質在低溫下，尤其低於 13°C 時，介質中的硝化細菌轉換銨根離子成硝酸根的速率下降，使介質中的銨根離子累積。低 pH 值也會降低銨根離子轉換成硝酸根的速率。在作物栽培的後期，常會減少甚至終止銨態氮肥的使用，以促進花的發育及延長採後壽命。而過量的銨也可能會導致鈣、鉀及鎂的缺乏（表 6-1）。

表 6-1　常見的養分吸收拮抗（Nelson, 2003）。

Group Ⅰ
・Ca、K、Mg、NH_4 及 Na 會互相拮抗。
・高 Ca 會誘發 B 缺乏。

Group Ⅱ
・Fe、Mn、Cu 及 Zn 會互相拮抗。Cu 與 Zn 的拮抗比 Fe 與 Mn 的拮抗弱。
・高 P_2O_4 會誘發 Fe、Mn、Cu 及 Zn 的缺乏。

來源

1. 硝酸鉀（KNO₃），可溶性、鹼性。

2. 硝酸鈣〔Ca(NO₃)₂〕，可溶性、鹼性。

3. 硝酸銨（NH₄NO₃），可溶性、酸性。

4. 尿素〔CO(NH₂)₂〕，可溶性、酸性。

5. 磷酸二氫銨（NH₄H₂PO₄），可溶性、酸性。

6. 磷酸氫二銨〔(NH₄)₂HPO₄〕，可溶性、酸性。

7. 硝酸鈉（NaNO₃），可溶性、鹼性；不常使用。

8. 硫酸銨〔(NH₄)₂SO₄〕，可溶性、酸性；不常使用。

9. 硝酸（HNO₃），液態、酸性；用於降低水的 pH 及鹼度。

10. 多數的混合及緩效肥料。

缺乏徵狀（Nelson, 2003）

1. 下位葉淺綠、黃化。

2. 部分物種的老葉脫落或呈紫紅色。

3. 氮能在植體內運移，所以缺乏徵狀通常從下位葉開始發生。

銨毒害徵狀

1. 下位葉邊緣黃化、壞疽。

2. 葉片向上或向下捲曲。

3. 根尖壞疽。

磷（Phosphorous）

　　磷的需求量是三種巨量元素中最少的，通常為氮或鉀的 50% 或更少。由於許多混合肥料中的磷高於植物的需求量，低磷比例的肥料能用來減少肥料淋洗造成的汙染。在土壤為主的介質，磷相對是不易移動的元素，而在無土介質中，磷容易被淋洗，尤其在高澆灌頻率及低 pH 之情況（Cole and Dole, 1997; Spinks and Pritchett, 1956）。添加硫酸鋁於介質是減少磷從介質中被淋洗出來的有效方法（Williams and Nelson, 1996）。菌根菌與磷之間存在著有趣的關係，菌根菌與許多植物共生能增加養分的吸收，尤其是增加磷之吸收並抵抗其他病原菌入侵。然而磷會抑制菌根

菌生長，故在商業生產上利用菌根菌促進植株生長並不具潛力。過量的四氧化二磷（P_2O_4）會導致鐵、錳、銅、鋅的缺乏（表 6-1）。

來源

1. 重過磷酸鈣（triple superphosphate）〔$CaH_4(PO_4)_2$〕，低溶解度、中性；通常在種植前用於調整介質（需注意粒徑大小，小顆粒相對會較快釋出養分）。

2. 過磷酸鈣（single superphosphate）〔$Ca_2H(PO_4)_2$〕，低溶解度、中性；其中也含有石膏（$CaSO_4$），能提供硫；經常用做介質調整劑；難以取得（需注意粒徑大小，小顆粒相對會較快釋出養分）。

3. 磷酸二氫銨（$NH_4H_2PO_4$），可溶性、酸性。

4. 磷酸氫二銨〔$(NH_4)_2HPO_4$〕，可溶性、酸性。

5. 磷酸二氫鈣〔$Ca(HPO_4)_2$〕，可溶性、鹼性。

6. 磷酸（H_3PO_4），液態、酸性；用於降低水的 pH 值及鹼度。

7. 多數的混合及緩效肥料中。

缺乏徵狀

1. 發育遲緩。

2. 老葉最初出現深綠色，偶爾會出現紫紅色。

3. 老葉黃化後發生壞疽。

4. 磷能在植體內運移，所以缺乏徵狀通常從下位葉開始發生。

鉀（Potassium）

與氮相比，鉀在植物組織中的量相同或比氮少一點，因此兩種元素通常供給相同的量。然而一些物種如杜鵑（*Rhododendron*）偏好較高的 N：K（3：1），而仙客來（*Cyclamen*）則偏好低的 N：K（1：2）。過量的鉀會導致鈣及鎂的缺乏（表 6-1）。

來源

1. 硝酸鉀（KNO_3），可溶性、鹼性，因為能同時提供鉀及氮，是較普遍使用之肥料。

2. 氯化鉀（KCl），可溶性、中性。

3. 硫酸鉀（K_2SO_4），可溶性、中性。

4. 多數的混合肥料及緩效肥料中均含有鉀。

缺乏徵狀

1. 老葉邊緣黃化後迅速壞疽。

2. 從下位葉開始，在全葉出現壞疽斑點。

3. 老葉最終完全壞疽。

4. 能在植體內運移，故缺乏徵狀從下位葉開始發生。

鈣（**Calcium**）

鈣是不可運移之元素，藉由蒸散作用隨水分移動。聖誕紅（*Euphorbia pulcherrina*）、麒麟菊（*Liatris*）及部分百合（*Lilium*）栽培種在蒸散作用被抑制的情況下，會誘導暫時性的鈣元素缺乏徵狀。例如在生產聖誕紅插穗時，樹冠層葉片互相遮蔽，因此大量地降低空氣的流動及光強度，並增加樹冠層下的空氣溼度，使樹冠層下方的葉片會出現鈣缺乏徵狀〔葉片邊緣壞疽（leaf edge burn）〕。而在上層採收成插穗後，下層年輕的枝條有更佳之生長條件，但鈣無法充分供應枝條快速生長，缺乏症會更加嚴重。鈣的濃度會因為蒸散速率加速而上升，因此鈣缺乏是暫時的情形。高濃度的鎂及介質 pH 值低會加速鈣從介質中淋洗，進而促使鈣的缺乏徵狀發生。高濃度的銨根離子會降低植物鈣的吸收及運移，在聖誕紅的生產上亦需注意。過量的鈣會導致鉀、鎂或硼的缺乏（表 6-1）。

來源

1. 白雲石灰岩（$CaCO_3 + MgCO_3$），低溶解度；作為基肥提高介質 pH；同時提供鈣及鎂，為較佳的鈣來源（需注意粒徑大小，小顆粒相對會較快釋出養分）。

2. 方解石石灰（$CaCO_3 \cdot 2H_2O$），低溶解度；會提高介質 pH 值（需注意粒徑大小，小顆粒相對會較快釋出養分）。

3. 石膏（$CaSO_4$），低溶解度、中性；介質 pH 值不需要提高時使用（需注意粒徑大小，小顆粒相對會較快釋出養分）。

4. 硝酸鈣〔$Ca(NO_3)_2$〕，可溶性及鹼性；常用於混合肥料。

5. 許多地區的灌溉水含有高濃度的鈣，尤其鹼度高的水。對大多數的作物而言，由

灌溉水及肥料提供的鈣約在 80-120 ppm（Biernbaum, 1997）。

6. 一些混合肥料會含有鈣，而多數的緩效肥不含有鈣。高比例硝酸態氮的肥料中，鈣含量通常高於高比例銨態氮的肥料。

缺乏徵狀（Nelson, 2003）

1. 新葉畸形呈帶狀，及／或黃化。

2. 新葉向下彎曲，葉片邊緣從黃色轉為黃褐色最後形成壞疽。

3. 植株生長受抑制，花瓣或花敗育。

4. 在植體中不可移動，因此缺乏徵狀通常從上位葉開始。

鎂（**Magnesium**）

　　鎂及鈣因為在介質根部有極強的拮抗作用，通常要一併考量。儘管介質中的濃度在正常範圍，其中一個元素濃度較高會導致另一個元素缺乏。Nelson（1996）建議灌溉水及介質中鈣：鎂之比例為 3：1 到 5：1。Biernbaum（1997）建議植體中鈣：鎂之比例為 2：1，但需注意介質中比例為 3：1 到 4：1，以使植體達到適當之比例。由於方解石石灰中僅含有鈣，需要謹慎使用。聖誕紅對鎂的需求高。過量的鎂亦會導致鉀的缺乏（表 6-1）。

來源

1. 白雲石灰岩（$CaCO_3 + MgCO_3$），低溶解度；作為基肥提高介質 pH 值；同時提供鈣及鎂（需注意粒徑大小，小顆粒相對會較快釋出養分）。

2. 硫酸鎂（瀉鹽）（$MgSO_4 \cdot 7H_2O$），高溶解度、中性。

3. 磷酸銨鎂（MagAmp®）（$KMgPO_4 + NH_4MgPO_4$），低溶解度及鹼性。

4. 硫酸鎂晶（$MgO \cdot MgSO_4$），在施用 8-10 週內溶解度高，隨後溶解度降低、中性（Broschat, 1997）。

5. 氧化鎂（MgO），低溶解度、中性。

6. 硝酸鎂〔$Mg(NO_3)_2 \cdot 6H_2O$〕，可溶性、鹼性。

7. 許多地區的灌溉水含有高濃度的鎂，尤其鹼性高的水。對大多數的作物而言，由灌溉水及肥料提供的鎂約在 20-40 ppm（Biernbaum, 1997）。

8. 因為混合肥料及緩效肥中不一定含有鎂，施用前需再確認。

缺乏徵狀（Nelson, 2003）

1. 成熟葉或老葉脈間黃化。

2. 部分物種葉片向下捲曲或呈紅或紫紅色。

3. 能在植物中運移，因此缺乏徵狀從下位葉開始發生。然而當鎂含量充足的時候，老葉的濃度最高；新葉的濃度最低。

硫（Sulfur）

因為許多肥料中含有硫酸鹽，硫的缺乏徵狀極少出現。

來源

1. 石膏（$CaSO_4$），低溶解度、中性；當不需提高介質 pH 時可使用之硫來源（需注意粒徑大小，小顆粒相對會較快釋出養分）。

2. 過磷酸鈣〔$Ca(H_2PO_4)_2$〕，低溶解度、中性；也含有石膏（$CaSO_4$），能提供硫；經常用做介質調整劑；難以取得（需注意粒徑大小，小顆粒相對會較快釋出養分）。

3. 硫酸鉀（K_2SO_4），可溶性、中性。

4. 硫酸鎂（$MgSO_4 \cdot 7H_2O$），可溶性、酸性。

5. 硫酸銨〔$(NH_4)_2SO_4$〕，可溶性、酸性。

6. 硫酸鐵（$FeSO_4 \cdot 7H_2O$），可溶性、酸性。

7. 硫酸鋁〔$Al_2(SO_4)_3$〕，可溶性、酸性。

8. 硫（S_2），低溶解度、酸性。

9. 硫酸（H_2SO_4），液態、酸性；用來降低水的 pH 值及鹼度。

10. 混合肥料及緩效肥中常含有硫酸鹽類。

缺乏徵狀

1. 如同缺氮徵狀一樣，可能造成全株黃化，但從新葉開始。

2. 在植體中不可運移，因此缺乏徵狀從上位葉開始發生。

鐵（Iron）

溫室栽培常見到缺鐵的問題。能分別購買鐵的螯合劑及硫酸鹽類，以解決缺鐵問題。缺鐵徵狀經常是由介質的高 pH 值導致，在解決缺鐵徵狀前須確認介質 pH

值。在數個物種，尤其新幾內亞鳳仙（*Impatiens hawki*）、天竺葵（*Pelargonium × hortorum*）及萬壽菊（*Tagetes*）上常發生鐵毒害徵狀。鐵毒害徵狀通常是由介質低 pH 值導致吸收過量，而不是因為介質中鐵濃度過高，提升 pH 值能夠控制毒害發生。過量的鐵會導致錳、銅或鋅缺乏（表 6-1）。

來源

1. 硫酸鐵（$FeSO_4 \cdot 7H_2O$），可溶性及酸性。

2. 鐵螯合劑，可溶性及中性。

3. 大多數的混合微量元素的商品。

缺乏徵狀（Nelson, 2003）

1. 新葉脈間黃化，有時會整片葉黃化。

2. 較嚴重時，葉片會幾乎轉為白色並開始出現壞疽。

3. 在植體中無法運移，因此缺乏徵狀通常由上位葉開始發生。

毒害徵狀

1. 老葉邊緣出現小部分黃化及壞疽斑點。

2. 斑點擴大，最後整片葉壞疽。

錳（**Manganese**）

與鐵毒害相同，錳毒害亦會發生在相同的作物上。錳毒害是因為介質 pH 值低導致吸收過量，並非介質中的錳過量。因此錳毒害能由提高介質 pH 值來控制。過量的錳會導致鐵、銅或鋅的缺乏（表 6-1）。

來源

1. 硫酸錳（$MnSO_4 \cdot H_2O$），可溶性、酸性。

2. 錳螯合劑，可溶性、中性。

3. 大多數混合微量元素的商品。

缺乏徵狀（Nelson, 2003）

1. 新葉脈間黃化。

2. 脈間出現褐色的壞疽斑點。

3. 在植體中無法運移，因此缺乏徵狀通常由上位葉開始發生。

毒害徵狀

1. 老葉尖端及邊緣壞疽，壞疽會擴大合併成塊狀。

2. 由於錳過量時會限制鐵的吸收，一開始的徵狀會與缺鐵相似。

3. 偶爾葉片會呈紅色或紅棕色。

鋅（Zinc）

鋅是一些殺菌劑的活性成分，殘留在葉片上的殺菌劑會提高植體分析時鋅的濃度。過量的鋅會導致錳或鐵缺乏（表 6-1）。

來源

1. 硫酸鋅（$ZnSO_4 \cdot 7H_2O$），可溶性及酸性。

2. 鋅螯合劑，可溶性及中性。

3. 大多數混合微量元素的商品。

缺乏徵狀（Nelson, 2003）

1. 植株發育緩慢、節間較短。

2. 有時整片葉或脈間黃化。

3. 在植體內基本上無法但能些微移動。在莖中段的葉片，鋅含量低於上位及下位葉。

銅（Copper）

銅也是一些殺菌劑的活性成分，殘留在葉片上的殺菌劑會提高植體分析時銅的濃度。過量的銅會導致鐵、錳或鋅缺乏（表 6-1）。

來源

1. 硫酸銅（$CuSO_4 \cdot 5H_2O$），可溶性及酸性。

2. 銅螯合劑，可溶性及中性。

3. 大多數混合微量元素的商品。

缺乏徵狀（Nelson, 2003）

1. 新葉脈間黃化，綠色的葉緣有藍或灰色的反光。

2. 導致最新成熟葉片的葉脈黃化或突然全葉壞疽。

3. 銅在植體內基本上不可移動，僅能些微移動。在莖中段的葉片，銅含量通常低於

上位及下位葉。

硼（Boron）

部分地區的水中含有高濃度的硼，會誘導硼毒害發生，需進行水質檢測來確認。由於毒害與缺乏的徵狀相似，在看到徵狀後須注意是否為缺乏徵狀再施用硼。

來源

1. 四硼酸鈉（硼砂）（$Na_2B_4O_7 \cdot 10H_2O$），可溶性及中性。

2. 硼酸（H_3BO_3），可溶性及酸性。

3. 大多數混合微量元素的商品。

缺乏徵狀（Nelson, 2003）

1. 花朵、葉片、葉柄及莖畸形。

2. 發生叢枝病，由於頂端生長點不斷死亡，沒有主莖並形成許多側枝。

3. 新葉黃化。

4. 在植體中不運移，因此缺乏徵狀從上位葉開始發生。

毒害徵狀

1. 下位葉經常呈紅棕色，並且葉緣壞疽。

2. 徵狀常出現在葉尖。

鉬（Molybdenum）

除了聖誕紅對鉬的需求極高，鉬極少成為問題。

來源

1. 鉬酸鈉（$Na_2MoO_4 \cdot 2H_2O$），可溶性及中性。

2. 鉬酸銨〔$(NH_4)_2MoO_2$〕，可溶性及酸性。

3. 大多數混合微量元素的商品。

缺乏徵狀（Nelson, 2003）

1. 目前僅知道發生在聖誕紅。

2. 最新成熟葉的葉緣會先出現黃化，最後變成葉緣壞疽。

3. 葉片可能向上捲曲。

4. 缺乏更嚴重時，徵狀會出現在新葉及老葉。

鎳（**Nickel**）及氯（**Chlorine**）

植物對鎳及氯的需求量極少，花卉作物生產上不會出現缺乏情形。肥料及介質內會有鎳及氯的汙染，因此不需要額外提供。

肥料施用（Fertilizer Application）

栽培者施用 12 種植物必要營養元素時，必須決定要以 (1) 作為基肥預先施用於介質中；(2) 液肥灌溉（fertigation），將水溶性肥料溶解於灌溉水中；或者 (3) 合併兩種方法使用。例如一些栽培者會以基肥的方式提供大部分的微量元素及次級巨量元素，並由液肥灌溉提供剩下的初級巨量元素。在制定肥培管理方法之前，要進行完整的水質分析，以確定由灌溉水提供的營養成分及含量。

基肥（**Preplant Fertilization**）

肥料可以在種植前預先混合進介質中。若預計肥料之效果能持續整個作物之生產週期，可以混入各式的緩效肥。而混入少量之水溶性肥料，在種植初期有短期的肥效。介質中混入水溶性肥料，在正常的灌溉頻率下，養分在介質中僅能停留大約兩週，必須搭配定期的施肥操作。許多廠牌會在混合介質中先添加一定量的基肥，使用前要先確認。

緩效肥有減少勞力成本及減少養分因淋洗而浪費的優勢。比起液態肥料，緩效肥的養分更多是被植物吸收而非淋洗流失，具更高之養分利用效率（Hershry and Paul, 1982; Koch and Holcomb, 1983; Mancino and Troll, 1990）。緩效肥也能在盆花或花壇作物出貨後持續提供養分，延長在家中或展示的時間。

緩效肥最主要的缺點是栽培者失去對施肥計畫之控制。對於微量元素及次級巨量元素來說通常不是個大問題，但會造成氮、磷、鉀巨量元素調控之問題。栽培者通常會藉由調整初級巨量元素的濃度去調控植物的生長量以及生長形態，而使用緩效肥供應所有養分時，栽培者無法改變施用之肥料。例如，花壇植物在氣候不佳或銷量較差時，能藉由停止施肥減緩植株生長。再者，如果緩效肥為唯一的養分來源，效果可能不如定期施用液肥（constant liquid fertilization, CLF），尤其在冬季。

大部分緩效肥肥料的釋放量會因為溫度降低而減少。其他的缺點包括，部分緩效肥的成本高於 CLF，以及緩效肥在介質中可能會增加正確分析介質之困難性。但如果有注意到介質中含有緩效肥，許多介質分析的實驗室仍然可以正確地分析介質。

緩效肥的種類（Types of Controlled-release Fertilizers）

緩慢溶解及塑膠包膜的肥料通常用於提供巨量元素；而熔結肥料及浸漬黏土通常用來提供微量元素。新的緩效肥目前也在持續進行研究，例如貯肥沸石（precharged zeolites）（Williams and Nelson, 1997）。

緩慢溶解肥料（Slowly Soluble）

緩慢溶解的肥料如石膏、石灰、過磷酸鹽、魔肥（MagAmp®）常規使用於介質中。魔肥含有鎂、銨及磷，因為其氮肥 100% 是銨態氮，在涼溫下需要小心使用。

養分釋放：肥料藉由緩慢溶解釋放養分。顆粒愈小，釋放速率愈快。低介質 pH 會加速石灰溶解。

溫度效應：溫度上升，釋放速率提高。緩慢溶解的肥料能被加熱殺菌。

溼度效應：溼度增加，釋放速率提高。

塑膠包膜（Plastic Coated）

塑膠包膜肥料是一種受歡迎的完全緩效肥（controlled-released fertilizer, CRF），包含 Osmocote®、Nutricote®、Precise® 及其他品牌。

養分釋放：肥料具吸水性，水進入塑膠膜上的孔隙後塑膠膜擴張，內部濃縮的肥料液釋出。釋放的速率由孔隙大小及塑膠膜厚度決定。CRF 的效期依製造商而定，從 3-14 個月不等。不同製造商的緩效肥釋放速率不一，由塑膠膜之組成決定（Cabrera, 1997）。

溫度效應：溫度上升，釋放速率增加。大多數 CRF 標示之釋放速率是以平均 21°C 為基準。如果栽培時的日均溫更高，CRF 會釋放得更快、有效期限會縮短。同樣地，在低溫下有效期會比產品說明的效期長。需注意的是高溫會加快釋放速率，尤其是在室外以深色容器栽培（Husby et al., 2003）。塑膠膜的組成亦會影響 CRF 對溫度的敏感性，即使是標示一樣效期的產品，對溫度的敏感性也會因塑膠

膜而不同（Cabrera, 1997）。高溫會影響塑膠膜，塑膠包膜的肥料不能進行高溫殺菌。

　　溼度效應：介質水分含量在永久萎凋點及容器容水量之間時，對釋放速率沒有影響。

尿素甲醛（Urea Formaldehyde）

一般不會使用於溫室，使用於室外栽培。

養分釋放：由微生物進行生物分解後釋放尿素。

溫度效應：溫度上升，釋放速率增加。尿素甲醛不能進行高溫殺菌。

溼度效應：適合 50% 介質飽和含水量。

硫包膜肥料（Sulfur-coated Fertilizers）

肥料顆粒以硫及蠟包膜。由於有爆炸的風險，硝酸鹽無法進行此操作方式。雖然不常使用於溫室內，硫包膜尿素（sulfur-coated urea, SCU）適用於室外栽培。

養分釋放：由微生物生物分解硫元素的包膜成為可溶性的硫。

溫度效應：溫度上升，釋放速率增加。硫包膜肥料能進行高溫殺菌。

溼度效應：溼度增加，釋放速率提高。

熔結肥料（Fritted Nutrients）

將養分加入熔融玻璃中，冷卻後磨成粉末。養分會從玻璃中釋放，粉末狀的質地使其難以與介質結合。相同的製作方式也可以應用在巨量元素上，但通常要達到需求體積的製造成本太高。

養分釋放：溶解度可以由玻璃的種類及顆粒大小控制。

溫度效應：溫度上升，釋放速率增加。熔結肥料能進行高溫殺菌。

溼度效應：溼度增加，釋放速率提高。

浸漬黏土（Impregnated Clays）

養分吸附在烘烤過的黏土顆粒上。此種肥料主要用於添加微量元素。經常使用的商品有 Esmigran®。

養分釋放：養分從黏土緩慢釋出。

溫度效應：溫度上升，釋放速率增加。浸漬黏土能進行高溫殺菌。

溼度效應：溼度增加，釋放速率提高。

液肥灌溉（Fertigation）

液肥灌溉是在灌溉水中添加水溶性肥料。通常養分會在植物快速生長時，於每次灌溉中添加〔恆定地施用液肥（constant liquid fertilization, CLF）〕。CLF 肥料的施用可以搭配植株的生長速率。植株快速生長時，介質乾燥愈快、灌溉及施肥的頻率上升。同理，生長緩慢的植株使用較少的水分及肥料，所以液肥灌溉的頻率較低。然而實生苗、插穗及穴盤因為是新繁殖之植株，根較細小，介質可能會長時間維持溼潤，植物可能會暫時缺乏養分供給。而且在涼溫或陰天，植物對養分的需求可能會大於對水的需求。此時可提高肥料濃度或者在初期提高 CLF 的頻率。此外也可在其中一次 CLF 中提高單一元素施用的濃度。

肥料的濃度由幾種變因決定，其中最重要的是栽培的作物種類、灌溉頻率以及淋洗的比例。作物種類對肥料的需求量差異極大，可以分為三類：高、中、低養分需求量。例如，聖誕紅對養分需求量大於非洲菫（*Saintpaulia ionatha*）。然而許多栽培者只有一個肥料定比稀釋器，僅能以相同的肥料濃度種植不同的作物。在這種情形下，依照不同作物的需求量制定不同施肥管理方法，高需求量的作物提高施肥頻率，其他作物則同時使用以灌溉清水搭配液肥灌溉。作物的養分需求量愈低，灌溉清水的頻率愈高。另一種方法則是以低頻率進行液肥灌溉，高養分需求量的作物再搭配緩效肥施於介質中或撒在介質表面。

灌溉頻率及淋洗比例（澆灌水從盆底流出之比例）兩者交互下，將會影響養分從介質流失以及需要重新加入之比例。高灌溉頻率以及高淋洗比例會使更多養分從介質流失，因此需要更高頻率的液肥灌溉。

其他影響植物養分需求的變因包含季節（夏天比冬天需要更高的施肥頻率）、介質（陽離子交換能力強之介質施肥頻率低）、植物生長階段（在生產週期一開始施肥頻率高，在生產週期最後減少或不施用肥料）。栽培者在種植新的作物時，可以參考文獻或其他栽培者之施肥方式。栽培者有經驗之後，可以依自己的栽培環境調整施肥頻率。

如果緩效性的微量元素肥料沒有在種植植株之前混入介質之中，微量元素一定要以水溶性肥料之方式施用。微量元素也要經常澆灌。

水溶性的微量元素混合肥料通常包含鐵、鎂、銅、鋅，以硫酸鹽類、氧化態或螯合物的型式存在。通常硼以硼砂、鉬以鉬酸鹽的型式在混合肥料中。硫酸鹽類及氧化態基本上是微量元素最便宜的型式，也適用於大多數的情況。然而介質的 pH 值接近中性或偏鹼時，鐵、鎂、銅、鋅硫酸鹽類或氧化態的溶解度降低，變得不易被植物吸收。因此多種缺乏徵狀會發生在高 pH 之介質。最好的解決辦法是保持介質的 pH 值在酸性（低於 7.0）。如果無法維持介質在酸性或者缺乏徵狀已經發生，可以使用螯合物型式之微量元素，其較不受 pH 值之影響。緩效肥料同樣受到 pH 值之限制，除非緩效肥中包含螯合型式之微量元素。硼及鉬在高 pH 值下仍維持溶解度，基本上不需要考量兩者的有效性。

　　螯合劑是大分子的有機化合物，與鐵、鎂、銅、鋅離子鍵結，避免金屬離子形成不可溶之化合物。螯合劑本身可溶於水，並且能使微量元素被植物吸收。有不同的螯合劑可以取得，對 pH 之反應也各自不同。對 pH 最有抗性的螯合劑為 EDDHA，而 DTPA、EDTA、HEDTA 對 pH 之抗性依序下降。螯合型式的微量元素比起硫酸鹽或氧化態價格更高，且螯合劑只被用於部分情況中，如室外高 pH 值之土壤或者發生特定微量元素缺乏徵狀時。

水溶性混合肥料（**Mixing Water-soluble Fertilizers**）

　　施用少量的肥料時，能溶解後以手持式澆壺澆灌；而定比稀釋器混合定量的濃縮肥料液〔母液（stock）〕至灌溉水中（圖 6-1）。除非供水管線及母液桶之間還留有空間，需要有防逆流系統避免母液虹吸回清水系統中。此空間至少要是供水管線直徑的 2 倍。在美國每個州有各自的法規要求。

　　不同的定比稀釋器肥料濃度與水的比例不同，從 1：16 到 1：1,950。溫室內一般使用 1：16 及 1：200 的比例。部分定比稀釋器在施用難溶性的肥料時，無法配置高濃度的母液，可以調整到更低的稀釋比例。定比稀釋器的流速以及水管尺寸也不同。在溫室中同時澆灌多個區域需要較高的流速。母液桶也需要夠大，才不至於要經常進行濃縮肥料與灌溉水的混合。肥料液的電導度（electrical conductivity, EC）需要被定時監測，以確保肥料與水維持在適當的混合比例。可以將電導度計安裝在水線管路上，以持續監測或調節肥料在灌溉水中的比例。電導度計可以搭配

圖 6-1　液肥灌溉使用定比稀釋器之情形。圖左上為定比稀釋器，右下為母液桶。（張耀乾攝影）

警報系統，避免 EC 過高或過低。而當定比稀釋器的功能不正常時，可能會因為過量的可溶性鹽類導致問題或者養分不足導致缺乏徵狀。

　　定比稀釋器有不同種類，依照施肥時所需的灌溉水量以及可攜性選擇適合的型式（Bartok, 1997）。最小型的稀釋器為使用文氏管（venturi suction）設備，如 Hozon 及 Syfonex 型，藉由水的吸力將肥料液從小型母液桶抽出。架設簡單、價格低廉並且方便移動。這種設備的混合比例低（1：16），由於母液桶小，需要經常補充，較適合小範圍的操作。同一種品牌設備的混合比例會因為個別機型、流速而有所不同，然而此種定比稀釋器並不適用於精密的操作。

壓力桶的定比稀釋器如 GEWA 可攜性亦較高、價位中等。肥料母液裝在厚塑膠袋中，藉由塑膠袋周圍的水壓將母液壓出混合進水中。GEWAs 能使用不同大小的母液桶，較大的母液桶可調整混合比例，同時也不需要頻繁地補充母液。GEWA 適用於中範圍的操作（GEWA 為發明者 George Wagner 之縮寫）。

水馬達控制之定比稀釋器如 Dosmatic® 藉由隨著水流運作的活塞，將肥料液注入水線中。此種設備的價位中等，至少有一種可攜式的型號。這種設備也適合中範圍的操作，且可調整多種稀釋比例。

水錶控制之定比稀釋器如 Anderson、Smith 及 Fert-o-Ject®，能操作大量的灌溉水，並以電力或水幫浦將肥料母液混入水中。這種定比稀釋器可調整多種稀釋比例，通常固定在一個位置，價錢也是最高的。

由於高濃度的肥料母液很難溶解，因此需要使用熱水來溶解肥料。也需要持續攪動母液，以確保施用的肥料保持一致。並非所有肥料都能兼容於母液中，可能會有溶解度下降或沉澱產生（表 6-2）。此種情形下養分無法送達植物，也可能造成定比稀釋器損壞或阻塞。例如硫酸不能直接與硝酸鈣混合。這種情況下，可利用兩個以上的稀釋噴頭接在定比稀釋器上，讓濃縮的肥料液在互相混合之前先在灌溉水中稀釋。

表 6-2　不同濃縮液肥的相容性及不相容性

肥料	與其他列出肥料的反應	
	不相容	溶解度下降
硝酸銨	—	—
磷酸銨	硝酸鈣 硫酸鎂 Fe、Zn、Cu 或 Mn 的硫酸鹽 硝酸鈣	Fe、Zn、Cu 或 Mn 的螯合物
硝酸鈣	硫酸銨 磷酸銨 硫酸鎂 硫酸鉀 Fe、Zn、Cu 或 Mn 的硫酸鹽 硫酸或磷酸	—

（續下頁）

肥料	不相容	溶解度下降
	與其他列出肥料的反應	
Fe、Zn、Cu 或 Mn 的螯合物	硝酸	磷酸銨 硫酸
硫酸鎂	磷酸銨	氯化鉀 硝酸鉀 硫酸鉀
硝酸	Fe、Zn、Cu 或 Mn 的螯合物	—
磷酸	硝酸鈣	Fe、Zn、Cu 或 Mn 的螯合物
氯化鉀	—	硫酸銨 硫酸鎂 硫酸鉀 Fe、Zn、Cu 或 Mn 的硫酸鹽 硫酸
硝酸鉀	—	硫酸銨 硫酸鎂 硫酸鉀 Fe、Zn、Cu 或 Mn 的硫酸鹽 硫酸
硫酸鉀	硝酸鈣	硫酸銨 硫酸鎂 硫酸鉀 氯化鉀 Fe、Zn、Cu 或 Mn 的硫酸鹽 硫酸
Fe、Zn、Cu 或 Mn 的硫酸鹽	硝酸鈣	氯化鉀 硝酸鉀 硫酸鉀
硫酸	硝酸鈣	氯化鉀 硝酸鉀 硫酸鉀
尿素	—	—

液肥灌溉時，栽培者可以選擇使用已經混合好的肥料或者自行混合肥料。如同介質，購買預先混合好的肥料相較於購買個別肥料來自行混合貴，但自行混合會造成額外的勞力成本。栽培特定的作物時，會需要栽培者自行混合肥料或者額外添加養分在預先混合之肥料中。對於大規模的生產者，從經濟上考量適合自行混合肥

料，然而如同介質，通常肥料購買量愈多價格愈低。

　　小規模的生產者通常需要同時兼顧多項工作，預混合肥料價錢較高但較爲方便。此外，自行混合肥料會增加出錯的可能。在肥料上有小出錯，便很快地造成作物損傷，尤其是在施用微量元素的時候。

建立肥培管理方法（Developing a Nutritional Program）

自行混合介質（Self-Mixed Media）

　　對於自行混合介質的生產者來說，可容易地在介質中混入鈣及鎂。在水苔泥炭苔占比高的介質中，需混入溶解慢、含鈣或鎂的石灰，以提高及保持介質的 pH。建議使用同時包含鈣及鎂的白雲石灰。由於泥炭苔的變異度太大，石灰的使用量難以估計。最好的方法是混合少量潮溼的介質與石灰，等待 14-21 天平衡後測量 pH 值，再調整石灰的添加量。作物在無土介質中最適合的 pH 爲 5.4-6.0，土壤爲主的介質則是 6.2-6.8。如果無土介質的 pH 高於 5.2、土壤的 pH 高於 6.0，且灌溉水爲硬水或 pH 偏高，就不需要再添加石灰。這種情況下硬水會逐漸提高介質的 pH。從 pH 範圍的下限開始栽培作物，讓 pH 在栽培過程自然上升並維持在可接受的範圍。灌溉水的 pH 低於 6.0、鹼度低或者使用酸性肥料時，就需要添加石灰。如果不需要添加石灰，鈣的提供可以利用石膏混入介質或者將硝酸鈣溶於灌溉水中。鎂則是能藉由澆灌硫酸鎂提供。

　　磷的提供是藉由混入過磷酸鈣於介質中，能同時提供鈣以及磷。但是，大部分的無土介質，尤其是 pH 較低的無土介質，磷離子容易被淋洗出介質（Cole and Dole, 1997; Spinks and Pritchett, 1956）。栽培者在栽培短期作物時，仍然可以施用過磷酸鈣於介質中。但是需要定期檢測以避免磷缺乏。如果磷含量過低，可以在液肥灌溉時添加磷酸二氫銨或磷酸氫二銨來額外補充磷。然而大部分的栽培者從一開始栽培時，就使用包含磷的完全營養液肥，而沒有在介質中混入過磷酸鈣。

　　如果介質中沒有混入石膏或過磷酸鹽或施用的液肥不包含硫，栽培者可能會添加石膏以避免缺硫。然而很少發生缺硫的情況。

　　微量元素混入介質後，通常在皆能提供整個栽培期間的微量元素。微量元素也能藉由液肥灌溉提供。許多廠商在介質中混入所需一半的微量元素，並以液肥灌溉

提供另外一半。

最後需要決定如何施用氮及鉀。多數的栽培者使用液肥灌溉，然而也有許多的栽培者搭配緩效肥一起施用。通常結合液肥灌溉以及緩效肥一同施用，相較施用單一種，能生產出更高品質的植株（Simpson, 1975）。在某些情況下，因為逕流汙染環境的考量或由頂部灌溉會造成過多的養分淋洗浪費，則會使用緩效肥。

混合介質（Premixed Media）

使用混合介質的栽培者，大部分的營養需要由液肥灌溉提供。雖然許多混合介質中已經含有少量的營養，但是僅足夠提供數週的需求。介質中可能有足夠整個栽培期間的鈣、鎂、硫以及微量元素，然而在建立肥培管理方法前必須要測試介質中的營養含量。同時也需要考慮許多混合肥料中也含有微量元素。雖然氮、磷、鉀通常由液肥灌溉施加，在介質上也可以撒一些緩效肥。施加緩效肥在介質表面與混合進介質中有一樣的效果。

水溶性肥料的種類主要由介質適合的 pH 決定，pH 會受到水的硬度影響（請參閱第 5 章「水」）。以銨或尿素為主的肥料傾向酸性，會降低介質的 pH 值；而以硝酸為主的肥料則傾向鹼性，會提高介質的 pH（Argo and Biernbaum, 1997）。肥料包裝上需要列出潛酸性（potential acidity），以中和一噸肥料酸性所需要的碳酸鈣表示，數字越高肥料越酸。同樣的，潛鹼性（potential basicity）以一噸肥料等量鹼性的碳酸鈣表示。雖然大多混合肥料銨態氮比例相對高且為酸性，以硝酸為主的鹼性肥料也是可取得的。此外，栽培者可以混合硝酸鉀及硝酸鈣來自製鹼性肥料。可惜的是高銨態氮肥料在一些情況下是不可行的，使得栽培者無法藉由肥料控制介質的 pH。栽培者可以依需求輪流使用酸性及鹼性肥料來幫助控制介質的 pH（請看以下）。

pH

液體中有一定數量的水分子（H_2O）會解離成 H^+ 及 OH^-，pH 即是 H^+ 在溶液中之濃度，通常是測量介質溶液，範圍從 0-14。溶液 pH 7.0 時為中性，H^+ 與 OH^- 的濃度相同。當 pH 低於 7 時為酸性，高於 7 時為鹼性。pH 對養分的有效

性有極大的影響（圖 6-2）。無土介質建議的 pH 為 5.4-6.0，含有 25% 以上土壤的介質則是 6.2-6.8。特定的作物可能有其他的 pH 需求，最著名的例子為杜鵑花（*Rhodadenderon*）pH 需求為 4.5-5.5（圖 6-3）。介質的組成、水、肥料，以及植株本身都會影響介質之 pH 值，例如水苔泥炭為酸性；水的 pH 值依不同來源有極大的差異；銨態氮為主的肥料為酸性；一些植物在高 pH 誘導的缺鐵環境（圖 6-4）下會釋放出氫離子降低根域的 pH 值來增加鐵的有效性及吸收（Albano and Miller, 1996; Lang et al., 1990）。

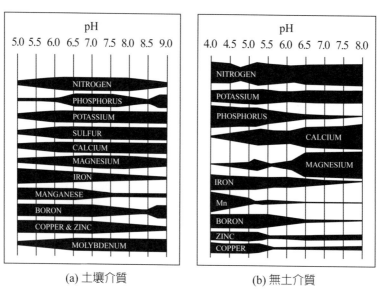

(a) 土壤介質   (b) 無土介質

圖 6-2　養分有效性與介質 pH 之相關性（Peterson, 1982a）。

提高 pH（Increasing pH）

　　方解石石灰及白雲石灰最常被用來在作物種植前提高介質 pH 值（請參閱本章 176 頁「建立肥培管理方法」），然而在植株種植之後比較難再提高介質的 pH 值。可以使用硝酸鉀或硝酸鈣等鹼性肥料，並減少酸性肥料如硝酸銨的使用。基本上這種方式僅能些微調整介質的 pH。最好在介質 pH 太低之前就開始以肥料調整介質的 pH。要更快地調整介質的 pH，可施用懸浮的石灰溶液。若需要快速調整可對介質施用氫氧化鈣（CaOH），然而氫氧化鈣會造成葉燒，必須小心使用。建議混合 2.2 kg 之氫氧化鈣於 19 L 的水中，氫氧化鈣並不會完全溶解，僅需要施用液體的

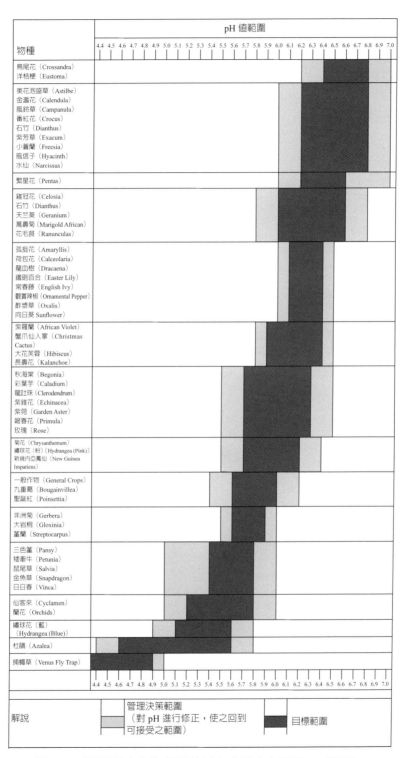

圖 6-3　不同花卉作物栽培於無土介質中之建議 pH 範圍。

圖 6-4　繡球花缺鐵徵狀，新葉出現脈間黃化。（張耀乾攝影）

部分。不要同時使用含有銨的緩效肥或者含有 25% 銨態氮之液肥，否則會有氨氣產生。在長期低 pH 情形下，可以在灌溉水中加入碳酸氫鉀以提高鹼度及介質 pH（Bailey et al., 1997）。

降低 pH（Decreasing pH）

在種植之前，有數種方法可以降低介質 pH。硫可以用 8.4 kg・m^{-3} 的比例混入介質，介質之 pH 約會下降 0.5。硫酸鐵也可以用來快速降低 pH。而增加水苔泥炭的量可以混合出 pH 較低之介質。

在種植之後，可以用硫酸鐵來降低介質 pH，但效果並不一致。使用 0.36 kg/100 L 的硫酸鐵 pH 至多下降 1.0。硫酸鐵會對葉子造成毒害，故僅能施用於介質中，而且硫酸鐵會提高介質中的可溶性鹽類，故要監測其 EC 值。使用酸性肥料如硝酸銨，亦可降低介質 pH。

注入酸來降低水的 pH 值是許多溫室的例行作業（更多細節請參閱第 5 章

「水」），持續注入酸將介質維持在適合的 pH 範圍是最好的操作方式。如果介質 pH 已經很高，例如接近 7.0，注入酸只會緩慢使介質 pH 降低 0.5-1.0。最常使用磷酸、硝酸及硫酸，尤其是在水硬度很高的地區或者大型的生產者。

可溶性鹽類（Soluble Salts）

可溶性鹽類係指在介質溶液中，解離的離子總量。可溶性鹽類是由電導度（electrical conductivity, EC）之方式測量；可溶性鹽類的濃度愈高，電流愈容易通過介質溶液。植物生長需要充足的養分，但是介質中過高的可溶性鹽類會導致生理性乾旱。介質中鹽類濃度高時，根部滲透勢必會限制水分吸收，進而誘導生理性乾旱。生理性乾旱發生時，儘管介質溼潤的植物仍會萎凋。在高鹽下更常見的徵狀包含生長緩慢、葉片邊緣壞疽（尤其在下位葉）、不穩定或降低的種子發芽率或插穗發根，以及根冠的疾病。普遍來說，根部在低介質 EC 時生長最佳（Morvant et al., 1997）。植物在根系受限時，如實生苗、插穗及穴盤苗，對於高鹽較為敏感。鹽的敏感度依作物有很大的不同，一些物種對鹽非常敏感如非洲菫，而一些則非常耐鹽如聖誕紅（圖 6-5）。

因為過度施肥或淋洗不足導致可溶性鹽類濃度高。許多離子如 NO_3^- 及 Mg^{2+} 被植物吸收，其他離子如 Cl^- 或 Na^+ 不會被大量吸收，並累積在介質中。最好避免的方式為減少施肥的頻率或者經常使用沒有肥料的水灌溉。例如許多栽培者定期在週間以 CLF 施肥，依照偏好的介質 EC 值，在週末、每兩週或者每六次灌溉時以沒有肥料的清水澆灌。栽培者也可以定期以超過平時灌溉水量 10%-20% 的方式控制 EC 值，然而由於會造成汙染、水及肥料的浪費，較不偏好使用此方法。若在添加肥料前，灌溉水中已經有高濃度的可溶性鹽類，栽培者不容易控制可溶性鹽類（請參閱第 5 章「水」）。一旦高鹽的問題發生，只能靠淋洗解決，最有效的是在 2-4 小時之間，以無添加肥料的水澆灌植物兩次。

不僅需要考慮總可溶性鹽類的量，也需要注意可溶性鹽類濃度隨著時間的變化。當介質乾燥時，鹽類濃度升高，這樣短暫高濃度的鹽類可能會減少植株的生長及品質。長期有可溶性鹽類問題的栽培者應避免介質過度乾燥。

花卉學

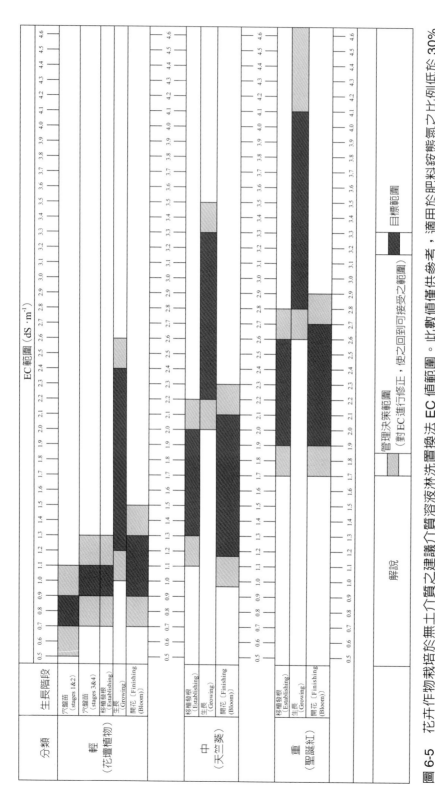

圖6-5　花卉作物栽培於無土介質之建議介質溶液淋溶置換法 EC 值範圍。此數值僅供參考，適用於肥料銨態氮之比例低於 30% 時，並應在以實際生長狀況來判斷（Whipker, 2001）。

182

養分監測（Monitoring Nutrition）

　　栽培者需要不斷小心監控作物的養分狀態。氣候的變化、灌溉頻率、淋洗、水質、介質的養分含量，以及植株的生長，總和起來使得每一個作物的狀態都是獨一無二的。

目視法（Visual）

　　最簡易的監測方法為目視，最好由經驗豐富的栽培者來執行。長期下來視覺監測並沒有效率，當徵狀出現時，對植株的傷害已經造成，品質與銷售下降。對大多數的作物來說，養分減少時生長速度下降，但缺乏徵狀還不一定會出現。因此植株的品質可能會在栽培者意識到任何養分問題前下降。僅用視覺監測植株可能不足以生產最高品質之植株。

pH 及 EC 測試（pH and EC Tests）

　　另一個監測方法是利用 pH 計及 EC 計持續追蹤介質的 pH 及 EC 值。雖然圖 6-6 有提供 pH 及 EC 的紀錄表，每個公司應該要建立自己的紀錄表。最好是每次由同一人進行量測，避免由公司的擁有者、經理或是栽培者進行量測，因為這些人的時間受限，無法定期、規律地進行測量。測量 pH 及 EC 的儀器有許多種類可供選擇。測量儀的價格大約從 50 美元至數百美元，需要經常使用已知 pH、EC 值的溶液進行校正，這些溶液可以購買取得。

　　目前在室內有四種方法測量介質的 pH 及 EC 值：(1) 稀釋法（dilution）、(2) 介質溶液淋洗置換法（pour-through）、(3) 擠壓法（press），以及 (4) 飽和溶液萃取法（saturated media extract）。

稀釋法（Dilution）

　　使用稀釋法時，介質與去離子水以 1：2 或 1：5 的比例混合，充分攪拌後等待平衡 30-60 分鐘，即可記錄 EC 及 pH（表 6-3）。過濾去除掉介質的顆粒能增加測量的準確度，但並非必要的步驟。為了測量的穩定性，介質需要先風乾，加入樣本中的水量要標準。然而許多栽培者並沒有如此操作。使用未風乾的介質時，要確保近期沒有澆水、介質乾燥。使用未風乾的介質時，會有更多的水稀釋離子，使 EC

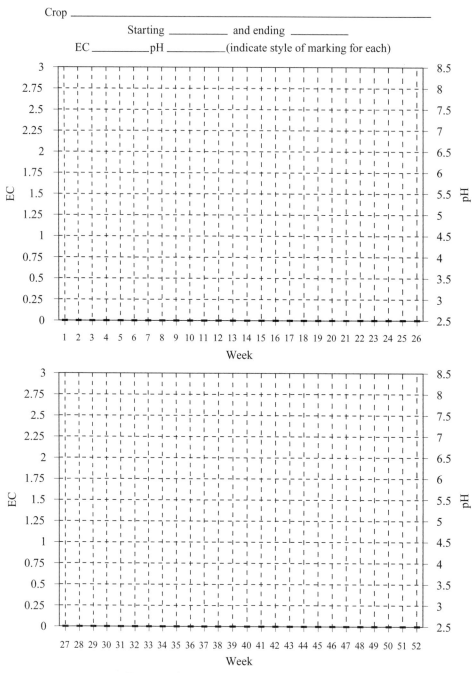

圖 6-6　介質 pH 及 EC 之取樣紀錄表。

測量值下降。而使用 1：5 的比例時，誤差的問題就會比較小。

　　通常 1/4-1/2 杯（50-100 mL）的介質已足夠。介質從盆器的中央部分由上到下

進行取樣，並去除最上方 1.8 cm。可溶性鹽類濃度通常在介質的上層比較高，因此根系通常不會在上層生長。在小穴格中的穴盤苗，由於無法分出介質的中心部位，直接取樣整個根球較為容易，並且需要栽種額外的穴盤以供取樣。此外，穴盤中介質的養分含量會因為淋洗或植物吸收養分而快速變動。故需要在施肥後的 1-2 小時取樣穴盤中的介質，以取得可靠準確的養分含量測量值（Compton and Nelson, 1997）。

取樣時，需要在全區隨機選取至少 5 個盆器、穴盤、籃子或地點中取樣。取樣數量愈多，得到的結果會愈可靠，也愈能確實的反映整批作物實際狀態。若僅從床架的邊緣取數盆植株進行取樣，會導致不正確的結果及後續錯誤的肥培管理決策。測試的樣本亦需要從接近的栽培條件中選出，不同的栽培條件如盆器大小、養分動態、溫度或甚至品種，可能會產生不同的結果。

介質溶液淋洗置換法（Pour-through）

因為操作介質溶液淋洗置換法時，不需要進行介質的收集，操作上比稀釋法及飽和溶液萃取法快速。操作時在植株的介質表面澆灌適量的去離子水，並測量收集到的淋洗液，通常淋洗液收集 1/4-1/2 杯（50-100 mL）（Cavins et al., wright, 1986）（表 6-3）。將盆器、穴盤或栽培籃置於收集盤或碟子的上方，使用有向上突出的碟子可以讓盆器持續排水，並同時進行其他的操作。介質溶液置換法與稀釋法相同，需要留意介質的含水量。基本上成株適合 $3.0-5.2 \ dS \cdot m^{-1}$ 之範圍（Lang. 1996）。最後，每一個介質溶液置換法得到的測值來自於一個盆器，每種作物至少需要 5 個測值並平均，以提供正確且具代表性的結果。

表 6-3　介質可溶性鹽類濃度（EC）在不同萃取方法下所代表之含義。數值單位為 $dS \cdot m^{-1}$；$1 \ dS \cdot m^{-1} = 1 \ mS \cdot cm^{-1}$（電導度計常用之單位）$= 1 \ mmho/cm = 100 \ mmho \times 10^{-5}/cm = 1{,}000 \ \mu mho/cm = 640-700 \ ppm$。特定植物的建議值會有所差異。

1：5 介質：水懸浮	1：2 介質：水懸浮	飽和介質 萃取法	介質溶液淋洗置 換法／傾瀉法	意義／決策
0-0.11	0-0.25	0-0.75	0-1.0	低——增加養分濃度以達到最佳的植株生長
0.12-0.35	0.26-0.75	0.76-2.0	1.0-2.5	低至合宜——適合實生苗、花壇植物及鹽敏感之植物

（續下頁）

1：5 介質：水懸浮	1：2 介質：水懸浮	飽和介質 萃取法	介質溶液淋洗置 換法／擠壓法	意義／決策
0.36-0.65	0.76-1.25	2.1-3.5	2.6-4.6	合宜──多數的植物維持在這個範圍，為鹽敏感的作物之上限
0.66-0.89	1.26-1.75	3.5-5.0	4.7-6.5	高──可能對多數的作物是可接受的，但會對敏感的植株造成傷害；減少施肥頻率及／或輕微的淋洗
0.9-1.1	1.76-2.25	5.0-6.0	6.6-7.8	非常高──有可能造成大多數植物受傷；至少強力的淋洗兩次
1.1+	2.25+	6.0+	7.8+	極高──大多數的植株受傷；至少強力的淋洗兩次

擠壓法（Press）

擠壓法是較簡單測量穴盤介質的方法（Scoggins et al., 2000, 2001, 2002）（表6-3）。擠壓介質表面使介質溶液流出。每一格穴格會產生 2-3 滴溶液，一排穴格應該足以提供測量 EC 及 pH 所需的溶液。至少從 5 個穴盤收集樣本，測量植株之狀態。在澆灌施肥後 1-2 小時進行取樣能得到最好的結果。

飽和溶液萃取法（Saturated Media Extract）

飽和溶液萃取法（saturated media extract, SME）為最難操作之方法，並且須由經驗豐富的人員執行。然而由於介質水分含量及分析的介質量並不影響結果，SME 被認為是最可靠的測量法。飽和溶液萃取法也是商業實驗室最常使用的方法（表6-3）。加入去離子水到 1 pt（470 mL）的介質，直到介質剛好達到飽和點。當介質飽和時，介質表面會有少量到幾乎沒有的水停留。判斷介質的飽和點需要經驗，尤其是無土介質。介質放置 30 分鐘後，以真空吸取方式將介質的水分排出並過濾。介質的取樣方式與前述相同。

介質分析（Media Tests）

有時候栽培者除了 EC 及 pH 以外，需要知道介質中個別養分的濃度。現場的養分測量方法，包括呈色反應或試紙測試組以及離子測量儀。呈色反應的套組可以測量溫室中介質溶液的 N、P、K、Ca 及 Mg 濃度。離子測量儀與 EC 計的操作方

式相似，但並不容易取得也相對較昂貴。離子測量儀可以測量硝酸態氮、鉀以及其他離子。由於將介質送實驗室分析簡單且相對成本較低，限制在現場養分分析方法的普及性。

　　由專業的實驗室分析介質相對較便宜，且除了 pH 及 EC 以外，還提供了巨量元素之濃度。某些實驗室可能也會測量特定微量元素的濃度。由於不同實驗室操作方法及步驟不同，介質分析結果會有些微的不同，故應將同一批介質由同個實驗室分析。在選擇介質分析的實驗室時，要選擇較積極回傳分析結果的實驗室。介質的分析結果僅是當下的狀態，但養分狀態變化是動態的。因此分析結果沒有很快回傳或沒有迅速利用分析結果調整施肥，會使介質分析徒勞無功。許多公司會定期進行介質的分析，並且每週寄送樣本給實驗室分析。為以防萬一，在 (1) 使用新介質時，(2) 大型作物栽培到一半時需要分析介質，以及 (3) 栽培期為一年或栽培期長的作物，每 1-2 個月進行分析如地坪植物（ground bed plant）或母本（stock plant）。價值特別高的作物，更需要 2-3 週就進行一次分析。當然在發生任何可見的徵狀時，都可以取樣以判斷是否為養分導致的問題，並同時取樣健康無徵狀的植株進行比對。

　　雖然大部分的實驗室需要至少 1 pt（470 mL）的介質進行分析，一些實驗室會要求更多。現場測量 pH 及 EC 時，介質取樣的方式與前述相同。解讀介質分析結果時，需要搭配建議方針。商業實驗室提供的建議在一開始會很有效，但這僅是基本的建議方針。特定的植物或特定的環境條件下，最佳的養分狀態可能會不同。如果懷疑有出現養分問題，需要同時測試出問題以及健康的植株以供比較。經過一段時間後，可以使用健康植株的分析結果建立公司特定的營養管理方針。

　　在研究介質分析結果時，第一個需要確認的數據為 pH。pH 對養分有效性的影響甚鉅，一些養分問題可能由過高或低的 pH 導致。調整 pH 可能就可以解決原本的問題。第二個檢查數據為 EC（表 6-3）。同樣的，藉由淋洗解決 EC 過高或藉由額外施肥解決 EC 低的問題，即有可能解決問題。最後，需要確認的是個別養分的濃度，是否在可接受的範圍，並且彼此平衡。例如，介質中的 Ca 濃度可能是足夠的，但過高的 Mg 濃度會導致植株的 Ca 缺乏。

植體分析（Tissue Tests）

　　植體分析比起介質分析更加準確。相較於分析介質中的養分，植體分析直接表示植體中的養分濃度。植體分析也包含大多數的微量元素以及鈉，在灌溉水有高含量鈉的地區需要特別注意。然而植體分析不包含介質的 pH 及 EC，植體分析與介質分析需要同時一起進行，才能提供養分狀態完整的結果。

　　採收大約 28 g（1 oz）不包含葉柄的葉片組織；如果葉片較小，最多需要採收60-70 片葉片。體積小的穴盤苗以及插穗需要採收全株。儘可能在愈多植株當中隨機取樣。若葉片上有介質、肥料或農藥殘留，輕柔地洗去或將葉片浸水，抹除殘留後風乾。不要太大力的清洗葉片，可能會導致養分流出。一些情形下會加入少量的清潔劑，協助移除不容易沖下的物質。商業實驗室會提供更多關於如何適當清洗或浸泡的資訊。葉片不要在潮溼的狀態寄送，否則可能在實驗室收到前即腐爛及惡化。

　　與介質分析相同，植體分析需要持續定期進行。多數植體分析採收樣本的標準為「最新一片成熟葉」——最年輕的完全展開葉（表 6-4）。部分作物建議取樣的組織會不同。選擇適當的葉片組織十分重要，因為葉片中的養分會因部位不同，而有很大的差異（圖 6-7）。在處理特定問題時，需要同時取樣發生徵狀及健康的植株，並取樣同一部位。

表 6-4 高品質植株的植體養分濃度（Armitage 1994; Armitage and Laushman, 2003; Chase and Pole, 1987; Dole and Wikins, 1998; Giffith, 1998; Joiner et al.,1981; Mills and Jones, 1996; Peterson, 1982b; Poole et al., 1991; Whipker and Dasoju, 1997）。下列數據僅為基本建議值。不同公司因為栽培習慣、氣候或品種的不同，會有不同最佳的數值。

物種	%					ppm				
	N	P	K	Ca	Mg	Fe	Mn	Zn	Cu	B
西洋蓍草（Achillea millefolium）	2.8-3.1	0.3-0.4	5.1-5.6	0.8-0.9	0.2-0.4	127-135	60-70	40-50	-	25-35
鐵線蕨（Adiantum）	1.5-2.5	0.4-0.8	2.0-3.0	0.2-0.3	0.2-0.4	-	-	-	-	-
蜻蜓鳳梨（Aechmea）	1.5-2.0	0.4-0.7	1.5-2.5	0.5-1.0	0.4-0.8	-	-	-	-	-
口紅花（Aeschynanthus radicans）	1.5-2.8	0.2-0.8	2.5-3.3	0.6-1.6	0.2-0.5	50-300	40-300	25-200	9-30	25-50
粗肋草（Aglaonema）	2.7-3.5	0.2-0.8	2.7-5.0	1.0-2.0	0.3-0.6	50-300	50-300	25-200	10-100	25-50
軟枝黃蟬（Allamanda cathartica）	2.0-4.0	0.2-1.0	2.0-4.0	0.7-1.5	0.2-1.0	50-200	50-200	20-200	8-25	25-75
蘆薈（Aloe arborescens）	2.3-3.3	0.4-0.6	3.7-5.2	1.5-1.6	0.6-1.2	51-104	72-471	32-59	4-6	26-46
月桃（Alpinia purpurata）	2.2-2.7	0.3-0.4	2.5-3.3	0.8-1.4	0.4-0.5	30-50	215-530	75-175	10-20	10-20
水仙百合（Alstroemeria）	3.8-7.6	0.3-0.7	3.7-4.8	0.6-1.5	0.2-0.6	175-275	60-200	35-110	5-15	5-50
柳葉水甘草（Amsonia tabernaemontana）	2.6-2.9	0.2-0.3	2.2-2.4	0.6-1.4	0.1-0.3	50-52	445-896	116-335	3-5	36-108
金魚草（Antirrhinum）	1.0-5.3	0.2-0.6	2.2-4.1	0.5-1.4	0.5-1.0	70-135	60-185	30-55	5-15	20-40
單藥花（Aphelandra）	2.0-3.0	0.2-0.4	1.2-2.0	0.6-2.0	0.5-1.0	50-300	50-300	20-200	10-50	35-45
龍艾（Artemisia 'Powis Castle'）	3.8-4.0	0.4-0.7	3.4-4.0	1.1-1.2	0.1-0.3	72-91	140-244	84-149	9-19	39-49
武竹（Asparagus）	1.5-2.5	0.3-0.5	2.0-3.0	0.1-0.3	0.1-0.3	-	-	-	-	-
鳥巢蕨（Asplenium nidus）	1.4-3.2	0.3-0.5	2.5-4.2	0.5-1.0	0.3-0.5	25-300	25-300	20-100	3-20	15-50
紫菀（Aster）	2.2-3.1	0.2-0.7	3.3-3.7	1.0-1.7	0.2-0.4	162-180	65-273	26-121	-	37-46
泡盛草（Astilbe chinensis）	2.9-4.5	0.5-0.7	1.8-2.3	1.9-3.0	0.1-0.3	115-310	90-165	25-40	5-10	20-35

（續下頁）

物種	%					ppm				
	N	P	K	Ca	Mg	Fe	Mn	Zn	Cu	B
麗格秋海棠 (Begonia ×hiemalis)	3.4-4.6	0.4-0.8	2.0-3.5	0.7-2.4	0.3-0.8	80-390	35-190	20-30	5-10	35-130
四季秋海棠 (B. Semperflorens-Cultorum hybrids)	2.2-5.6	0.3-0.6	3.4-4.2	0.7-4.2	0.4-1.0	100-260	90-355	50-65	10-15	30-40
九重葛 (Bougainvillea)	2.5-4.5	0.2-0.8	3.0-5.5	1.0-2.0	0.2-0.8	50-300	50-200	20-200	8-50	25-75
寒丁子 (Bouvardia hybrids)	4.2-4.9	0.6-1.0	1.9-3.3	2.0-2.4	0.5-0.8	125-225	30-95	40-65	-	30-55
彩葉芋 (Caladium)	3.6-4.9	0.4-0.7	2.3-4.1	1.1-1.6	0.1-0.3	65-90	110-135	125-135	5-10	95-145
女王竹芋 (Calathea louisae)	3.0-3.3	0.3-0.5	2.6-3.4	0.4-0.5	1.1-1.3	-	-	-	-	-
孔雀竹芋 (C. makoyana)	2.5-4.0	0.2-0.6	2.0-4.5	0.2-1.5	0.2-1.0	30-200	30-200	20-200	6-50	18-50
銀道竹芋 (C. picturata)	2.6-3.6	0.2-0.5	2.8-4.3	0.3-0.5	0.7-1.3	-	-	-	-	-
彩虹竹芋 (C. roseopicta)	2.2-2.6	0.3-0.8	3.2-5.1	0.3-0.4	0.7-1.1	-	-	-	-	-
瓦西斑竹芋 (C. warscewiczii)	2.8-3.8	0.3-0.5	3.1-3.4	0.5-0.8	0.9-1.1	-	-	-	-	-
日日春 (Catharanthus roseus)	4.9-5.4	0.4-0.5	2.9-3.6	1.4-1.6	0.4-0.5	95-150	165-300	40-45	5-10	25-40
嘉德麗雅蘭 (Cattleya cultivars)	1.0-2.5	0.1-0.8	2.0-4.2	0.5-2.0	0.3-0.7	50-200	40-200	25-200	5-20	25-75
羽狀雞冠花 (Celosia argentea)	3.7-4.1	0.4-1.1	3.9-5.1	2.9-4.1	1.4-4.1	90-190	260-900	180-240	15-25	25-50
袖珍椰子 (Chamaedorea)	2.5-3.5	0.1-0.3	1.6-2.8	1.0-2.5	0.2-0.8	50-300	50-250	25-200	6-50	25-60
吊蘭 (Chlorophytum)	1.5-2.5	0.1-0.3	3.5-5.0	1.0-2.0	0.3-1.0	50-200	50-200	20-200	8-100	20-50
黃椰子 (Chrysalidocarpus)	2.5-3.5	0.1-0.8	1.3-2.8	1.0-2.5	0.2-0.8	50-300	50-250	25-200	6-50	15-60
金星菊 (Chrysogonum virginianum)	1.8-2.1	0.1-0.4	3.8-5.2	1.2-1.5	0.3-0.5	65-271	118-151	24-33	4-20	61-174
變葉木 (Codiaeum variegatum)	2.2-5.5	0.2-0.6	2.5-5.5	0.9-2.5	0.4-0.8	50-200	25-315	20-150	5-50	16-75
咖啡 (Coffea)	2.5-3.5	0.2-0.3	2.0-3.0	0.5-1.0	0.3-0.5	-	-	-	-	-
朱蕉 (Cordyline terminalis)	1.8-3.5	0.3-1.0	0.9-4.7	0.8-1.7	0.2-0.5	19-112	20-110	44-131	3-12	9-32
大金雞菊 (Coreopsis grandiflora)	3.1-3.3	0.2-0.3	2.7-3.4	1.1-1.4	0.4-0.5	53-61	74-101	64-75	4-7	26-30

（續下頁）

植種	%					ppm				
	N	P	K	Ca	Mo	Fe	Mn	Zn	Cu	B
翡翠木（*Crassula ovata*）	1.1-2.1	0.3-0.4	1.4-2.7	1.5-2.6	0.3-0.9	41-45	127-142	45-50	5-11	20-31
鳥尾花（*Crossandra infundibuliformis*）	3.0-4.0	0.2-0.4	3.0-4.0	1.2-1.6	0.4-0.6	-	-	-	-	-
仙客來（*Cyclamen*）	2.9-5.0	0.4-1.0	1.2-4.5	0.3-1.3	0.4-1.3	150-550	100-500	30-100	5-20	70-350
蕙蘭（*Cymbidium cultivars*）	1.3-2.5	0.1-0.8	2.0-3.5	0.4-2.0	0.2-0.7	25-200	30-200	20-200	5-25	20-75
菊花（*Dendranthema*）	4.0-6.5	0.3-1.0	4.5-6.5	1.0-2.0	0.4-0.7	30-350	60-500	15-50	25-75	50-100
石竹（*Dianthus*）	3.2-5.2	0.2-0.3	2.5-6.0	1.0-2.0	0.2-0.5	100-300	50-150	25-75	10-30	30-100
荷包牡丹（*Dicentra eximia*）	3.7-5.3	0.6-0.7	2.2-3.2	0.3-0.7	0.1-0.4	74-79	891-1504	87-101	4-6	20-24
黛粉葉（*Dieffenbachia*）	3.3-5.0	0.2-0.8	2.5-5.5	1.0-2.5	0.2-0.8	60-300	50-300	20-201	8-50	20-50
密葉龍血樹（*Dracaena deremensis* 'Janet Craig'）	2.0-3.0	0.2-0.4	2.5-4.0	1.0-2.0	0.3-0.6	50-300	50-300	20-200	8-300	16-50
密葉龍血樹（*D. deremensis* 'Warneckii'）	2.0-3.0	0.2-0.4	2.5-4.0	1.0-2.0	0.3-0.6	50-300	50-300	20-200	8-300	16-50
香龍血樹（*D. fragrans* 'Massangeana'）	2.2-3.5	0.1-0.4	2.0-4.0	1.0-2.5	0.2-0.8	50-300	50-300	20-200	8-50	20-50
幸式龍血樹（*D. sanderiana*）	2.5-3.5	0.2-0.3	2.0-3.0	1.5-2.5	0.5-0.6	-	-	-	-	-
星點木（*D. surculosa*）	1.5-2.5	0.2-0.3	1.0-2.0	1.0-1.5	0.3-0.5	-	-	-	-	-
黃金葛（*Epipremnum*）	2.5-3.5	0.2-0.4	3.0-4.5	1.0-1.5	0.3-0.6	50-300	50-300	20-200	6-50	20-50
大戟科（*Euphorbia*）	4.0-6.0	0.3-0.6	1.5-3.5	0.7-1.8	0.3-1.0	100-300	60-300	25-60	2-10	25-75
大葉麒麟花（*E. milii var. splendens*）	2.0-4.0	0.2-1.0	1.5-4.0	1.0-2.5	0.2-1.0	50-200	25-200	20-200	10-50	25-100
紫芳草（*Exacum*）	3.8-5.3	0.3-0.7	2.3-3.4	0.5-0.8	0.4-0.7	55-155	70-165	25-85	5-75	25-60
垂榕（*Ficus benjamina*）	1.8-2.5	0.1-0.2	1.0-1.5	2.0-3.0	0.4-0.8	-	-	-	-	-
印度榕（*F. elastica*）	1.3-2.25	0.1-0.5	0.6-2.1	0.3-1.2	0.2-0.5	30-200	20-200	15-200	8-100	20-50
琴葉榕（*F. lyrata*）	1.3-2.8	0.1-0.5	0.6-3.1	0.3-2.0	0.2-0.8	30-200	20-200	15-200	8-25	20-50

（續下頁）

物種	%					ppm				
	N	P	K	Ca	Mg	Fe	Mn	Zn	Cu	B
觀葉植物（一般）〔Foliage plants (general)〕	1.5-3.5	0.2-0.4	1.0-4.0	0.5-2.0	0.3-0.8	31-300	50-150	16-50	6.20	25-100
小蒼蘭（Freesia）	2.7-5.6	0.4-1.2	3.1-5.9	0.4-1.0	0.3-1.8	80-115	30-540	40-110	5-130	30-100
吊鐘花（Fuchsia）	2.8-4.6	0.4-0.6	2.2-2.5	1.6-2.4	0.4-0.7	95-335	75-220	30-45	5-10	25-35
梔子花（Gardenia augusta）	1.5-3.0	0.1-0.4	1.0-3.0	0.5-1.3	0.3-1.0	60-250	50-250	20-150	5-40	25-70
非洲菊（Gerbera）	2.7-4.1	0.3-0.7	3.1-3.9	0.4-4.2	0.3-2.8	60-130	30-260	19-80	2-10	19-50
唐菖蒲（Gladiolus hybrids）	3.0-5.5	0.2-1.0	2.5-4.0	0.5-4.5	0.1-0.3	50-200	50-200	20-200	5-20	25-100
苦苣苔（Gloxinia）	3.3-3.8	0.3-0.5	4.5-5.0	1.5-2.2	0.4-0.5	70-150	95-170	20-35	5-20	30-35
擎天鳳梨（Guzmania lingulata）	1.9-2.2	0.1-0.5	2.9-3.5	0.5-1.0	0.2-0.4	55-115	45-85	10-25	4-15	30-250
紫絨藤（Gynura aurantiaca）	3.2-3.8	0.5-0.8	4.1-5.6	1.2-1.6	0.7-1.0	86-168	192-239	34-48	8-14	41-62
常春藤（Hedera helix）	2.5-4.5	0.2-0.9	1.5-4.5	1.0-2.0	0.2-0.7	50-375	50-200	20-100	5-25	20-50
向日葵（Helianthus annuus）	5.0-6.0	0.7-0.8	5.4-6.3	22-25	0.6-0.8	-	67-99	77-115	6-8	43-53
香水草（Heliotropium arborescens）	3.3-3.8	0.7-0.8	4.6-5.1	2.1-2.4	0.5-0.8	174-314	105-122	77-81	11-13	35-38
毛茛（Helleborus foetidus）	1.8-2.9	0.1-0.4	1.5-2.0	0.7-2.1	0.2-0.6	34-52	47-77	15-33	2-8	19-25
毛茛（H. hybrids）	1.7-3.0	0.2-0.4	2.5-3.1	0.7-2.6	0.2-0.4	31-41	34-103	16-31	1-3	15-20
萱草（Hemerocallis cultivars）	2.3-3.7	0.2-0.5	2.2-3.0	0.4-1.6	0.1-0.4	41-137	49-494	21-41	3-8	17-35
珊瑚鐘（Heuchera sanguinea）	1.2-1.5	0.1-0.3	1.0-1.3	1.4-2.3	0.2-0.3	30-53	13-26	15-32	1-4	21-39
大花芙蓉（Hibiscus）	2.5-3.0	0.2-1.0	1.5-3.0	1.0-2.0	0.2-1.0	50-200	40-200	20-200	6-200	25-100
玉簪（Hosta fortunei）	1.4-2.6	0.2-0.4	1.6-4.5	1.1-2.1	0.1-0.3	57-263	34-179	16-24	2-5	13-19
玉簪（H. lancifolia）	1.8-2.1	0.2-0.4	1.4-2.5	1.0-1.9	0.2-0.4	69-149	91-157	13-20	2-4	15-18
玉簪（H. plantaginea）	1.6-1.7	0.3-0.5	1.9-2.3	0.5-0.6	0.1-0.2	35-39	40-48	14-21	2-4	12-15
玉簪（H. sieboldii）	1.7-2.2	0.2-0.4	1.5-2.0	0.8-1.2	0.2-0.5	117-195	101-176	19-27	3-5	10-15

（續下頁）

物種	%					ppm				
	N	P	K	Ca	Mg	Fe	Mn	Zn	Cu	B
玉簪 (*H. undulata*)	1.3-3.5	0.2-0.4	1.5-3.3	0.4-1.9	0.2-0.5	62-350	40-441	11-30	2-10	12-17
繡球花 (*Hydrangea*)	2.0-3.8	0.3-2.5	2.5-6.3	0.8-1.5	0.2-0.4	85-115	100-345	50-105	5-10	20-25
八寶天景 (*Hylotelephium spectabile*)	0.8-4.1	0.3-0.7	1.3-3.3	1.4-2.7	0.2-0.7	58-69	63-99	47-119	6-10	19-27
八寶天景 (*H.* 'Autumn Joy')	1.7-2.5	0.3-0.5	1.8-3.0	2.7-3.1	0.4-0.5	33-201	51-94	51-94	6-9	24-31
屈曲花 (*Iberis sempervirens*)	3.0-3.7	0.4-0.5	3.2-4.5	0.9-1.1	0.3-0.6	98-424	60-113	118-194	6-10	32-41
非洲鳳仙花 (*Impatiens walleriana*)	3.9-5.3	0.6-0.8	1.8-3.5	2.8-3.3	0.6-0.8	405-885	50-490	65-70	10-15	45-105
新幾內亞鳳仙花 (*I. hawkeri*)	3.3-4.6	0.3-0.8	1.2-2.7	0.7-2.7	0.3-0.8	75-300	100-250	40-85	5-14	40-80
鳶尾 (*Iris ensata*)	1.3-3.6	0.3-0.6	2.3-5.0	0.6-2.0	0.2-0.4	27-48	228-501	37-59	2-9	26-36
鳶尾 (*I. tectorum*)	1.0-1.9	0.5-0.6	2.7-3.5	1.2-1.5	0.3-0.4	44-59	81-139	8-12	1-3	13-16
仙丹花 (*Ixora coccinea*)	1.8-3.0	0.1-1.0	1.0-2.5	0.8-2.0	0.2-1.0	65-250	20-200	20-200	10-50	25-100
茉莉花 (*Jasminum*)	2.0-4.0	0.1-0.5	1.3-2.5	0.7-1.5	0.2-1.0	50-200	40-200	20-200	10-50	25-75
長壽花 (*Kalanchoe*)	2.5-5.0	0.2-0.5	2.0-4.8	1.1-4.5	0.4-1.0	75-200	60-250	25-80	5-20	30-60
花葉野芝麻 (*Lamium galeobdolon*)	3.2-3.8	0.2-1.0	3.9-4.2	1.2-2.2	0.4-0.7	70-117	98-225	21-24	5-9	27-58
美葉火筒樹 (*Leea coccinea*)	2.2-3.3	0.2-0.6	1.5-2.8	0.6-2.0	0.2-0.8	30-300	20-200	10-100	8-30	15-50
麒麟菊 (*Liatris*)	2.7-3.3	0.2-0.3	1.2-2.3	1.1-1.5	0.4-0.5	200-230	160-180	85-95	-	20-35
百合 (*Lilium*)	2.4-4.0	0.1-0.7	2.0-5.0	0.2-4.0	0.3-2.0	100-250	50-250	30-70	5-25	20-25
星辰花 (*Limonium sinuatum*)	3.4-6.0	0.3-1.0	3.0-7.3	0.5-1.6	0.5-2.1	50-355	35-200	25-90	5-25	20-50
飄香藤 (*Mandevilla ×amabilis*)	1.9-3.0	0.2-0.5	2.0-4.0	0.8-1.5	0.2-0.5	50-200	25-200	20-200	8-40	25-75
竹芋 (*Maranta*)	2.0-3.0	0.2-0.5	3.0-5.5	0.6-1.5	0.2-1.0	50-300	50-200	20-200	8-50	25-50
電信蘭 (*Monstera*)	2.5-3.5	0.2-0.4	3.0-4.5	0.4-1.0	0.3-0.6	-	-	-	-	-
月橘 (*Murraya paniculata*)	2.0-3.0	0.2-0.5	1.7-3.5	0.8-1.5	0.2-0.4	60-350	50-250	25-200	7-50	25-50

（續下頁）

物種	%					ppm				
	N	P	K	Ca	Mg	Fe	Mn	Zn	Cu	B
波士頓腎蕨 (Nephrolepis exaltata)	2.1-3.0	0.3-0.7	1.6-3.8	0.4-2.5	0.3-1.0	25-300	25-200	30-65	5-35	20-70
酒瓶蘭 (Nolina recurvata)	1.5-2.1	0.1-0.5	1.7-3.0	0.5-2.0	0.2-0.5	40-200	25-200	25-75	3-25	12-35
文心蘭 (Oncidium cultivars)	1.5-2.1	0.2-0.6	2.2-4.0	0.7-1.1	0.3-0.5	15-65	240-775	20-110	3-65	10-25
林投 (Pandanus veitchii)	1.0-1.7	0.1-0.3	1.5-2.9	0.6-0.9	0.2-0.4	17-33	27-45	32-46	5-18	13-15
芭菲爾鞋蘭類 (Paphiopedilum cultivars)	2.2-3.5	0.2-0.7	2.0-3.5	0.8-2.0	0.2-0.8	50-200	50-200	25-200	5-20	25-75
鹿加魯天竺葵 (Pelargonium × domesticum)	3.0-3.2	0.3-0.6	1.1-3.1	1.2-2.6	0.3-0.9	120-225	115-475	35-50	5-10	15-45
天竺葵插穗 (P.× hortorum, cutting)	3.8-4.4	0.3-0.5	2.6-3.5	1.4-2.0	0.2-0.4	110-580	270-325	50-55	5-15	40-50
天竺葵種子 (P.× hortorum seed)	3.7-4.8	0.4-0.7	2.5-3.9	0.8-2.1	0.2-0.5	120-200	110-285	35-60	5-15	35-60
藤天竺葵 (P. peltatum)	3.4-4.4	0.4-0.7	2.8-4.7	0.9-1.4	0.2-0.6	115-270	40-175	10-45	5-15	30-100
西瓜皮椒草 (Peperomia argyreia)	2.9-3.8	0.8-0.9	3.3-5.3	0.6-0.8	0.3-0.8	63-64	202-275	14-41	5-12	23-25
皺葉椒草 (P. caperata)	3.3-3.4	0.5-0.9	2.7-6.0	0.6-0.9	0.5-1.0	40-55	153-160	31-66	5-12	25-42
椒草 (P. dahlstedtii)	2.1-3.6	0.7-1.4	3.6-5.2	0.8-1.1	0.8-1.0	93-171	217-310	38-107	6-14	44-48
圓葉椒草 (P. obtusifolia)	2.0-4.5	0.2-1.0	2.0-6.5	1.5-4.0	0.4-1.5	50-300	50-300	25-200	7-40	25-50
矮牽牛 (Petunia)	2.8-5.8	0.5-1.2	3.5-5.5	0.6-4.8	0.3-1.4	40-700	90-185	30-90	5-15	20-50
蝴蝶蘭 (Phalaenopsis cultivars)	2.0-3.5	0.2-0.8	3.9-7.1	1.5-2.8	0.4-1.1	75-200	100-250	20-200	5-25	25-75
蔓綠絨 (Philodendron)	2.5-4.5	0.3-0.5	2.0-3.8	1.0-2.5	0.2-0.6	60-200	40-200	26-100	8-100	20-50
錐花福祿考 (Phlox paniculata)	3.3-3.9	0.4-0.6	2.4-2.9	1.4-2.4	0.2-0.6	49-142	72-150	81-171	4-10	28-39
冷水花 (Pilea cadierei)	2.3-2.5	0.3-0.6	1.8-2.2	2.9-3.8	1.6-1.8	59-66	79-86	39-41	8-12	63-83
冷水花 (P. involucrata)	2.0-3.5	0.3-0.5	1.5-3.0	2.0-2.5	1.2-1.4	-	-	-	-	-
報春花 (Primula)	2.5-3.3	0.4-0.8	2.1-4.2	0.6-1.0	0.2-0.4	78-155	50-90	40-45	5-10	30-35
杜鵑 (Rhododendron)	2.0-3.0	0.2-0.5	1.0-1.6	0.5-1.6	0.2-0.5	50-300	60-150	26-60	5-15	31-100

（續下頁）

物種	%					ppm				
	N	P	K	Ca	Mg	Fe	Mn	Zn	Cu	B
玫瑰（Rosa）	3.5-4.5	0.2-0.3	2.0-2.5	1.0-1.5	0.2-0.4	70-120	80-120	20-40	7-15	40-60
麗莎蕨（Rumohra adiantiformis）	2.0-2.8	0.2-0.4	2.3-3.4	0.3-0.7	0.2-0.4	100-400	40-150	30-150	10-30	25-75
非洲堇（Saintpaulia）	2.2-2.7	0.2-0.9	1.5-6.0	0.6-1.7	0.7-1.1	70-320	35-490	20-80	5-30	30-200
鼠尾草（Salvia）	3.0-4.5	0.3-0.7	3.5-5.0	1.5-2.5	0.3-0.6	60-300	30-280	25-115	10-35	25-75
虎尾蘭（Sansevieria）	1.7-3.0	0.1-0.4	2.0-3.0	1.0-2.0	0.3-0.6	50-300	50-300	25-100	10-100	20-50
莔葉虎耳草（Saxifraga stolonifera）	2.0-3.7	0.6-1.2	2.1-2.7	1.7-3.7	0.4-0.7	74-177	19-34	33-108	3-10	14-19
鴨掌木（Schefflera (Brassaia)）	2.5-3.5	0.2-0.5	2.3-4.0	1.0-1.5	0.2-0.8	50-300	50-300	20-200	10-60	20-60
孔雀木（S. (Dizygotheca)）	2.0-2.5	0.4-0.3	1.5-2.5	0.5-1.0	0.2-0.3	-	-	-	-	-
蟹爪仙人掌（Schlumbergera）	2.7-3.7	0.5-0.9	6.2-7.0	0.7-0.9	1.6-2.2	105-110	35-130	50-65	10-15	65-70
大岩桐（Sinningia speciosa）	3.0-5.0	0.2-0.7	2.5-5.0	1.0-3.0	0.3-0.7	50-200	50-300	20-50	5-25	25-50
彩葉草（Solenostemon scutellarioides）	3.0-3.9	1.1-1.3	3.7-4.8	1.5-1.7	1.3-1.5	50-80	310-350	35-50	10-15	29-32
加拿大一枝黃花（Solidago）	2.7-3.6	0.3-0.5	3.8-4.7	0.9-1.2	0.3-0.4	190-210	115-282	25-68	-	24-30
白鶴芋（Spathiphyllum）	3.3-5.0	0.2-1.0	2.3-6.0	0.8-2.0	0.2-1.0	50-300	40-300	25-200	6-40	20-70
翅子草（Spigelia marilandica）	2.2-2.7	0.2-0.5	2.5-3.0	1.0-2.0	0.5-1.5	88-128	188-394	26-46	4-24	31-49
綿毛水蘇（Stachys byzantina）	2.4-5.5	0.3-0.4	2.3-3.4	0.4-0.7	0.2-0.3	108-139	88-271	37-42	2-6	14-26
天堂鳥蕉（Strelitzia reginae）	1.0-2.5	0.2-0.4	1.5-3.0	0.3-3.0	0.1-0.8	35-200	45-200	20-200	5-30	10-75
菫蘭（Streptocarpus）	2.0-3.5	0.1-0.7	4.8-5.5	1.2-1.9	0.3-0.5	90-260	130-300	85-130	15-20	55-65
可愛竹芋（Stromanthe amabilis）	2.5-3.0	0.2-0.5	3.0-4.0	0.1-0.2	0.3-0.5	-	-	-	-	-
豔錦竹芋（S. sanguinea）	2.0-2.2	0.5-1.2	3.2-3.8	0.3-0.5	0.3-0.5	50-59	169-282	23-33	4-6	16-21
合果芋（Syngonium）	2.5-3.5	0.2-0.3	3.0-4.5	0.4-1.0	0.3-0.6	-	-	-	-	-

（續下頁）

物種	%					ppm				
	N	P	K	Ca	Mg	Fe	Mn	Zn	Cu	B
孔雀草 (Tagetes patula)	3.3-3.6	0.5-0.6	2.8-2.9	2.4-2.7	1.3-1.4	90-115	275-560	75-100	20-25	35-40
丁香花 (Teucrium chamaedrys)	1.7-2.9	0.1-0.4	1.7-2.9	0.2-0.7	0.1-0.2	35-48	92-147	34-103	5-16	26-38
唐松草 (Thalictrum flavum ssp. glaucum)	3.1-4.3	0.4-0.9	2.2-3.2	0.7-1.6	0.2-0.3	38-54	37-48	48-81	4-8	25-31
百里香 (Thymus ×citriodorus)	2.7-3.1	0.2-0.4	2.3-3.6	0.4-0.9	0.3-0.4	73-134	38-204	50-72	9-12	19-26
百里香 (T. vulgaris)	2.4-2.6	0.2-0.3	2.1-3.2	0.5-1.3	0.2-0.4	85-118	38-98	68-99	6-9	17-28
夏堇 (Torenia fournieri)	5.1-5.3	0.5-0.6	2.4-2.9	1.3-1.5	0.9-1.0	150-190	320-350	120-130	10-15	40-50
怡心草 (Tripogandra multiflora)	3.7-4.1	0.7-0.8	3.9-4.4	0.9-1.0	0.4-0.5	126-145	142-251	44-64	12-15	29-35
美女櫻 (Verbena canadensis)	2.7-4.0	0.4-0.8	2.2-4.8	1.1-1.3	0.5-0.8	76-142	59-124	59-141	9-23	37-48
美女櫻 (V. ×hybrida)	3.6-5.8	0.8-1.2	2.8-4.7	1.6-2.5	0.7-1.6	60-110	55-295	65-130	5-15	45-50
美女櫻 (V. tenuisecta)	2.2-3.0	0.3-0.5	2.2-2.9	1.1-1.8	0.5-0.7	131-204	66-100	77-285	13-16	25-29
長葉婆婆納 (Veronica longifolia)	2.9-3.8	0.3-0.9	1.2-3.5	0.5-1.7	0.2-0.6	82-147	30-35	57-59	7	11-25
三色堇 (Viola ×wittrockiana)	2.5-4.5	0.3-1.0	2.5-5.0	0.6-3.0	0.3-0.8	30-300	25-300	20-100	5-40	20-80
象腳絲蘭 (Yucca elephantipes)	1.4-2.5	0.1-0.8	1.2-3.3	1.0-2.5	0.2-1.0	25-200	40-325	20-200	6-25	12-60
南美蘇鐵 (Zamia pumila)	0.7-1.9	0.1-0.2	0.4-1.4	0.3-0.5	0.2-0.3	43-97	38-104	20-61	3-5	20-55

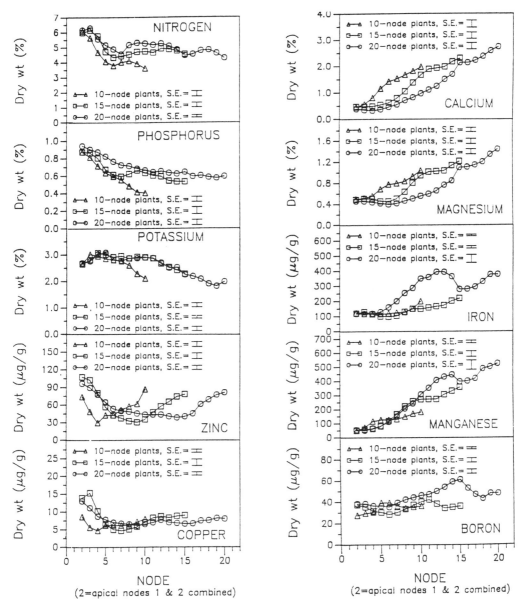

圖 6-7　節位對聖誕紅葉片養分濃度之影響。在植體內有三種養分離子濃度的分布規律：(1) 上位葉的氮、磷、鉀濃度高於下位葉；(2) 下位葉的鈣、鎂、鐵、錳及硼濃度高於上位葉；以及 (3) 銅及鋅濃度在上、下位葉濃度皆高，在中位葉的濃度較低（Dole and Wikins, 1991）。

解決養分問題（Correct Nutritional Problems）

缺乏（Deficiencies）

氮、磷、鉀的缺乏，透過提高 CLF 的頻率或澆灌特定的養分輕易解決。如果是 Ca 或 Mg 的缺乏，可以分別澆灌硝酸鈣及硫酸鎂。如果鈣缺乏與環境條件相關，可以藉由提高空氣流通增加蒸散速率或降低溼度改善。可以定期葉面噴施氯化鈣作為預防性的操作。雖然硫缺乏很少見，缺乏徵狀很容易地用澆灌任何含有硫酸的化合物如硫酸鎂或硫酸鉀改善。

微量元素的缺乏首先要檢測 pH，若有需要時調整 pH（請參閱本章 177 頁「pH」）。過高或低的 pH 經常造成微量元素缺乏。如果 pH 在可接受的範圍，可以施用水溶性的微量元素。如果只有一個微量元素缺乏，因為其他微量元素濃度可能也很低，還是可以施用完全的微量元素混合肥料。然而，如果在 2-4 個月之間已經施用過完全的微量元素混合肥，則要降低施用濃度。所以在發生缺乏徵狀時，需要施用特定的養分解決問題。切記微量元素通常不易淋洗，為了改善缺乏徵狀反而可能會導致毒害使問題更難以解決。

毒害（Toxicities）

巨量元素毒害的問題極少發生，通常會先發生可溶性鹽害。解決方法當然是以無添加肥料的清水淋洗（請參閱本章 181 頁「可溶性鹽類」）。最有可能是發生微量元素的毒害，也會產生類似高濃度可溶性鹽條件下的徵狀。定期監測介質的 EC 能幫助減少發生鹽害的可能性。

問題解決（Problem Solving）

養分的問題與蟲害、病害或其他非生物性逆境的徵狀相似，因此不易診斷。儘管時間寶貴，且栽培者通常希望能儘快解決問題，但相較於花時間邏輯性的分析並解決問題，匆忙地做了不好的決定會花上更多時間和金錢。另一個常見的反應是立即打電話求助。同樣的，在向外求助前，儘可能的收集資訊，能更有效的運用時間

與金錢。更多的資訊包括數位照片，提供給技術顧問更有可能得到正確的診斷及適當的建議。在有限的資訊下給出的建議，很有可能導致錯誤的結論，並延後問題的解決。

問題處理步驟（**Problem-solving Steps**）

下列步驟可以用來診斷並解決植物的問題。經驗豐富、具有問題排查能力的栽培者，通常也是直觀的運用相似步驟。

1. 描述問題

檢查植物的所有部位，包括葉片的下表皮、植物基部以及根部。做筆記或拍照紀錄，如果未來發生相似的問題，就會有紀錄幫助判斷是否為相同的問題。數位影像也可以提供給技術顧問協助他診斷問題。

A. 有多少植株受到影響？

B. 受影響的植物有固定的模式嗎？如品種、使用的介質、種植時間等等。

C. 徵狀是否有改變，若有的話，過程是如何？

2. 整理作物的歷史紀錄

做筆記紀錄，如果未來有相似的問題發生，舊的紀錄可能會幫助釐清發生原因，並提醒你如何解決問題。為什麼每一次都要重頭開始解決？

A. 有任何蟲或病害存在？

B. 最近有使用什麼藥品嗎？如果有請列出。

殺蟲劑？

植物生長調節劑？

介面活性劑？

除草劑？

鄰田是否有施用任何藥劑？

C. 環境條件如何？

D. 有極端的天氣變化嗎？

E. 附近有空氣汙染如臭氧嗎？

F. 加溫機有發生故障嗎？

G. 有在附近使用馬達設備（可能會產生乙烯）嗎？

H. 有改變任何正常的操作步驟嗎？

3. 數據收集

在現場取樣檢測或送檢。要記得將結果附上問題之描述及作物栽培歷史紀錄歸檔，以供未來參考。

A. 介質 pH 及 EC。

B. 水質分析。

C. 介質養分分析。

D. 植體分析。

4. 判斷問題發生原因

考慮所有可能；請參照表 6-5。去除明顯不適用的選項。選擇最有可能的選項並試著證明或推翻。如果能推翻第一個選擇，則回到表格裡選擇第二可能的選擇。重複步驟直到確定問題之肇因。

5. 採取行動！

問題解決之後，要決定現在要怎麼做，來預防問題再次發生。

表 6-5　花卉作物常見的問題及發生原因（Dole et al., 2001）

問題	可能原因
葉片萎凋	水分逆境
	根部或冠部腐敗
	高介質 EC
	病原造成維管束萎凋
	介質通氣性不佳
	病蟲密度高
	水分蒸散高於吸水（短暫的狀況，低光或涼溫後遇到到高光或暖溫）[a]
下位 / 老葉黃化或紅化	高介質 EC
	低介質 pH
	行株距過短
	鐵或錳毒害
	氮、磷（後期徵狀）、鉀及鎂缺乏

（續下頁）

問題	可能原因
	紅蜘蛛
	根部或冠部腐敗
	低光度 [a]
	乙烯傷害 [a]
	除草劑傷害 [a]
	根粉蚧 [a]
下位／老葉轉紫	低溫
	磷、氮或鋅缺乏
	根腐敗
	介質過溼
下位／老葉邊緣壞疽	介質 EC 高
	鐵、鎂或錳毒害
	鉀或磷缺乏
	乾旱逆境
下位／老葉向上或下捲	介質 EC 過高
	磷、鎂、鉀、硼或銅缺乏
	乙烯傷害
	乾旱逆境
下位／老葉過大	高氮（尤其是銨態氮）或高鉀
	生產溫度過高
	灌溉過多
上位／幼葉黃化	鐵、硫、鈣、錳（新成熟葉）、鋅或銅缺乏
	介質 pH 高
	根腐敗
	介質過溼
上位／幼葉出現壞疽斑點	鈣、銅或硼缺乏
	銨態氮毒害
	鈣、鋅或硼缺乏
上位／幼葉向上或下捲	薊馬或蟎類蟲害
	介質 EC 高 [a]
	光強度過高 [a]
上位／幼葉扭曲	薊馬
	鈣或硼缺乏

（續下頁）

問題	可能原因
	養分毒害
	蟎[a]
	乙烯傷害[a]
	殺草劑傷害[a]
葉片（全株植物）出現大片黃化或壞疽	光照過強
	硫、錳或鋅缺乏
	高溫
	水分逆境萎凋
	藥害
	乙烯傷害[a]
	殺草劑傷害[a]
葉片（全株植物）出現壞疽斑點	鉀、鈣、硫或鋅缺乏
	葉片疾病
	乾旱逆境
	藥害
	乙烯傷害[a]
	殺草劑傷害[a]
葉片（全株植物）出現環狀斑紋	病害（病毒、細菌、鏽斑真菌）
	藥害
整株植株停止生長	氮、磷、鉀、鈣或硼缺乏
	介質 EC 高
	介質 EC 低
	根腐敗
	介質通氣差
	施用過多生長調節劑
	生育溫度低
生長緩慢、植株狀況沒問題但長得慢	肥料養分缺乏／不足
	鈣缺乏
	高介質 EC
	根腐敗
	生產溫度過低
	施用過多生長調節劑
	穴盤苗過老、盤根

（續下頁）

問題	可能原因
節間過長	肥料過多，尤其是銨態氮
	生育溫度過高
	光強度低
	種植密度高
	穴盤苗過度生長
過多側芽生長（witches brooming）	硼或鋅缺乏
	病害
	施用 Florel（生長調節劑）
	殺草劑
	蟎 [a]
根部褐化／壞疽	根腐敗
	介質 EC 高
	磷、鐵、鈣或硼缺乏 [a]
	灌溉過多
	涼溫
	乾旱逆境
莖部／冠部出現病徵	介質 EC 高
	銅缺乏
開花不足	水分過多
	肥料過多，尤其是銨態氮
	磷、硼或銅缺乏
	不適當的開花處理（光週、光強度或低溫處理）
	施用 Florel（生長調節劑）
	過多或太晚施用生長調節劑
	乾旱逆境
	乙烯傷害 [a]
	植株處於幼年期 [a]
花芽褐化／枯萎	乙烯傷害
	生產溫度過高（特別是夜溫）
	施用 Florel（生長調節劑）
	植物毒害
	病害〔尤其是葡萄孢菌（*Botrytis*）〕
	乾旱逆境
	硼或鈣缺乏

（續下頁）

問題	可能原因
幼年開花	施肥過多
	慢性的乾旱逆境
	氮元素缺乏
	不適當的開花流程處理（光週、光強度或低溫處理）
	由帶有已分化或有花存在的植株材料繁殖
種子發芽率低	高介質 EC
	溫度過高或低
	不適當的光強度／種子埋太深
	老、無活性之種子
	發芽前之病害
	噴霧過少或過於頻繁
	介質通氣不足
插穗發根率低	高介質 EC
	溫度過高或低
	不適當的光強度
	植株的株齡不恰當
	病害
	噴霧過少或過於頻繁
	受蕈蠅幼蟲危害
採後壽命差	高介質 EC
	在生產週期最後，介質氮含量高（特別是銨）
	介質通氣不足
	水分不足
	介質養分含量低
	接觸乙烯

[a] 表示發生頻率較低或僅發生在少數作物上。

二氧化碳施肥（Carbon Dioxide Injection）

由於一些因子的限制，植物生長無法最佳化，例如水、光、溫度、養分以及二氧化碳不在最適範圍。其中一個因子在最佳的範圍時，植物的生長會增加，直到又

受到另一個因子的限制。最終所有因子都在最佳範圍時，植物的生長最佳。溫室中溫度及光線都充足，但溫室密閉保溫時 CO_2 會成為限制因子，基本上會發生在冬季。研究顯示，CO_2 濃度比大氣 CO_2 濃度（大約 360 ppm）高時，促進部分作物生長，植株重量、莖強度、莖長增加，栽培時間縮短。莖長的增加有可能是高日溫所導致，因為 CO_2 施肥時，栽培者傾向完全密閉溫室避免 CO_2 流失，並使得溫室的溫度高於無施加 CO_2 之溫室〔請參閱第 8 章「植物生長調節」263 頁「日夜溫差」（DIF）〕。

二氧化碳在白天光合作用以及涼溫下通風口關閉時施加。事實上，在封閉的環境中植物會降低周遭 CO_2 的濃度。CO_2 可由燃燒丙烷或天然氣產生，或使用液態、固態的 CO_2。當使用丙烷或天然氣產生 CO_2 時，氣體中的二氧化硫會對植物毒害，濃度要低，並且要定時檢查燃燒器，以確保效率及乾淨的燃燒。不完全的燃燒會產生乙烯以及一氧化碳，前者會造成植株受傷，更重要的是，後者會對人產生傷害。燃燒丙烷或天然氣所產生的熱可以在白天用來加熱水，以用來加溫溫室。此類型的設備通常僅對大型生產者具有成本效應。

監測 CO_2 的施加以確保維持適當的濃度十分重要。有許多可用的儀器，包含手持式的測量儀以及全自動與電腦連線的系統。

在操作 CO_2 施肥及監測系統之前，需要考慮經濟效益。縮短栽培時間以及提高植物品質所帶來的效益是否符合成本？是否因此偶爾需要使用植物生長抑制劑？基本上，對世界各地的高價值的作物，如玫瑰盆花進行 CO_2 施肥合併人工補光是合乎經濟效益的。

本章重點

· 如果使用排水良好的無土介質，更需要特別注意養分管理。
· 必要元素是植物完成生活史所需之元素，依植物基本使用的量分為兩類：巨量元素——N、P、K、Ca、Mg 及 S，以及微量元素——Fe、Mn、Zn、Cu、B、Mo、Ni 及 Cl。
· 通常氮是最重要的必要元素，經常是建議肥料施用量的依據。

- 氮的兩個型式對植物的生長十分重要：銨（NH_4^+）及硝酸（NO_3^-），兩者皆會影響介質的 pH 以及作物的生長。
- 肥料可以混入介質施用、在灌溉水中添加肥料（fertigation），或者併用兩種方式。
- 可將緩放肥混入介質，緩效肥有數種選擇，如緩慢溶解型、塑膠包膜肥料、尿素甲醛、熔結肥料或浸漬黏土。
- 水溶性肥料主要是依據預期的介質 pH 來選擇，一些肥料會降低而一些則會提高介質 pH。
- 濃縮的水溶性肥料母液可使用定比稀釋器與灌溉水混合。
- 介質 pH 會影響養分的有效性：高介質 pH 誘導微量元素的缺乏徵狀如 Fe，而低介質 pH 會誘導 Ca 及 Mg 的缺乏徵狀以及 Fe、Mn、Zn 和 Cu 的毒害。
- 有數種方法提高或降低介質 pH。
- 可溶性鹽以 EC 來表示，高 EC 會導致植物受傷。
- 高 EC 時要降低施肥頻率或進行淋洗。
- 栽培者要適切地使用 pH 及 EC 計，並進行水質、介質、植體分析以監測作物生長狀態。
- 介質樣本可以稀釋法、介質溶液淋洗置換法、擠壓法或飽和溶液萃取法以測量介質化學性質。
- 在密閉的溫室中二氧化碳不足會限制生長；可以在空氣中施加 CO_2。

參考文獻

Albano, J.P., and W.B. Miller. 1996. Iron deficiency stress influences physiology of iron acquisition in marigold (*Tagetes erecta* L.). *Journal of the American Society for Horticultural Science* 121: 438-441.

Argo, W.R., and J.A. Biernbaum. 1997. Lime, water source, and fertilizer nitrogen form affect medium pH and nitrogen accumulation and uptake. *HortScience* 32: 71-74.

Armitage, A.M. 1994. Growing on, pp. 43-94 in *Ornamental Bedding Plants*. CAB

International, Oxon, United Kingdom.

Armitage, A.M., and J.M. Laushman. 2003. *Specialty Cut Flowers*, 2nd ed. Timber Press, Portland, Oregon.

Bailey, D.A., P.V. Nelson, and W.C. Fonteno. 1997. Back to pH basics. *Greenhouse Grower* 15 (8): 21-22.

Bartok, J.W., Jr. 1997. Know fertigation options. *Greenhouse Management and Production* 17 (3): 46.

Biernbaum, J. 1997. Selecting blended water soluble fertilizers. *Greenhouse Product News* 7 (3): 23-25, 29.

Broschat, T.K. 1997. Release rates of controlled release and soluble magnesium fertilizers. *HortTechnology* 7: 58-62.

Cabrera, R.I. 1997. Comparative evaluation of nitrogen release patterns from controlled-release fertilizers by nitrogen leaching analysis. *HortScience* 32: 669-673.

Cavins, T.J., B.E. Whipker, W.C. Fonteno, and J.L. Gibson. 2001. Greenhouse substrate testing, pp. 31-36 in *Plant Root Zone Management*, B.E. Whipker, J.M. Dole, T.J. Cavins, J.L. Gibson, W.C. Fonteno, P.V. Nelson, D.S. Pitchay, and D.A. Bailey. North Carolina Flowers Growers' Association, Raleigh, North Carolina.

Chase, A.R., and R.T. Poole. 1987. Effect of fertilizer rate on growth of fibrous rooted begonia. *Florida Foliage* 13 (3): 4-5.

Cole, J.C., and J.M. Dole. 1997. Temperature and phosphorus source affect phosphorus retention by a pine bark-based container medium. *HortScience* 32: 236-240.

Compton, A.J., and P.V. Nelson. 1997. Timing is crucial for plug seedling substrate testing. *HortTechnology* 7: 63-68.

Dole, J.M., and H.F. Wilkins. 1988. University of Minnesota-Tissue analysis standards. *Minnesota State Florists Bulletin* 37 (6): 10-13.

Dole, J.M., and H.F. Wilkins. 1991. Relationship between nodal position and plant age on the nutrient composition of vegetative poinsettia leaves. *Journal of the American Society for Horticultural Science* 116: 248-252.

Dole, J.M., J.L. Gibson, B.E. Whipker, P.V. Nelson, T.J. Cavins, and W.C. Fonteno, 2001. Problem solving, pp. 44-47 in *Plant Root Zone Managment*, B.E. Whipker, J.M.

Dole, T.J. Cavins, J.L. Gibson, W.C. Fonteno, P.V. Nelson, D.S. Pitchay, and D.A. Bailey. North Carolina Flowers Growers' Association, Raleigh, North Carolina.

Griffith, L.P. Jr. 1998. *Tropical Foliage Plants*. Ball Publishing, Batavia, Illinois.

Hershey, D.R., and J.L. Paul. 1982. Leaching-losses of nitrogen from pot chrysanthemums with controlled-release or liquid fertilization. *Scientia Horticulturae* 17: 145-152.

Husby, C.E., A.X. Niemiera, J.R. Harris, and R.D. Wright. 2003. Influence of diurnal temperature on nutrient release patterns of three polymercoated fertilizers. *HortScience* 38: 387-389.

Joiner, J.N., C.A. Conover, and R.T. Poole. 1981. Nutrition and fertilization, pp. 229-268 in *Foliage Plant Production*, J.N. Joiner, editor. Prentice Hall, Englewood Cliffs, New Jersey.

Koch, G.M., and E.J. Holcomb. 1983. Utilization of recycled irrigation water on marigolds fertilized with osmocote and constant liquid fertilization. *Journal of the American Society for Horticultural Science* 108: 815-819.

Ku, C.S.M., and D.R. Hershey. 1997. Growth response, nutrient leaching, and mass balance for potted poinsettia. I. nitrogen. *Journal of the American Society for Horticultural Science* 122: 452-458.

Lang, H.J. 1996. Growing media testing and interpretation, pp. 123-139 in *Water, Media and Nutrition for Greenhouse Crops*, D.W. Reed, editor. Ball Publishing, Batavia, Illinois.

Lang, H.J., C.L. Rosenfield, and D.W. Reed. 1990. Response of *Ficus benjamina* and *Dracaena marginata* to iron stress. *Journal of the American Society for Horticultural Science* 115: 589-592.

Mancino, C.F., and J. Troll. 1990. Nitrate and ammonium leaching losses from N fertilizers applied to 'Penncross' creeping bentgrass. *HortScience* 25: 194-196.

Mills, H.A., and J.B. Jones, Jr. 1996. *Plant Analysis Handbook*. MicroMacro Publishing,

Athens, Georgia. Morvant, J.K., J.M. Dole, and E. Allen. 1997. Irrigation systems alter distribution of roots, soluble salts, nitrogen, and pH in the root medium. *HortTechnology* 7: 156-160.

Nelson, P.V. 1996. Macronutrient fertilizer programs, pp. 141-170 in *Water, Media and Nutrition for Greenhouse Crops*, D.W. Reed, editor. Ball Publishing, Batavia, Illinois.

Nelson, P.V. 2003. *Greenhouse Operation and Management*, 6th ed. Prentice Hall, Upper Saddle River, New Jersey.

Peterson, J.C. 1982a. Effects of pH upon nutrient availability in a commercial soilless root medium utilized for floral crop production, pp. 16-19 in *Ohio Agricultural Research and Development Center Research Bulletin 268*.

Peterson, J.C. 1982b. Monitoring and managing nutrition. IV. foliar analysis. *Ohio Florists Association Bulletin 632*.

Poole, R.T., A.R. Chase, and L.S. Osborne. 1991. *Dracaena. Foliage Plant Research Note RH-91-14*. Central Florida Research and Education Center, Apopka, Florida.

Scoggins, H.L., P.V. Nelson, and D.A. Bailey. 2000. Development of the press extraction method for plug substrate analysis: Effect of variable extraction force on pH, EC, and nutrient analysis. *HortTechnology* 10: 367-369.

Scoggins, H.L., D.A. Bailey, and P.V. Nelson. 2001. Development of the press extraction method for plug substrate analysis: Quantitative relationships between solution extraction techniques. *HortScience* 36: 918-921.

Scoggins, H.L., D.A. Bailey, and P.V. Nelson. 2002. Efficacy of the press extraction method for bedding plant plug nutrient monitoring. *HortScience* 37: 108-112.

Simpson, B., A.E. Einert, and H.L. Hileman. 1975. Effects of osmocote application method on soil and plant nutrient levels and flowering of potted chrysanthemums. *Florists Review* 156 (4032): 27, 28, 68, 69.

Spinks, D.O., and W.L. Pritchett. 1956. The downward movement of phosphorus in potting soils as measured by P32. *Proceedings of the Florida State Horticulture Society* 69: 385-388.

van Iersel, M.W., R.B. Beverly, P.A. Thomas, J.G. Latimer, and H.A. Mills. 1998a. Fertilizer effects on the growth of impatiens, petunia, salvia, and vinca plug seedlings. *HortScience* 33: 678-682.

van Iersel, M.W., P.A. Thomas, R.B. Beverly, J.G. Latimer, and H.A. Mills. 1998b. Nutrition affects preand posttransplant growth of impatiens and petunia plugs. *HortScience* 33: 1014-1018.

Whipker, B.E. 2001. pH and EC basics, pp. 4-5 in *Plant Root Zone Management*, B.E. Whipker, J.M. Dole, T.J. Cavins, J.L. Gibson, W.C. Fonteno, P.V. Nelson, D.S. Pitchay, and D.A. Bailey. North Carolina Flowers Growers' Association, Raleigh, North Carolina.

Whipker, B., and S. Dasoju. 1997. Success with pot sunflowers. *GrowerTalks* 51 (1): 81-82.

Williams, K.A., and P.V. Nelson. 1996. Modifying a soilless root medium with aluminum influences phosphorus retention and chrysanthemum growth. *HortScience* 31: 381-384.

Williams, K.A., and P.V. Nelson. 1997. Using precharged zeolite as a source of potassium and phosphate in a soilless container medium during potted chrysanthemum production. *Journal of the American Society for Horticultural Science* 122: 703-708.

Wright, R.D. 1986. The pour-through nutrient extraction procedure. *HortScience* 21: 227-228.

CHAPTER 7

介質
Media

前言

　　一位明智的栽培業者會投入相當多的心思及金錢去開發或選擇合適的介質。介質提供植物水分、營養以及支持，並且須具備足夠的氣體交換能力以滿足根系對氧氣的需求。許多栽培業者認為，在生產過程中主要的問題大多和栽培介質及植株根系有關，因此他們會在測試不同的介質後，挑選出最適合自己的栽培作物所使用的種類。更換介質時往往需要調整灌溉頻率及施肥方式，因此業者不應該大規模使用未經測試過的新介質。

物理性因子（Physical Factors）

　　將植株栽培於田間，和種植在容器中是截然不同的。在容器當中，植物可利用的水分及養分較為缺乏，介質的排水性也受到限制，因此栽培者必須定期為其補充水分及營養物質。然而，介質排水性會隨著容器愈淺而更加受限（圖 7-1），這個現象被稱為棲止地下水位。在容器當中，容器底部代表地下水位，當容器愈高，重力對於介質中水分的向下拉力愈大，而有較好的通氣量；而當容器高度愈低時，地下水位則愈接近介質表面。因此，高度非常低的容器例如穴盤，可能就無法充分地排水，無法使足夠的空氣進入介質當中供植物生長。任何低於 10 公分（4 吋）的

泥炭土：蛭石

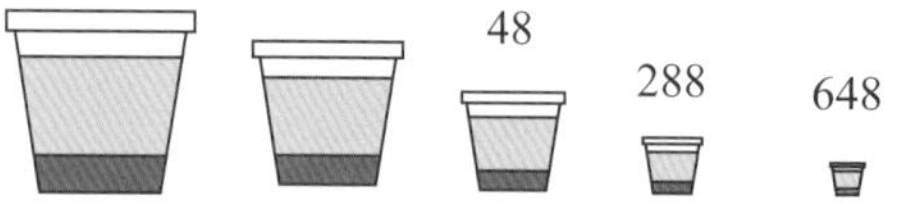

	6 吋	4 吋	48	288	648
空氣	20	13	8	3	0.5
水	67	74	79	84	86.5
固體	13	13	13	13	13

圖 7-1　盆器尺寸對泥炭蛭石混合介質保水率及通氣性之影響（Adams and Fonteno, 2003）。留意隨著容器高度降低，空氣百分比降低，而水分百分比提高。6 吋盆為 15 公分，4 吋為 10 公分。「48」為花壇植物育苗盤，「288」及「648」則代表穴盤。

容器，尤其是穴盤，應使用通氣性較佳的介質。使用具多孔隙特性的介質，有助於排水及促進足夠的空氣流通，以減緩介質排水性不佳的問題。

特性（Properties）

保水性及通氣性（Moisture Retention and Aeration）

介質必須提供根系水分以及空氣，其可透過微小的孔洞或是不同大小的孔隙來達成此兩項功能。總孔隙率即介質中所有的孔隙空間（圖 7-2）。當從土表進行灌溉時，水分會幾乎填滿所有的孔隙，灌溉後，原先充滿較大孔隙（大孔或非毛管孔）的水分會隨著重力從盆底排出，孔隙則會重新被空氣填滿，而較小的孔，例如微孔或毛管孔，則會保留住水分。當介質經過灌溉及排水後，仍維持在容器中的水量稱為容器容水量。而灌溉後保留在介質當中的水分還可細分為可利用與不可利用兩種型式（表 7-1），可利用的水分被介質顆粒鬆散地保留住，其可被植物根部吸收；而不可利用的水緊密地吸附在介質顆粒表面，無法被根部吸收。當所有的可利用水都被植物所吸收後，即達到永久萎凋點（請參閱第 5 章「水」）。

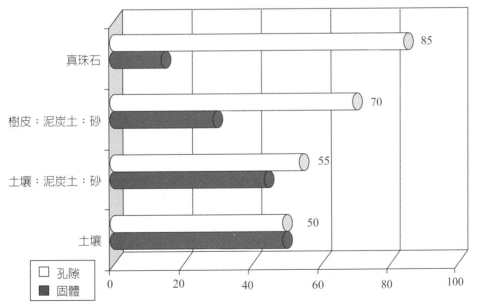

圖 7-2　不同介質組成之孔隙空間（Adams and Fonteno, 2003）。

表 7-1　盆器中介質填塞對介質水分及孔隙之影響。

泥炭土：蛭石	6吋（15公分）標準盆（%）	4吋（10公分）標準盆（%）	48格穴盤（%）
		填充、刷平介質	
可利用水	43	51	58
不可利用水	21	21	21
充氣孔隙度	23	15	9
		填充、盆底敲植床兩次	
可利用水	44	52	56
不可利用水	26	26	26
充氣孔隙度	15	9	4
		填充、壓實、再填充	
可利用水	45	49	52
不可利用水	30	30	30
充氣孔隙度	9	4	2

　　一個好的栽培介質具有適當毛管孔隙，以利根系的生長。同一介質在較矮的容器含有較多的水分，因此相較於較高的容器，其通氣性較差（圖 7-1）。應避免壓實容器中的介質，或是將已填滿介質的容器互相堆疊，因為這樣會減少空氣間隙並增加不可利用水的比例（表 7-1；圖 7-3）。頂部灌溉也經常隨著時間使介質逐漸被壓實，因而導致類似的通氣性問題。故要用適合栽培者的介質，不常進行灌溉的栽培者可以使用保水性較佳的介質；而經常灌溉的栽培者則需要使用排水性良好的介質。

　　另一項考量是水在介質中的移動，如果進行表面灌溉，水會隨著重力在介質中向下移動，並透過毛細作用來橫向移動。毛細作用包含了水分子與其他物質例如介質顆粒之間的附著力，以及水分子本身互相鍵結的內聚力。起初，水分子會與介質顆粒結合，而介質顆粒表層的水會再吸引其他的水分子，使水在介質中進一步地移動。若介質的孔隙率過大，則容易發生逕流，此時水分會在狹窄的通道中向下流動，而幾乎沒有橫向的移動。此現象會造成容器中的介質無法充分溼潤，因而限制植株生長，並使介質中過量的可溶性鹽類難以被淋洗出來。使用底部灌溉系統時，水分必須透過毛細作用來向上運輸，因此介質中水分的移動是一重要的考慮因素（請參閱第 5 章「水」）。

圖 7-3　適當地堆疊穴盤以避免壓實介質。（朱修煒攝影）

透過加入潤溼劑，可以提高乾燥介質的水分吸收率，其可以降低水的表面張力，使水分能夠附著於介質表面，而非形成水珠。對於難以吸水的介質像是乾燥泥炭苔或是樹皮，在第一次的灌溉使用潤溼劑對其水分吸收特別有效。若介質容易在未灌溉時變得非常乾燥，也可在作物銷售前使用潤溼劑，以增加介質在零售時或是家庭環境當中的保水性（Barrett, 1997）。然而，潤溼劑只能增加乾燥介質在灌溉後當下的保水量，一旦介質已經吸水溼潤後，潤溼劑就不會再增加其總保水性。潤溼劑通常會摻入預混介質當中，如果一間公司正在混合自己的介質，可以購買潤溼劑混入。使用時應遵循指示建議並先行測試，因為可能會對植株產生毒害。

陽離子交換能力（Cation Exchange Capacity）

部分介質帶有負電荷，能夠吸引介質溶液中的陽離子，如泥炭苔、蛭石和樹皮等。陽離子交換能力（cation exchang capacity, CEC）即為該介質中的電荷強度，表示其能吸附帶正電的養分離子的能力。當介質 CEC 愈強，能吸附愈多的養分離子。以無土介質來說，CEC 以單位體積來計算（meq/cm^3），且應該具備較高的

CEC 值使其足以爲植株保留養分。植物的大多數養分來源爲陽離子，包含銨根離子（NH_4^+）、鉀離子（K^+）、鈣離子（Ca^{2+}）、鎂離子（Mg^{2+}）、鋅離子（Zn^{2+}）、銅離子（Cu^{2+}）、錳離子（Mn^{2+}）及亞鐵離子（Fe^{2+}）。陰離子則爲帶負電荷之離子，包含 $H_2PO_4^-$、NO_3^-、SO_4^- 與 Cl^-，其中後兩者的供應通常較不會缺乏。一般來說，礦質土壤、泥炭苔和蛭石具有較高的 CEC，而較低 CEC 的介質包含眞珠石、發泡塑料（保麗龍）及沙。

pH 值

pH 值大大影響了植物根系對於養分的利用，並且爲介質溶液當中氫離子濃度的測量指標。在 1.0-14.0 的範圍內，pH 7.0 爲中性，高於 7.0 爲鹼性，低於 7.0 則爲酸性。雖然介質適宜的 pH 值會隨作物不同而有變化，但目前已有一般的建議範圍，無土介質的 pH 值應介於 5.4-6.0 之間，土壤介質（含 25% 以上土壤）之 pH 值合理範圍則爲 6.2-6.8。介質的 pH 值經常隨著肥料、灌溉水的鹼度和 pH 值而變化（請參閱第 5 章「水」）。如果灌溉水有較高的鹼度，栽培者可能會希望以建議範圍內較低的 pH 值之介質來栽種作物，使其 pH 值可以隨栽種過程緩慢地上升，而不會在作物成熟並出售前發生問題。反之，當灌溉水的鹼度和 pH 值較低，灌溉水已經過酸化處理，或是使用酸性肥料時，業者則會在可接受範圍內的介質 pH 值上限來進行栽培。

穩定性（Stability）

作物從盆植到採收、銷售、定植戶外或交到消費者手上的期間，其介質特性不斷地變化。因此介質在初期裝塡時可能具有較佳的特性，然而在生產或銷售後期則不然。介質的穩定性對於長期作物的生產特別重要，例如切葉、切花以及長期留在同一介質當中的母本。

介質不穩定的主要原因爲生物的降解作用，即有機物的自然分解。雖然所有有機成分最終都會被分解，但並非都以相同速率進行。介質中未使用新鮮鋸木屑的原因之一即爲其分解速度較快，容易改變介質結構（請參閱 217 頁「碳氮比」）。至於泥炭苔和樹皮的分解速度較爲緩慢，因而使介質能保有較長久的初始特性。

由於介質隨著時間產生物理性的壓縮，介質種類當中的蛭石也相對較不穩定。

澆水和根系生長造成的自然壓縮會導致蛭石的板狀結構崩解。因此蛭石顆粒會隨著時間失去優良的保水性及通氣性。在製備含有蛭石的介質時，應儘量減少過度的混合及擠壓。

總體密度（Bulk Density）

總體密度是指介質在相對體積當中的乾重。像是沙土就有較高的總體密度而真珠石則較低。部分介質例如泥炭苔在乾燥時非常輕，但是具有吸收大量水分並使重量大幅增加的特性。對大部分作物來說，通常會使用 160-480 g·L^{-3}（10-30 lb/ft^3）的較低總體密度之介質，以減少工人的勞累及運輸成本。此外，應儘可能選擇較輕巧的吊盆以減輕溫室床架的重量，在花壇植物的部分，也應選用較輕的介質，因為花壇植物傾倒的可能性很小。但在某些情況下，可能需要使用較高總體密度的介質來避免較高大的植物在生產或銷售過程中倒伏，例如部分觀葉植物、鐵砲百合、聖誕紅以及作為繁殖母本的植株。

碳氮比〔Carbon: Nitrogen (C:N) Ratio〕

所有含有有機質成分的介質都會因微生物的作用而分解，而在分解的過程中，氮素會被微生物所吸收。若大量的有機質在短時間內分解，此時介質中的氮素就會被消耗掉而無法被植物所利用。大部分含有機物的介質如泥炭苔，並不易快速分解，因此氮素的消耗非常小。有機質與氮的最佳比例為 30 lb 的碳：1 lb 的氮，木屑的碳氮比約為 1,000：1，並且會迅速腐敗導致氮素的大量消耗；樹皮也有較高的碳氮比，約為 300：1，但是分解速度較慢，通常在使用前會進行堆積熟成處理，在熟成的過程中，小顆粒有機質會迅速分解，留下較大且較不易快速分解的顆粒。因此氮的消耗也經常發生在熟成過程當中，而在經過適當處理後的樹皮將不會在作物生產期間消耗容器介質中的氮素。

介質組成（Media Components）

泥炭苔（Peat Moss）

泥炭苔來自沼澤、溼地中自然累積的有機物質，可以分為下列四種類型：

1. 水苔泥炭是各種泥炭蘚屬（*Sphagnum*）植物分解後的部分殘骸，為商業上主要使用的泥炭，其 pH 值範圍為 3.0-4.0，纖維含量為 66% 以上。它被認為是不含雜草、昆蟲及病原體的泥炭，可以抑制真菌的生長。在北美洲地區所使用的水苔泥炭大多從加拿大的沼澤地開採而來；而歐洲地區則主要使用來自愛沙尼亞、芬蘭及俄羅斯的泥炭苔，其他歐洲國家僅有少量供應。

2. 灰苔泥炭苔為各種灰蘚屬（*Hypnum*）物種分解後的部分殘骸，其 pH 值範圍為 5.0-7.0，至少含有 33% 的纖維素。

3. 蘆葦莎草泥炭是蘆葦和莎草分解後的部分殘骸，pH 值範圍為 4.0-7.5。

4. 泥炭腐植質是由完全分解的植物殘體所製成，其 pH 值範圍為 5.0-7.5，且通常含有較豐富的氮素及土壤。

最重要的泥炭類型為水苔泥炭，其他類型主要作為戶外用的土壤改良物質。我們也可以使用新鮮或是乾燥的水苔，但不應將其與水苔泥炭混淆。為了美觀，在裝飾吊籃或盆栽時，常用水苔來覆蓋介質，此時不是當作介質來使用。

購買水苔泥炭時應留意以下資訊，若是依重量來計價，應檢查其類型、分解程度、pH 值、顆粒大小及水分比例。泥炭苔的來源通常是穩定的，但也會隨著沼澤的年齡、位置以及採收方式的不同而有所改變。

保水性及通氣性：具良好的保水性及適度的通氣性。水苔泥炭可以吸收高達本身總體積 60% 的水，但如果一開始為乾燥的狀態則很難吸收水分。使用潤溼劑或溫水可以加速溼潤已呈乾燥的泥炭苔。

CEC：中至高，約 7-13 meq/100 cm^3。

pH 值：3.0-4.0。

穩定性：非常穩定。

總體密度：低，約 352 g・L^{-3}（22 lb/ft^3）（Nelson, 2003）。

碳氮比：泥炭苔約 50：1，但因其分解緩慢，因此不會明顯消耗介質中的氮素。

價格：適中。

樹皮（Bark）

可被利用的樹皮種類因地區而異，其中有兩種類型，分別為 pH 值 5.0-6.0 的軟木及 pH 7.0 的硬木。樹皮可以作為附生植物如蘭花的主要介質。購買時，應確認其顆粒大小、樹種和分解程度。樹皮因來源的不同而較泥炭苔具更高變異性，另外樹皮也具有抑菌的特性。

保水性及通氣性：在熟成處理後具適度的保水性和良好的通氣性。若使樹皮變得非常乾燥，則將難以吸水，使用潤溼劑或溫水，可使乾燥的樹皮加速溼潤。

CEC：在熟成處理後具較高的值。約 12+ meq/100 cm^3。

pH 值：軟木約 5.0-6.0；硬木大約 7.0。

穩定性：非常穩定。經初步的熟成處理後不會迅速分解。

總體密度：低至中，約 523 g·L^{-3}（32.7 lb/ft^3）（Nelson, 2003）。

碳氮比：高達 300：1。使用前應將樹皮進行堆積熟成處理或使其老化，可以 1.8 kg·m^{-3}（3 lb/yd^3）的比例添加氮素（通常為硝酸銨），在 4-6 週內進行快速的分解，並翻動一次。老化（aging）處理包含將樹皮堆放 3-12 個月，通常不添加氮素，並偶爾翻動。

價格：若未經過長途的運送，樹皮價格適中。需注意價格異常低廉的樹皮，其品質可能較差。

椰纖（Coir）

椰纖的外觀與泥炭苔相似，是椰子殼纖維加工業的副產品（Evans et al., 1996; Meerow, 1997）。在加工的過程中會將纖維及碎屑清除，接著進行熟成、分級、乾燥並壓縮。被壓縮的椰纖塊在使用前必須重新吸水。椰纖是相對較新穎的介質，其品質因來源而異（Konduru et al., 1999）。特別的是，椰纖可能具有相當高的可溶性鹽類、鈉、氯和鉀的含量。椰纖的碎屑不含雜草種子與病原菌，並且較乾燥的泥炭苔有更佳的吸水能力。

保水性及通氣性：優良。

CEC：低至中，約 3.9-8.4 meq/100 cm^3。

pH：4.5-6.9。

穩定性：優良。

總體密度：低，約 357 g · L^{-3}（22.3 lb/ft^3）（Nelson, 2003）。

碳氮比：中等，80：1，但分解速度緩慢。在較小顆粒開始分解時，可能會有少量氮素的消耗。

價格：高，由於運輸及膨脹處理之費用。

農作副產物（Selected Crop By-products）

多種相對較穩定的農作物副產品偶爾會作為介質使用，包括稻殼、可可豆種殼、花生殼及洋麻（Jacques et al., 2003）。可可豆種殼也經常被用作景觀鋪面，其通常由當地供應，否則平常較難取得。

保水性及通氣性：低至適中的保水性及優良的通氣性。

CEC：因類型而有所不同。

pH：變異較大，通常為 5.0-7.0。

穩定性：通常為穩定，但使用前可能需要進行巴斯德氏消毒。

總體密度：低。

碳氮比：高，但通常分解速率緩慢。若有較容易分解的小顆粒存在，可以使用類似樹皮最初的熟成處理。

價格：通常較低，取決於運輸距離。

土壤（Soil）

土壤中含有較低的有機物含量（1.5%），而其中農藥、除草劑與礦物質含量以及黏土、泥土和沙土的比例會有所不同。了解土壤的來源或是購自信用良好的供應商是很重要的。因土壤參差不齊的品質、高總體密度與較差的通氣性等因素，人們已逐漸減少土壤的使用，然而其高保水性、高微量元素含量及高 CEC 的特性，仍然能有效的減少水分及養分的流失。

保水性及通氣性：保水性優良，但通常通氣性差。

CEC：通常很高，高達 40 meq/100 cm^3。

pH：依土壤的來源而變化較大，需測試每一個新的來源。

穩定性：非常穩定。大多數土壤含有較低的有機物質，使其不易腐敗。在巴斯德氏消毒法過程中土壤並不會分解。

總體密度：高達 1,364 g·L^{-3}（85.3 lb/ft^3）（Nelson, 2003）。

碳氮比：低。實際上，若土壤中不含有有機物，可能就沒有碳元素的存在。

價格：如有自己的貨源，通常價格較低。但加上運費後，價格可能較昂貴。

蛭石（Vermiculite）

蛭石是由地底鋁—鐵—鎂矽酸鹽經加熱至 770°C（1,400°F）所製成。當礦石中細板狀層之間的水分蒸發後，會使礦石膨脹至原始體積的 15-20 倍，最後形成的顆粒結構類似於瓦楞紙板的細小堆疊狀，因而有優異的保水性。蛭石分為非洲（pH 9.3-9.7）及美國（pH 6.3-7.8）兩種來源。蛭石同時也是鈣、鎂和鉀元素的次要來源。蛭石可以依不同顆粒大小來購買，範圍從細至粗。較細等級的蛭石用於作物的繁殖，較粗的則用於裝填盆栽。

保水性及通氣性：優良。應避免與會堵塞蛭石孔隙的土壤一起使用。

CEC：高，10-16 meq/100 cm^3。

pH：非洲來源：9.3-9.7；美國來源：6.3-7.8。

穩定性：化學性質穩定且不帶菌，但其顆粒容易被壓縮，尤其是較潮溼時。應避免使用在長期栽培之作物上。另外，在製程時需避免過度處理，因為會破壞其結構。

總體密度：低至中，約 497 g·L^{-3}（31.1 lb/ft^3）（Nelson, 2003）。

碳氮比：0：0，沒有碳元素。

價格：高。

鍛燒黏土（Calcined Clay）

在 720°C（1,300°F）下鍛燒的黏土，會依照所使用的黏土類型而有所變化，但是通常都具多孔的性質。鍛燒黏土也用作貓砂、工業溢漏吸收劑及其他與花卉栽培較不相關的用途。

保水性及通氣性：優良。

CEC：通常高，但也可能低，範圍介於 3.4-11.8 meq/100 cm^3。

pH：在 4.5-9.0 之間變化，通常其 pH 值不受影響。

穩定性：非常穩定且不帶菌。

總體密度：中至高，約 480-640 g．L^{-3}（30-40 lb/ft^3）（Nelson, 2003）。

碳氮比：0：0，沒有碳元素。

價格：高。

真珠石（**Perlite**）

將鋁矽酸鹽石磨碎並加熱至 1,000°C（1,800°F）後，會形成白色的爆米花狀碎片。它的許多特性類似於沙，並且常用作沙的輕量化替代品。操作時建議戴上防塵口罩，因為混合真珠石時會產生大量的刺激性粉塵。真珠石已被錯誤報導其含有氟化物，但實際上使用於對氟化物敏感的作物是安全的（Nelson, 2003）。植株頂部灌溉時，真珠石很容易漂浮到介質表面，如果被沖洗出盆器外的話，則會造成汙染的問題。

保水性及通氣性：保水性低，但通氣性佳。

CEC：非常低，0.15 meq/100 cm^3。

pH：大約 7.5，但會受介質輕微的影響。

穩定性：非常穩定並且不帶菌。

總體密度：低，並且常在灌溉後漂浮到介質表面。約 333 g．L^{-3}（20.8 lb/ft^3）（Nelson, 2003）。

碳氮比：0：0，沒有碳元素。

價格：高。

岩棉（**Rockwool**）

岩棉是以 1,600°C（2,900°F）的溫度融化玄武岩、鋼鐵廠礦渣或其他礦物，並將其紡成類似絕緣玻璃纖維的細絲後所製成。大塊的矩形岩棉多用於水耕，而較小的立方體多用於繁殖（Sonneveld, 1991），更小塊的岩棉碎塊則被用作盆栽的介質。

保水性及通氣性：優良。

CEC：非常低，幾乎為 0。

pH：中性偏鹼，但是會受到介質 pH 值輕微的影響。

穩定性：非常穩定且不帶菌。

總體密度：低，約 264 g·L^{-3}（16.5 lb/ft^3）（Nelson, 2003）。

碳氮比：0：0，沒有碳元素。

價格：中等。

沙（Sand）

應使用混凝土等級的粗粒沙（0.5-2.0 mm），不建議使用可能含有鹽分之細沙、海灘沙及道路用沙。為獲得最佳的效果，沙子在使用前應進行清洗以去除黏土顆粒，並使用巴斯德氏消毒法。沙子曾經是介質中最常使用的成分之一，但由於真珠石與發泡塑料等輕量介質具有和沙相似的特性，沙的使用量因此下降。

保水性及通氣性：低保水性，通氣性低至適中。若要用沙子開發一新介質，務必先行測試，因為沙與其他介質（特別是細沙）混合使用時，會填滿介質中的孔隙，因而減少通氣性。

CEC：低，最高至 2 meq/100 cm^3。

pH：中性且不受其他物質影響。

穩定性：非常穩定。

總體密度：1,600-1,760 g·L^{-3}（100-110 lb/ft^3）（Nelson, 2003），為最重的介質成分。

碳氮比：0：0，沒有碳元素。

價格：低。

發泡塑料（保麗龍，Styrofoam）

發泡塑料（聚苯乙烯）是常用介質中最輕的。其小顆粒會隨著頂部灌溉而漂浮到介質表面，此現象會導致介質特性發生變化。另外，這些小顆粒會因藻類的生長而變綠，或是被沖洗及吹出容器外而令使用者困擾。因此，有關發泡塑料的使用可能具有法律上的限制。

保水性及通氣性：低保水性及良好通氣性。

CEC：幾乎為 0。

pH：中性且不受其他物質影響。

穩定性：非常穩定且不帶菌。

總體密度：非常低，$25 \, \mathrm{g \cdot L^{-3}}$（$1.6 \, \mathrm{lb/ft^3}$）（Nelson, 2003）。

碳氮比：$0:0$，沒有碳元素。

價格：低。

其他介質（Other Components）

部分有機或無機物質有時會被用於混合介質，除了樹皮之外，在木材加工過程中也可取得木屑及木塊，但因容易快速分解與高碳氮比（$400:1$）的特性，使其較不適用於栽培介質。兩者應在良好的熟成處理後再使用，此時其具有相似的特性，然而，因木塊體積較大，相較於木屑能在介質中保留較長時間。在取得木材加工產物時需留意樹種來源，因為像是核桃或美國肖楠，其木材對植物具有毒性。

介質中有機物質的第二種型式為各種堆肥產品，例如堆肥紙、稻稈、糞便、綠色廢棄物（來自草坪或植株修剪殘骸）、雞糞、庭園或是都市廢棄物、廢棄菇類太空包，以及蚯蚓糞肥（Burger et al., 1997; Chen et al., 1999; Cole and Newell, 1996; Geurtal et al., 1997; Hidalgo and Harkess, 2002）。這類堆肥產品的品質取決於其來源之物質。大部分堆肥產品在混入介質後會繼續分解，不會成為栽培介質中的主要成分，因此堆肥在栽培介質中的使用比例應低於 50%。堆肥產品通常具有良好的保水性、初始通氣性以及陽離子交換能力。堆肥紙較其他堆肥產品具較慢的分解速度，且具有調整介質的潛力（Cole and Newell, 1996）。早期經常使用糞肥，然而由於其會釋放過量的銨而無法進行巴斯德氏消毒法，因此不建議使用。部分堆肥產品在作為緩慢釋放的養分（尤其是微量元素）來源上可能更為有用。

許多無機物質，例如廢棄輪胎組件，也可用於栽培介質，並且與任何新介質一樣，在使用前需經過測試（Bowman et al., 1994; Evans and Harkess, 1997; Newman et al., 1997）。在開發具有新組成成分的介質時，應確保其可以長期使用。熔岩、火山渣與浮石可在部分地區購得（特別是加州），是良好的栽培介質（Wallach et al., 1992）。火山渣具有高總體密度，而浮石則較低，其可以取代真珠石。在一些情況下，會使用碾碎的電絕緣體或是塑料作為介質，雖然這些介質通常活性較低，但由

於其可能潛在汙染物，因此仍應先進行測試。而商業上溫室有時也會使用煤渣作為栽培介質。

吸水性聚合物或澱粉有時會被添加至介質中，可以減少灌溉次數以及延緩銷售時的萎凋。許多種類的吸水性材料皆可被使用，然而其有效性仍被強烈質疑。

混合介質（Combining Components）

將個別介質混合成具實用性的介質需經過一系列的決策。第一，栽培者必須決定是否要自行混合介質或是購買預混介質。雖然預混介質可能較為昂貴，但是購買個別介質所省下的資金可能也會因混合介質時所需的人力與設備成本而流失。目前市面上已有多種預混介質，且許多介質公司也會依客戶的規格需求來進行介質混合。除此之外，特定的預混介質供給數量也逐漸上升。較大規模的生產者通常在經濟條件合理的情況下自行混合介質，儘管預混介質的價格通常因購買數量的增加而下降（圖 7-4）。

圖 7-4　大包裝預混介質。（張耀乾攝影）

小型生產者通常需處理許多的工作項目，購買預混介質的成本雖高，卻較為便利。小型公司或是初期栽培者應對不同種類的預混介質進行測試，並使用最適合其管理方式的介質。無論管理規模多大，由於操作條件與成本的改變，應定期重新審視購買預混或個別介質的決定。

　　第二項考慮的層面是在單一公司使用不同介質種類的數量。以單一基底介質用於所有作物是最有效率的方法，但是同一介質並不一定適用於各種作物。在此種情況下，雖失去部分作物的品質，換來的是人力成本的降低。對於需要生產大量作物的小公司來說，可能只能選用單一介質來生產。若有使用多種介質的需求，可以透過限制介質的種類，並以相同的介質組成但是不同的配方，來開發出多種混合介質，提高其使用效率。另外，使用相似的的介質配方或僅替換少部分的介質組成，也可避免潛在的錯誤，並提高介質混合的效率。

　　自行混合的介質可使用實際的體積或比例來調配。前者方法為選取所需特定的介質包裝數量，以調配出精準體積的介質；後者則利用不同介質間相對的體積比例來進行調配，例如 3：1：1 的泥炭苔：真珠石：蛭石，而依照待填充盆器的多寡，可以增加或減少介質的調配數量，此法也可以簡單地進行不同介質間的比較。當栽培者指定介質的部分體積時，可結合上述兩方法。舉例來說，3：1：1 的比例亦可指 30 包的泥炭苔、10 包的真珠石以及 10 包的蛭石。而營養調節物質也可使用類似的方法來進行供給。

　　一般來說可將介質分為兩類：土壤介質（含有 25% 以上的土壤）及無土介質。儘管多數生產者使用混合的無土介質，仍有少部分栽培者使用土壤介質。

土壤介質（Soil-based Media）

　　一般來說，土壤介質具有跟土壤本身相似的特性，但是在添加如真珠石、蛭石、樹皮或聚苯乙烯等物質後，會使總體密度降低，通氣性增加。若一介質含有大於 25% 的土壤，則其會具有土壤的特性（Fonteno, 1996）。相較於無土介質，土壤介質的一個優點是較高的陽離子交換能力，其較高的保肥能力適合用於長期作物，如繁殖母本、地植切花，以及種植於戶外且經常受雨水淋洗的盆栽作物，像是多年生草花、菊花與觀葉植物。土壤同時也提供緩衝能力，以抵抗 pH 值的變化以及降

低微量元素缺乏的可能性。當然土壤介質極佳的保水性在部分情況下也可能對作物有不利的影響，像是對過度灌溉較敏感的作物，或是介質乾燥速度緩慢的時期，例如冬季或植株幼苗根系尚未健全時。此外，由於土壤介質具有較高的陽離子交換能力，較不易利用淋洗來減少土壤介質所累積的可溶性鹽類或微量元素。

無土介質（Soilless Media）

無土介質的高穩定性、良好通氣性、再現性及低總體密度，使其逐漸被生產者廣泛使用，其降低介質本身與植株的運輸及處理成本。然而無土介質的陽離子交換能力較土壤介質低，這意味著栽培者必須持續注意養分的供應，在栽培前或栽培期間應對無土介質施加微量元素。自土壤介質轉移到無土介質的過渡期會使施肥的頻率提高，並導致逕流與用水量增加。無土介質在乾燥時也難以吸收水分，因此大部分預混無土介質會添加潤溼劑以促進保水性，而潤溼劑也可添加在自行混合的介質當中。許多無土介質的總體密度低，這也意謂著在部分情況下，可能需添加較高總體密度的成分，例如沙或鍛燒黏土，以增加其重量。

介質製備（Media Preparation）

若要測試一新介質，或是只有少量盆栽的情況下，以徒手混合少量介質即可，將適量的介質鋪在乾淨的地面或植床上，並用乾淨的鏟子進行混合。肥料或其他添加物質應在混合前盡可能平均地分散在介質當中，以確保各添加物與介質充分地混合。許多栽培者或學校會使用容量約 28-170 公升（1-6 ft^3）的小型水泥攪拌機，相較於徒手混合，其可以生產更均勻的介質。

若要混合大量的介質，則可使用大型的水泥攪拌機，或是以商業生產的介質混合系統，而後者較普遍被使用，此系統通常包含與輸送帶相連的數個漏斗，而漏斗也包含研磨機，其功能為打碎較大包的泥炭苔，並以適當的速率將介質推到輸送帶上，接著進行混合或使其落入包裝區域或容器當中。混合系統通常可以將介質填入盆器或是平坦的填充機器，以提高效率，相反地，也可將盆器連接在輸送帶上，進行種植、插標籤以及第一次的灌溉，而輸送帶可以繼續進入到溫室，將植栽運送至栽培床架上。

在混合介質的過程中，可添加多種物質，含鈣石灰或白雲石灰的添加可以提高

泥炭基底介質的 pH 值，此外也可合併施用過磷酸鈣（含磷與硫）、緩效肥（氮、磷、鉀）、石膏（鈣和硫）及微量營養元素。大部分商業預混介質也包含潤溼劑，使其在種植後能迅速溼潤。

無論使用何種混合方式，最重要的是生產具一致性且均勻的介質，特別是用於每個植株空間僅含少量介質的穴盤或育苗盤。不均勻的介質會導致作物生長出現差異，將難以進行灌溉、施肥以及用於自動假植機等機器。然而，過度混合（例如旋轉式攪拌器）會破壞介質成分的結構並使通氣性降低，前置式裝載斗（曳引機）的使用，也會因車輪的壓實導致過多的介質損壞。

在介質混合前或混合期間應使其溼潤，以減少眞珠石或其他成分產生的粉塵，而使用潮溼的泥炭苔也有助於混合介質的溼潤。若介質過於乾燥，在種植及灌溉後會過度收縮（Adams and Fonteno, 2003）。在此情況下，應在種植前加入水分，而不是在栽培容器中添加更多的介質。此外，乾燥的介質也難以再度溼潤，並且需要多次灌溉使其達到水分飽和。對於盆器及吊籃，應在種植前將乾燥介質與水分以 1：1 的比例混合，達到 50% 溼潤；穴盤則需較高的溼度，將水分與乾燥介質以 2：1 之比例混合，以達到 67% 溼潤度較佳。另外也可以在介質填入容器或栽種時進行溼潤，以減少粉塵並將水分添加至介質當中。

容器中最佳的介質含量取決於經驗及個人喜好，過多的介質會使頂部灌溉所需的水分空間受到侷限，進而使灌溉時間拉長或次數增加以達到水分飽和。此外，也可能沒有足夠的空間來澆灌農藥或植物生長調節劑，因而導致其施用量不均。然而，若介質不足則會使植栽失水快速，且容易因重量太輕而使植栽傾倒。為維持適當的通氣性，應避免壓實容器中的介質或將容器互相堆疊，可將苗盤交錯擺放，並在堆疊前將盆器放入運送平臺上。

病原控制（Pathogen Control）

現今花卉作物生產所使用的介質不應含有病原、昆蟲及雜草。許多介質種類如眞珠石、蛭石、岩棉及鍛燒黏土，因製造過程中的高溫使其具有無菌的特性。其他介質如泥炭苔則非無菌介質，但被認爲僅含有少量的害蟲。泥炭苔酸性的特性、沼

澤地的厭氧環境以及偏遠的採收地區通常排除了植物病原體、昆蟲及雜草的生長，因此泥炭苔被認為是可直接使用的介質，而無需對其病原菌做任何進一步的處理。樹皮因經過老化與熟成的處理也可直接被利用，而椰纖的加工方式也使其可直接被使用而無蟲害問題。

　　泥炭苔、樹皮與椰纖似乎具有不同程度的天然抑菌特性，從沼澤表層收成的淺色泥炭苔可抑制病原體約 6-12 週（Dreistadt, 2001; M. Evans，私人通訊）。經過熟成處理的軟木樹皮可持續使用 5-6 個月，硬木樹皮則可長達兩年。這些成分可能含有有益的微生物，可與病原體競爭或是寄生於其中，而樹皮也會釋放具有抑菌作用之酚類物質。抑菌性通常受到許多物理性、化學性及生物性因子的影響，這些因素可能使其產生不同的結果（Dreistadt, 2001）。儘管介質經過適當的抑菌處理，在高度病原環境下仍可能不全然有效。

　　土壤及沙通常含有植物病原體、雜草種子與昆蟲，因此必須經過巴斯德氏消毒處理。若只有一到兩種介質成分需要消毒，那應在混合前進行處理。另外，即將更新植株的植床也需進行消毒，以消除前一輪作物所遺留下的病原、雜草或昆蟲。相較於移除、重製與汰換舊介質，將介質進行消毒處理是更簡易且更具經濟效益的一種方式。

巴斯德氏消毒法（巴氏消毒，Pasteurization）

　　溫室栽培中最常見的病原控制方法為將介質加熱至 60-65°C（140-150°F）約 30 分鐘，此巴氏消毒法可有效消除大部分的病原、昆蟲與線蟲，較可惜的是許多非病原的有益微生物也會一同被消滅。若需處理雜草種子，則應將介質加熱至 70-80°C（158-176°F）（Handreck and Black, 2002）。介質加熱方式包含電力或蒸氣處理，電力巴氏消毒的容器適用於少量的土壤或沙，大量的土壤、沙或地面植床則以直接式或通氣式的蒸氣消毒較符合經濟效益。儘管直接式蒸氣消毒較為快速，然而為了讓介質在 30 分鐘內達到 71°C（160°F），經常會有部分介質過熱至 100°C（212°F）的情形發生。通氣式蒸氣消毒將蒸氣與空氣混合至 60-71°C（140-160°F），此消毒方法更為穩定而不會有過熱的情形，也較節省能源。

　　無論使用何種蒸氣消毒，介質應維持約 25%-40% 的體積含水量，不應過溼。

由於消毒時水分也必須達到 71℃（160°F），因此水分過多的介質需較長時間進行巴氏消毒，且可能導致消毒不完全。然而，水分會促進熱能在介質中的傳導，因此介質也不應太過乾燥，除此之外，病原體與休眠中的雜草種子在乾燥環境下也更耐高溫。在巴氏消毒之前使介質溼潤並貯藏 4 小時至 2 週，會使雜草種子發芽，以及讓病原與線蟲的生長開始活躍，而此保溼和貯藏的程序對於雜草控制特別有幫助。蒸氣消毒也可透過稍微分解一些有機物質來改善介質結構，使介質顆粒間的鍵結增加而有較佳的孔隙度。

　　經過特別設計的推車，可藉由底部的孔洞使蒸氣上升進入介質當中（圖 7-5），頂部則以篷布遮蓋以防蒸氣溢出。若有需要，可將推車的一側水平放下，來作為放置盆栽的平臺。

　　地面植床中的介質應保持溼潤、疏鬆，且稍微隆起，使足夠的蒸氣能進入其中（圖 7-6），並沿著植床長度架設多孔管線來輸送蒸氣。接著在上方蓋上防水布並固定，使蒸氣保留在裡面。

　　蒸氣巴氏消毒的一大缺點為高成本，除了能源花費外，還包含了人力成本。另一個潛在的問題是錳與銨的毒害，若土壤含有大量無法被利用型式的錳，則會導致毒害問題，而蒸氣可將一部分的錳轉化為可利用的型式。進行巴氏消毒的溫度過高或時間過長，會導致錳含量過高，其對植物具有毒性，在 pH 值低於 6.0 的土壤介

圖 7-5　對介質進行蒸氣巴氏消毒，消毒箱若裝設於搬運車上則可成為移動式。（張耀乾攝影）

圖 7-6　於地面植床進行蒸氣巴氏消毒。（張耀乾攝影）

質中具有最高的錳含量，而提高 pH 值可暫時解決此問題。雖然也可使用淋洗的方式，但其較不適用於含有土壤的介質，甚至可能無效果。

　　由於巴氏消毒期間的 71°C（160°F）高溫殺死了將銨（NH_4^+）轉化為亞硝酸鹽（NO_2^-）與硝酸鹽（NO_3^{-2}）的微生物，使介質中的銨增加，產生毒害。若一介質中含有來自堆肥、尿素肥料或高度分解之泥炭苔的高含量銨鹽，在巴氏消毒過後，銨鹽含量可能迅速增加。最好的解決辦法是避免使用具高銨含量的介質，並在介質消毒後再加入含銨鹽的肥料。若仍出現問題，可將介質貯藏 3-6 週，使適量的微生物再生，而將介質 pH 值降低至 5.0，可使硝化菌的生長優於其他分解有機質的微生物，來強化此方法之效果。另外，添加高碳氮比的物質亦可促進微生物生長，並降低 NH_4 含量。

曝晒法（Solarization）

　　曝晒法為一緩慢但花費較低、且不需用到化學物質的方法。將溫室、田間植床或盆器中的介質進行沖洗、排水後，以 1.5-2 密耳（mil）的透明（非黑色）塑膠布將其緊密覆蓋（Dreistadt, 2001），此塑膠布可吸收熱量並提高介質溫度。此方法

適用於夏季或是陽光充足、氣候溫暖且戶外風較小的地區。塑膠布可覆蓋在介質上持續四至六週。如同巴氏消毒，介質在處理前應為溼潤而不過溼，並且未結塊，另外應確認塑膠布無洞並緊密包覆，以避免熱能散出，減低其效果。

對於田間及溫室植床，若塑膠布緊密覆蓋在土壤或介質表面，且表面無突出的植被、石頭與垃圾，則可使此方法達到最佳效果（Dreistadt, 2001）。在鋪上塑膠布前，耕耘深度可達 10 公分（4 吋）左右，而在曝晒處理後應避免耕耘深度超過 8 公分（3 吋），因為可能會將未被殺死的雜草種子往上帶。在溫室植床使用曝晒法特別有效，因為除了可達到較高的溫度外，也比較不受風的影響。

在關閉冷卻與通風系統後，可在整個溫室內進行曝晒法。此時應清潔玻璃窗、清除所有較容易處理的雜草，並在通道與床架下的地面灑水。另外需監控溫度，因為溫度過高可能會損害塑膠灌溉滴管。

含有介質的容器也可透過覆蓋透明塑膠布來進行曝晒法（Dreistadt, 2001）。可將容器或是深度 30 公分（12 吋）的疏鬆介質夾在地面上的一層塑膠布中，並摺疊塑膠布，將介質密封。使用間隔至少 1.3 公分（0.5 吋）的雙層塑膠布較為有效，其可使溫度較單層塑膠布高出 28°C（50°F）。曝晒法處理時需監控溫度，介質的所有部分應在 71°C（160°F）下維持 30 分鐘，效率較佳的曝晒法僅需一週即可達到該溫度。

曝晒法對於消滅昆蟲相當有效，並可控制大部分的真菌、雜草及部分線蟲（Dreistadt, 2001）。此法對於冬季一年生與多年生的雜草種子及幼苗最為有效，而對夏季一年生雜草效用最差。在田間處理時，熱能較無法進入土壤深處，使得其對於土層深處的多年生雜草與其他害蟲的效用受到限制。

殺菌劑（Fungicides）

在緊急的情況下，可以將未經巴氏消毒的介質浸入殺菌劑當中，以預防潛在的病害。然而，殺菌劑價格昂貴，且對於介質傳播的病害控制並非 100% 有效，因此長期來看，使用經過巴氏消毒或不含病原的介質較為實際且具經濟效益。

化學藥劑（Chemicals）

化學消毒劑被廣泛用於種植前清除戶外的雜草、昆蟲及病原，而其中溴化甲

烷氣體為最常見的化學藥品之一。在溫室方面，由於溴化甲烷對人類具有劇毒，因此其使用受到限制，且經消毒之介質需在種植前通氣 7-10 天。此外，部分作物像是康乃馨（*Dianthus caryophyllus*）對於溴化甲烷特別敏感。在環境與毒物學的考量上，目前逐漸限制溴化甲烷的使用，並且在全球市場上已計畫將其下架。氯化苦（三氯硝基甲烷）可作為溴化甲烷的替代物單獨施用，也可與溴化甲烷合併施用。此兩種化合物對於真菌、昆蟲、線蟲的防治相當有效，也可消滅部分雜草。其他化學藥品如碘化甲烷及疊氮化鈉於戶外的消毒程序仍在研究中，未來也可能應用於溫室當中（Chase, 2003）。

本章重點

· 一個明智的栽培者會投入相當多的心思及金錢去開發或選擇合適的介質。

· 栽培者不應使用未經測試過的介質，因為更換新介質時往往也需要調整灌溉頻率與施肥方式。

· 容器高度愈低，排水性愈差。高度非常低的容器例如穴盤，可能就無法充分地排水，無法讓足夠的空氣進入介質當中供植物生長。

· 介質成分應評估以下特性，包含保水性與通氣性、陽離子交換能力、pH 值、生物性與物理穩定性、總體密度、碳氮比及成本。

· 介質當中的微小孔洞或不同大小的孔隙使其可保留住水分與空氣。總孔隙率為介質中所有的孔隙空間，較大的孔隙（大孔或非毛管孔）在灌溉後會排出水分並重新被空氣填滿，較小的孔隙（微孔或毛管孔）則會保留住水分。

· 避免壓實容器中的介質，或是將含有介質之容器互相堆疊，因為這樣會減少空氣間隙，並使不可利用水的比例提高，導致生長勢不整齊。

· 栽培介質來自於各種介質組成分，包含泥炭苔、樹皮、椰纖、土壤、鍛燒黏土、蛭石、真珠石、發泡塑料、沙及岩棉。

· 其他各種有機和無機成分有時也會被用於混合介質，且任何新介質都應先進行測試。

· 栽培者必須決定是否自行混合介質或是購買預混介質。

・介質通常可分爲兩類：土壤介質（含有 25% 以上的土壤）及無土介質。

・在混合介質的過程中，可添加各種物質，包含pH值調節劑、營養元素及潤溼劑。

・在種植前應使介質適當的溼潤，以避免種植後過度收縮。

・現今花卉作物生產所使用的介質不應含有病原、昆蟲及雜草。許多介質成分如眞珠石、蛭石、岩棉及鍛燒黏土，由於製造過程時的高溫，使其具有無菌的特性。其他介質如泥炭苔、樹皮與椰纖則非無菌，但被認爲僅含有少量的害蟲。土壤及沙通常則含有植物病原、雜草種子與昆蟲，因此使用前有必要先進行處理。

參考文獻

Adams, R., and W. Fonteno. 2003. Media, pp. 19-27 in Ball Redbook, 17th ed. vol. 1. Ball Publishing, Batavia, Illinois.

Barrett, J. 1997. Wetting agents, do they provide benefits after the first irrigation? *Greenhouse Product News* 7(10): 26-28.

Bowman, D.C., R.Y. Evans, and L.L. Dodge. 1994. Growth of chrysanthemum with ground automobile tires used as a container soil amendment. *HortScience* 29: 774-776.

Burger, D.W., T.K. Hartz, and G.W. Forister. 1997. Composted green waste as a container medium amendment for the production of ornamental plants. *HortScience* 32: 57-60.

Chase, A.R. 2003. Methyl bromide alternatives. *Greenhouse Product News* 13(7): 44-46.

Chen, J., C.A. Robinson, R.D. Caldwell, and D.B. McConnell. 1999. Waste composts as components of container substrates for rooting foliage plant cuttings. *Proceedings of the Florida State Horticulture Society* 112: 272-274.

Cole, J.C., and L. Newell. 1996. Recycled paper influences container substrate physical properties, leachate mineral content, and growth of rose of Sharon and *Forsythia*. *HortTechnology* 6: 79-83.

Dreistadt, S.H. 2001. *Integrated Pest Management for Floriculture and Nurseries*. University of California Division of Agriculture and Natural Resources Publication 3402.

Evans, M.R., and R.L. Harkess. 1997. Growth of *Pelargonium* ×*hortorum* and *Euphorbia pulcherrima* in rubber-containing substrates. *HortScience* 32: 874-877.

Evans, M.R., S. Konduru, and R.H. Stamps. 1996. Source variation in physical and chemical properties of coconut coir dust. *HortScience* 31: 965-967.

Fonteno, W.C. 1996. Growing media: Types and physical/chemical properties, pp. 93-122 in *Water, Media, and Nutrition for Greenhouse Crops*, D.W. Reed, editor. Ball Publishing, Batavia, Illinois.

Geurtal, E.A., B.K. Behe, and J.M. Kemble. 1997. Composted poultry litter as potting media does not affect transplant nitrogen content or final crop yield. *HortTechnology* 7: 142-145.

Handreck, K., and N. Black. 2002. *Growing Media for Ornamental Plants and Turf*, 3rd ed. University of New South Wales Press, Sydney, Australia.

Hidalgo, P.R., and R.L. Harkess. 2002. Earthworm castings as a substrate for poinsettia production. *HortScience* 37: 304-308.

Jacques, D.J., N. Morgan, M. Thomas, R. Walden, and R. Vetanovetz. 2003. Regional components could meet your growing media needs. *Greenhouse Management and Production* 23(9): 28-30, 32-34, 36.

Konduru, S., M. Evans, and R.H. Stamps. 1999. Coconut husk and processing effects on chemical and physical properties of coconut coir dust. *HortScience* 34: 88-90.

Meerow, A.W. 1997. Coir dust, a viable alternative to peat moss. *Greenhouse Product News* 7(1): 17-21.

Nelson, P.V. 2003. Root substrate, pp. 197-236 in *Greenhouse Operation and Management*, 6th ed. Prentice Hall, Upper Saddle River, New Jersey.

Newman, S.E., K.L. Panter, M.J. Roll, and R.O. Miller. 1997. Growth and nutrition of geraniums grown in media developed from waste tire components. *HortScience* 32: 674-676.

Sonneveld, C. 1991. Rockwool as a substrate for greenhouse crops, pp. 285-312 in *High-Tech and Micropropagation I*, Y.P.S. Bajaj, editor, *Biotechnology in Agriculture and*

Forestry, Vol. 17. Springer-Verlag, Berlin.

Wallach, R., F.F. da Silva, and Y. Chen. 1992. Hydraulic characteristics of tuff (scoria) used as a container medium. *Journal of the American Society for Horticultural Science* 117: 415-421.

CHAPTER 8

植物生長調節
Plant Growth Regulation

前言

　　任何可以抑制節間伸長或加速發根等改變植物特定生長反應的化學操作處理，即可稱之為植物生長調節。植物生長調節化學藥劑處理，通常藉由改變植物內生生長調節劑（即植物荷爾蒙）濃度而影響植物生長，而天然合成的植物荷爾蒙可以直接影響植物生長。若要了解生長調節，需要先了解五大類植物荷爾蒙。

內生植物生長調節劑／植物荷爾蒙（Endogenous Plant Growth Regulators/Plant Hormones）

生長素（Auxins）

　　生長素參與植物受外界刺激（例如光及重力等）之反應，包括：發根、腋芽生長、枝梢伸長及形態發育改變等。植物體中最常見的生長素化合物為吲哚乙酸（indole-3-acetic acid, IAA）。商業生產上，生長素在扦插繁殖時及組織培養中促進發根極為重要。

激勃素（Gibberellins）

　　激勃素（GA）參與枝梢伸長、花芽發育及種子發芽。植體中有許多種天然合成的激勃素，以數字下標方式（如 GA_3）表示不同的激勃素，其中 GA_3、GA_4 及 GA_7 是商業生產中最常見者。有些激勃素僅在特定物種的特定時期有效果。激勃素最常見用於促進莖部抽長（stem elongation）及誘導花芽發育。抗激勃素之物質（anti-GA compounds）則常用於矮化並控制株高。

細胞分裂素（Cytokinins）

　　細胞分裂素與分枝、細胞分裂及幼年性有關。雖然細胞分裂素最常用於組織培養中，但有時也應用於促進側枝萌發及延遲採後之葉片老化。

乙烯（Ethylene）

　　乙烯參與老化、分枝、開花及後熟等過程，是唯一以氣體存在的植物荷爾蒙。

乙烯或可產生乙烯之化合物，在商業生產上常用於控制株高、分枝、使葉片或花朵脫落、誘導或抑制開花。抗乙烯物質已經廣泛應用於延長採後壽命，延後花朵、花瓣及葉片老化（請參閱第 10 章「採後處理」）。

離層酸／脫落酸（Abscisic Acid）

離層酸促進老化並調節葉片合成之光合產物運移。目前商業花卉栽培甚少應用離層酸。

植物生長調節（Plant Growth Regulation）

扦插繁殖時根的發育（Root Development During Cutting Propagation）

施用生長素可以促使插穗快速且整齊的發根。天然合成的 IAA 雖可使用，但該化合物不穩定易降解。人工合成的生長素類，如吲哚丁酸（indole-3-butyric acid, IBA）及萘乙酸（naphthalene acetic acid, NAA），具有比 IAA 效果持久且較穩定等優點。而後來證實 IBA 也有可能於植體中天然合成。市面上有許多含不同生長素種類及濃度的發根粉劑或液劑可供選用。例如，Hormex® #1 發根粉係滑石粉（talcum powder）中含有 0.1% IBA，可供大部分溫室花卉作物使用。Hormex® #2 發根粉則含有 0.3% IBA。而 Hormex® #3 發根粉則含有 0.8% IBA。其他含更高 IBA 濃度的商品，多半用於木本植物。其他商品如 Hormodin® 也含有 IBA。其他的商業促進發根產品可能含有不只一種生長素，甚至含有細胞分裂素、殺眞菌劑及其他化學物質。例如：Rootone® 即含有常見的細胞分裂素 benzyladenine（BA）、NAA、殺眞菌劑及其他化學物質。發根劑對於會自然發根但發根速度慢的物種最爲有效，而對於發根速度很快的花卉種類則效果較不明顯。

反覆將插穗沾取同一容器中的發根粉劑或液劑，容易造成病原體在插穗間傳播。如要避免交互感染，可用散布器施用發根粉劑。

組織培養（Tissue Culture）

組織培養過程中會使用到數種天然或人工合成的生長調節劑。組織培養即以離體（in vitro）無菌（aseptically）方式繁殖植物（Hartmann et. al., 1997）。生長調節

劑中，主要是生長素、細胞分裂素及激勃素之濃度及相對比例，會決定組織培養時培植體長根或長芽之生長及分化。

種子發芽（Seed Germination）

激勃素（200-1,000 ppm gibberellins）、細胞分裂素（100 ppm kinetin）及乙烯（ethylene）都可應用於促進種子發芽。生長調節劑使用之濃度及種類會因花卉種類及種子大小而異。

莖部伸長（Stem Elongation）

施用激勃素促進莖部伸長，以生產單幹樹型（topiary forms）之聖誕紅（*Euphorbia pulcherrima*）、天竺葵（*Pelargonium*）及吊鐘花（*Fuchsia*）。以激勃素處理的莖可能軟弱，因此需要支架維持避免斷裂。以天竺葵為例，每週噴施一次250 ppm GA_3，連續 3-5 週，可使莖部伸長（Whealy, 1993）。激勃素也可以有限度地減緩因施用矮化劑過度的矮化效果。

化學生長抑制（Chemical Growth Retardation）

矮化劑（growth retardants）是花卉生產中最常使用、極為重要的生長調節劑。大部分花卉作物的生長會有三個階段，即：1. 初始緩慢生長期，多半是剛開始繁殖或摘心後；2. 快速營養生長及枝梢抽長期；3. 最終緩慢生殖生長期，花芽逐漸發育（圖 8-1）。於快速生長階段前或期間施用矮化劑，才能最有效地減少節間抽長。矮化劑不可能在植物已經完全生長後再使之縮小，太晚使用矮化劑對於控制最終株高之效果有限。生長數據追蹤株高變化（graphical tracking）可以幫助決定是否需要使用矮化劑、使用的時機及使用次數。有時多次噴施矮化劑是必要的。

矮化劑處理可以使植株較為矮壯、有加粗的莖及深綠色葉片。此種特性有利於植株忍受運輸及採後逆境。有些矮化劑甚至可以使西洋杜鵑花（*Rhododendron*）花序之花朵數增加，也可以使種子系天竺葵（*Pelargonium* ×*hortorum*）提早形成花芽。以下列舉數種矮化劑：

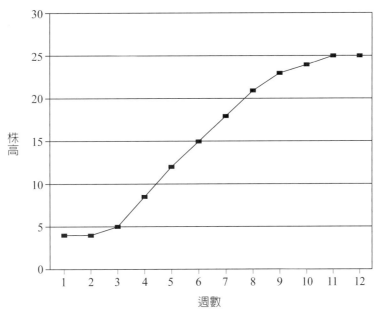

圖 8-1　許多花卉作物之典型三段式生長模式。

亞拉生長素（**B-Nine, Daminozide**）[1]

　　亞拉生長素是最常用的矮化劑（Norcini et al., 1996），常用濃度為 1,250-5,000 ppm，噴施於菊花（*Dendranthema* ×*grandiflorum*）、鳥尾花（*Crossandra infundibuliformis*）、紫芳草（*Exacum affine*）、梔子花（*Gardenia augusta*）、繡球花（*Hydrangea macrophylla*）、長壽花（*Kalanchoe blossfeldiana*）、矮牽牛（*Petunia* ×*hybrida*）及其他數種花卉作物。例如，菊花可在摘心後 1-2 週、萌生腋芽約 2.5-5 公分時噴施。粒狀的亞拉生長素只要密封且乾燥，可以貯藏至少 2 年（Hammer, 2001）。

　　亞拉生長素以土壤灌施方式無效，主要是由葉片漸漸吸收後運移至全株。最有效的使用方式是維持葉片溼潤 8-12 小時（Styer, 1997）。此段期間應避免自頂部噴水，以免藥劑自葉面淋洗流失。亞拉生長素在溫暖條件處理之效果較差。此外，因亞拉生長素以土壤灌施效果不佳，故葉片噴施過多而進入介質中亦無額外的矮化

---

[1]　譯註：亞拉生長素因具致腫瘤風險，在臺灣已於 1989 年禁止製造，1990 年禁止販售。在美國，則於 1990 年起僅能用於觀賞作物。

效果。但也因此，亞拉生長素較不易發生因定植後淋洗而使土壤有長期殘存之效果（Latimer and Oetting, 1998）。

克美素或矮壯素（Cycocel, Chlormequat）

克美素或稱矮壯素，一般以 200-5,000 ppm 濃度噴施，又以 1,000-1,500 ppm 最常用於秋海棠、天竺葵、朱槿（*Hibiscus rosa-sinensis*）、聖誕紅及其他花卉作物。克美素也可以 2,000-4,000 ppm 灌施於介質，但相較於其他灌施矮化劑效果略差。以聖誕紅爲例，多半在摘心後 2 週、側芽約 4 公分長時噴施克美素。克美素液劑在一般環境下可以貯藏至少 2 年（Hammer, 2001）。

因爲葉片吸收藥劑緩慢，所以保持葉片溼潤 8-12 小時可使克美素有最佳效果（Styer, 1997）。此段期間不可噴水以免藥劑因淋洗而流失。克美素在溫暖環境處理效果較差（Barrett, 2001）。克美素施用濃度高於 1,500 ppm 時，3-5 天內可見藥害產生，徵狀爲出現黃色或淺綠色的斑塊、斑點或環紋。要避免藥害發生，可以稀釋爲一半的推薦濃度，分爲兩次且間隔 3-4 天施用。降低克美素施用濃度不會減少控制初期株高效果，但植株在低濃度施用後較快回復原先之節間長（Fisher et al., 1996）。

克美素可以與亞拉生長素混合使用，產生協同效果，意即其效果比兩者單一施用更佳。混合使用多半是爲了在溫暖條件下更能有效控制株高，亦可以避免過高濃度之克美素造成藥害。混合藥劑仍然不適合土壤或介質灌施，因此葉片過度噴施流入介質之藥劑，亦無法達到額外的矮化效果。

A-Rest (Ancymidol)

A-Rest 可以葉面噴施，亦可介質灌施。葉面噴施濃度多爲 25-50 ppm，可應用於鐵砲百合（*Lilium longiflorum*）、雜交百合、小蒼蘭（*Freesia* ×*hybrida*）、鬱金香（*Tulipa gesneriana*）及其他盆花作物。穴盤苗則施用 3-15 ppm。介質或土壤灌施則建議每 15 公分直徑盆施予 0.15-0.5 毫克有效成分[2]。以鐵砲百合爲例，在花芽

2　譯註：有效成分（active ingrdients, AI）即藥劑中的有效成分；有些矮化劑產品中會含有不同的生長抑制劑成分，特定作物可能需要特定的矮化劑成分達成目標，因此先理解該產品中的有效成分及含量，才能有效使用矮化劑產品。不同的有效成分在相對活性、使用難易度、吸收部位等都有差異。

創始後、株高約10-15公分時，每15公分直徑盆灌施0.25-0.5毫克有效成分。A-Rest為液劑，在一般環境下可貯藏至少3年（Hammer, 2001）。

葉面吸收A-Rest速度較快，亦能迅速運移至全株（Styer, 1997）。因此施用約五分鐘後即可再頂部澆水（Barrett, 2001），但這也意味著誤用A-Rest濃度會很難挽救。A-Rest施用於以樹皮為介質者效果較差（Barrett, 1982）。此外，對潮汐灌溉生產之植株，使用A-Rest應特別小心，因為噴施本身、葉面淋洗及介質淋洗，都有可能讓A-Rest殘存在床架或地面，進而造成非預期的矮化（Million et al., 1999）。

巴克素〔多效唑（**Bonzi, Paclobutrazol, Piccolo**）〕及單克素〔烯效唑（**Sumagic, Uniconazole**）〕

巴克素〔或稱多效唑（bonzi）〕和單克素〔或稱烯效唑（sumagic）〕皆可以介質灌施或葉面噴施。巴克素類商品可以1-90 ppm濃度，噴施於迷你玫瑰（*Rosa*）、彩色海芋（*Zantedeschia*）、小蒼蘭、雜交百合及其他花卉作物。單克素在相同濃度下，較巴克素更為有效，一般以1-50 ppm濃度使用。以菊花為例，以31-125 ppm噴施或1-4 ppm灌施巴克素（Higgins, 2001）；而單克素僅需2.5-10 ppm噴施或0.1-1 ppm灌施，即達控制株高之效。

巴克素及單克素溶液必須與莖或根接觸，因為其無法經由葉片運移至莖頂（Barrett et al., 1994）。但是這些藥劑一旦進入植體中，則會快速運移至全株（Styer, 1997），因此施用五分鐘後即可頂部澆水（Barrett, 2001），故誤用過高濃度後很難挽救。巴克素及單克素施用在以樹皮為介質栽培者效果較差（Barrett, 1982）。巴克素及單克素在使用時都應特別小心，一旦濃度過高，植株可能很久都無法脫離矮化劑效果。因為使用濃度低，秤量、混合及施用等每一步驟都要注意。此外，因為兩藥劑都可以藉由土壤或介質灌施而達到矮化效果，應注意不要過度噴施導致藥劑流入土壤而過度矮化（Barrett, 1994）。潮汐灌溉生產者使用巴克素及單克素應特別注意，因為噴施本身、葉面淋洗及介質淋洗，都有可能讓藥劑殘存在床架或地面，進而造成過度矮化（Million et al., 1999）。

Topflor (Flurprimidol)

Topflor可以介質灌施或葉面噴施。在歐洲及其他國家已使用多年，美國市場

較晚使用。通常以 10-60 ppm 應用於天竺葵、矮牽牛、菊花及多種花卉作物（圖 8-2）。以聖誕紅為例，可噴施 2.5-40 ppm Topflor 於生長勢不強的品種；而生長勢旺盛品種，則以 50-80 ppm 為宜。灌施時則宜用 0.25-4 ppm。Topflor 必須與莖或根接觸，因為其無法經由葉片運移至莖頂。

圖 8-2　施用 Topflor（flurprimidol）對新幾內亞鳳仙花株高的影響。由左至右濃度分別為 0、1.25、2.5、5、10、20、40 或 80 ppm。

益收生長素（Florel, Ethephon）

益收生長素以噴施為主，常見使用濃度為 500-2,000 ppm，應用於西洋水仙（*Narcissus pseudonarcissus*）與風信子（*Hyacinthus orientalis*）時，必須在低溫處理過的球根定植在溫室 1-3 天內使用，以達矮化效果。益收生長素是乙烯釋放物質，並非如上述幾種矮化劑皆為激勃素生合成抑制物。藥劑稀釋使用之水 pH 值過高，可能會造成乙烯過早釋放（詳見後續分枝性之敘述）。益收生長素在一般環境下可以長久保存（Hammer, 2001）。除了作為矮化劑，益收生長素還有許多其他用途，詳見本章後續內容。

施用生長抑制劑之要點（Applying Chemical Growth Retardants）

各個花卉種類對於矮化劑的敏感度不同（表 8-1）。針對特定物種，應注意何種矮化劑方為有效，並仔細閱讀商品說明才能達到預期效果。

表 8-1 施用 A-Rest（ancymidol）、Cycocel（chlormequat）、Piccolo（paclobutrazol）、B-Nine（daminozide）、Florel（ethephon）、Bonzi（paclobutrazol）、Sumagic（uniconazole）及 Topflor（flurprimidol）對數種花卉作物之影響（整理自 Adriansen, 1985; Gaston et al., 2001; Latimer et al., 2003）。- 表示化合物無效或有負面效應；+ 表示化合物有效，愈多、愈忽 + 為最有效，以 +++ 為最有效，以 +++ 為最有效；標示 + 或 ++ 者，可能需要使用數次才能達預期效果。空白表示未有該作物使用該化合物之資訊。使用新矮化劑時，務必以少量植株先行。

中文	學名	A-Rest	Cycocel	B-Nine	Florel	Bonzi/Piccolo	Sumagic	Topflor
風鈴花品種	Abutilon cultivars	-	-	-		+++		
紅燈籠	A. megapotamicum	+++	++					
紅毛莧	Acalypha hispida	++	+++					
紅葉鐵莧	A. wilkesiana	++	+++	++				
西洋蓍草	Achillea cultivars		-	++	+++	++	+++	
長筒花	Achimenes cultivars	++	++	++		+		
觀賞鳳梨	Aechmea araneosa	++			++			
斑馬鳳梨	A. chantinii				++			
蜻蜓鳳梨	A. fasciata				+++			
珊瑚鳳梨	A. fulgens				++			
口紅花	Aeschynanthus hildebrandii	++			-			
大葉口紅花	A. speciosus	++			-			
百子蓮	Agapanthus					+++		
藿香	Agastache hybrids			++			+++	
藿香薊	Ageratum cultivars	+	+	++	-	+++	+++	++
粗肋草	Aglaonema modestum	+	-	-	-			
匍匐筋骨草	Ajuga reptans						++	
蜀葵	Alcea rosea			++		++	+++	

（續下頁）

中名	學名	A-Rest	Cycocel	B-Nine	Florel	Bonzi/Piccolo	Sumagic	Topflor
軟枝黃蟬	*Allamanda cathartica*	+	−	+	++			
	A. c. var. *grandiflora*	++		++				
	A. c. var. *hendersonii*					++		
百合水仙	*Alstroemeria* hybrids					++		
紫絹莧	*Alternanthera dentata*	++	−	++		++		
彩莧草	*A. ficoidea* var. *amoena*							
珀菊	*Amberboa moschata*	+	−	+				
水甘草	*Amsonia* species					++		
琉璃繁縷	*Anagalis monellii*		−	−				
斑葉鳳梨	*Ananas comosus*				++			
海角勿忘我	*Anchusa capensis*	−	−					
白頭翁	*Anemone coronaria*	+						
袋鼠爪花	*Anigozanthus* hybrids		++			++		
玲瓏扶桑	*Anisodontea capensis*	++	+	−				
金魚草	*Antirrhinum majus*	++	+		++	++	+++	
黃花單藥花	*Aphelandra flava*	++	++					
珊瑚塔	*A. sinclairiana*		++					
單藥花	*A. squarrosa*		−					
紅冠單藥花	*A. tetragona*	++	++					
耬斗菜	*Aquilegia* cultivars	++	++	++	++	−	−	
小葉南洋杉	*Araucaria heterophylla*	−	−	−				
灰毛藍眼菊	*Arctotis venusta*	+	+	++				
硃砂根	*Ardisia crenata*	−	−	+				

（續下頁）

中名	學名	A-Rest	Cycocel	B-Nine	Florel	Bonzi/Piccolo	Sumagic	Topflor
木春菊	*Argyranthemum frutescens*			+				+++
馬利筋	*Asclepias curassavica*	++	+	+++				
柳葉馬利筋	*A. tuberosa*			++		+		
友禪菊	*Aster novi-belgii*			+++		+++	+	
疏花紫菀	*A. ×frikartii*			++		++	−	
泡盛草	*Astilbe ×arendsii*			++			++	
青木	*Aucuba japonica*	++						
靛藍	*Baptisia species*					+		
假杜鵑	*Barleria cristata*			++		+		
掃帚草	*Bassia scoparia*		+					
麗格秋海棠	*Begonia ×hiemalis*	++	++	−	−	++	++	
四季秋海棠	*B. ×semperflorens-cultorum*	++	++		+	+++		
球根秋海棠	*B. ×tuberhybrida hybrids*		+++			+++	+++	
黃金鬼針草	*Bidens ferulifolia*			++	++			
水塔花	*Billbergia pyramidalis*					++		
假紫菀	*Boltonia*							
光葉九重葛	*Bougainvillea glabra*	+	++	+				
九重葛	*B. cultivars*	+	+	+				
葉牡丹	*Brassica oleracea* (ornamental)			++		++	++	
美洲紫水晶	*Browallia americana*		++	+		++	++	
紫水晶	*B. speciosa*	+	+	+++				
大花曼陀羅	*Brugmansia suaveolens*	+++	+	++	+			
變色茉莉	*Brunfelsia pauciflora*		+		+			

（續下頁）

中名	學名	A-Rest	Cycocel	B-Nine	Florel	Bonzi/Piccolo	Sumagic	Topflor
醉魚柳	*Buddleia davidii*			+		++	−	
彩葉芋	*Caladium bicolor*	++	++	++		++		
荷包花	*Calceolaria cultivars*		++	++	+	++		
金盞菊	*Calendula officinalis*		++	++	−	++	++	
翠菊	*Callistephus chinensis*	++	+	++	−	++		
山茶花	*Camellia japonica*		++	+	+	++		
杯花風鈴草	*Campanula carpatica*	++	++	+		++	+++	
星花風鈴草	*C. isophylla*	++	+	++				
桃葉風鈴草	*C. persicifolia*			++		++		
大花美人蕉	*Canna × generalis*			−	−	++		
觀賞辣椒	*Capsicum cultivars (ornamentals)*	++	++	++	+		++	
美國梓	*Catalpa bignonioides*	++	++	++				
日日春	*Catharanthus roseus*	++	++	+	+		+++	
雞冠花	*Celosia argentea*	++	++	++		++	+++	++
矢車菊	*Centaurea cyanus*	++	−	++				
山矢車菊	*C. montana*			++		++		
粉夜香木	*Cestrum elegans*		−	−				
吊鐘柳	*Chelone glabra*					+		
吊蘭	*Chlorophytum comosum*	−	−					
花環菊	*Chrysanthemum carinatum*		++	++				
	C. ×spectabile		++	++		++		
金紅花	*Chrysothemis pulchella*		++	+++				

（續下頁）

中名	屬名	A-Rest	Cycocel	B-Nine	Florel	Bonzi/Piccolo	Sumagic	Topflor
錦葉葡萄	*Cissus discolor*	+	+					
羽裂菱葉藤	*C. rhombifolia*	++	−	+		+		
柑橘類	*Citrus cultivars*	++		+				
古代稀	*Clarkia amoena*	−	++	+++		++	++	
鐵線蓮	*Clematis hybrids*					++		
醉蝶花	*Cleome spinosa*	++	++	++		++	++	
龍吐珠	*Clerodendrum thomsoniae*	+++	++	+	+	+++	+++	
變葉木	*Codiaeum variegatum*	+	−			+++		
咖啡	*Coffea arabica*	++			+			
鯨魚花	*Columnea species*	++	++	++	+		+	
紫莖澤蘭	*Conoclinium coelestinum*	+	+	−		+	+	
三色旋花	*Convolvulus tricolor*	++	++	+				
朱蕉	*Cordyline terminalis*	++			++			
北美金雞菊	*Coreopsis basalis*		++	+		++	++	
大金雞菊	*C. grandiflora*	−	−	++		+	++	
粉紅金雞菊	*C. rosea*			+++		+	++	
草原金雞菊	*C. tinctoria*	−	−	+++				
細葉金雞菊	*C. verticillata*	−	−	++	−	−	+	
銀蘆	*Cortaderia selloana*	++				++	+++	
大波斯菊	*Cosmos bipinnatus*		−	+				
翡翠木	*Crassula arborescens*	++	+					
紅花肉葉草	*C. coccinea*							
射干菖蒲	*Crocosmia species*			−				

（續下頁）

249

中名	學名	A-Rest	Cycocel	B-Nine	Florel	Bonzi/Piccolo	Sumagic	Topflor
鳥尾花	*Crossandra infundibuliformis*	++		+++	−			
邱園藍耳草	*Cyanotis kewensis*	++	+++	+				
仙客來	*Cyclamen persicum*	+		++				
輪傘草	*Cyperus alternifolius*	++	−	−				
大理花	*Dahlia cultivars*	+++	+	++	++	++	+++	+++
曼陀羅	*Datura cultivars*		−	+				
大飛燕草	*Delphinium ×cultorum*	+++		+			+++	
翠雀花	*D. elatum*	−	−	−		++	++	
菊花	*Dendranthema ×grandiflorum*	+++	+++		+	++	+++	+++
石竹／康乃馨	*Dianthus cultivars*	++	++	+	+	++	+++	
荷包牡丹	*Dicentra spectabilis*	+++	+	+	+			
黛粉葉	*Dieffenbachia species*	++	−	−	−	++	++	
毛地黃	*Digitalis cultivars*		−	+	−	+	++	
藍眼菊	*Dimorphotheca cultivars*		++					
野牡丹	*Dissotis species*	+	++	−				
千年木	*Dracaena marginata*					+		
金露花	*Duranta erecta*		++			+		
紫錐菊	*Echinacea purpurea*	+	+	+	++	+++	+++	
車前葉藍劍	*Echium plantagineum*		+	+				
黃金葛	*Epipremnum aureum*	++	−	+		++	+	
歐石楠	*Erica cultivars*	++	++					

（續下頁）

中名	學名	A-Rest	Cycocel	B-Nine	Florel	Bonzi/Piccolo	Sumagic	Topflor
緋苞木	*Euphorbia fulgens*	++	++	++				
白雪木	*E. leucocephala*	++	+	++				
聖誕紅	*E. pulcherrima*	+++	+++	++		+++	+++	+++
洋桔梗	*Eustoma grandiflorum*	+++		+++		++	+++	
紫芳草	*Exacum affine*	++	–	++			+	
熊掌木	*×Fatshedera lizei*	+++	+	+				
垂榕	*Ficus benjamina*	++			++			
印度橡膠樹	*F. elastica*	–	–			+		
琴葉榕	*F. lyrata*					++		
細葉榕	*F. microcarpa*	++	–	–				
厚葉榕	*F. retusa*	+	–	–				
小蒼蘭	*Freesia hybrids*	++				++		
吊鐘花	*Fuchsia cultivars*	+++	++	++	++	++	++	
大花天人菊	*Gaillardia ×grandiflora*			+		+	+	
茉莉花	*Gardenia species*	++	++	++		++		++
白蝶草	*Gaura lindheimeri*	+++		+++	++		+	
勳章菊	*Gazania rigens*							
龍膽	*Gentiana species*	++		++			++	
非洲菊	*Gerbera jamesonii*	++	–	++				
唐菖蒲	*Gladiolus cultivars*	++				++		
千日紅	*Gomphrena globosa*	–	+	+				
彩葉木	*Graptophyllum pictum*		++	–				
銀樺	*Grevillea robusta*	++	++					

（續下頁）

251

中名	學名	A-Rest	Cycocel	B-Nine	Florel	Bonzi/Piccolo	Sumagic	Topflor
星花鳳梨	*Guzmania lingulata*				++			
擎天鳳梨	*G. monostachia*				++			
紅葉黃金星	*G. zahnii*				++			
平臥菊三七	*Gynura procumbens*	++	+	+				
滿天星	*Gypsophila cultivars*	+++	++	+	+	++	++	
長階花	*Hebe × andersonii*			++				
常春藤	*Hedera helix*	++	+	++				
松葉菊	*Helenium autumnale*					+		
向日葵	*Helianthus annuus*	++	+	++		++	++	++
蠟菊	*Helichrysum species*	++		++		++	++	
赫蕉	*Heliconia species*	++				++	++	++
賽菊芋	*Heliopsis helianthoides*			+++	++	+	−	
香水草	*Heliotropium arborescens*	++		++		+	++	
萱草	*Hemerocallis cultivars*			−		+		
紫葉半插花	*Hemigraphis alternata*	++	++	+++				
皺葉半插花	*H. exotica*	++	−	++				
珊瑚鐘	*Heuchera sanguinea*			−		+		
大花芙蓉	*Hibiscus moscheutos*		++				+	
朱槿	*H. rosa-sinensis*	+	+++	+	+	+++	+++	
孤挺花	*Hippeastrum cultivars*		+			++		
毬蘭	*Hoya carnosa*					+		
風信子	*Hyacinthus cultivars*	++			++			++

（續下頁）

中名	學名	A-Rest	Cycocel	B-Nine	Florel	Bonzi/Piccolo	Sumagic	Topflor
繡球花	*Hydrangea macrophylla*	++	+	++	++	++	++	++
八寶景天	*Hylotelephium spectabile*		-	++		++	++	
大萼金絲桃	*Hypericum calycinum*			-		-	+	
嫣紅蔓	*Hypoestes phyllostachya*	++	++	+				
屈曲花	*Iberis amara*		++					
蜂室花	*I. umbellata*		++	++				
鳳仙花	*Impatiens balsamina*	++	++	-	++	++	++	
幾內亞鳳仙	*I. hawkeri*	++	+++	++	++	+++	+++	+++
非洲鳳仙花	*I. walleriana*	++	-	++		++	++	+++
朝顏	*Ipomoea nil*	+	+					
圓葉洋莧	*Iresine herbstii*		-	+				
黃脈洋莧	*I. lindenii*		+	++				
德國鳶尾	*Iris germanica*							
紅仙丹	*Ixora coccinea*	++	++	++		++		
藍花楹	*Jacaranda mimosifolia*		+					
小蝦花類	*Justicia species*		++		++	++		
紅蝦花	*J. brandegeana*	++		+				
長壽花	*Kalanchoe cultivars*	+++	-	+++	++	+++	+++	
火炬百合	*Kniphofia uvaria*		-	-		-	+	
花葉野芝麻	*Lamium galeobdolon*			++		++	+	
馬纓丹	*Lantana camara*							
香豌豆	*Lathyrus odoratus*	++	++	++		+	+	
薰衣草	*Lavandula angustifolia*	+	-	+		+	+	

（續下頁）

中名	學名	A-Rest	Cycocel	B-Nine	Florel	Bonzi/Piccolo	Sumagic	Topflor
大花葵	*Lavatera assurgentiflora*		+++	−		+++	+++	
海膽花	*Leonotis leonurus*		++				++	
白晶菊	*Leucanthemum paludosum*		+	+	++		++	
西洋濱菊	*L. × superbum*		−	−	++	+	+	++
針墊花	*Leucospermum species*	++			++	++	++	
麒麟菊	*Liatris spicata*	++			+		++	−
亞洲型百合	*Lilium*, asiatic hybrids	++	++	−	++	++	++	++
鐵砲百合	*L. longiflorum*	++	+		−		+++	
東方型百合	*L. oriental hybrids*	+++				++	+++	
山丹	*L. pumilum*	+				++		
豔紅鹿子百合	*L. speciosum*		−			++		
荷包蛋花	*Limnanthes douglasii*	++	++	−				
宿根亞麻	*Linum perenne*			++		+		
紅花山梗菜	*Lobelia cardinalis*			−		−	+	
六倍利	*L. erinus*		+	+			++	
大花山梗菜	*L. × speciosa*	+	++	++		+	+++	
香雪球	*Lobularia maritima*		++	+		++	++	
南美朱槿	*Malvaviscus cultivars*		++	+				
紅蟬花	*Mandevilla cultivars*	+++	−	+				
紫羅蘭	*Matthiola incana*					++	++	
龍頭花	*Mimulus cultivars*	++		−				
檸檬蜂香薄荷	*Monarda citriodora*		−	−	+	++		
蜂香薄荷	*M. didyma*					+	+	

（續下頁）

中名	學名	A-Rest	Cycocel	B-Nine	Florel	Bonzi/Piccolo	Sumagic	Topflor
電信蘭	*Monstera deliciosa*	++	-	-				
西洋水仙	*Narcissus cultivars*		-	-	+++	+		
小圓彤	*Nematanthus strigilosus*		+					
愛蜜西	*Nemesia strumosa*	++	++	++				
彩葉鳳梨	*Neoregelia carolinae*				++			
彩葉鳳梨	*N. cultivars*				++			
紫花荊芥	*Nepeta ×faassenii*			++	++	++	++	
波士頓腎蕨	*Nephrolepis exaltata*					-		
夾竹桃	*Nerium oleander*	++	++	+	-		++	
花菸草	*Nicotiana alata*			++	-	++		
花菸草	*N. cultivars*			+				
鳥巢鳳梨	*Nidularium cultivars*			++	++	++		
藍眼菊	*Osteospermum ecklonis*		++	++		++	++	++
酢醬草	*Oxalis cultivars*	+	++			++		
黃蝦花	*Pachystachys lutea*	++	+++	-	++	+		
拖鞋蘭	*Paphiopedilum cultivars*	-	-	-	-			
百香果	*Passiflora species*	++	-					
多花孔雀葵	*Pavonia ×gledhillii*	+	+++	+				
麗加魯天竺葵	*Pelargonium ×domesticum*	++	++	+	-			
天竺葵	*P. ×hortorum*	++	+++	+	++	+++	+++	+++
藤天竺葵	*P. peltatum*		+	+	+++	++		
垂緞草	*Pellionia pulchra*	++						

（續下頁）

中名	學名	A-Rest	Cycocel	B-Nine	Florel	Bonzi/Piccolo	Sumagic	Topflor
繁星花	*Pentas lanceolata*	++	++			+		
椒草	*Peperomia species*	++	-	-		++		
瓜葉菊	*Pericallis ×hybrida*	++		+++	++			
紫蘇	*Perilla frutescens*			++				
俄羅斯鼠尾草	*Perovskia atriplicifolia*	++	+	+	++	+	+	
矮牽牛	*Petunia cultivars*	++	+	+++	++	+++	+++	+++
加州藍鈴花	*Phacelia campanularia*		-	++				
紫花艾菊	*P. tanacetifolia*		-	+				
蝴蝶蘭	*Phalaenopsis cultivars*					+	+	
紅苞蔓綠絨	*Philodendron erubescens*	++	++	++		+		
心葉蔓綠絨	*P. scandens*			+				
福祿考	*Phlox drummondii*	++	++	++	+	++	++	
穗花福祿考	*P. paniculata*		-	+	-	+	+	
隨意草	*Physostegia virginiana*	-	-		+			
冷水花	*Pilea species*	++	++	-	+	-	-	
桔梗	*Platycodon grandiflorus*			++		++		
香茶	*Plectranthus species*				++	+++	+++	
藍雪花	*Plumbago auriculata*				++			
紫花丹	*P. indica*		++	++				
花忍	*Polemonium caeruleum*			++		+		
蓼	*Polygonum species*					+		
松葉牡丹	*Portulaca cultivars*	++				++	++	

（續下頁）

中名	學名	A-Rest	Cycocel	B-Nine	Florel	Bonzi/Piccolo	Sumagic	Topflor
櫻草／報春花	*Primula* cultivars		-	++				
擬美花	*Pseuderanthemum* cultivars	++	-	+		+		
紫雲杜鵑	*P. atropurpureum*		++	+				
陸蓮	*Ranunculus asiaticus*	++		++				
草原松果菊屬	*Ratibida* species					+		
木樨草	*Reseda odorata*		+	+				
杜鵑花	*Rhododendron* species	++	++	++	+	++	+++	
玫瑰	*Rosa* species	+	++	+	+	++	+++	
金光菊	*Rudbeckia hirta*		-	+		+	++	
裂葉金光菊	*R. triloba*		+++	++		+	+	
櫻桃鼠尾草	*Salvia greggii*			++		+	++	
墨西哥鼠尾草	*S. leucantha*		++	++	+	++	++	
一串紅	*S. splendens*	++	++	++	++	++	+++	
雜交鼠尾草	*S. ×superba*			++		+	+	
林鼠尾草	*S. ×sylvestris*			++		+	+	
金葉木	*Sanchezia speciosa*		++					
山葫菊	*Sanvitalia procumbens*		+			-		
皂質草	*Saponaria ocymoides*		-	+		-		
虎耳草	*Saxifraga stolonifera*	++	-			++		
松蟲草	*Scabiosa atropurpurea*		+	+				
西洋松蟲草	*S. caucasica*		-	+		-	+	
鴨掌木	*Schefflera actinophylla*	++	+++			+	+++	
蝴蝶花	*Schizanthus* cultivars	++	++	++		++		

（續下頁）

257

中名	學名	A-Rest	Cycocel	B-Nine	Florel	Bonzi/Piccolo	Sumagic	Topflor
綿棗兒	Scilla peruviana	++	−	−				
美花芩	Scutellaria costaricana	+	++					
姬星美人	Sedum anglicum	++	++					
高加索景天	S. spurium			−		++		
銀葉菊	Senecio cineraria	++	++	++		++	++	
矮雪輪	Silene pendula		+	+				
岩桐	Sinningia cultivars	++	++	++		++		
豔桐草	S. cardinalis							
玉珊瑚	Solanum pseudocapsicum	−	+	+	−			
彩葉草	Solenostemon scutellarioides	++	++	++	+	++	++	
一枝黃花	Solidago species	++		++		++	++	
雜交麒麟草	×Solidaster luteus			+		+		
非洲茉莉	Stephanotis floribunda	−	+++	+++				
綿毛水蘇	Stachys byzantine						++	
琉璃菊	Stokesia laevis		−	++		+	−	
波斯紅草	Strobilanthes dyerianus	++	++	+				
	S. isophyllus	+	+	++				
合果芋	Syngonium podophyllum	++	+	+		+	++	
萬壽菊	Tagetes erecta	++	+	+++	++	+++	+++	+++
孔雀草	T. patula		++	+	−	+++	+++	++
菊蒿	Tanacetum praeteritum	++						
除蟲菊	T. coccineum	++		++		+	++	

（續下頁）

中名	學名	A-Rest	Cycocel	B-Nine	Florel	Bonzi/Piccolo	Sumagic	Topflor
巴西野牡丹	Tibouchina grandifolia		++					
紫花鳳梨	Tillandsia lindenii				+++			
錦竹草	Tradescantia species	+++		++				
吊竹草	T. zebrina	++		++	+	+++		
金蓮花	Tropaeolum majus		++					
鬱金香	Tulipa cultivars	+++	+	−	++	++		++
麥藍菜	Vaccaria hispanica			+				
柳葉馬鞭草	Verbena bonariensis		−	++		+	++	
玫瑰馬鞭草	V. canadensis		++	+	+++	+++	+++	+++
裂葉馬鞭草	V. elegans	−		++		+++	+++	++
美女櫻	V. cultivars	−	+++	+++	−			
高山婆婆納	Veronica alpina			++		+	++	
葡匐婆婆納	V. peduncularis			++	++	++		
穗花婆婆納	V. spicata		−	++		++	++	
三色堇	Viola × wittrockiana	++	+	+	++	+++	+++	+++
鶯歌鳳梨	Vriesea cultivars				++			
虎紋鳳梨	V. splendens			+	+++	++	+	
海芋	Zantedeschia species		+			+	++	
百日草	Zinnia elegans	++	+	+		++	++	

矮化劑多半以噴施為主，因為操作上較為簡便。噴施劑量大致上為每 100 平方公尺使用 20 公升藥劑。噴用過多藥劑或植株較小時，常會由葉面流至介質，而產生過度抑制株高之問題。噴施及定比稀釋設備在使用前應仔細檢查，特別是使用相對活性高的矮化劑於容易藥害的作物時。噴施使用的藥劑濃度較灌施為高。灌施雖然耗工費時，但通常較噴施更有效。灌施所需的藥劑量，大致上為 10、13、15 公分直徑盆分別施用 60-90、90-120、120-180 毫升藥劑。因灌施矮化劑用量是視每盆之有效藥劑成分而定，因此，較小容器因灌施溶液體積少，則藥劑濃度應相對提高。灌施時的介質應為溼潤（moist）而非潮溼（wet）狀態。此外，可於剛播種或定植穴盤苗前後噴施矮化劑於土壤。

除了噴施及灌施外，部分矮化劑商品也可以底部灌溉或點滴灌溉方式施用（Million et al., 1999）。以底部灌溉方式施用矮化劑，有較佳的一致性反應、低勞力支出，且相較於噴施或灌施，藥劑濃度可以適度降低（Cox, 2003）。有時矮化劑施用也可以併入灌溉操作，稱為「chemigation」。矮化劑亦可以浸泡方式，用於插穗、種子、球根及其他貯藏器官（White, 1976）。採用新藥劑或新的施用方式前，應確定藥劑使用方法是否正確，以及是否符合法規。

非化學性之株高控制方法（Nonchemical Height Control）

多年來，花卉產業已經習慣使用矮化劑，但蔬菜類及可食用景觀草本植物，例如番茄、辣椒／甜椒及香草，依規不能使用矮化劑。而且，如同其他農用藥劑，應該考量生產者及消費者之健康。此外，生產者必須精準計算或推估需要使用的矮化劑種類、濃度及施用時間。相對來說，非化學性株高控制手段，則可以每日實行，依據每日監測結果及需求，逐步調整以達到目標株高。而矮化劑一旦施用則無法移除，生產者只能接受誤用的後果，也無法應對不可預期的生長條件改變所造成的株高變化。

選擇品種（Cultivar Selection）

非化學性株高控制的第一步即是選擇適當的品種。有些花卉作物具矮生品種，其生產期間僅需少量或完全不需要使用矮化劑。例如許多聖誕紅新品種即以株高較矮且植株緊密為賣點。

光（Light）

行株距必須考量經濟效益，並確保每棵植株可獲得最大光照量。同樣地，依據作物種類需求調整環境光強度。栽培高光作物（如聖誕紅）的溫室不應該採用低光透率的覆蓋材質，例如老化的玻璃纖維或雙層聚乙烯膜。

改變光質也可以影響株高。遠紅光比例高的光線（例如鎢絲燈）會促進節間伸長；而紅光：遠紅光比例較高的光線，例如穿過硫酸銅溶液的太陽光或螢光燈，則能適度減少節間伸長（McMahon et al., 1991; Mortensen and Strømme, 1987; Rajapakse and Kelly, 1992）。以濾光薄膜或其他溫室覆蓋資材改變環境光質能有效控制株高，未來應用前景可期。

栽培操作（Cultural Procedures）

繁殖、種植、摘心及其他生產作業必須按時且有計畫地執行。例如，將發根苗或穴盤苗放置過久而不定植或延後摘心，皆有可能使株高增加。許多物種可以摘心或回剪以控制株高。非洲鳳仙花（*Impatiens walleriana*）、矮牽牛、四季秋海棠（*Begonia semperflorens-cultorum*）的穴盤苗或扶桑花及天竺葵盆花，都可以回剪並使其再度開花，但需要再多等 2-4 週才能恢復銷售上市。

對光週期有反應的花卉種類，則可以在花芽創始前，藉由改變光週期調控營養生長的期間而改變株高。例如，縮短摘心至短日處理開始的營養生長時期，可使聖誕紅及菊花的株高變矮。

容器大小（Container Size）

通常植物在大容器長得比較大。介質體積縮小會限制許多物種之生長，也會增加澆水頻率。採用較小穴格的穴盤易使定植後植株較為矮小，特別是當植株在穴盤中已略有生長停滯。此項技巧應小心施用，因為穴盤苗暫置太久會導致過度生長遲滯或品質低落。

養分限制（Nutrient Restriction）

施肥操作亦可影響株高。養分濃度過高會促使植株生長旺盛、莖抽長。花壇植物中，非洲鳳仙花及矮牽牛可以有效限制養分而達到矮化目的（Barrett and Nell, 1990; Nelson, 2001）。減少養分供給，特別是氮和磷，能夠減緩許多作物之生長。氮源應減少銨態氮，因為其可促進快速、旺盛生長。限制磷供給是一種特殊的限

制養分方法（Sheldrake, 1991），如同水分逆境及晃動／刷觸等操作，限制磷供給主要應用於蔬菜類花壇作物，其做法如下：種植或移植前介質不拌入磷肥，而種植或移植後初期以低磷之肥料溶液灌溉（例如用 20 N–1 P_2O_5–20 K_2O 稀釋氮濃度至 100-150 ppm），之後植株施用不含磷的肥料，如 20 N–0 P_2O_5–20 K_2O 或 15 N–0 P_2O_5–15 K_2O，此段期間若植株生長太過緩慢或出現缺磷徵狀（下位葉紫紅色），可以施用前述含低磷之肥料。在出貨前 4-5 天，植株應以含較多磷之肥料澆灌，如 20 N–10 P_2O_5–20 K_2O。此項技巧有可能造成植株品質低落，因此僅適用於經驗豐富的生產者。此外，生產期間以低氮施肥之植株，在定植布置於景觀仍會有下位葉黃化或生長遲緩之殘存效應（Latimer and Oetting, 1998）。不採用限制鉀供給，係因缺鉀通常不會發生生長停滯，而缺鉀與鉀過量往往只有一線之隔（Nelson, 2001）。

高介質電導度值（High Media EC）

過度施肥也會抑制生長（Nelson, 2001）。介質中大量的鹽類會限制水分吸收，進而減少節間伸長。此項操作應謹慎使用，因爲鹽類含量過多可能引起肥傷，也有可能提高施肥量並未限制生長反而促進旺盛生長。

水分逆境（Water Stress）

部分花壇作物可以藉由定期萎凋（routine wilting）而達到矮化效果（Barrett and Nell, 1990），但應注意不得使植株達到永久萎凋點，且出貨前四至五天應確實經常澆灌。同樣地，本項技巧需要經驗豐富的生產者，方能正確判定足夠的萎凋程度而不會造成傷害。此法一般常應用於番茄，其他作物採用此法結果可能會大不相同甚至品質低下。部分作物可能會因過度水分逆境而發生葉片黃化、落花及落葉、對根腐病敏感度提高等問題。此外，生產時遭遇水分乾旱逆境之植株，在景觀仍會持續有殘存之影響（Latimer and Oetting, 1998）。

晃動或刷觸（Shaking or Brushing）

許多作物在晃動或刷觸後會有節間較短、莖較粗壯等反應。此項技巧多半用於蔬菜類花壇作物，如番茄、茄子（*Solanum melongena*）、小黃瓜（*Cucumis sativus*）及西瓜（*Citrullus lanatus*）。晃動／刷觸證實對於菊花、亞洲型百合及其他花壇作物有效（Baden and Latimer, 1992; Hammer et al., 1974; Jerzy and Krause, 1980; Schnelle et al., 1994; Turgeon and Webb, 1971）。於花壇作物頂端 5-10 公分

處，每日刷動一至兩次、每次 1.5-2 分鐘可產生矮化效果（Latimer, 2001）。提高每次刷動時間或頻度，通常可使植株更矮。如果僅刷動一次，則最好在清晨時實施（Latimer, 1991）。可以採用自動化控制刷具碰觸植株，最好從子葉期開始實施效果較佳。

刷觸有造成機械傷害與傳播病原之缺點。部分作物，如辣椒／甜椒（*Capsicum annuum*）和十字花科作物很容易因刷觸而明顯損傷，而不可能採用此做法。葉片較為硬挺的作物通常會因刷觸而有明顯損傷（Latimer, 2001）。欲避免或減少葉片損傷發生，則需避免在植株潮溼、萎凋或幼嫩時刷觸（Garner and Björkman, 1996）。一般生產期間以刷觸矮化的植株，在景觀上不會有殘存效應（Latimer and Oetting, 1998）。

日夜溫差（**Difference Between Day and Night Temperature, DIF**）

DIF 是利用控制日夜溫差以控制株高（Berghage and Heins, 1991; Erwin et al., 1989a, 1989b）。日溫減去夜溫之溫差值愈高（DIF 愈大），則節間伸長愈明顯（圖 8-3）（請參閱第 3 章「溫度」）。可以從減少正 DIF（日溫－夜溫）的數值及發生頻度或使夜溫大於日溫（負 DIF）等三方面達成。

根據測量莖部長度變化，白天莖部伸長多半發生在日出前後一段時間，因此在日出光線初現前 30-60 分鐘開始降溫 2-4 小時，營造負 DIF，可以有效減少莖部伸長（Cockshull et al., 1995; Erwin et al., 1989c; Grindal and Moe, 1995; Moe et al., 1995）。此項清晨降溫的操作手法，可稱為溫度驟降（temperature DROP 或 DIP）。不過，白天其餘時間溫度偏高（正 DIF），會中和 DROP 的作用。Fisher 和 Heins（1997）指出，採用清晨降溫並配合白天其他時間為 0 或略微負 DIF 值，會較控制整個白天低溫以營造較大負 DIF 值更為有效。

圖 8-3　DIF 對鐵砲百合地上部伸長的影響（左：日溫 14°C、夜溫 30°C，−16°C DIF；右：日溫 30°C、夜溫 14°C，+16°C DIF）（Royal Heins 攝影）。請注意左圖極端負 DIF 所造成的葉片捲曲。

　　應用以下操作或調控環境條件可以使 DIF 的效果更佳（Warner and Erwin, 2001）：

1. 日出光線初現前 30-60 分鐘的清晨降溫應至少較夜溫低 3-6°C。

2. 溫度驟降（DROP）：降溫的速度愈快及幅度愈大，效果愈明顯。

3. 在清晨以冷水澆灌或潤溼葉片也有矮化效果。相較於空氣溫度，植體溫度更為重要。

4. 隨光強度提高，DIF 的效果更為明顯。因此在清晨降溫期間採用高功率放電燈（HID）補充照明可以增強矮化效果。

5. DIF 於短日期間（不論是自然短日或人工短日）更有效。

6. 其他栽培操作也能輔助增強 DIF 效果，例如保持足夠株距及避免使用鎢絲燈延長日照或夜間中斷。

　　不論如何，應明瞭每日平均溫度決定作物之生長速率，為了有合理的生產期程，選擇適當的日夜溫才能達到控制株高，並達到準時出貨的目的。採用白天 0

DIF 並搭配 DROP 的做法，可以應用於許多花卉作物而不會延後生產期程。配合數據追蹤株高變化（詳見後述），可使生產者監測株高及生長發育，決定適合作物生產的溫度範圍，若有需要可依規範搭配使用矮化劑。

以 DIF 控制株高當然也可每日追蹤調整，減少或不用矮化劑可減少成本、避免環境汙染及避免使用化學藥劑發生的各種問題。凡使用新做法，都應該先謹慎估算成本；畢竟 DIF 控制株高可能需要額外投入加溫及降溫設備成本。在比較矮化劑及 DIF 做法時，除化學藥劑成本外，人力成本亦需考量。

使用 DIF 的一大問題是環境溫度必須是可調控的，意味著在溫暖氣候條件或部分地區的夏季是不可行的。生產者特別應該注意春季及秋季時，偶發性高溫會顯著促進莖部伸長。不過，DROP 則仍可在溫暖條件下施行，因為在日出後之清晨降溫 2-4 小時，比起整個白天降溫或整個晚上加溫來得划算。

此外，DIF 對於大多數的商業球根花卉有效性不高，例如鬱金香、風信子、西洋水仙，還有瓜科作物亦是。同屬不同物種間對 DIF 的反應也可能大相逕庭（Warner and Erwin, 2001）。

在部分花卉作物種類中，除了株高外，DIF 對花朵大小及花朵數也有影響。極端的負日夜溫差，例如 –5 DIF 可能會造成鐵砲百合葉片黃化及反捲，不過負 DIF 值不過大時，徵狀會很快消失（Erwin et al., 1989a）。植體碳水化合物、葉綠素和氮濃度也有可能隨著負 DIF 而下降，極端的負 DIF 甚至可能造成鐵砲百合葉片黃化、萼瓣邊緣焦枯，和聖誕紅小花掉落（Miller, 1997; Miller et al., 1993; Vågan et al., 2003）。此外，於白天溫度偏低時應用 DIF，會減少光合作用速率而降低乾物累積。截至目前僅有少數花卉作物有詳細的 DIF 研究。

生長數據追蹤株高變化（**Graphical Tracking**）

當株高是花卉成品之重要考量，不論何種花卉作物、何種株高控制手段，皆可將株高數據連續繪圖以追蹤變化，可用紙筆人工或利用電腦軟體繪製（Heins and Fisher, 1997）。首先標明下列五個關鍵點：1. 最小可接受之最終株高（含盆高）；2. 最大可接受之最終株高（含盆高）；3. 最小可接受的一半最終株高（含盆高）；4. 最大可接受之一半最終株高（含盆高）；5. 盆高（或插穗／幼苗的初始株高）。

舉例來說，鐵砲百合在花苞可見之株高為最終株高的 1/2，將最小及最大最終株高的兩點，分別與目前的株高連線，則在此二線之範圍，即為生產者要努力維持的生長株高（圖 8-4）。

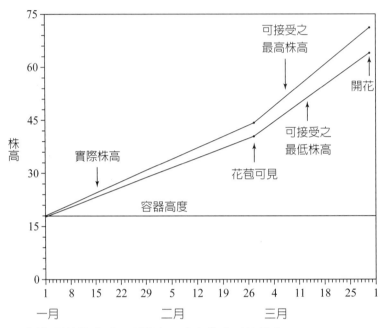

圖 8-4　以生長數據追蹤預測鐵砲百合之株高（摘錄自 Heins et al., 1997）。

　　下一步即是在生產過程中持續監測實際株高。選擇至少 10 株具代表性的植株，每 4-7 天記錄一次株高。將這些取樣植株之平均株高繪製在圖上。若平均株高大於最大株高線，則使用降低株高之方法，如降低 DIF 或施用矮化劑；若平均株高小於最小株高線，則應提高 DIF 或停止使用矮化劑。其他株高控制手段也可以依據數據追蹤結果而善加應用。

　　數據追蹤的最後一步，是依照所得數據繪製該作物一般狀態下的生長曲線。鐵砲百合、亞洲型百合、東方型百合、菊花、天竺葵和摘心後之聖誕紅都有既存的生長曲線可供參考，但多數花卉作物尚無（Heins and Fisher, 1997）。不過，任何公司都可以依照上述方法繪製其所需作物的生長曲線圖。要注意的是，隨著品種及生產方法的不同，同一作物的生長曲線也會迥異。例如，Heins 和 Fisher（1997）注意到，將聖誕紅栽培於較小容器、密植、過高之正 DIF 值、置於長日營養生長時間過

久等，都會讓枝條更快抽長；然而有些品種，例如 'Freedom'，枝條抽長時間明顯較晚。不摘心、單幹栽培與一般摘心處理之聖誕紅有不同的生長曲線。

分枝性（Branching）

市面上有數種化學摘心劑或促分枝藥劑，其應用及機轉不同。益收生長素（Florel, ethephon）在促進側枝萌發時，不會傷害莖頂分生組織。此外，益收生長素可以抑制花芽創始、使幼花苞消蕾，因此達到促進分枝目的（圖 8-5）。益收生長素也能減少莖部伸長（見前述矮化劑部分）。對處於水分乾旱、高溫或其他逆境下的植株使用益收生長素，有可能造成葉片黃化（P. Konjoian，私人通訊）。益收生長素已廣泛應用於菊花、吊鐘花、天竺葵、新幾內亞鳳仙花（*Impatiens hawkeri*）、馬纓丹及美女櫻的取穗母株、吊盆或盆花之生產管理。一般常用濃度是 500 ppm；但有些作物可能需要降低濃度或分多次使用。如果產品銷售時需要帶有花朵，則最遲於出貨前 6 週應停止施用之。益收生長素於 pH 4 或更酸的溶液有較高穩定性（Barrett, 2001），若用水之鹼度較高，應改用蒸餾水或逆滲透水配製。

Atrimmec（dikegulac sodium）可以暫時性抑制莖部伸長，因而促進側芽萌發，已被應用於西洋杜鵑、麗格秋海棠（*Begonia* ×*hiemalis*）、九重葛（*Bougainvillea*）、龍吐珠（*Clerodendron*）、吊鐘花、梔子花（*Gardenia*）、常春藤（*Hedera helix*）、天竺葵、長壽花、馬纓丹、鵝掌藤等。常見使用濃度從 780-6,250 ppm 皆有，大約是每公升水中加入 4-32 毫升。

Accel（benzyladenine : gibberellic acid = 10 : 1）也可促進側枝萌發，有時會用在促進康乃馨及玫瑰植株較低節位側芽萌發。可在玫瑰修剪後，將 200 ppm Accel 施用在較低節位之樹叢。使用時可能需要額外添加展著劑以確保均勻施用，也應確定 Accel 係已證明可以應用在該作物。

Off-shoot-O（脂肪酸甲酯類）會破壞頂芽，因而促進側枝萌發。曾應用於取代人工摘除西洋杜鵑頂芽。每公升水加入 63-155 毫升 Off-shoot-O 後，處理於頂芽。

使用化學摘心劑可以大幅取代摘心、除花等人工成本，並能增加插穗產量；但應謹慎施用，以獲致如同人工摘心的整齊一致之效果。

圖 8-5　施用益收生長素後天竺葵花芽死亡（Brian Whipker 攝影）。

花朵發育（**Flower Development**）

外施生長調節劑可從兩方面影響開花：1.同時促進花芽創始及發育；2.僅促進花芽發育。前者如以釋放乙烯物質誘導鳳梨科植物開花，植株必須足夠大小或成熟度以感應乙烯誘導，否則不會開花。另外，亞拉生長素和克美素可以促進營養生長中的西洋杜鵑枝條（至少 2.5-5 公分長）提早花芽創始。矮化劑所誘導的西洋杜鵑花芽仍需經過低溫、激勃素或長日處理才能正常發育開花。

生長調節劑可促進花芽發育，例如激勃素可以取代西洋杜鵑對低溫的需求，每週噴施一次 1,000 ppm GA（取代一週的低溫），可以促進已成熟的花芽綻放（Larson and Snydor, 1971）。在預定的開花日期前 8 週，在葉叢下方噴施 10-25 ppm GA，可以促進仙客來花梗抽長及開花整齊度（Widmer et al., 1976）。將彩色海芋種球浸泡或噴施 GA，可以增加花朵數並提早開花（Corr, 1988; Corr and Widmer, 1987）。

抑制乙烯物質（**Anti-Ethylene Agents**）

硫代硫酸銀（silver thiosulfate, STS）被用於抑制乙烯作用、延緩切花及盆花老化。例如，種子系天竺葵可在花苞顯色、花朵綻放前噴施 1 mM 硫代硫酸銀，可避

免銷售期間花瓣掉落（Hausbeck et al., 1987）。許多切花都以硫代硫酸銀處理，以延緩老化或避免受到內生及外生乙烯的危害。外生乙烯常見於車輛廢氣、加溫機不完全燒燃、後熟果實或其他植物材料。供切花使用的 STS 商品如 AVB，應確認STS 是否可合法使用於該盆栽，因為有些作物限制用之。

　　硫代硫酸銀因為含銀離子會造成環境問題，促使有機氣體分子 1-MCP（1-methylcyclopropene）之研發（Serek et al., 1994）。1-MCP 在十億分之二十的濃度下（20 ppb），即可有效抑制乙烯作用。相較於 STS 可以溶成液體噴施於盆花或以保鮮劑方式供切花使用，1-MCP 因其氣體特性而需要完全不同的處理流程。例如，生產者可在商品即將包裝或運輸前，即在密閉溫室內處理 1-MCP，也可以在商品進入密閉的車廂、貨櫃或暫儲區後進行處理（Serek et al., 1994）。1-MCP也有粉末狀商品，加入水後即釋出氣體。1-MCP 不會有環境殘留物，而且對 STS有反應之多數作物皆可使用之（Shaw, 1997）。常見商品名為 EthylBloc，合法應用於切花及盆花等花卉作物。目前也有針對無法使用有效密閉空間的業者所推出的液體噴施型 EthylBloc；噴施處理者則需儘量使溶液停留在植株上，愈久愈好。

生長調節劑之有效性（Chemical Growth Regulator Effectiveness）

　　生長調節劑常因為不同季節、環境或業者而有不同的處理效果。雖然大多數原因係人為疏失，例如混合或比例計算錯誤、施用者技術不佳，但也有許多因素與人為無關。每次都應保留一或數株不施用，以確定生長調節劑確實有效。特別註記不施用植株，以免誤施或失去觀察目標。

環境因子（**Environmental Factors**）

溫度（**Temperature**）

提高溫度常促使植物生長過快，因而需要使用更高濃度或更頻繁的藥劑。相較於冷涼地區，溫暖地區的生產者需要濃度更高的矮化劑且更頻繁使用，才能矮化以控制株高。高溫也會使葉片更快乾燥，因而減少葉片吸收的藥劑進入植體。不過，

較暖溫度也會促使植體吸收更多藥劑。

光（Light）

低光照，特別是因密植、行株距太小，會促使植株抽高，因而需要使用更多的矮化劑。此外，光強度提高可以促進植體吸收藥劑，此可能與高光使植體溫度提高有關。

酸鹼值（pH）

藥劑稀釋後，溶液酸鹼值過高或過低，皆有可能使藥劑效果增強或減弱。例如，高 pH 值（鹼性）會降低益收生長素有效性。

溼度（Moisture）

噴施型藥劑通常於充分給水、膨壓正常的植株且高相對溼度環境下較易吸收。植體組織含水量高有利於氣孔張開，且有利施用藥劑之擴散、運輸。高相對溼度特別是伴隨低光度及很少的空氣流動，可以減少葉面噴施後之蒸發，而延長葉面吸收藥劑之時間。

季節（Time of Year）

季節與數個因子有關，包括溫度及光度。一般而言，冬季相較於夏季僅需較少藥劑即可達成目標，因為夏季的高溫及高光都會促使生長旺盛。

栽培介質（Growth Medium）

介質種類會影響灌施後藥劑之吸收。保水性良好的介質因為不需要常常澆水，因此減少藥劑受淋洗而流失；而排水性佳介質則相反。準確來說，非極性矮化劑化合物，如 ancymidol、paclobutrazol（巴克素）、uniconazole（單克素），較不適合使用於含較多樹皮之介質中（可見前述）（Million et al., 1997）。此項特性的原理尚不清楚，但已知與介質 pH 值無關（J.E. Barrett，私人通訊）。

化學因子（Chemical Factors）

施用方式（Method of Application）

相較於噴施，灌施通常較為有效，因為噴施很難確保均勻及完全覆蓋葉片與莖部。灌施也會因介質常保溼潤而延長有效性。然而，灌施要使用的藥劑用量及人工成本增加，故較噴施操作貴。對於一般掛置於溫室較上層（較暖）的吊盆植物來

說，以灌施較適合，而且擺放位置高也不利噴施作業。灌施最好能有 10% 逕流才能達到目的（Barret, 1995）。但自動裝填作業後的穴盤或盆花，常常沒有足夠表土空間供澆灌施用。

施用模式（Mode of Application）

噴施時的溶液水珠愈細，愈有利吸收及取得良好效果，因爲小水珠較能穿過植株冠層，且能整齊緊密覆蓋枝條及葉片。

一致性（Uniformity）

生長調節劑溶液混合或施用不均勻，會造成不一致的效果。尤其對講究均勻覆蓋的噴施更是如此；不均勻使用可能是無法取得整齊一致的關鍵原因。

濃度及頻度（Concentration and Time Course）

多次、低濃度噴施通常較單次全部用量有較佳效果，可能與均勻覆蓋有關。多次、低濃度噴施也可避免藥害，全株的各節間長度較一致。反之，單次、高濃度噴施則可能發生節間聚縮，而使成品較不美觀，例如鐵砲百合會形成椰子樹型。多次噴施通常會延長使用藥劑的時程，讓生產者有機會依照株高變化、數據追蹤，調整藥劑濃度。

植物因子（Plant Factors）

品種（Cultivar）

不同的花卉品種間對於同一生長調節劑反應可能大不相同。甚至同一系列中不同顏色的品種也會對生長調節劑敏感度不一。新品種皆應先測試其對生長調節劑的反應。

株齡及發育階段（Age and Stage of Development）

藥劑有效吸收性會隨株齡增加而逐漸降低。成熟的植物組織不似幼嫩組織能有效吸收藥劑，而且可能因生長而稀釋藥劑，使有效性降低。許多作物從苗期達到最終株高時間相對較短，因此矮化劑要及早使用以達控制效果。

可溼性（Wettability）

具有絨毛或表層蠟質較厚的作物，皆會減少葉片表面吸收藥劑（可溼性低）。展著劑可以藉由減少表面張力而促進植株吸收藥劑。

本章重點

· 可以改變植物特定生長反應的化學操作處理，稱之為植物生長調節。

· 植物荷爾蒙有五大類：生長素（auxins）、激勃素（gibberellins）、細胞分裂素（cytokinins）、乙烯（ethylene）及離層酸（abscisic acid）。

· 植物生長調節劑可以應用於繁殖、組織培養、種子發芽、花芽發育、生產過程及採後處理等過程。

· 人工合成生長調節劑最常應用於限制株高，可能伴隨葉色濃綠、莖徑加粗及影響開花。

· 常見矮化劑商品包括 A-Rest（ancymidol）、B-Nine（daminozide，亞拉生長素）、Bonzi（paclobutrazol，巴克素）、Cycocel（chlormequat，克美素）、Florel（ethephon，益收生長素）、Piccolo（paclobutrazol，巴克素）、Sumagic（uniconazole，單克素）及 Topflor（flurprimidol）。

· 人工合成矮化劑不可使用於蔬菜類及可食用的花壇作物。

· 非化學性株高控制的方法包括：選擇品種、提高行株距、少用鎢絲燈、適當的繁殖、定植、摘心及光週期、縮小栽培容器、限制養分、施過量肥料、限水、晃動或刷觸、控制環境溫度。

· 生長數據追蹤可監測株高。

· 市面上有數種具不同應用及機轉的化學摘心劑，包括 Accel（10：1 benzyladenine: gibberellic acid）、Atrimmec（dikegulac sodium）、益收生長素和 Off-shoot-O（脂肪酸甲酯類）。

· 乙烯作用抑制劑如硫代硫酸銀（STS）和 1-MCP 可以應用於切花及盆花，保護乙烯之危害作用、延緩老化。

· 生長調節劑常隨不同季節、環境或業者而有不同的效果。環境因素包括溫度、光、藥劑溶液酸鹼值、空氣溼度、季節及栽培介質，而化學因素則包括施用方式、施用模式、施用均勻度、藥劑濃度及頻度，植物因素則包括品種、株齡、發育階段及植株表面可溼性。

參考文獻

Adriansen, E. 1985. Kemisk vækstregulering, p. 142-162 in *Potteplanter I—Produktion, Metoder, Midler,* O.V. Christensen, A. Klougart, I.S. Pedersen, and K. Wikesjö, editors. GartnerINFO, København, Denmark. (In Danish)

Baden, S.A., and J.G. Latimer. 1992. An effective system for brushing vegetable transplants for height control. *HortTechnology* 2: 412-414.

Barrett, J. 1995. The benefits of drench applications. *Greenhouse Manager* 13 (10): 66-68.

Barrett, J.E. 1982. Chrysanthemum height control by ancymidol, PP333, and EL-500 dependent on medium composition. *HortScience* 17: 896-897.

Barrett, J.E. 2001. Mechanisms of action, pp. 32-41 in *Tips on Regulating Growth of Floriculture Crops,* M.L. Gaston, L.A. Kunkle, P.S. Konjoian, and M.F. Wilt, editors. Ohio Florists' Association Services, Columbus, Ohio.

Barrett, J.E., and T.A. Nell. 1990. Factors affecting efficacy of paclobutrazol and uniconazole on petunia and chrysanthemum. *Acta Horticulturae* 272: 229-234.

Barrett, J.E., C.A. Bartuska, and T.A. Nell. 1994. Application techniques alter uniconazole efficacy on chrysanthemums. *HortScience* 29: 893-895.

Berghage, R.D. and R.D. Heins. 1991. Quantification of temperature effects on stem elongation in poinsettia. *Journal of the American Society for Horticultural Science* 116: 14-18.

Cockshull, K.E., F.A. Langton, and C.R.J. Cave. 1995. Differential effects of different DIF treatments on chrysanthemum and poinsettia. *Acta Horticulturae* 378: 15-25.

Corr, B.E. 1988. Factors influencing growth and flowering of *Zantedeschia elliottiana* and *Z. rehmanii*. Ph.D. thesis, University of Minnesota, St. Paul.

Corr, B.E. and R.E. Widmer. 1987. Gibberellic acid increases flower number in *Zantedeschia elliottiana* and *Z. rehmanii*. *HortScience* 22: 605-607.

Cox, D. 2003. Subirrigating seed geraniums with Bonzi. *Greenhouse Product News* 13 (8):

30, 32, 34, 35.

Erwin, J., R. Heins, R. Berghage, and W. Carlson. 1989a. How can temperatures be used to control plant stem elongation? *Minnesota State Florists Bulletin* 38 (3): 1-5.

Erwin, J.E., R.D. Heins, and M.G. Karlsson. 1989b. Thermomorphogenesis in *Lilium longiflorum. American Journal of Botany* 76: 47-52.

Erwin, J.E., R.D. Heins, B.J. Kovanda, R.D. Berghage, W.H. Carlson, and J.A. Biernbaum. 1989c. Cool mornings can control plant height. *GrowerTalks* 52 (9): 75.

Fisher, P.R. and R.D. Heins. 1997. Tracking Easter lilies. *Greenhouse Grower* 15 (13): 65-66.

Fisher, P.R., R.D. Heins, and J.H. Lieth. 1996. Modeling the stem elongation response of poinsettia to chlormequat. *Journal of the American Society for Horticultural Science* 121: 861-868.

Garner, C.C. and T.B. Björkman. 1996. Mechanical conditioning for controlling excessive elongation in tomato transplants: Sensitivity to dose, frequency, and timing of brushing. *Journal of the American Society for Horticultural Science* 121: 894-900.

Gaston, M.L., L.A. Kunkle, P.S. Konjoian, and M.F. Wilt, editors. 2001. *Tips on Regulating Growth of Floriculture Crops*. Ohio Florists' Association Services, Columbus, Ohio.

Grindal, G. and R. Moe. 1995. Growth rhythm and temperature DROP. *Acta Horticulturae* 378: 47-52.

Hammer, A. 2001. Calculations, pp. 42-47 in *Tips on Regulating Growth of Floriculture Crops*, M.L. Gaston, L.A. Kunkle, P.S. Konjoian, and M.F. Wilt, editors. Ohio Florists' Association Services, Columbus, Ohio.

Hammer, P.A., C.A. Mitchell, and T.C. Weiler. 1974. Height control in greenhouse chrysanthemum by mechanical stress. *HortScience* 9: 474-475.

Hartmann, H.T., D.E. Kester, F.T. Davies, Jr., and R.L. Geneve. 1997. *Plant Propagation: Principles and Practice*. 6th ed. Prentice Hall, Upper Saddle River, New Jersey.

Hausbeck, M.K., C.T. Stephens, and R.D. Heins. 1987. Variation in resistance of geraniums to *Pythium ultimum* in presence or absence of silver thiosulfate. *HortScience* 22: 940-942.

Heins, R.D. and P.R. Fisher. 1997. Tools for the tracking. *Greenhouse Grower* 15 (8): 131-132.

Heins, R., J. Erwin, M. Karlsson, R. Berghage, W. Carlson, and J. Biernbaum. 1997. Tracking Easter lily height with graphs. *Minnesota Commercial Flower Growers Association Bulletin* 46 (2): 17-21.

Higgins, E. 2001. Chrysanthemums, pp. 68-70 in *Tips on Regulating Growth of Floriculture Crops,* M.L. Gaston, L.A. Kunkle, P.S. Konjoian, and M.F. Wilt, editors. Ohio Florists' Association Services, Columbus, Ohio.

Jerzy, M. and J. Krause. 1980. The factors controlling growth and flowering of forced lilies 'Enchantment': Light intensity and mechanical. *Acta Horticulturae* 109: 111-115.

Larson, R.A. and T.D. Snydor. 1971. Azalea flower bud development and dormancy as influenced by temperature and gibberellic acid. *Journal of the American Society for Horticultural Science* 96: 786-788.

Latimer, J.G. 1991. Mechanical conditioning for control of growth and quality of vegetable transplants. *HortScience* 26: 1456-1461.

Latimer, J.G. 2001. Mechanical conditioning, pp. 28-31 in *Tips on Regulating Growth of Floriculture Crops*, M.L. Gaston, L.A. Kunkle, P.S. Konjoian, and M.F. Wilt, editors. Ohio Florists'Association Services, Columbus, Ohio.

Latimer, J.G., and R.D. Oetting. 1998. Greenhouse conditioning affects landscape performance of bedding plants. *Journal of Environmental Horticulture* 16: 138-142.

Latimer, J., H. Scoggins, and V. Groover. 2003. Lamiaceae response to PGRs. *Greenhouse Product News* 13 (7): 100, 102, 104-106.

McMahon, M.J., J.W. Kelly, D.R. Decoteau, R.E. Young, and R.K. Pollock. 1991. Growth of *Dendranthema* ✕ *grandiflorum* (Ramat.) Kitamura under various spectral filters. *Journal of the American Society for Horticultural Science* 116: 950-954.

Miller, B. 1997. 1998 Easter lily production. *Southeastern Floriculture* 7 (5): 43-46.

Miller, W.B., P.A. Hammer, and T.I. Kirk. 1993. Reversed greenhouse temperatures alter carbohydrate status in *Lilium longiflorum* Thunb. 'Nellie White'. *Journal of the American Society for Horticultural Science* 118: 736-740.

Million, J., J. Barrett, D. Clark, and T. Nell. 1997. Influence of several container media components on paclobutrazol efficacy. *HortScience* 32: 509. (Abstract)

Million, J.B., J.E. Barrett, T.A. Nell, and D.G. Clark. 1999. Inhibiting growth of flowering crops with ancymidol and paclobutrazol in subirrigation water. *HortScience* 34: 1103-1105.

Mortensen, L.M. and E. Strømme. 1987. Effects of light quality on some greenhouse crops. *Scientia Horticulturae* 33: 27-36.

Moe, R., K. Willumsen, I.H. Ihlebekk, A.I. Stupa, N.M. Glomsrud, and L.M. Mortensen. 1995. DIF and temperature DROP responses in SDP and LDP, a comparison. *Acta Horticulturae* 378: 27-33.

Nelson, P.V. 2001. Nutrition and water, pp. 23-27 in *Tips on Regulating Growth of Floriculture Crops*, M.L. Gaston, L.A. Kunkle, P.S. Konjoian, and M.F.Wilt editors. Ohio Florists' Association Services, Columbus, Ohio.

Norcini, J.G., W.G. Hudson, M.P. Garber, R.K. Jones, A.R. Chase, and K. Bondari. 1996. Pest management in the U.S. greenhouse and nursery industry: III. Plant growth regulation. *HortTechnology* 6: 207-210.

Rajapakse, N.C. and J.W. Kelly. 1992. Regulation of chrysanthemum growth by spectral filters. *Journal of the American Society for Horticultural Science* 117: 481-485.

Schnelle, M.A., B.D. McCraw, and T.J. Schmoll. 1994. A brushing apparatus for height control of bedding plants. *HortTechnology* 4: 275-276.

Serek, J., E.C. Sisler, and M.S. Reid. 1994. Novel gaseous ethylene binding inhibiter prevents ethylene effects in potted flowering plants. *Journal of the American Society for Horticultural Science* 119: 1230-1233.

Shaw, J.A. 1997. The new anti-ethylene: Replacement for STS? *FloraCulture*

International 7 (3): 36.

Sheldrake, R. 1991. Control height with low P. *Greenhouse Grower* 9 (10): 77-78, 80.

Styer, R.C. 1997. Put the brakes on plug growth. *GrowerTalks* 61 (7): 40, 42-45.

Turgeon, R. and J.A. Webb. 1971. Growth inhibition by mechanical stress. *Science* 174: 961-962.

Vågen, I.M., R. Moe, and E. Ronglan. 2003. Diurnal temperature alternations (DIF/DROP) affect chlorophyll content and chlorophyll a/chlorophyll b ratio in *Melissa officinalis* L. and *Ocimum basilicum* L., but not in *Viola* ×*wittrockiana* Gams. *Scientia Horticulturae* 97: 153-162.

Warner, R.M., and J.E. Erwin. 2001. Temperature, pp. 10-17 in *Tips on Regulating Growth of Floriculture Crops*, M.L. Gaston, L.A. Kunkle, P.S. Konjoian, and M.F. Wilt, editors.. Ohio Florists' Association Services, Columbus, Ohio.

Whealy, C.A. 1993. Satisfaction geranium trees, pp. 137-140 in *Geraniums,* J.W. White editors. Ball Publishing, Geneva, Illinois.

White, J.W. 1976. *Lilium* sp. 'Mid Century Hybrids' adapted to pot use with ancymidol. *Journal of the American Society for Horticultural Science* 101: 126-129.

Widmer, R.E., E.C. Stephens, and M.V. Angell. 1976. Gibberellin accelerates flowering of *Cyclamen persicum* Mill. *HortScience* 9: 476-477.

CHAPTER 9

病蟲害管理
Pest Management

前言

　　溫室之病蟲害防治建立於三個基礎之上，分別為：病蟲害生物源、易感病寄主及合適病蟲害生長及繁殖之環境。三者之交互作用呈現一三角關係。病蟲害管理的目標即是破壞或消滅三者之一。例如灰黴病之控制可以藉由 (1) 田間衛生或化學方法消除病源──葡萄孢菌屬（*Botrytis*）；(2) 種植抗病原菌之作物；(3) 降低環境溼度，使病害不易發生。

病蟲害整合管理（Integrated Pest Management, IPM）

　　病蟲害整合管理的重點是將所有控制昆蟲和疾病的策略整合到一個統一的計畫中（表 9-1）。有效和高效率的病蟲害管理需要觀察者偵察，迅速採取行動和後續處理。如需更全面的病蟲害管理資訊，可參閱 Dreistadt（2001）的文章。

預防（**Prevention**）

　　病蟲害整合管理從預防開始，使病蟲害問題無法發生。當新的作物要放進溫室時，必須先確認有無病蟲害，並將其與現有的作物隔離，以防現有無病蟲害的作物受到侵染。任何帶有葉和根的繁殖材料，例如插穗和穴盤苗，都特別容易藏有病蟲源。種子、鱗莖、球莖、根莖和其他貯藏器官也可能被病蟲害汙染，在種植前以熱處理能減少或消除之（Dreistadt, 2001）。

　　在溫室間或溫室內各個區域設置屏障阻擋不必要的人員或顧客進入管制關鍵區，或於風扇、水牆和通風口使用防蟲網可以排除病蟲害。選擇防蟲網時，一定要考慮其有效性及對空氣流通之影響、成本和壽命。作物繁殖區（扦插、播種等）因單位面積有相對大量的植株，所以需要最高程度的排除病蟲計畫；而待出貨成品區域則可以適度降低此種作為。針對薊馬（溫室中最小的飛行性害蟲之一），其防蟲網的網目應小於 0.0075 吋（192 微米，約 0.2 毫米）。

　　儘管大多數農作物其品種間對病蟲害的抗性差異不大，但仍建議種植抗病蟲害的物種或品種。此外，在花卉作物生產區域，所有介質均應經過巴氏滅菌法消毒，

並應採取適當的衛生措施，包括控制室內和室外的雜草、使用乾淨的容器、床架消毒，並迅速清除可能含有病原體之物品，例如枯死的植物、落葉、雜物和多餘的栽培介質。作物生產區絕不擺放多餘或個人的植物。

表 9-1　病蟲害控制備忘清單。

開始生產前

使用經巴氏滅菌法消毒或無病原體的介質
使用乾淨、消毒過的容器
定期清潔和消毒床架
定期清潔和消毒灌溉系統
清除溫室中和溫室外 10-30 呎（3-9 公尺）內的雜草
清除掉落的植物材料、介質或雜物
使用防蟲網
移除多餘或個人的植物

生產期間

仔細檢查要移入的植物材料
隔離新的植物材料
種植抗病蟲害之物種或品種
以最佳生長條件種植植物
避免過度灌溉或灌溉不足
保持水管不落地
介質保持最適 pH 和 EC
避免屋頂、機器或吊籃的水落在植物上
清晨灌溉使葉子於傍晚時保持乾燥
透過夜間通風／加熱降低溫室內溼度
利用底部灌溉或點滴灌溉以減少溫室內溼度或葉片上的水分
定期且確實巡視溫室
使用黃色和／或藍色黏蟲紙監測溫室內蟲口密度

假如問題即將或已發生

確認每種病蟲害之耐受極限
進行化學控制
交互使用不同類（型）的化學物質
使用有益生物進行防治
立即清除病蟲害嚴重感染的植物材料

環境控制（Environmental and Cultural Controls）

病蟲害整合管理的第二步是實施環境或栽培手段控制。例如在傍晚藉由通風排

除高溼度，可以減少灰黴病、露菌病和其他真菌感染，另外，傍晚略微加溫也可降低溫室內相對溼度。適當的空氣流通和保持葉片乾燥可以減少葉部病害。栽培期間應定期量測介質的 pH 值和可溶性鹽類含量〔電導度值（EC）〕，以保持最適作物生長條件，因為過高或過低的 pH 值和高 EC 都可能使植物容易發生根部或地上部病害。灌溉時應根據每種作物種類的需求保持灌溉頻率，頻率過高或過低都會對植物造成逆境，並增加病蟲害發生的可能。最好選擇使用排水良好或天然具抑制病害發生特性的介質。根腐病和冠腐病是花卉作物生產中最常見由於灌溉方法不當而誘發的問題，可以通過選擇適當的介質和適當的水、pH 和 EC 管理來減少疾病發生。

有益生物（Beneficials）

有益生物的商業供應拓展了病蟲害控制的選擇種類（Gill, 1997; Gill and Sanderson, 1998）。世界各地都在進行研究，在未來可能還會有更多病蟲害控制的選項。有益生物包括捕食性天敵（predators）、寄生性天敵（parasites）及微生物（microorganisms）。捕食性天敵會將栽培者不想要的昆蟲吃掉，例如草蛉（*Chrysoperla rufilabris*）的幼蟲會吃蚜蟲。寄生性天敵會在有害生物體內或體外產卵，例如寄生蜂（*Encarsia formosa*）會產卵在粉蝨的蛹上。微生物如病毒、細菌、真菌或線蟲可直接攻擊有害生物，例如蘇力菌（*Bacillus thuringiensis*）依照菌株不同，可殺死蛾蝶類和蕈蚋幼蟲。微生物亦可與不利的病原體競爭營養和生存空間，例如放射型農桿菌（*Agrobacterium radiobacter*）是農桿菌（*Agrobacterium tumefaciens*）——根瘤（crown gall）病原菌的競爭型抑制劑。為了有效控制病蟲害，可使用兩種或多種類型的有益生物，以利用其各自的優勢。在使用有益生物時，需排定施放計畫、給予適當環境（特別是溫度）及從可靠供應商獲得生物體。在施用有益生物時，通常需要無農藥環境，不過有些農藥，如昆蟲生長調節劑、天然植物萃取物與某些有益生物可同時使用。

經濟閾值（Economic Threshold）

所有商業作物生產者都需要在植物品質下降至金錢損失前，對作物的可忍受病蟲害數量、種類做出管理決策，此被稱為經濟閾值。如果低於閾值，則該病蟲害被認為對經濟損失上不重要。不幸的是，觀葉或觀花盆栽及切花的經濟閾值接近於

零。由於通常在室內使用，顧客便很容易注意到任何病蟲害。因此與大多數蔬菜水果不同，花卉栽培時整個植株都必須完好無損，否則輕微的病蟲害都可能在販售時或消費者購置於家中時加劇。而花壇植物之害蟲的經濟閾值較前者高，因為昆蟲通常在室外放置後會消失。此外，在栽培週期剛開始時的經濟閾值會比後期高，因為業者有時間於出售前清潔植物，但此策略具有風險，病蟲害之數量可能會加劇以致無法控制。總而言之，顧客很少能容忍購買的植物上存在昆蟲。

檢查（Scouting）

病蟲害檢查並且早期發現是病蟲害整合管理有效的關鍵。應定期巡視植株有無病蟲害，至少每週一次。規範檢查模式以便能整齊且徹底的檢查植物。每個床架選擇 10 株植物做檢測，且應含括床架邊緣及中心位置。吊盆植物及接近門口、通風口附近之植株特別容易發生蟲害，是故也應納入規範。檢查時須非常仔細，老葉及新葉的葉背、葉腋、花和芽等都需檢查。

黃色黏蟲紙可用於監測如粉蝨、薊馬、蕈蠅、蚜蟲的小區成蟲族群數量；藍色黏蟲紙亦可用於監測薊馬。黏蟲紙的使用方法為：置於植物冠叢上方 2.5 公分（1 吋），針對粉蝨則是每 93 平方公尺（1,000 ft^2）使用一張，針對其他害蟲則每 930 平方公尺（10,000 ft^2）使用一張。無論要監測何種蟲害，每個生產單元（如一個溫室小區）都應至少具一個黏蟲紙，擺放的位置垂直於空氣流動的方向，並隨植物的生長提升擺放高度。

除了定期檢查，還需要進行回報及應對處理，只識別出問題所在而不立即採取適當行動則形同不作為。儘管有些病蟲害不用立即注意，但多半在蟲口數少、危害範圍小的情形下較容易解決。定期巡視病蟲害可減少農藥的使用（Cloyd and Sadof, 2003）。檢查人員需有足夠的知識及良好的記錄習慣，方能使生產者判讀病蟲害發生模式，以預測並制定未來問題之應對計畫。

化學藥劑（Chemicals）

化學藥劑是傳統病蟲害防治的主要方法之一，但成本、抗藥性、可取得性及環

境問題，讓現今大多數人將注意力集中在前述非化學性病蟲害管理方法上。

用藥安全（Pesticide Safety）

　　所有化學藥品，不只是農藥，生長調節劑、清潔用品、有機化學藥物等都應小心處理。許多國家／地區制定了有關藥物使用（特別是農藥）的相關法規，以保護操作人員的安全。在美國，聯邦工人保護標準（WPS）的法規是最重要的，大多數州或地方政府還訂有額外的安全或許可要求，使用者和監督者都須獲得許可證或經認證方可使用。遵守以下十點要項，則企業將能滿足 WPS 的多數要求（Faust, 1995）。

　　1. 集中公告欄

　　公告欄必須設置於所有員工均可看到的位置，公告欄必須包含以下訊息：

- WPS 安全海報：由美國政府印刷局索取。
- 緊急醫療資訊：列出最近的醫療機構之名稱、地址和電話號碼。
- 農藥應用清單：下列資訊應於農藥施用後保持 30 天，如產品名稱、環保署註冊號碼、藥品活性成分、藥品施用量、施用位置、施用時間以及限制進入期間（restricted entry interval, REI），施用者之姓名及許可證號也應公告在上面。
- 農藥標籤和物質安全資料表（MSDS）：環保署要求生產者向工人提供農藥標籤，MSDS 可從化學藥品供應商取得。

　　2. 施藥安全培訓

　　在執行任何工作前，必須對施藥人員進行農藥安全性和處理方面的培訓，在員工工作的第一週，必須對其進行施藥安全培訓，相關培訓協助可洽詢當地政府部門。

　　3. 去汙場所

　　提供水進行常規或緊急眼睛及全身沖洗，並為每一施藥者提供乾淨的工作服、飲用水及一磅的洗眼液（圖 9-1）。去汙場所必須在所有員工的 400 公尺（0.25 哩）內，但不能於農藥處理區域內或 REI 區域內。

　　4. 緊急救助

　　提供前往醫療機構的交通，並向傷者及醫護人員提供農藥資訊。

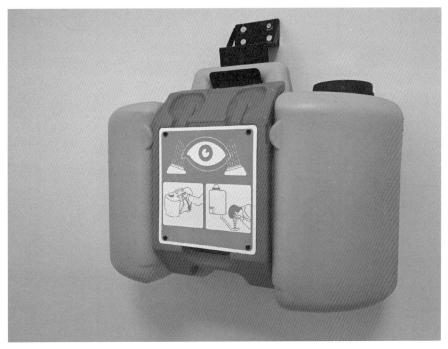

圖 9-1　為施藥者提供洗眼液。

5. 環保署批准的警告標誌

警告標誌之大小為 36×41 公分（14×16 吋），標語必須包含「農藥」、「危險」及「禁止進入」，並帶有緊張的臉或舉起手的圖案，且在各入口皆清晰可見。可與當地政府部門聯繫取得適當標誌的相關幫助。

6. 監視處理過程

必須有人至少每兩小時以目視或語音通訊與施藥人員保持聯繫，特別是當藥劑標示有骷髏記號者。而以燻蒸方式處理之藥劑，則必須隨時以語音或目視監管。監管者必須是經過訓練的施藥人員，且可立即取得個人防護設備。

7. 個人防護設備（**Personal Protective Equipment, PPE**）

包括工作服、呼吸器、防護眼鏡、耐化學藥劑腐蝕服裝、手套、鞋子、圍裙和帽子，遵循農藥標籤上的 PPE 要求，若不確定，宜採用最嚴格的個人防護設備。確保呼吸器配戴正確。一般而言，蓄鬍者無法配戴呼吸器。必須提供一個無農藥汙染的區域以貯藏未使用的個人防護設備，不可讓防護設備被攜帶或穿戴回家中。個

人防護設備應與其他衣物分開清洗及貯藏。呼吸器應依製造商或農藥標示規定定期更換。

呼吸器可以單獨或與防護面罩合併使用。呼吸器應時常清潔及檢查，並定期更換濾片（即使未使用）。使用前須確定貼合度，漏氣檢查是將呼吸器確實配戴後呼吸數次確定密閉、空氣皆由濾嘴進出。

手套應由橡膠或聚乙烯塑膠製成且無縫。務必檢查農藥標示，因爲有些化學藥物會溶解手套。施藥時若不會舉起手臂，手套戴在袖子內即可；若施藥時手必須高舉過頭，則手套應戴在袖子外。

鞋子亦應無縫且以不透水橡膠材質爲主。勿穿著會吸收化學藥物的皮鞋或布鞋。褲腳應套在鞋子外，防止藥劑流進鞋子內和腳上。

施用藥物時，勿著無法保護皮膚的短袖、短褲或涼鞋，因無法確實保護施藥者。施藥時應著襪。穿戴手套脫除防護設備時，要注意避免汙染手部。施藥期間穿著的衣物應與普通衣物分開洗滌，且不將個人防護設備放置在農藥貯藏室，因爲衣物會吸收化學物質。此外，也有可能發生藥物翻倒或火災而必須使用個人防護設備。

8. 限制進入期間

在限制進入期間時，所有工作人員都必須遠離施藥區域。需注意所有的農藥都有限制進入期間，甚至是一般被認爲是有機資材的蘇力菌亦有限制時間。家用農藥的某些成分，如礦物油、硼砂和矽藻土（diatomaceous earth）也有限制。

9. 提早進入

提前進入噴藥區因涉及接觸土壤、水、空氣或植物等，僅限少於一小時的工作或緊急情況，得允許提早進入噴藥區。雇主應提供噴藥區內使用藥物對應所需的個人防護設備。若提前進入不涉及接觸上述可能含藥物者且少於一小時，應在上次噴藥後超過 4 小時方能放行。且符合農藥標籤上所述聯邦工人標準通風標準或吸入性暴露標準。

10. 溫室通風標準

具體要求參照農藥上的標籤，若標籤上無標示，則提供以下之一：

‧10 小時氣體交換。

‧4 小時被動通風（換氣口）。

．2 小時機械通風（風扇）。

．11 小時無通風，然後機械通風 1 小時或被動通風 2 小時。

．24 小時無通風。

　　此列表僅是 WPS 標準的摘要，相關完整訊息之取得，請與聯邦政府辦公室聯繫。

藥物貯藏與混合區域（Chemical Storage and Mixing Areas）

　　藥物貯藏區域應夠大，以容納農藥、化學肥料、植物生長調節劑和清潔用品。而液體的化學藥品應置於固體化學藥品下，以防洩漏時汙染下部容器，化學性吸收布應放在液體藥品的容器之下。化學藥品不應直接存放在地板上，以免任何容器破裂而藥品洩漏至門或牆外。藥物貯藏區應盡可能具備防洪或防震能力，雖然藥品貯藏區以獨立一棟為佳，但部分州區規定棚屋亦可。貯藏區之建築或房間須可上鎖，且僅有少數人可取得鑰匙。空間內應通風良好，必要時提供加溫或降溫設備，以維持 13-18°C（55-65°F）的溫度環境（Cloyd, 2003）；應採光良好但須避免陽光直射；相對溼度須保持在 40%-50%。藥物貯藏區域中須張貼緊急電話號碼清單，如警察局、消防局、醫院、毒物資訊中心和廢棄物處理中心等，及貯藏藥品之完整資料（務必定期更新），且須在其他場所放置相關影本或副本，以利緊急情況發生時相關人員能知道內含藥品。貯藏區外並清楚標示其為農藥貯藏區，張貼政府認可之標誌，以在發生火災時警告消防人員。混合藥物或在溫室施用藥物時，應將門上鎖，以防不知情者進入。

　　購入藥物後於容器外標示日期。根據化學藥品的不同，貯藏時間會有變化，但多數液體藥劑可安全存放 2 年，乾燥藥劑能存放 3-5 年。化學藥品開始分解時會根據特性而有不同變化，乳劑若在容器內分層、底部有無法溶解的泥狀物或加到水中後不會溶解則不得使用；可溼性粉劑在混合前或混合後結塊、將阻塞噴頭或無法呈水懸狀亦不可使用。

標籤和物質安全資料表（Labels and Material Safety Data Sheets）

　　遵守農藥標籤上的指示，是安全用藥和遵守環境法規的第一步。物質安全資料表（MSDS）則是栽培者第二必須取得的資訊。包含所有使用化學物質的 MSDS 資

料夾須放在隨時可取得之處，MSDS 與安全標籤不應與化學藥品一同放置，否則發生緊急事故時會無法及時獲得藥品資訊。

安全標籤和 MSDS 包含各種資訊，包括商品名稱、化學名稱（發生意外中毒時特別重要）、製造商名稱及其地址和電話號碼、用藥後最短再進入時間、施用程序、可使用該藥品之作物、發生外洩或中毒事件時之處理程序、中毒之症狀及毒性等級。

以下毒性等級顯示使用該化學藥品的危險等級及使用該化學藥品所需的最低防護等級。等級部分以 LD_{50}（半致死劑量）為基準，LD_{50} 定義為在 14 天內殺死 50% 的測試族群（如大鼠、小鼠、兔子）所需的農藥量。LD_{50} 愈低，該物質毒性愈大，殺死 50% 測試族群所需的量愈少。LD_{50} 的單位是每公斤生物體重使用的口服或皮膚接觸的化學物質毫克數。毒性等級的 LD_{50} 如下：

注意──輕度毒性，LD_{50} = 500 毫克及以上。

警告──中度毒性，LD_{50} = 50-500 毫克。

危險──劇毒，帶有骷髏和交叉骨標記，LD_{50} = 0-50 毫克。

農藥容器（Pesticide Containers）

農藥必須放在原始容器內，若有容器中含有未知的藥品，必須立即妥善處理掉，因為無標籤或標籤模糊的藥品很容易導致危害工人或作物的事故發生。若需要適當的處理，應聯繫政府機構或化學藥品供應商尋求建議。

標誌（Signs）

所有出口、化學藥品貯藏和混合區域均應清楚標示。所有員工都應可以隨時獲得 MSDS 資料夾及化學用藥清單（或紀錄），且擺放位置要清楚標示。使用過化學藥品的區域必須清楚張貼告示，告知藥品名稱、用藥濃度以及可重新進入該區域之時間。

設備（Equipment）

現在有多種可供栽培者使用的化學用藥設備，須根據用藥的化學物質（如：殺蟲劑、殺菌劑、除草劑或生長調節劑）對設備加以標示，以防汙染意外。特別是下

述兩者必須使用獨立的設備施用：(1) 具植物毒性的除草劑和 (2) 不利植物生長的生長調節劑，若無法獲得獨立的設備，則必須在化學藥品切換使用時，將設備清洗乾淨，最少於用藥後沖洗三次，並按照本章 295 頁「處理／清潔」的說明清理沖洗液。也有專門用於清潔設備的化學藥劑。

噴霧器可小至手持型噴霧瓶，亦可大至動力式噴霧設備（圖 9-2）。噴霧瓶的容量為 0.25-0.50 加侖（1-2 公升），可於小面積應用且只需最少量的化學藥品，但相對地，少量的化學藥品較難準確量測。

手動泵壓力噴霧器的容量為 2-6 加侖（8-24 公升），較適合小型溫室，但手提此類噴霧器會讓使用者容易疲勞。購買品質較好的手動泵壓力噴霧器就長期而言會較划算，因為便宜的噴霧器容易損壞。

背包型噴霧器的容量為 4-10 加侖（12-30 公升），使用起來更舒適，背包型噴霧器的價格通常與品質好的手動泵壓力噴霧器價格相似。

燃油或電動型動力噴霧器的容量為 12-100 加侖（48-400 公升），適合大型的溫室或苗圃使用。大多數動力型噴霧器具備自動攪拌功能，還可與多頭噴嘴配合使用。使用燃油動力型的噴霧器須注意其所排出的廢氣，因為可能使某些作物受到損害。

細霧或超低量（ultralow-volume, ULV）噴霧器所噴出的液體比常規噴霧器更細、更輕，更容易穿透葉冠，因此在相同藥劑用量下，有較好、較大的覆蓋範圍。

靜電噴霧器透過在微小的噴霧上施加正電荷來增加覆蓋率，這些噴霧被吸引至帶負電荷的植物組織上，使噴霧可附著在植物的所有部位上，包括葉背。噴施於植株特定部位時，靜電噴霧器的用藥量較常規噴霧器少。部分農藥的有效性會因使用靜電噴霧器而提高，不過多數不論使用何種噴霧器效果皆相似（Tjosvold and Greene, 1997）。

起霧器則是透過將農藥注入熱管或熱氣流中蒸發使用，大多數起霧器使用油基載體，而可能毒害作物。起霧器可產生肉眼可見的霧，因此很容易估算完整的覆蓋範圍。起霧器的發煙口須正對走道或床架下方。霧劑若與作物直接接觸，容易沉積過多農藥，熱氣也會灼傷植物。

硫燃燒器雖然不常被認為是溫室設備，但其可控制白粉病，也有可能幫助氧化

部分農藥。在溫室中以此種方法施用農藥可能在某些區域不合法，因此使用前須和政府單位或農藥供應商聯繫。

　　顆粒分配器的應用則是於每個容器中加入一定量的顆粒農藥，是勞動密集型的設備，因為需要每個容器分別處理。請勿用手持式肥料分配器施用顆粒型農藥，因為手持式肥料分配器用量過大且不符法規，可能會增加植物毒害或意外中毒的機會。

圖 9-2　　電動噴霧器。

農藥作用（Pesticide Action）

　　農藥根據其作用方法可分為兩類：接觸性或系統性。接觸性農藥使用時，須直接接觸有害生物的身體或直接攝入。系統性農藥則被植體吸收（多半從根部），並運送到整株植物內，而當有害生物食用或吸收植體時則受其影響。儘管系統性農藥能控制較難以其他方式控制的病蟲害，但其實許多植物器官如花朵、木質莖及老葉，通常不容易吸收系統性農藥。

時機（Timing）

　　通常在出現病蟲害後立即用藥。根據農藥的殘藥時間、有害生物的生命週期、

農藥作用方法之不同，通常施用三次，每次間隔 5-7 天。

農藥配方（Pesticide Formulations）

化學藥劑有很多配方，並且有些化學藥品可由多種配方獲得。採用配方可從多方面考量，如施用難易度及植株覆蓋率。難易度包含施用時所需的勞力及清潔設備所需的時間。而覆蓋率則指處理完整株植物的難易程度，尤其是葉背。

可溼性粉劑（Wettable Powder, WP）

可溼性粉劑為粉末狀固體顆粒懸浮於水中，使用時將該溶液噴在植物上，且使用時須持續攪拌以保持顆粒懸浮於水中，並可能需要加入表面活性劑使其能有更好的覆蓋率。表面活性劑降低了水的表面張力，以避免農藥溶液形成水珠而流走。可溼性粉劑可能會磨損設備的噴頭，因此需要定期更換設備的噴頭。可溼性粉劑也可灌施。水懸劑（flowable, F）是包含可溼性粉劑的液態產品，可避免配藥過程中的粉塵。亦有將可溼性粉劑裝入可溶解包裝袋之產品，可用於 100 加侖（375 公升）的大型噴施系統，幾乎沒有配藥需求。

・使用難易度──相對較難，需持續攪動農藥溶液，用藥後的設備難清洗。

・植物覆蓋率──熟練的施藥者可做到完全覆蓋率。

・可用的農藥種類──多。

・殘留──中等，在不同化學藥品間有所不同。

・潛在藥害性──最低。

乳劑（Emulsifiable Concentrate, EC）

乳劑為農藥溶解在油中，並非在水中乳化，將該溶液噴在植物上時通常不需要使用表面活性劑，此類配方亦可灌施。

・使用難易度──考量混合藥液及設備清潔之難度為中等。

・植物覆蓋率──熟練的施藥者可做到完全覆蓋。

・可用的農藥種類──多。

・殘留──低。

・潛在藥害性──高。

粉劑（Dusts, D）

將農藥成分製爲粉末狀固體，常與滑石粉之類的填料混合使用，直接撒於植物表面。由於涉及大量勞力、飄散及殘留的問題，商業栽培上較少使用此種藥劑，而多見於一般家庭用藥。

‧使用難易度——小範圍內容易使用。

‧植物覆蓋率——僅上表面。

‧可用的農藥種類——很少用於商業上。

‧殘留——多。

‧潛在藥害性——最低。

噴霧劑（Aerosols, A）

農藥包含在以壓縮氣體爲推進劑之瓶中，有兩種類型：(1) 手持型小型容器，可手動噴灑和 (2) 完全釋放容器，氣瓶會自動釋出內容物。通常於 15-29°C（60-85°F）使用噴霧劑，並須注意噴霧劑是冷的，可能會凍傷施藥區域之作物，因此噴灑時須注意噴口與作物間的距離。

‧使用難易度——容易。

‧植物覆蓋率——僅上表面，通常用於控制具飛行能力成蟲。

‧可用的農藥種類——少。

‧殘留——少。

‧潛在藥害性——中等，若葉片潮溼則較高。

霧劑（Fogs）

透過將藥劑注入熱管或以熱氣流使農藥蒸發，通常於 15-29°C（60-85°F）使用。

‧使用難易度——考量混合溶液和清潔設備之難度爲中等。

‧植物覆蓋率——可達完全覆蓋。

‧可用的農藥種類——中等。

‧殘留——少。

‧潛在藥害性——高（多因載劑具植生毒性），若葉片潮溼且溫度高於 29°C（85°F）則更高。

煙劑（Smokes）

農藥包含於可燃性載劑中，點燃後散出。通常於 15-29°C（60-85°F）使用。

・使用難易度——容易。

・植物覆蓋率——可達完全覆蓋。

・可用的農藥種類——少。

・殘留——少。

・潛在藥害性——若植物表面乾燥且溫度低於 29°C（85°F）則較低。

粒劑（Granules, G）

將農藥加入顆粒載體中，例如粉碎後的玉米穗稈，施用於介質表面，當澆水時，藥劑由顆粒中釋放，藉作物根部吸收。許多粒劑型農藥爲系統性農藥。多半不會有藥劑飄散問題，可安全使用。

・使用難易度——困難，勞力需求大。

・植物覆蓋率——系統性農藥則完整。

・可用的農藥種類——少。

・殘留——無。

・潛在藥害性——中等。

揮發（Volatilization）

農藥被加熱並直接揮發至空氣中，此類藥劑通常配合使用硫燃爐，其合法性需事先查明。

・使用難易度——容易。

・植物覆蓋率——可達完全覆蓋。

・可用的農藥種類——少。

・殘留——小。

・潛在藥害性——中等。

除上述外，還有其他配方甚至是組合式複方（表 9-2）（Oetting and Olson, 1997）。一種新穎的方法是在容器內塗上含系統性農藥的塗料，此方法能夠減少農藥的使用量及勞力成本（Pasian et al., 1997），但該方法尚未獲政府批准，也需考慮帶有藥劑盆器的廢棄處理問題。

表 9-2　農藥配方之術語（Oetting and Olson, 1997）（部分名稱已較少使用）。

	縮寫
Bait 餌劑	B
Dispersible granules 分散型粒劑	DG
Dust 粉劑	D
Emulsifiable 乳劑	E
Emulsifiable concentrate 乳劑	EC
Emulsifiable liquid 乳劑	EL（少用）
Flowable 懸劑	F
Flowable concentrate 懸劑	FC（少用）
Flowable microencapsulated 微膠囊懸劑	FM（少用）
Granules 粒劑	G
Liquid 液劑	L
Liquid concentrate 液劑	LC（少用）
Microencapsulated 微膠囊劑	M（少用）
Soluble powder 可溶性粉劑	SP（少用）
Sprayable concentrate 噴劑	SC（少用）
Water-based concentrate 水性濃縮劑型	WBC（少用）
Water-dispersible liquid 水懸劑	WDL（少用）
Water miscible 水溶劑	WM（少用）
Water-soluble bags 水溶性袋裝劑型	WSB
Water-soluble packets 水溶性包裝劑型	WSP
Wettable powder 可溼性粉劑	WP

農藥相容性（Pesticide Compatibility）

　　混合兩種或多種化學藥品或能提高施藥有效性，但可能會導致病蟲害對化學藥品產生抗性的速度更快。除非確定藥品能相容，否則不要混合農藥，混合前請諮詢農藥供應商或政府機構，以確定可以同時使用那些農藥。若混合不相容之農藥可能會對作物產生毒害，或使農藥的效力下降、形成不溶性沉澱物，並可能對人體產生毒害。若要測試相容性，可將農藥混入水中後，取出一部分置於大玻璃瓶內觀察15-25 分鐘，若農藥相容，則溶液看起來會是均勻的狀態；若兩者不相容，農藥間

會產生明顯的分層。

處理／清潔（Disposal/Cleaning）

施藥前儘量精確的計算所需用藥量，以減少最後剩餘的藥劑，施用時也儘可能將藥品施用完畢。施用後將設備沖洗三次，再以可中和施用農藥的清潔劑最後處理一次。已清潔完畢的噴施容器要交置於認可的回收場。相關建議請與政府單位聯繫取得。

病蟲害的抗藥性（Pest Resistance to Chemicals）

許多昆蟲和真菌已對一種或多種農藥產生抗藥性，之所以會產生抗藥性是因為沒有任何一種農藥能 100% 的控制昆蟲或病害。例如：第一次用藥能夠殺死族群的 90%-95%，而其餘 5%-10% 可能由於覆蓋不完全或濃度不適當而得以倖存，當抗性倖存者繁殖時，其後代的一部分也將具有抗性，因此同一農藥下一次的施用可能僅能控制下一代族群的 80%-85%，此過程會一直持續到農藥明顯無效為止。

因此可透過交替使用不同化學類別的農藥來減少抗藥性的發生，因為對一種農藥具有抗藥性的生物，可能對另一種農藥沒有抗藥性。害蟲對一種農藥的抗藥性增加了其對同類型農藥產生抗藥性的可能。不同種類化學農藥的例子包含植物性成分、氨基甲酸鹽、有機氯烴類、昆蟲生長調節劑、無機物、微生物、油、除蟲菊精類、有機磷酸鹽和皂類。透過施加正確的濃度及完整的覆蓋率、各種農藥種類間的輪替使用以及需要時才使用農藥，才能有效降低抗藥性的發生。若某種農藥似乎無效，則先排除其他可能的原因，才能確保是抗藥性問題（表 9-3）。當有害生物對農藥產生抗藥性時，可能須採取不同的措施，例如種植其他作物、採用具更強抗性的作物品種，或甚至暫時關閉整個溫室進行消毒。

表 9-3　許多手法及因素會影響農藥控制目標病蟲害的效果，若農藥施用似乎無效，請參考以下一個或多個原因。

· 覆蓋率不足：在大多情況下，農藥必須噴到蟲害身上才有效。若農藥僅噴灑至葉片上部可能對葉片下面的蟲害無影響。

· 使用不正確的農藥：請確保要使用的農藥能控制目標害蟲。若是使用生長調節劑，其生效較慢，在使用初期可能不會有明顯效果。

（續下頁）

- 農藥使用時須攪拌：均勻的溶液才能有最佳效果。農藥溶液會隨時間而逐漸沉降，因此底部濃度偏高，因此施用時可能會有某些區域所噴施的農藥濃度較低，而某些區域濃度較高而產生藥害。
- 用藥時間不正確：害蟲在早晨或傍晚較活躍，在此時段用藥可能更為有效。此外，藥物噴灑後乾燥較快的時段施用農藥，效果可能較不佳。
- 用藥時間間隔過長：兩次用藥之間的時間過長可能會使倖存昆蟲大量繁殖，尤其在溫暖的天氣中繁殖得更快，因此冬季有效的用藥頻度不一定適用於夏季。殘藥期也應列入考量，有些藥物會有相對較長的殘留期。
- 水的 pH 值過高：高 pH 值可能會降低某些農藥的效力，最適的水 pH 值為 4-6。
- 不相容的農藥混合使用：混合不相容之農藥可能導致化學藥品效果下降或形成沉澱物。
- 混合不正確：農藥混合的濃度不足。每次都要檢查計算結果及流程。
- 藥品老舊：除非另有說明，否則農藥應於購入後 2-3 年內用畢，尤其是未能將其保存於合適環境時。
- 農藥需要表面活性劑：有些農藥需使用表面活性劑才能提高使用率，務必確認商品說明。
- 抗藥的害蟲：通常噴藥後無效第一時間常認為是發生抗藥性，但請先確保上述條件均不適用。可透過輪換使用不同種類化學藥物及正確使用，以延後抗藥性的發生。

藥害（**Phytotoxicity**）

使用任何化學物質來控制病蟲害或調節作物生長都有可能發生藥害。因此在對作物施用化學藥品前，先檢查標示以確認該藥品是否適用於此作物。植物藥害的症狀包含以下一種或多種：花、芽體或新葉邊緣壞死、褪色或斑塊斑點，又或畸形或枯萎（圖 9-3）。

增加植物藥害發生的因素有很多。花瓣、苞片或幼葉比成熟的組織更為敏感，更容易受損。遭受水分逆境或其他逆境時，對化學損傷更敏感。隨著溫度的增加，藥害發生的機率隨之上升，以 18-27°C（65-80°F）是最安全的溫度範圍；溫暖時期，需在清晨（上午 10 點前）或傍晚施用藥物，以避免溫室內溫度過高。當葉片潮溼時，若使用霧劑、煙劑、噴霧劑或揮發型藥劑，也可能引發藥害。不可隨意將兩種或多種化學藥品混合使用，皆須進行充分測試後方可施行。施用濃度不得高於推薦濃度，且僅在需要時才加入表面活性劑。最後，確認施藥設備從未用於噴施殺草劑及將化學藥品均勻施用於作物。苗期藥害會因再長出新的葉片而掩蓋受損組織，但受傷部位可能容易感染灰黴病（*Botrytis*）。

圖 9-3　對菠菜施用藥劑後產生藥害。

昆蟲和動物害蟲（Insects and Animal Pests）

　　本節列出了溫室中常見的幾種昆蟲或相關生物，包含了該物種的生命週期，但每個生長階段的實際時間將取決於溫度；通常溫度愈高，每個世代或每個生長階段愈快結束，使有害生物族群增加得愈快。戶外栽培通常會遭受更多種溫室不會發生的病蟲害。

蚜蟲（Aphids）

　　蚜蟲是常見的害蟲，當族群大量產生時，便會對作物造成損害。最常見的兩個物種是桃蚜（*Myzus persicae*）和棉蚜（*Aphis gossypii*）。及時發現蚜蟲且族群數量較少時，可用手去除或以較強水柱沖洗。蚜蟲分泌的蜜露可能會導致煤煙病。蚜蟲的身體柔軟，具有翅及無翅兩種形態，顏色可能有黃綠色、深棕色再到紅色，視食物來源而定。目前蚜蟲已對多種農藥產生抗藥性，因此很難控制。

· 寄主範圍──非常廣。

· 取食行為──透過刺吸芽梢、芽體和葉片取食。

· 造成損害──導致芽梢、芽體及葉片變形或捲曲。

· 控制方法──可空中施用接觸式殺蟲劑、系統性殺蟲劑或有益昆蟲，如寄生蜂
（*Aphidius colemani*）、食蚜蠅（*Aphidoletes aphidomyza*）、草蛉（*Chrysoperla carnea*、*C. rufilabris*）、瓢蟲（*Harmonia axyridus*）或白僵菌（*Beauveria bassiana*，寄生型真菌）。

· 生命週期──蚜蟲通常會生下雌性若蟲，這些若蟲可以成熟並在 7-10 天內開始繁殖，一隻雌性的蚜蟲在 30 天內可繁殖 50-100 隻幼蟲，當環境擁擠或食物來源不足時會產生有翅的雌性個體，來進行較遠距的移動。在戶外，雄性和雌性會在秋天進行交配繁殖並產卵進行越冬。

蕈蠅和水蠅（Fungus Gnat and Shore Flies）

蕈蠅（*Bradysia* spp.）成蟲之觸角比頭長，體型較水蠅小，翅脈由翅膀中段開始呈 Y 字型展開至尾端。幼蟲則透明或白色，有黑色的頭部。水蠅（*Scatella stagnalis*）成蟲觸角短於頭部，體型較蕈蠅更大、更圓潤，翅膀上有 5-7 個白色斑點，且翅脈為平行脈。水蠅幼蟲多為淡褐色，頭部不明顯。這兩種昆蟲除了成蟲會降低消費者購買的吸引力外，蕈蠅之幼蟲會取食作物埋於介質中的根、莖及葉組織；而水蠅之幼蟲一般而言不會破壞作物組織，但其成蟲糞便會積在葉片上，因此仍要小心水蠅危害。不過，蕈蠅也曾被認為只是個惱人的昆蟲而非害蟲。在含有泥炭土、樹皮及大量水分的培養土特別有利於蕈蠅族群繁衍，特別是在作物繁殖區，幼蟲以床架下的藻類及有機物為食。蕈蠅幼蟲不僅對植物體直接造成損害，還可能傳播病原，如根腐黴（*Pythium*）或根串珠黴（*Thielaviopsis*）。水蠅也有傳播病原的可能。

· 寄主範圍──常存在於介質或床架下的藻類、落葉及其他殘體中。

· 取食行為──蕈蠅幼蟲以植物根尖、插穗未癒合基部或貯藏器官為食。

· 造成損害──使幼苗或插穗受到損害，造成作物葉片黃化、落葉甚至死亡。產生症狀容易與根腐病混淆。

- 控制方法——對介質灌施殺蟲劑或介質表面撒布粒劑可控制幼蟲，空中施用接觸型殺蟲劑可殺滅成蟲。另一方面，以氫氧化鈣、硫酸銅或溴抑制藻類生長。管理範圍包括床架、走道、床架下及植物材料等。清除掉落的植物殘體、介質及其他雜物。增加水平方向空氣流通和株距。從手澆、噴灌系統、局部噴灌改為底部灌溉系統，如潮汐灌溉、槽式給水，可以減少溫室內藻類生長及表面介質溼度。亦可以有益昆蟲進行防治，如：蟲生線蟲（*Steinernema feltiae*、*Steinernema carpocapsae*）、捕食蟎（*Hypoaspis miles*）或蘇力菌（*Bacillus thuringiensis* var. *israelensis*）。

- 生命週期——蕈蠅成蟲到成蟲的生命週期約為2.5-4.0週，一隻成蟲的壽命約7-10天，約可產下100-150粒卵。卵在4-6天孵化成幼蟲，在10-14天後成蛹，再3-4天成蟲即出。水蠅由卵成長至成蟲約需15-20天（Cloyd, 1997）。雌蟲可產下300-500粒卵，卵會在2-3天孵化成幼蟲，幼蟲於7-10天後成蛹，並於4-5天後羽化，成蟲約可活3-4週。

潛葉蠅（Leaf Miners）

潛葉蠅害如果在溫室發生，將很難控制。幼蟲會在植物葉片組織中鑽洞，並受到葉片上表皮和下表皮的保護。因此購買乾淨的植物材料相當重要，在栽培時需檢查易受潛葉蠅侵害的作物葉片。成蟲體型小、暗色，有翅蠅狀。

- 寄主範圍——較小，常見於菊花、長壽花和樓斗菜。
- 取食行為——取食葉片皮下組織。
- 造成損害——葉片遍布異樣花紋，嚴重時植物生長停滯。
- 控制方法——防治上相當困難，已有許多具抗藥性的族群，且幼蟲生活於葉片組織中。可透過系統性農藥控制幼蟲，定期空中施用接觸型農藥可殺滅成蟲。具有滲透移行性（穿透植物組織）特性的農藥，在防治潛葉蠅上較有效。
- 生命週期——成蟲到成蟲間的生命週期大約為4-5週。成蟲的壽命約為2-3週，期間約可產下100多粒卵，卵在5-7天孵化成幼蟲，幼蟲14天後成蛹，約兩週後羽化為成蟲。

粉介殼蟲（Mealybugs）

　　粉介殼蟲害在商業溫室中較少發生，但會於需要長期維持植物材料的母本園或具有成熟植物材料的標本園中大量繁殖。有些粉介殼蟲會在取食過程中向植物注入有毒的物質，導致植物黃化。此外，粉介殼蟲會分泌蜜露，導致煤煙病。粉介殼蟲外型扁平、身體柔軟、無翅，其特色是外被蠟質白色粉末。

．寄主範圍——廣。

．取食行為——透過刺吸芽梢、葉片、芽體及根取食。

．造成損害——使芽梢、葉片和芽體黃化變形，嚴重時導致全株黃化。

．控制方法——粉介殼蟲成蟲外表具蠟質保護，較難防治。可重複噴施或灌施接觸型農藥殺死尚未形成蠟質、剛孵化的若蟲。系統性農藥則對成蟲及若蟲皆有效。可使用瓢蟲（*Cryptolaemus montrouzieri*）或寄生蜂（*Leptomastix dactylopii*）等有益昆蟲對粉介殼蟲進行一定程度的控制。

．生命週期——成蟲到成蟲間的生命週期大約為 6 週至 2 個月。雌蟲可產下 300-600 粒卵，卵在 7-10 天會孵化成若蟲，若蟲階段約 6-8 週。部分種類粉介殼蟲會直接產下幼蟲（Cloyd, 1998）。

蟎（Mites）

　　最常見的蟎是二點葉蟎〔紅蜘蛛（*Tetranychus urticae*）〕，當族群數量高時會結網（圖 9-4），此時危害通常極為嚴重。在高溫且乾燥的環境中，二點葉蟎會族群暴增，仔細沖洗植株以減少蟲口數，及在溫室走道潑水提高相對溼度，是蟎類藥劑普遍前降低蟎害發生的主要方法。二點葉蟎並非昆蟲，而近似蜘蛛及蠍類。檢視有無蟎害更準確的方法是在白紙上拍打植株。此外，葉片觸摸時會有砂質感。二點葉蟎的顏色有紅色、綠色或是黃色，體背兩側各具一深色斑點，因而命名。另外還有路易氏始葉蟎（*Eotetranychus lewisi*），外觀及習性皆與二點葉蟎相似，但以危害聖誕紅為主，此與二點葉蟎大為不同。仙客來蟎（*Phytonemus pallidus*）體型更小，肉眼不易看見。仙客來蟎與二點葉蟎不同，較偏好高溼（80% 以上）及涼溫（16°C）。雖名仙客來蟎，但也會對其他植物造成危害。

．寄主範圍——廣。

- 取食行為──透過刺吸芽梢和葉片取食。

- 造成損害──二點葉蟎多棲息於葉片背面，造成葉片黃化及產生細小壞疽斑點。仙客來蟎多吸食芽組織，造成幼芽及新葉扭曲，使發育遲緩，此症狀常與微量元素缺乏混淆。兩者若危害嚴重甚至可使大植株死亡。

- 控制方法──困難，因蟎類有許多生活階段具有抗藥性。而且蟎類棲息部位多半很難噴藥。例如仙客來蟎會深入芽體組織，二點葉蟎躲在葉片背面。完整徹底的空中施用接觸型農藥可能可以有效防治，而系統性農藥則不一定有效。亦可使用捕食蟎（*Neoseiulus californicus*、*Phytoseiulus persimilis*、*P. longipes*、*Neoseiulus fallacis*）、癭蠅（*Feltiella acarisuga*）或捕食性甲蟲（*Metaseiulus occidentalis*、*Stethorus punctum*）等有益昆蟲進行防治。低溫、高溼環境可以減緩二點葉蟎的繁殖及傳播。

- 生命週期──在高溫、乾燥的環境下，蟎由卵到成蟲僅需7天；但在21°C（70°F）環境下，生命週期為 20 天。雌蟲平均可產下 100 粒卵，卵在 2-8 天後會孵化成幼蟲，接著進入約 1.5 天的靜止期，接著重複此過程 3 次後發育為成蟲。仙客來蟎在其 4 週的生命週期中可產下最多 100 粒卵。約於 4 週後發育為成蟲。

圖 9-4　紅蜘蛛於玫瑰上結網。

介殼蟲（Scale）

　　介殼蟲與粉介殼蟲一樣，在商業溫室中不常造成主要危害，但在週期長的觀葉植物生產場或具有成熟植物材料的標本園中族群逐漸增大。介殼蟲家族種類繁多，軟蚧型多會分泌蜜露，並造成煤煙病。大部分的介殼蟲不顯眼，因此在被注意到前有機會大量繁殖。多數種類的介殼蟲在成熟期具有光滑的保護層，多為黑色或褐色，並且不具翅或足。

．寄主範圍──非常廣。

．取食行為──透過刺吸地上部（尤其莖和葉柄）取食。

．造成損害──植物生長發育遲緩，新梢畸形和葉片黃化。

．控制方法──困難，由於介殼蟲成蟲外表具堅硬的外層或蠟質保護。重複使用接觸型殺蟲劑處理若蟲可有效防治，而系統性農藥對成蟲防治有效。

．生命週期──從卵到成蟲的生命週期大約為 6 週至 1 年，不同種的介殼蟲之生命週期有所差異。有些種之介殼蟲沒有雄蟲，而雌蟲會直接產下幼蟲或於殼內產卵；有些種之雄蟲具足及一對翅，沒有口器，只能繁殖。不管是卵孵化或直接產出的若蟲，皆具有足，在誕生後 2 天內四處爬行尋找食物來源。選定位置後會開始形成外殼並經歷數次蛻皮，足會在第一次蛻皮後消失。

薊馬（Thrips）

　　在會傷害作物的薊馬種類中，以西方花薊馬（*Frankliniella occidentalis*）最為麻煩，其會傳播番茄斑點萎凋病毒和鳳仙花壞疽斑點病毒。薊馬身長不到 0.13 吋（3 毫米），具兩對翅，有黃色、棕色或黑色。檢查薊馬可剖開花部或在白紙上拍打植株部位。

．寄主範圍──非常廣。

．取食行為──透過刺吸植物組織，尤其是花朵和嫩葉，取食汁液。

．造成損害──花朵及葉片上遍布銀絲或使新梢扭曲，在深色花瓣上損害尤其明顯。

．控制方法──每 3-5 天空中施用一次接觸型農藥可有效防治，系統性農藥通常無法發揮作用。亦可用椿象（*Orius insidiosus*）、捕食蟎（*Neoseiulus cucmeris*、*N.*

degenerans、*Hypoaspis miles*）或白僵菌（*Beauveria bassiana*）等防治。夏季將溫室通風口及冷卻系統關閉，使溫室內溫度升高，亦可消滅溫室內之薊馬族群。以 40°C（104°F）和 10% 相對溼度處理 4 天，可殺死 100% 的西方花薊馬（Will and Faust, 1997）。

· 生命週期——從卵到成蟲僅需 2 週，一隻雌蟲可產 150-300 個卵，並可存活 27-45 天（Cloyd and Sadof, 1997）。卵在 2-4 天孵化成淡黃色的幼蟲，並經歷兩次蛻皮，接著脫離植株在他處成蛹。

粉蝨（Whiteflies）

粉蝨能迅速大量繁殖，除對植物造成嚴重損傷，飛揚時會降低顧客購買意願。粉蝨也會產生蜜露造成煤煙病。其中最為常見的為溫室粉蝨（*Trialeurodes vaporariorum*）及銀葉粉蝨（*Bemisia argentifolii*）（圖 9-5）。兩者體型都為小型飛蟲，體表被有白色蠟粉，溫室粉蝨之卵剛開始為亮白色，隨後轉變為深灰色；蛹之側面具有平行紋路，從植株頂端觀察時與葉面垂直；成蟲身體發白，翅膀靜止時與葉面平行。銀葉粉蝨之卵有淺棕色或灰色；從植株頂端觀察時蛹呈圓形；成蟲靜止時翅膀與蟲體夾 45 度角，因此有時蟲體略偏黃色。

· 寄主範圍——非常廣，常見於聖誕紅、瓜葉菊、非洲菊、番茄及蒲包花。

圖 9-5　粉蝨。

· 取食行為——透過刺吸葉片來取食。

· 造成損害——使植株生長緩慢及葉片黃化。

· 控制方法——可空中施用接觸型農藥於葉背或在插穗進入溫室前先浸泡於殺蟲劑中,以及使用系統性農藥皆能防治。另外亦可用寄生蜂(*Encarsia formosa*、*Eretmocerus eremicus*)、瓢蟲(*Delphastus pusillus*)及白僵菌(*Beauveria bassiana*)來進行防治。

· 生命週期——從卵到成蟲僅需 4-5 週,一隻雌蟲一次可產 20 粒卵,最多產 250 粒。卵在 5-14 天後孵化成若蟲,向新的取食地點移動。若蟲在同一位置取食,並經歷 3 次蛻皮後轉為似蛹狀。一週後化為成蟲,銀葉粉蝨 3 天後即可開始產卵,而溫室粉蝨則在 4 天後。銀葉粉蝨的生命週期較溫室粉蝨略長。

蝶蛾類幼蟲(Worms and Caterpillars)

蝶蛾類幼蟲因生長快速會大量取食作物,使作物受到嚴重損害,溫室內較少碰到此問題,露天栽培則常遇到此蟲害。幼蟲大多是綠色的,但因種類多樣,體色也有多種。體長最長約 3 吋(8 公分)。

· 寄主範圍——廣,但有些特定種類取食特定作物。

· 取食行為——咀嚼植物組織。

· 造成損害——造成葉片上出現孔洞及芽梢被破壞。嚴重時可能僅存葉柄、枝幹。

· 控制方法——可使用蘇力菌(*Bacillus thuringiensis* var. *kurstaki*)、殺蟲劑或寄生蜂(*Trichogramma* spp.)進行防治。

· 生命週期——部分蛾類及少部分蝶類幼蟲(毛毛蟲)會快速生長,通常出現在一年中較溫暖的月分。

蛞蝓和蝸牛(Slugs and Snails)

在一般商業栽培溫室中,蛞蝓及蝸牛較不常見,但在較潮溼、有植物殘體的區域(如:繁殖區、冷床)族群數量會逐漸擴大。在戶外,蛞蝓和蝸牛會取食剛移植或小苗等較幼嫩的部分,特別是接近堆肥區,蛞蝓及蝸牛多半白天躲避於此。蝸牛不同於蛞蝓是其具有保護性硬殼,在美國加州和佛羅里達州危害嚴重。蛞蝓和蝸牛皆為軟體動物而非昆蟲,並會留下發亮的黏液痕跡。

．寄主範圍──非常廣。

．取食行為──咀嚼植物葉和莖。

．造成損害──造成葉片上出現孔洞及可能會將幼小的作物完全吃光。

．控制方法──場地清潔極為關鍵，白天時清除可能的躲藏區域。可使用餌劑引誘防治。

．生命週期──成熟期到成熟期約需 3 個月至 1 年，可產下 20-100 粒卵，卵可在 10 天內孵化。

線蟲（Nematodes）

線蟲較少對溫室生產花壇或盆花植物引發問題，但對於地被、多年生植物和露天切花生產是很重要的病蟲害。線蟲通常僅在顯微鏡下可見，其中以根瘤線蟲（root knot nematodes, *Meloidogyne*）最常見於田間，而葉芽線蟲（foliar nematodes, *Aphelenchodies*）也常見侵犯盆栽栽培作物。

．寄主範圍──根據不同種的線蟲有不同的寄主，大部分線蟲都會造成危害。根瘤線蟲和葉芽線蟲的寄主範圍廣；後者已經對不少多年生植物栽培造成問題。

．取食行為──進入作物的根或葉取食。

．造成損害──根據線蟲的種類而有不同危害，包括生長緩慢、枯萎、根部產生瘤狀物、葉片斑點、黃化及落葉等。根瘤線蟲會使根部生長扭曲、發育遲滯，並且膨脹（與豆科根部的固氮細菌不同）。葉芽線蟲讓葉片產生淡黃色、深綠色或棕色的病斑並阻塞葉脈（Dreistadt, 2001）。

．控制方法──選購不含線蟲的植物材料、消毒介質、受感染的作物立即銷毀移除、曝晒土壤、使用薰蒸劑或用熱水浸泡介質（請參閱第 7 章「介質」）。

．生命週期──根據種類不同而異。通常卵孵化成幼蟲後有多個階段，再蛻變為成蟲。

除上述外，還有許多昆蟲及類似生物會在溫室內造成危害，如甲蟲、象鼻蟲、結足蟲、馬陸、跳蟲、鼠婦、潮蟲等（Gill and Sanderson, 1998）。多數少見對溫室作物造成危害。而在戶外昆蟲更加多樣，部分種類則會造成危害，如日本金龜子、椿象。

有害脊椎動物（Vertebrate Pests）

溫室中常見的有害動物為老鼠，牠們會以種子、幼苗或鱗莖為食，一年中又以秋天和初冬最常發生。在防治上，須將溫室周邊的食物來源（包括非必要植體、垃圾等）及躲藏處（植體、廢棄物、垃圾堆、棧架）清除。可以驅趕、設捕鼠籠或使用滅鼠劑來控制鼠害。可使用兩類型的滅鼠劑：(1) 單劑／速效劑（急發）；(2) 多劑／緩效劑（慢性、抗凝血），後者更容易吸引齧齒類動物，並對幼童、寵物或非目標動物較安全。

露天生產切花、多年生植物、花壇植物及其他植物材料，常被犰狳、鹿、麋鹿、地鼠、兔子或土撥鼠破壞或取食。通常建造圍籬是能長期隔絕這類破壞的最好策略；使用趨避藥劑效果不定。

疾病（Diseases）

部分病害之控制對於維持花卉作物生產極為重要，一朝不慎可能整作受害。通常預防比治療更有效，因此許多栽培者多致力於生產無病的插穗和穴盤苗（請參閱第 1 章「繁殖」）。本節僅說明一些常見病害，但仍有其他可能發生的病害，尤其是露天生產時，但多半有區域侷限性（以美國而言）。

細菌（Bacteria）

細菌性病害在植物繁殖過程中相當常見，如軟腐病菌（*Erwinia*）會使插穗或穴盤苗成為柔軟、黑色的腐爛組織。有些細菌會堵塞作物的維管束，進而導致枝條黃化、枯萎，並引起葉斑或葉枯。許多植物在繁殖的特定時間點很容易感染細菌性病害。

‧寄主範圍——非常廣，特別是觀葉植物常見軟腐菌危害。

‧造成損害——造成插穗、幼苗、球根腐爛。有些細菌性病害會導致葉片出現點斑、葉緣黃化、枝條枯萎或黃化，甚至產生冠瘤。

‧控制方法——病原菌通常透過人類活動傳播，如繁殖或灑水。須注意環境衛生，避免葉面積水，及時清除受感染之作物，將可限制病原菌的傳播。噴施農藥也可以防止細菌感染、進一步傳播，但通常效果不彰。

眞菌性（Fungi）

灰黴病（Botrytis）

灰黴病從繁殖到銷售期間，任何生產階段都有可能危害。其病原菌葡萄孢菌（*Botrytis*）會存在於落葉、落花和其他殘體中，甚至會附著在植株衰老的組織上。在臺灣，灰黴病好發於低溫高溼的冬季，是商業溫室生產中最常見的病害之一。受感染的植物上會出現灰色菌絲，尤其是在溼度較高的植物冠層內部。葡萄孢菌屬內有多個物種，有些寄存於特定寄主植物種類。

· 寄主範圍——非常廣。

· 造成損害——灰黴病會使幼苗及插穗死亡，因爲繁殖環境通常溫暖且潮溼。葡萄孢菌通常從死亡組織開始感染，但也有可能在繁殖或運輸過程中直接感染健康的葉、莖、花和芽。灰黴病對花和葉部的危害是貯運過程中重要問題。

· 控制方法——減少溼度和增加空氣流通以控制之。一旦溫室中確認灰黴病問題，可能需要施用殺眞菌劑。此外，環境衛生是減少傳播的最重要手段，務必清除掉落植物殘體與及時移除受感染植株。有潛力控制或預防葡萄孢菌的微生物有粉紅黏帚霉〔眞菌（*Gliocladium roseum*）〕、土生隱球菌〔酵母（*Cryptococcus humicola*）〕（Filonow et al., 1996）。

冠腐病及根腐病（Crown and Root Rot）

冠腐病和根腐病被認爲是花卉作物栽培中最常出現的病害之一，通常爲以下五種眞菌中的一種或多種所引起：鐮孢菌屬（*Fusarium*）、絲核菌屬（*Rhizoctonia*）、腐黴屬（*Pythium*）、疫病菌屬（*Phytophthora*）及根串珠黴屬（*Thielaviopsis*）（圖9-6；圖9-7）。通常需要實驗室的診斷才能區分病原菌。遭受高可溶性鹽類逆境、排水不當、給水不當、養分逆境、蟲害或開花時，作物容易發生根腐病。有些病原菌則是系統性感染，感染數週後才能觀察到症狀。

· 寄主範圍——非常廣。

· 造成損害——即使介質水分充足，植株亦呈萎凋狀，下位葉黃化，根部呈棕色或褐色。病原菌主要感染根部及莖近地部並造成組織死亡。球莖或其他貯藏性器官亦有可能被感染。腐黴屬及疫病菌屬眞菌，通常先感染根部。腐黴屬之初步鑑定可藉由拉除根先端，殘存根內部組織多半呈鐵絲狀。

圖 9-6　根腐病發生於聖誕紅中。

圖 9-7　鐮孢菌造成洋桔梗莖部腐爛。

- 控制方法——保持盆器及床架之整潔，消毒介質，並妥善栽培手法。可使用殺菌劑進行預防或發生後減緩擴散。通常需兩種化學物質以應對所有造成冠腐或軟腐的病原菌，市面上所販售的農藥有些已直接含有兩種化學物質。務必確認標示所述的可控目標病原菌。對絲核菌屬病害有控制及預防潛力的微生物有洋蔥假單胞菌〔細菌（*Burkholderia cepacia*）〕、淡紫擬青黴菌〔真菌（*Paecilomyces lilacinus*）〕（Will and Faust, 1997）。綠黏帚霉菌〔真菌（*Gliocladium virens*）〕及木黴菌〔真菌（*Trichoderma harzianum*）〕，對腐黴屬及絲核菌屬造成之根腐有一定效用。遊動放線菌屬〔細菌（*Actinoplanes*）〕亦對腐黴屬根腐病有效（A. Filonow，個人研究）。

猝倒病（**Damping-off**）

猝倒病是常見的病害，通常由絲核菌屬（*Rhizoctonia*）、腐黴屬（*Pythium*）、疫病菌屬（*Phytophthora*）及其他病原體所引起。在種子萌發前或萌發後皆可能受到感染，有時栽培者會誤以為是種子品質不足而導致發芽率降低，多半是種子萌發前感染所造成。若為萌發後感染，發病時可能會看到白色、褐色或黑色的菌絲，絲核菌屬的菌絲通常為暗褐色，腐黴屬的菌絲則為閃亮的煤黑色（M. Hausbeck，個人研究）。

- 寄主範圍——非常廣。
- 造成損害——種子發芽前、發芽中或小苗期受感染而死亡。小苗初期可能外觀正常，僅莖部在地際部有黑色斑塊。
- 控制方法——保持盆器及床架之整潔，消毒介質，並維持適當的澆水習慣。在適當條件下進行發芽，以縮短發芽時間，並保持空氣流動。可使用殺菌劑處理種子，或灌施殺菌劑以預防或於發病後抑制苗猝倒病擴散。通常需兩種化學物質以抑制造成猝倒病之所有病原菌，市面上所販售的農藥，有些已直接含有兩種化學物質。務必確認標示所述的可控目標病原菌。對猝倒病有控制及預防潛力的微生物有黏帚霉菌〔真菌（*Gliocladium virens*）〕、木黴菌〔真菌（*Trichoderma harzianum*）〕及鏈黴菌〔真菌（*Streptomyces griseoviridis*）〕（Will and Faust, 1997）。

黴菌（Mildew）

常見的植物致病黴菌類型有二：白粉病（powdery mildew）和露菌病（downy mildew）。白粉病發病的特徵爲植物上會出現白色的粉狀物（圖 9-8），部分亦可於老葉上發病，但對新葉、莖、芽及花部危害更重要，可導致該部位扭曲變形，而老葉多半爲壞疽及老化。白粉病與露菌病外觀相似，但露菌病在溫室內較少見（Williams, 1997）。露菌病通常感染老葉之背面，而白粉病則多半侵襲較新葉片的正面。露菌病會使葉面形成淺綠色或黃色斑塊（儘管感染發生在葉背），最終整片葉褐化。引起露菌病的病原與造成根腐的根黴（*Pythium*）同屬卵菌，抑制白粉病之農藥無法控制露菌病。

· 寄主範圍——僅限於溫室內的某些物種，尤其是玫瑰、秋海棠和非洲菫；但露天栽培之作物則有多種易感染。儘管此類粉狀發黴在各種植物上看起來相似，但病原菌通常具有很高的寄主專一性（Daughtrey et al., 1997）。感染某種植物的菌株通常不太可能感染另一種植物。

· 造成損害——使植物活力下降、新生部位扭曲變形。

· 控制方法——可使用系統性或空中施用接觸型殺菌劑進行防治。孢子通常於流動的水或相對溼度低於 95% 時不會發芽，因此持續噴水或降低環境溼度皆可行。白粉病在空氣流通差、葉片周圍形成高溼度條件下易發，故應保持空氣流通。露

圖 9-8　發生於玫瑰的白粉病。

菌病則容易在涼溫、高溼環境發生。目前正在研究以酵母來進行生物防治的方法（Ng et al., 1997）。

葉斑病（Leaf Spots）

許多眞菌會引發葉部斑點或斑塊，包括鏈隔孢菌屬（*Alternaria*）、殼針孢屬（*Septoria*）及異孢黴菌屬（*Heterosporium*）。通常會透過噴濺的水或風來傳播孢子。眞菌性葉斑病以露天栽培最爲常見、危害最大。葉斑問題也可能是細菌性病害或其他非生物性因子，例如藥害、日燒、營養缺乏或元素毒害所致。

· 寄主範圍——僅限於溫室內的某些物種，尤其是玫瑰和杜鵑；但露天栽培之作物則有多種易感病。儘管病原菌通常具有很高的寄主專一性，但可致病種類仍多。

· 造成損害——葉片上造成不規則或圓形的斑點斑塊，通常於老葉或新葉發生。眞菌性葉斑通常具有特別淺或深色的邊緣。此外，花和莖部也可能遭受感染。

· 控制方法——使用系統性或空中施用接觸型殺菌劑進行防治。保持環境整潔並迅速去除染病的植株有助於控制病害。

菌質體（Phytoplasmas）

菌質體是一種類細菌之小型原核生物，會導致許多作物生長緩慢及變形。翠菊黃萎病（aster yellows）是最常見由菌質體所引起的病害，雖僅限於露天栽培時發生，但仍危害重大。

· 寄主範圍——受影響的植物範圍廣，尤其是菊科作物，如翠菊、紫錐花。星辰花也受本類病原體危害。

· 造成損害——造成葉片和花朵黃化、發育遲滯，有時會形成畸形的綠色花。

· 控制方法——無化學藥劑能夠防治，且植株不可能自行恢復。迅速移除染病植株，可防治傳播該菌質體的媒介昆蟲，如：葉蟬。將周圍的雜草移除，特別是二年生及多年生者，其有機會攜帶病原體或供媒介昆蟲躲藏。

病毒（Viruses）

儘管所有植物都對至少一種病毒敏感，但對於大多數花卉作物而言，病毒通常不是重要的問題。只有番茄斑點萎凋病毒（tomato spotted wilt virus, TSWV）及鳳仙花壞疽斑點病毒（impatiens necrotic spot virus, INSV），兩者具廣泛的寄主，並

嚴重危害各類溫室花卉作物。在溫室內以 INSV 較 TSWV 更常發生，而兩種病毒的媒介昆蟲皆為西方花薊馬，感染後症狀與其他病症或營養問題相似。最明顯的是葉片出現黃色及白色的輪斑或斑點（圖 9-9），其他次要症狀有生長緩慢、葉片扭曲、葉脈黃化、葉面有波浪狀線條或嵌紋。植株感染 INSV 或 TSWV 後，都可能長時間不表現症狀，因而很容易隨購入植物引進病原，故須小心謹慎，若發現溫室內有疑似感染的植株，應迅速銷毀。

· 寄主範圍──許多植物都容易感染病毒，但不一定會發病。

· 造成損害──生長緩慢、黃色環狀斑點、壞死或嵌紋斑。

· 控制方法──病毒需要媒介才能傳播，可能的媒介有昆蟲、細菌、真菌、人類活動（觸摸、汙染的工具或設備）或噴濺的水。由於感染後無法自植體中移除，最好的方法便是控制傳播媒介及清除疑似帶有病毒的植株。特別應注意勿將上一季作物誤帶入下一季中。昆蟲、細菌及真菌的防治，已分述於前面各節。個人衛生習慣則是管控人類活動造成之傳播。

圖 9-9　番茄斑點萎凋病毒危害甜椒葉片。注意典型的輪狀黃化斑紋。

藻類、苔類、蘚類（Algae, Liverworts, and Moss）

儘管藻類本身不會造成危害，但有時並不美觀，也可作為昆蟲的食物來源，特

別是蕈蠅。可透過改善排水、不過度給水或降低溼度來控制藻類。以120-240 g·L⁻¹濃度對床架下、床架支撐及走道噴撒熟石灰，或使用硫酸銅、溴、其他化學藥品來控制藻類生長。在栽培時間長、氣候潮溼時，介質表面容易著生蘚苔，可藉由採用底部灌溉系統保持介質表面乾燥及灌溉間使介質有機會乾燥來進行控制。

雜草（Weeds）

儘管雜草問題一般只受露天栽培者重視，但亦不可忽略溫室中雜草。雜草可供昆蟲躲藏或可作為病原體中間寄主，進而降低病蟲害防治的效果。溫室中的雜草種子來源可能是床架下或牆邊的雜草植株，一旦發生則需要浪費人力處理。

密閉的溫室環境以預防勝於治療，應時時行之。因此在放入新植物時，需檢查盆內是否有雜草，並在放入溫室後的幾週內觀察是否有發芽的雜草，一旦發現都應迅速清除，以免其快速繁殖傳播。雜草多半自溫室以外的地點帶入，因此移除溫室周圍的雜草，可以減少帶入機會，也能減少害蟲躲藏。當雜草族群龐大、人力去除不敷成本時，可使用日晒或除草劑來防治雜草。日晒係在清空且乾燥的溫室中透過加溫及乾燥將雜草消滅。

除草劑也有適合供溫室內使用之產品；使用時應注意勿傷及其他作物。有些除草劑需在無人時使用，以免飄散造成中毒意外。除草劑對幼苗、旺盛生長中植株最為有效。

本章重點

· 病蟲害防治建立於三個基礎之上，分別為：病蟲害生物源、易感病寄主及合適病蟲害生長及繁殖之環境。

· 病蟲害整合管理（IPM）的重點是將所有控制昆蟲和疾病的策略整合到一個統一的計畫中。

· 防止有害生物進入栽培環境、種植抗病蟲害品種之作物、使用無病原菌之介質、維持環境整潔、維持適合植物生長環境，皆可減少病蟲害問題發生。

- 有益捕食性天敵、寄生性天敵及微生物對病蟲害防治可能是有效的。

- 及時偵查病蟲害可以有效、快速且容易的防治。

- 化學藥品常用於病蟲害控制，並有許多不同的配方。

- 中央及地方政府立有多種法規，規定化學物質之使用。

- 農藥標籤和物質安全資料表（MSDS）是安全資訊來源，必須定期更新以保持資料是有用的，且應置於隨手可得處。

- 農藥按照毒性分類：輕度毒性，LD_{50} = 500 mg 以上；中度毒性，LD_{50} = 50-500 mg；劇毒，帶有骷髏和交叉骨標記，LD_{50} = 0-50 mg。

- 農藥分為兩類：接觸性和系統性。

- 透過交替使用不同化學類別的農藥，及正確使用農藥，可降低病蟲害抗藥性的發生。

- 化學藥品對植物之危害，藥害或稱植生毒性，會因操作不當或種類不適而發生。

- 花卉生產中常見的有害昆蟲及動物有：蚜蟲、蕈蠅、水蠅、潛葉蟲、粉介殼蟲、蟎、介殼蟲、薊馬、粉蝨、蝶蛾類幼蟲、蛞蝓及蝸牛、線蟲和鼠類。

- 病害分為細菌性、真菌性、菌質體及病毒。

- 真菌可能引發的病害有灰黴病、根腐病及冠腐病、猝倒病、白粉病和露菌病。

- 藻類、蘚苔類及雜草也可能成為病蟲害管理的問題，特別是露天栽培。

參考文獻

Cloyd, R.A. 1997. Shoreflies: Nemesis or nuisance. *Floriculture Indiana* 11: 10-11.

Cloyd, R.A. 1998. Citrus mealybug management in greenhouses and interiorscapes. *Ohio Florists' Association Bulletin* No. 827: 10-11.

Cloyd, R.A. 2003. Storing pesticides properly. *Greenhouse Management and Production* 23: 94.

Cloyd, R.A. and C.S. Sadof. 1997. Western flower thrips biology and management. *Floriculture Indiana* 11: 2-6.

Cloyd, R..A. and C.S. Sadof. 2003. Seasonal abundance and the use of an action threshold for western flower thrips, in a cut carnation greenhouse. *Hort Technology* 13: 497-500.

Daughtrey, M., M. Hausbeck, and L. Barnes. 1997. Managing powdery mildew on poinsettias. *Greenhouse Product News* 7: 26-29.

Dreistadt, S.H. 2001. Integrated pest management for floriculture and nurseries. University of California Division of Agriculture and Natural Resources Publication 3402.

Faust, J. 1995. 10 steps to WPS compliance. *Tennessee Flower Growers' Association Bulletin* 4: 1-4.

Filonow, A.B., J.M. Dole, and H.S. Vishniac. 1996. Yeasts that reduce gray mold of geranium flowers. *Biocontrol* 2: 47-55.

Gill, S. 1997. TPM Part II: The forward-thinking approach to pest control. *GrowerTalks* 60: 64, 66, 68, 70, 72.

Gill, S. and J. Sanderson. 1998. *Greenhouse Pests and Beneficials.* Ball Publishing, Batavia, Illinois.

Ng, K.K., L. MacDonald, and Z.K. Punja. 1997. Biological control of rose powdery mildew with the antagonist yeast *Tilletiopsis pallescens. HortScience* 32: 262-266.

Oetting, R.D. and D.L. Olson. 1997. Explaining chemical formulations. *GrowerTalks* 60: 76.

Pasian, C.C., R.K. Lindquist, and D.K. Struve. 1997. A new method of applying imidaclorprid to potted plants for controlling aphids and whiteflies. *HortTechnology* 7: 265-269.

Tjosvold, S.A. and I.D. Greene. 1997. Evaluations of electrostatic spray application and miticides on the control of two-spotted spider mites infesting commercial greenhouse roses. *Greenhouse Product News* 7: 8-10.

Will, E., and J. Faust. 1997. Managing thrips with temperature and moisture extremes in the greenhouse. *Bedding Plants International News* 28: 22.

Williams, J.L. 1997. Powdery mildew, downy mildew: What's the difference. *Southeastern Floriculture* 7: 52-53.

CHAPTER 10

採後處理
Postharvest

前言

作物在銷售前即有許多因子影響採收後壽命，在採收時作物品質最高，此時就必須妥善的處理以減少品質損失，且為了使作物於櫥架上到客戶手中期間維持品質，採收後應存放於適當溫度、維持高碳水化合物含量、降低水分逆境與乙烯產生。生產者於作物生產期間即需要規劃好採後流程，並謹慎地執行（Nell et al., 1997; Nowack and Rudnicki, 1990）。

採後測試（Postharvest Testing）

每個作物的採後技術均有不同，生產者需定期對盆花或切花進行取樣測試並觀察其採後壽命，尤其是新作物或新品種。品種之差異可能極大，而不同生產條件與生產者之操作方式皆會影響採後壽命，業者熟悉自家切花、盆花或觀葉盆栽的櫥架壽命，將有助於調整栽培流程，以提高櫥架日數。適當的栽培流程加上採後的品種篩選，將確保公司銷售具有最佳採後品質的優質作物。室內的採後測試，能幫助熟悉室內擺飾時可能遇到之問題，有助於處理客戶投訴與提供客戶最新的採後處理資訊（圖 10-1）。

圖 10-1　商業切花盆花採後測試室。（張耀乾攝影）

採收後的測試系統不需太複雜，應每天只花幾分鐘即可設置和觀察。事實上，系統愈簡單，結果可能愈一致且有用。花壇植物的測試可種植幾種品種於展示花園中，而切花、盆花植物或觀葉植物的採後測試可以在餐廳或辦公室的櫃檯上擺放。每週從各種盆栽植物中選擇一到三個樣品後標註日期，並記錄不具觀賞價值的日期。

設置切花或切葉測試系統需先準備乾淨的花瓶，並使用同於慣行操作之瓶插液，若要進行新品種測試，可將一半的樣品瓶插於水中當作對照組，而另一半則瓶插於瓶插液中進行測試。對於目前栽培之作物，可將一些未處理的切花與處理後的切花進行比較，可知處理流程是否有效。若空間允許，一個花瓶最好只插一支切花，因為切花莖的老化與腐爛會影響其他切花的瓶插壽命。可於花莖或花瓶上標註採收日期與處理，將測試花材持續放置於同一空間，每日記錄花朵狀況直至花材失去瓶插壽命。

生產要素（Production Factors）

同一種作物不同品種間的採後壽命存在極大差異，儘管有許多品種可供生產者選擇，若選擇採後壽命最長之品種販售，將有助於增加客戶滿意度並增加收益。對於許多花卉作物，育種與生物技術多著重於開發採後壽命較長的品種，同時須考慮貯運問題，例如葉色較深的聖誕紅（*Euphorbia pulcherrima*）品種較耐貯運。

生產過程中的「逆境」會影響植株品質，像是不當的施肥、溫度、光照、介質pH 值、高介質 EC 值、病蟲害或根系弱等皆會減少植株採後壽命。盆栽植物在包裝、貯運、販售期間所遭受的逆境容易造成根腐，會嚴重影響消費者購買回家後的植株狀態，劣質品衰老腐壞的速度比高品質產品還快。

光（Light）

盆花、花壇作物及切花於採收時，植株需含有充分碳水化合物使採後壽命更長，而銷售前之低光強度或較短的光週期環境，會縮短植株採後壽命，作物皆需於採收前接收適當光照以達到高品質。生產期間的低光可能造成花苞早熟和葉片脫

落，也可能導致花色飽和度降低（Brian and Halevy, 1974; Kawabata et al., 1995）。觀葉植物則例外，觀葉植物經低光馴化後有利於增加室內觀賞壽命（請參閱第 4 章「光」）（Blessington and Collins, 1993）。然而低光馴化不適用於開花的盆栽，如菊花和聖誕紅（Nell et al., 1990）。

溫度（Temperature）

高溫會增加花卉作物呼吸作用，減少植株中碳水化合物含量並減少採後壽命，許多作物於生產週期的最後 1-3 週降低溫度 1-6°C（2-10°F）來栽培，將延長採後壽命且增加花色飽和度，但溫度不應低於造成寒害之溫度。

營養（Nutrition）

雖然於作物生產期間應正常施肥，但於採收前幾週調整施肥量將有助於提升產品價值。許多盆花作物應於販售前 1-3 週減少施肥，例如菊花和聖誕紅。而花壇植物應在花苞可見時減少一半肥料濃度，例如矮牽牛、萬壽菊和紫花藿香薊（Armitage, 1993）。不建議花壇植物於採收前停止肥料施用，因爲介質量少，無法爲植物提供足夠的養分，且在銷售場地常大量澆水，導致肥料淋洗。

大多數盆花作物於銷售前 1 週，銨態氮的比例應減少至所有氮素的 0%-40%，而有些品種於生產週期結束前，氮素建議轉換成 100% 硝酸態氮。此外，植株於銷售前儘量不要再施用任何肥料，若消費者使介質變得過乾，介質中的高鹽濃度將使植株快速壞疽。

水（Water）

盆栽作物於貯運前介質須保持溼潤，但葉面維持乾燥。若葉片或花瓣潮溼將遭受葡萄孢菌（Botrytis）感染，通常會於早晨澆水並於下午進行包裝。須留意植株於銷售期間遭受的水分逆境，可能會影響銷售。切花材料應在膨壓充足狀態下採收，通常於早晨進行採收，因爲植體含水量爲影響切花材料採後品質的主因（請參閱本章 333 頁「採收時間」），任何萎凋狀況皆會降低切花品質。

介質（Medium）

合適的介質應兼具通氣性與保水保肥功能，保水能力差會導致過度乾燥，而

過度保水會增加根腐病的發病率，降低採後壽命。添加吸水聚合物和澱粉有利於保水，但效果因不同生產條件而異。

容器大小（Container Size）

對於花壇植物而言，最終容器的尺寸愈大，愈能延遲萎凋發生（Armitage, 1993）。花壇植物通常種植於吊籃和盆器中，常擺放於開放且高光區域，介質可能會迅速乾燥並縮短植株採後壽命。較大的容器可減少澆水頻度，而須注意的是，相同直徑的盆器，體積未必相同。吊籃盆器因為時常置放於空氣十分流通的地方，介質乾燥較快。儘管小盆栽廣受消費者歡迎，對生產者來說也易獲利，但直徑小於10 公分（4 吋）的盆栽，介質容易快速乾燥使植株萎凋，影響貯運和銷售。

生長調節劑（Growth Regulators）

施用生長調節劑可使許多盆栽植物和花壇植物之葉綠素含量增加，加強光合作用，以減少於貯運銷售期間損害。而以生長調節劑矮化的植物會使枝葉緊密，減少水分散失。

病蟲害（Insect and Disease Damage）

病蟲害降低了植物的活力與品質，增加葡萄孢菌感染機會，誘發乙烯的生成，導致商品遭到退貨。而對切花生產者而言，病蟲害管理尤其重要，生產者於切花外銷貯運前進行燻蒸（Karunaratne et al., 1997）。於溫暖潮溼的貯運環境，灰黴病會於葉緣壞疽處增殖，貯運也可能加劇根腐病的發生，進而縮短採後壽命。

乙烯（Ethylene）

大多數花卉作物對乙烯敏感，乙烯為一種無味、無色的氣體，來自植物材料、燃料不完全燃燒和發動機廢氣。濃度低至千萬分之一且暴露時間短至 2 小時就可能導致損傷（Nell, 1993）。高濃度乙烯在更短的時間內即會造成植株損害，舊汽車因發動所排出的乙烯濃度可能超過 200 ppm（Hasek et al., 1969）。損害程度會因作物、乙烯濃度、暴露時間和溫度而有所差異，可能出現的症狀包含葉片及花朵

脫落、花苞敗育、花朵快速衰老和葉片明顯捲曲下垂。植物對乙烯的敏感度因作物而異，高敏感度的作物如康乃馨（*Dianthus caryophyllus*）和番茄（*Lycopersicon esculentum*）；而低敏感度的作物如變葉木（*Codiaeum variegatum*）（表 10-1）。欲降低乙烯的損害，作物應避免暴露於發動機的廢氣、後熟中的果實、焊接時的煙以及不完全燃燒之燃料。植物病原體亦會產生乙烯，尤其在貯運過程植物材料處於密閉或空氣不流通的環境，更易遭受損害（Qadir et al., 1997）。

表 10-1　多種花卉作物之乙烯敏感度（L. Høyer，私人通訊；Redman et al., 2002; Sacalis, 1993; Woltering and van Doorn, 1988）。

學名	敏感度	學名	敏感度
長筒花（*Achimenes* cultivars）	極敏感	八角金盤（*Fatsia japonica*）	有點敏感
歐洲烏頭（*Aconitum napellus*）	敏感	垂葉榕（*Ficus benjamina*）	有點敏感
翠錦口紅花（*Aeschynanthus speciosus*）	極敏感	三角榕（*F. deltoidea*）	敏感
水仙百合類（*Alstroemeria* cultivars）	敏感	薜荔（*F. pumila*）	有點敏感
白頭翁（*Anemone coronaria*）	敏感	小蒼蘭類（*Freesia* hybrids）	極敏感
火鶴花（*Anthurium scherzerianum*）	有點敏感	吊鐘花類（*Fuchsia* cultivars）	極敏感
金魚草（*Antirrhinum majus*）	極敏感	非洲菊（*Gerbera jamesonii*）	有點敏感
狐尾武竹（*Asparagus densiflorus*）	有點敏感	唐菖蒲類（*Gladiolus* cultivars）	不敏感
山蘇（*Asplenium nidus*）	不敏感	霞草類（*Gypsophila* cultivars）	敏感
美花泡盛草（*Astilbe* ×*arendsii*）	敏感	常春藤（*Hedra helix*）	有點敏感
麗格秋海棠（*Begonia* ×*hiemalis*）	敏感	向日葵（*Helianthus maximilianii*）	敏感
四季秋海棠（*B. Semperflorens* Cultorum）	極敏感	朱槿（*Hibiscus rosa-sinensis*）	極敏感
九重葛（*Bougainvillea* cultivars）	極敏感	風信子屬（*Hyacinthus orientalis* hybrids）	有點敏感
紫水晶（*Browallia speciosa*）	極敏感	新幾內亞鳳仙（*Impatiens hawkeri*）	極敏感
荷包花（*Calceolaria* Herbeohybrida group）	極敏感	非洲鳳仙（*I. walleriana*）	極敏感
廣口鐘花（*Campanula carpatica*）	敏感	鳶尾（*Iris* hybrids）	敏感
同葉鐘花（*C. isophylla*）	敏感	小蝦花（*Justicia brandegeana*）	極敏感
辣椒（*Capsicum annuum*）	敏感	長壽花（*Kalanchoe blossfeldiana*）	極敏感
日日春（*Catharanthus roseus*）	極敏感	非洲紫羅蘭（*Kohleria* cultivars）	極敏感
嘉德麗雅蘭（*Cattleya* cultivars）	極敏感	香豌豆（*Lathyrus odoratus*）	極敏感

（續下頁）

學名	敏感度	學名	敏感度
袖珍椰子（*Chamaedorea elegans*）	不敏感	百合（*Lilium* hybrids）	敏感
龍吐珠（*Clerodendrum thomsoniae*）	極敏感	鐵砲百合（*L. longiflorum*）	敏感
變葉木（*Codiaeum variegatum*）	不敏感	番茄（*Lycopersicon esculentum*）	敏感
千鳥草（*Consolida ambigua*）	極敏感	紫羅蘭（*Matthiola incana*）	極敏感
朱蕉（*Cordyline terminalis*）	不敏感	西洋水仙（*Narcissus pseudonarcissus*）	有點或不敏感
大波斯菊（*Cosmos bipinnatus*）	不敏感	波士頓腎蕨（*Nephrolepis exaltata*）	不敏感
鳥尾花（*Crossandra infundibuliformis*）	敏感	白娜麗花（*Nerine bowdenii*）	不敏感
仙客來（*Cyclamen persicum*）	授粉後敏感	金苞花（*Pachystachys lutea*）	極敏感
報歲蘭類（*Cymbidium* species）	極敏感	牡丹類（*Paeonia* cultivars）	不敏感
大理花類（*Dahlia* cultivars）	敏感	芭菲爾鞋蘭（*Paphiopedilum* cultivars）	極敏感
飛燕草（*Delphinium* cultivars）	極敏感	天竺葵（*Pelargonium* cultivars）	敏感
菊花（*Dendranthema* ×*grandiflorum*）	有點或不敏感	毛地黃吊鐘柳（*Penstemon digitalis*）	敏感
石斛蘭類（*Dendrobium* species）	不敏感	瓜葉菊（*Pericallis* ×*hybrida*）	不敏感
康乃馨（*Dianthus caryophyllus*）	極敏感	矮牽牛（*Petunia* cultivars）	極敏感
花葉萬年青（*Dieffenbachia* species）	有點敏感	蝴蝶蘭（*Phalaenopsis* cultivars）	極敏感
紅邊竹蕉（*Dracaena marginata*）	有點敏感	蔓綠絨（*Philodendron scandens*）	敏感
富貴竹（*D. sanderiana*）	有點敏感	福祿考（*Phlox paniculata*）	敏感
紫錐花（*Echinacea purpurea*）	不敏感	歐洲報春花（*Primula vulgaris*）	極敏感
黃金葛（*Epipremnum aureum*）	不敏感	菜豆樹（*Radermachera sinica*）	敏感
狐尾（*Eremurus robustus*）	敏感	陸蓮花（*Ranunculus asiaticus*）	有點敏感
亞馬遜百合（*Eucharis* ×*grandiflora*）	有點敏感	杜鵑花（*Rhododendron simsii*）	敏感
緋苞木（*Euphorbia fulgens*）	敏感	玫瑰（*Rosa* cultivars）	有點敏感
朝駒（*E. pseudocactus*）	極敏感	非洲堇（*Saintpaulia ionantha*）	極敏感
傘樹（*Schefflera actinophylla* (Brassaia)）	敏感	珊瑚櫻（*Solanum pseudocapsicum*）	極敏感
鵝掌藤（*S. arboricola*）	敏感	非洲茉莉（*Stephanotis* cultivars）	極敏感
孔雀木（*S. elegantissima* (Dizygotheca)）	敏感	菫蘭（*Streptocarpus* ×*hybridus*）	極敏感
螃蟹蘭（*Schlumbergera* cultivars）	極敏感	丁香（*Syringa* cultivars）	敏感
星點藤（*Scindapsus pictus*）	不敏感	大花三色菫（*Viola* ×*wittrockiana*）	敏感
岩桐屬（*Sinningia* cultivars）	不敏感	錦帶花（*Weigela* cultivars）	敏感

（續下頁）

學名	敏感度	學名	敏感度
紅雀大岩 (*S. cardinalis*)	極敏感	象腳王蘭 (*Yucca elephantipes*)	有點敏感
聖誕紅 (*E. pulcherrima*)	敏感	海芋屬 (*Zantedeschia* cultivars)	不敏感
洋桔梗 (*Eustoma grandiflorum*)	敏感	百日草屬 (*Zinnia* cultivars)	有點敏感
紫芳草 (*Exacum affine*)	有點敏感		

　　低溫或抗乙烯物質能減緩內生乙烯生成量，切花與盆花在貯運期間放置於低溫環境能有效抵抗乙烯，然而，對低溫敏感之作物如非洲菫 (*Saintpaulia ionantha*) 或彩葉芋 (*Caladium bicolor*)，則無法在低溫環境下進行貯運。

　　硫代硫酸銀 (silver thiosulfate, STS) 與 1- 甲基環丙烯 (1-methylcyclopropene, 1-MCP；圖 10-2) 為廣泛使用之抗乙烯物質。STS 較 1-MCP 能有效延長切花之瓶插壽命，如康乃馨 (*Dianthus caryophyllus*)、金魚草 (*Antirrhinum majus*)、飛燕草 (*Delphinium*)。而在盆花方面，STS 減少朱槿 (*Hibiscus rosa-sinensis*) 和螃蟹蘭 (*Schlumbergera*) 的落蕾現象，並增加康乃馨 (*Dianthus carthusianorum*) 的開花壽命。STS 可防止天竺葵 (*Pelargonium* ×*hortorum*) 花瓣破裂，不過使其更容易感染根腐病 (*Pythium*) (Hausbeck et al., 1987)。STS 對於盆栽植物的處理效果

圖 10-2　乙烯及 1-MCP 對蝴蝶蘭盆花之影響。乙烯造成蝴蝶蘭花朵快速萎凋，預處理 1-MCP 可避免乙烯造成之萎凋。（張耀乾攝影）

差異大，可能盆花不若切花容易進行一致性的 STS 處理（請參閱第 8 章「生長調節劑」）。另外，在施用之前務必確認在盆栽植物上使用 STS 的合法性。

STS 可由硫代硫酸鈉與硝酸銀混合製成，市面上已有販售的 AVB 即爲 STS，更加方便取得（Cameron et al., 1985）。由於 STS 主要成分爲重金屬，因此在處理 STS 溶液時須特別注意汙染問題，此外，其使用規範可能因州或國家而異。

由於 STS 爲環境不友善物質，因此開發了有機氣體 1-MCP。1-MCP 爲一種有效之乙烯抑制劑（Blankenship and Dole, 2003; Serek et al., 1994），於 2.5 ppb 的低濃度下即可產生功效。由於 1-MCP 爲氣態，其處理方式與 STS 有所不同，STS 通常以溶液狀態處理花卉作物，而 1-MCP 則是在作物包裝貯運前於溫室中燻蒸，或於貨車、貨櫃、貯放空間中使用（Serek et al., 1994）。1-MCP 以粉末型式販售，粉末與水融合後產生氣體，1-MCP 不會殘留於植株上，其成效與 STS 一樣好，例如使用於小蒼蘭（*Freesia*）和風蠟花（*Chamelaucium uncinatum*）時（Shaw, 1997）。然而，1-MCP 施用於康乃馨、寒丁子（*Bouvardia*）、亞洲型百合（*Lilium*）和飛燕草之效果不如 STS（Dole，未發表資料）。EthylBloc 爲 1-MCP 市面上販售產品名，可合法用於切花及盆栽植物，未來也將有 EthylBloc 液態噴霧型式產品，給沒有適當設施空間處理氣態 1-MCP 的業者使用（J. Daly，私人通訊）。噴霧施用時，須能使藥劑停留在植物上一段適當的時間。

其他乙烯抑制劑持續研究中，另一種具潛力但尚未研究的藥劑是溶血磷脂醯乙醇胺（lysophosphatidylethanolamine, LPE），爲一種天然的磷脂，可延遲金魚草切花的衰老（Kaul and Palta, 1997）。

採收（Harvesting）

生長階段（Developmental Stage）

作物須於適當的時間進行採收，以達最長採後壽命，但不同作物或品種的採收適期皆有所不同。如聖誕紅盆花應於大戟花序開放時販售，而番紅花則是於花朵剛開始著色時販賣。花壇植物與觀葉植物的販售期較長，然而，未成熟或過熟的花壇

植物難以售出。而就切花作物而言，在適切的花朵發育階段採收尤其重要（表 10-2），例如羽衣草須於花朵完全開放且著色時採收，而牡丹（*Paeonia lactiflora*）與荷蘭鳶尾（*Iris* ×*hollandica*）可於花苞剛著色時採收。對許多作物來說，蕾期採收比花朵開放時採收更有利於運送，有些作物使用適當的保鮮液，可使花蕾順利開放。

表 10-2　多種切花作物採收適期（Armitage and Laushman, 2003; Dole and Schnelle, 1991; Redman et al., 2002; Sacalis, 1993），採收適期會因銷售對象不同有所差異，直接零售相較於批發之花朵採收適期更晚，大多數顯示的生長階段為切花最早可以採收的階段。

學名	生長階段
相思樹屬（*Acacia* species）	從花苞期（綠色）至 1/2 小花開放（黃色）
鳳尾蓍（*Achillea filipendulina*） 　西洋蓍草（*A. millefolium*） 　白蒿古花（*A. ptarmica*）	花朵完全開放和花粉可見 花朵完全開放和花粉可見 花朵完全開放
歐洲烏頭（*Aconitum napellus*）	1-3 朵小花開放
粉臘菊（*Acroclinum roseum*）	花朵完全開放前
百子蓮（*Agapanthus africanus*）	1/4 小花開放
藿香屬（*Agastache* species）	3/4 小花開放
紫花藿香薊（*Ageratum houstonianum*）	中間小花完全開放，外側小花轉色
麥稈石竹（*Agrostemma githago*）	1-2 朵花朵開放
蜀葵（*Alcea rosea*）	1/3 小花開放
蔥屬（*Allium* cultivars）	1/4-1/2 小花開放
水仙百合屬（*Alstroemeria* cultivars）	中央小花完全轉色，側邊花苞大部分轉色
尾穗莧（*Amaranthus caudatus*）	新鮮：3/4 小花開放；乾燥：所有花朵之種子和花序變硬
蕾絲花（*Ammi majus*）	繖形花中 80% 的花朵開放
銀苞菊（*Ammobium alatum*）	花苞完全轉色，但未見黃色中心
白頭翁（*Anemone coronaria*）	萼片與中心分開，但未完全打開
袋鼠爪花類（*Anigozanthus* cultivars）	3-4 朵小花開放
火鶴花類（*Anthurium* cultivars）	肉穗花序至少 3/4 小花開放
金魚草（*Antirrhinum majus*）	1/3 花朵開放
耬斗菜類（*Aquilegia* cultivars）	1/2 花朵開放
瑪格麗特（*Argyranthemum frutescens*）	大部分小花開放

（續下頁）

學名	生長階段
柳葉馬利筋（*Asclepias tuberosa*）	1/2-2/3 花朵開放
紫菀屬（*Aster* cultivars）	1/4 小花開放
泡盛草屬（*Astilbe* cultivars）	1/2-3/4 小花開放
大星芹（*Astrantia major*）	最上層花朵開放
佛塔花類（*Baptisia* species）	1/3 花朵開放
射干屬（*Belamcanda* cultivars）	果實黑化且表皮開始脫落
雛菊（*Bellis perennis*）	花朵完全開放
寒丁子（*Bouvardia* hybrids）	
白色栽培種（*White* cultivars）	花苞完全著色但未開放
其他栽培種（*Other* cultivars）	1-2 花朵開放
葉牡丹（*Brassica olearaceae*）	莖已足夠長且葉片中心顏色鮮豔
凌風草類（*Briza* species）	抽穗後儘早採收
大葉醉魚草（*Buddleia davidii*）	25%-75% 的小花開放，但較低的小花尚未褪色
圓葉柴胡（*Bupleurum rotundifolium*）	幾乎所有花朵完全開放
金盞花（*Calendula officinalis*）	花朵完全開放
紫珠屬（*Callicarpa* species）	基部果實顏色鮮豔，末端果實仍綠色
翠菊（*Callistephus chinensis*）	外圍小花蕾逐漸開放
山茶花（*Camellia japonica*）	花朵完全開放
風鈴草屬（*Campanula* cultivars）	1-2 朵小花完全著色及開放
紅花（*Carthamus tinctorius*）	大部分花苞著色及開放
蘭香草（*Caryopteris incana*）	下輪的花苞開始顯色及開放
嘉德麗雅蘭（*Cattleya* cultivars）	開放後 3-4 天
爬藤衛矛（*Celastris scandens*）	果實完全著色
雞冠花（*Celosia argentea*）	花序完全著色，但在種子明顯形成之前
矢車菊（*Centaurea cyanus*）	頂端 3/4 小花完全開放
大頭矢車菊（*Centaurea macrocephala*）	1/2-3/4 花朵開放
紅纈草（*Centranthus ruber*）	花序第一朵花開放
加拿大紫荊（*Cercis canadensis*）	25%-75% 花苞開放
小盼草（*Chasmanthium latifolium*）	抽穗後儘早採收
蛇頭草（*Chelone* species）	基部小花開放
菊花（*Chrysanthemum* species）	花朵完全開放

（續下頁）

學名	生長階段
大薊（*Cirsium japonicum*）	花朵完全開放
克拉花（*Clarkia* cultivars）	1/2 或 3-6 花朵開放
古代稀（*C. amoena*）	1/2 小花開放
君子蘭（*Clivia miniata*）	1/4 小花開放
千鳥草（*Consolida ambigua*）	2-5 朵小花開放
鈴蘭（*Convallaria majalis*）	全部小花皆呈白色
大金雞菊（*Coreopsis grandiflora*）	花朵完全開放
山茱萸（*Cornus* species）	落葉後且重新生長之前，採收切莖
大花四照花（*C. florida*）	花苞片開始開放，但花粉尚未見
大波斯菊（*Cosmos bipinnatus*）	花瓣在頂端開放，但尚未平展
閉鞘薑屬（*Costus* species）	大部分花朵完全開放
黃櫨（*Cotinus* species）	花序已著色，小花不計
金槌花（*Craspedia globosa*）	花朵充分著色
射干菖蒲（*Crocosmia × crocosmiiflora*）	第一朵花顯色但未開放
仙客來（*Cyclamen persicum*）	花朵完全開放
報歲蘭類（*Cymbidium* cultivars）	開花後 3-4 天
大理花類（*Dahlia* cultivars）	3/4 花朵完全開放
飛燕草類（*Delphinium* cultivars）	1/4-1/3 小花開放
菊花（*Dendranthema × grandiflorum*）	
標準型（Standard cultivars）	外圍花瓣完全伸長
多花型（Spray cultivars）	
單瓣（Singles）	花朵初開但未完全開放
拖盤型（Anemones）	花朵開放，但在管狀花開始伸長之前
蓬蓬菊或裝飾菊（Pompons and decoratives）	早開花朵的中心完全開放
石斛蘭（*Dendrobium* cultivars）	於花朵完全開放 1-2 天前
須苞石竹（*Dianthus barbatus*）	10%-20% 小花開放
香石竹（*D. caryophyllus*）	
標準型（Standard cultivars）	花瓣在花萼上方 0.5-1.5 公分處（1/4-1/2 吋）
多花型（Spray cultivars）	每個花序（spray）2-3 花朵完全開放
荷包牡丹（*Dicentra* species）	底部 1/3 花朵完全著色與開放
毛地黃（*Digitalis purpurea*）	底部 2-3 朵小花開放
多榔菊（*Doronicum orientale*）	大部分花朵開放

（續下頁）

學名	生長階段
紫錐花（*Echinacea purpurea*）	花瓣完全開放，第一輪管狀花開放
藍球薊（*Echinops bannaticus*）	1/2-3/4 小花開始顯色
纓絨花（*Emilia coccinea*）	第一朵花朵開放
獨尾（*Eremurus robustus*）	底部三排小花開放
歐石楠（*Erica* cultivars）	1/2 小花開放
飛蓬（*Erigeron* cultivars）	花朵完全開放
刺芹（*Eryngium* cultivars）	全部花序完全著色
桂竹香（*Erysimum cheiri*）	1/2 小花開放
亞馬遜百合（*Eucharis* ×*grandiflora*）	花朵剛開放
衛矛（*Euonymous alatus*）	葉色轉紅時
山蘭（*Eupatorium* species）	花苞完全著色且中間小花開放
緋苞木（*Euphorbia fulgens*）	著色至可到市場販售程度
銀邊翠（*E. marginata*）	苞片完全著色但未開放
聖誕紅（*E. pulcherrima*）	1-2 花序之花粉成熟
洋桔梗（*Eustoma grandiflorum*）	一個或更多花朵開放，底部花苞已著色
連翹花（*Forsythia intermedia*）	花苞顯色
小蒼蘭（*Freesia* cultivars）	第一朵花開始開放，且至少另二個花苞已著色
花貝母（*Fritillaria imperialis*）	一半花朵開放
天人菊（*Gaillardia pulchella*）	花朵完全開放
梔子花（*Gardenia augusta*）	花朵剛開放
龍膽（*Gentiana* species）	1-2 花朵開放或 3/4 花苞完全著色
非洲菊（*Gerbera jamesonii*）	外圍兩輪小花的花粉可見
唐菖蒲（*Gladiolus* cultivars）	底部兩個花苞顯色
原種劍蘭（*G. callianthus* (*Acidanthera*)）	一朵花開放
嘉蘭（*Gloriosa superba*）	大部分花朵完全開放
千日紅（*Gomphrena* cultivars）	頭狀花序大而呈圓形，但尚未拉長
穀穗（Grains）	種子尺寸達最大，但在種子成熟之前
霞草屬（*Gypsophila* cultivars）	需貯運時 5%-30% 花朵開放，若乾燥花使用或銷售當地市場於 80%-90% 花朵開放時
向日葵（*Helianthus annuus*）	花朵幾乎完全開放
蠟菊（*Helichrysum bracteatum*）	苞片展開並可見中間處

（續下頁）

學名	生長階段
赫蕉類（*Heliconia* species）	2/3 苞片展開
賽菊芋（*Heliopsis helianthoides*	花朵完全開放
黑根鐵筷子（*Helleborus niger*）	花朵完全著色
萱草類（*Hemerocallis* cultivars）	花朵一半開放
朱頂紅類（*Hippeastrum* cultivars）	花苞著色
風信子（*Hyacinthus orientalis*）	花苞著色
繡球類（*Hydrangea* species）	1/2 小花開放
金絲桃類（*Hypericum* species）	果實完全著色
冬青類（*Ilex* species）	果實完全著色
德國鳶尾（*Iris germanica*） 　　荷蘭鳶尾（*I.* ×*hollandica*）	花苞著色 「鉛筆狀」階段
非洲鳶尾類（*Ixia* cultivars）	花苞著色
長壽花類（*Kalanchoe* cultivars）	10%-25% 小花開放
火炬百合（*Kniphofia uvaria*）	幾乎所有小花顯色
兔尾草（*Lagurus ovatus*）	羽（plumes）完全成熟
香豌豆（*Lathyrus odoratus*）	2-3 朵小花著色
花葵（*Lavatera trimestris*）	花瓣開放但尚未平坦
高山薄雪草（*Leontopodium alpinum*）	花朵完全開放
家獨行菜（*Lepidium sativum*）	豆莢完全形成
麒麟菊（*Liatris spicata*）	3-4 朵小花開放
百合類（*Lilium* cultivars）	第一個花苞完全著色但未開放
藍煙小星辰花（*Limonium perezii*） 　　星辰花（*L. sinuatum*）	40% 花朵開放 苞片幾乎完全開放，可見白色花瓣
半邊蓮類（*Lobelia* species and hybrids）	1/3 底部花朵開放
羅娜花（*Lonas annua*）	花朵完全著色
銀扇草（*Lunaria annua*）	豆莢完全形成
安迪斯羽扇豆（*Lupinus mutabilis*）	1/2-2/3 小花開放
矮桃（*Lysimachia clethroides*）	1/3-1/2 小花開放
紫羅蘭（*Matthiola incana*）	6-10 朵小花開放
貝殼花（*Moluccella laevis*）	1/2 花朵開放且呈綠色
大紅香蜂草（*Monarda didyma*）	一輪小花開放且其他已著色

（續下頁）

學名	生長階段
葡萄風信子（*Muscari botryoides*）	1/2 小花開放
勿忘草（*Myosotis sylvatica*）	1/2 小花開放
楊梅類（*Myrica* species）	新葉成熟時
南天竹（*Nandina domestica*）	果實完全著色
水仙類（*Narcissus* cultivars）	「鵝頸」階段
紫花貓薄荷（*Nepeta faassenii*）	1/2 小花開放
白娜麗花（*Nerine bowdenii*）	最成熟的花苞幾乎完全開放
黑種草類（*Nigella* species）	新鮮：花朵完全著色 乾燥：蒴果成熟且著色
牛至草類（*Oreganum* species）	花朵呈紫色且有 1/3 花朵開放
虎眼萬年青類（*Ornithogalum* cultivars）	第一朵花開放且花苞著色
芍藥類（*Paeonia* cultivars）	花苞著色，硬度中等至柔軟
罌粟類（*Papaver* cultivars）	花萼開裂且花瓣著色（10% 未開放）或初開時（杯狀階段）
芭菲爾鞋蘭類（*Paphiopedilum* cultivars）	花朵開放後 3-4 天
釣種柳類（*Penstemon* species）	數個小花開放
蝴蝶蘭類（*Phalaenopsis* cultivars）	花朵開放後 3-4 天
福祿考（*Phlox paniculata*）	至少 2 朵小花開放
酸漿（*Physalis alkekengi*）	花萼完全著色
隨意草（*Physostegia virginiana*）	花穗伸長且 0-4 朵花朵開放
桔梗（*Platycodon grandiflorus*）	2-3 朵花朵開放
晚香玉（*Polianthes tuberosa*）	2-4 朵花朵開放
報春花類（*Primula* cultivars）	1/2 小花開放
海神花類（*Protea* cultivars）	花朵完全開放，苞片分開，但不反折
火棘類（*Pyracantha* species）	果實完全著色
陸蓮花（*Ranunculus asiaticus*）	花朵完全著色且幾乎開放
白花木犀草（*Reseda odorata*）	1/2 小花開放
鱗托菊（*Rhodanthe manglesii*）	花朵完全著色
玫瑰類（*Rosa* cultivars） 　紅色與粉色栽培種（Red and pink cultivars）	 前 1 或 2 個花瓣開始展開，花萼在水平位置以下反折
白色栽培種（White cultivars）	比紅色和粉紅色稍晚
黃色栽培種（Yellow cultivars）	比紅色和粉紅色稍早

（續下頁）

學名	生長階段
金光菊類（*Rudbeckia* cultivars）	花朵完全開放且第一輪管狀花開放
柳樹類（*Salix* species）	在落葉前採收切莖，或是於春季柔荑花序發育時
墨西哥鼠尾草（*Salvia leucantha*）	底部 3-4 朵花朵白色花瓣可見時
松蟲草（*Scabiosa atropurpurea*）	花朵一半至完全開放
大花松蟲草（*S. caucasica*）	第一朵花著色時
藍盆花（*S. stellata*）	種子幾乎成熟
西伯利亞藍鐘花（*Scilla siberica*）	一半花朵開放
佛甲草類（*Sedum* cultivars）	花朵一半至完全開放
一枝黃花類（*Solidago* cultivars）	1/2 小花開放
加拿大一枝黃花 × *Solidaster* cultivars）	1/3 小花開放
水蘇類（*Stachys* species）	1/2 花序開放
非洲茉莉（*Stephanotis floribunda*）	花朵完全開放
天堂鳥蕉（*Strelitzia reginae*）	橙色的花被出現，但未完全突出苞片之前
丁香類（*Syringa* cultivars）	第一朵小花開放
萬壽菊（*Tagetes erecta*）	花朵完全開放
夕霧類（*Thalictrum* species）	大部分小花開放
夕霧草（*Trachelium caeruleum*）	1/4-1/3 花朵開放
翠珠花（*Trachymene coerulea*）	至少一排小花開放
油點草類（*Tricyrtis* species）	1-2 朵花朵完全開放
紫燈花（*Triteleia laxa*）	4-6 朵花朵開放
金蓮花類（*Trollius* species）	一半花朵開放
金蓮花（*Tropaeolum majus*）	花朵完全開放
鬱金香（*Tulipa gesneriana*）	一半花苞著色
琉璃唐棉（*Tweedia caerulea*）	6 個聚繖花序形成，其中第一個或兩個聚繖花序著色
王不留行（*Vaccaria hispanica*）	3/4 以上小花開放
柳葉馬鞭草（*Verbena bonariensis*）	大部分小花開放
婆婆納類（*Veronica* cultivars）	1/2 小花開放
北美腹水草（*Veronicastrum virginicum*）	1/3 小花開放
香菫菜（*Viola odorata*）	花朵幾乎完全開放
大花三色菫（*V.* ×*wittrockiana*）	花朵幾乎完全開放
乾花菊（*Xeranthemum annuum*）	花朵完全開放

（續下頁）

學名	生長階段
海芋類（*Zantedeschia* cultivars）	於佛焰苞邊緣下垂之前
玉米（*Zea mays*）	玉米殼乾燥時
百日菊（*Zinnia elegans*）	花朵完全開放

當種植新作物時，可於 2-3 個花朵開放時採收，測試切花後續表現狀況。具穗狀花序的切花，通常於花序三分之一到二分之一小花開放時採收；而菊科切花於外輪花瓣完全發育且管狀花僅一輪花粉可見時採收。於切花採後保鮮液中添加蔗糖，可協助花苞於採收之後順利開放（請參閱本章 347 頁「切花保鮮劑」）。

若植株於採收後直接販賣給客戶，可待較成熟階段進行採收，而若植株將經過運輸或批發商，則採收階段宜提前。另外，由於較高的光照（植物中累積較高碳水化合物含量）和較高的溫度會使植物在銷售鏈或消費者家中更快地開花，因此某些作物可在夏季可以比冬季更早採收。

採收時間（Harvest Time）

切花通常於清晨時採收，因切花含水量最高且組織溫度較低，較容易去除田間熱。雖然較晚採收，其碳水化合物含量較高，但業者認為，切花和切葉採收後水分狀況為影響切花壽命的主要原因。另外，切花若於清晨採收，可於其他時間進行分級包裝。大部分的切花於溫室或田間採收後，需立即置於水中或迫吸液中，促進植體水分吸收，而有些切花則可於採後乾燥存放，分級、分束後重新將莖切整並插於切花保鮮液當中。理想情況下，盆栽應在清晨澆水，使葉片在包裝前乾燥以減少運輸過程中的病蟲害發生，並於下午植株碳水化合物含量最高時進行包裝（圖 10-3）。貯運前應將包裝的紙箱放在冷涼環境，貨車於晚間或隔日清晨冷藏裝載。

圖 10-3　在檯車上將販售之植物。（張耀乾攝影）

貯運（Shipping and Storage）

　　盆花於貯運前須充分澆水，使多餘水分排出，並確保葉片與花朵表面乾燥再包裝運送（圖 10-4）。葡萄孢菌等病菌於潮溼密閉的環境將大量快速繁殖，此外，2-5天的長程運輸將造成乙烯累積。當貯運環境溫度愈高，葡萄孢菌和乙烯所造成的危害愈大。許多切花能乾燥貯運，但有些切花莖底部需插水運送。而有些花莖較長之切花（如唐菖蒲和金魚草）需直立運輸，避免切花莖頂部因背地性而彎曲。

　　包裝後貯運的冷藏處理能顯著延長需長程運輸之切花瓶插壽命（表 10-3），冷藏環境下植株蒸散作用與呼吸作用下降，

圖 10-4 以透明塑膠袖套包裝之蝴蝶蘭盆花，準備販售給客人。（張耀乾攝影）

可減緩碳水化合物與水分的流失。氣調貯運利用降低氧氣濃度、提升二氧化碳濃度和低溫，具有減緩切花老化的潛力（Meir et al., 1995; Shelton et al., 1996）。

表 10-3　多種花卉作物之最適貯運溫度（Armitage and Laushman, 2003; L. Høyer，私人通訊；Nell and Reid, 2001; Sacalis, 1993）。

種類	植物種類	溫度℃（°F）
相思樹類（*Acacia* cultivars）	切花	4 (39)
長筒花類（*Achimenes* cultivars）	盆花	2-5 (36-41)
鳳尾蓍（*Achillea filipendulina*）	切花	2-7 (36-45)
西洋蓍草（*A. millefolium*）	切花	4 (40)
白蒿古花（*A. ptarmica*）	切花	4 (40)
叢立刺棕櫚（*Acoelorraphe wrightii*）	觀葉植物	10-13 (50-55)
歐洲烏頭（*Aconitum napellus*）	切花	1-2 (33-35)
鐵線蕨類（*Adiantum* species）	觀葉植物	12-14 (54-57)
芒毛苣苔類（*Aeschynanthus* cultivars）	盆花	12 (54)
百子蓮類（*Agapanthus* cultivars）	切花	1-2 (33-35)
紫花藿香薊（*Ageratum houstonianum*）	花壇植物	10-13 (50-55)
紫花藿香薊（*A. houstonianum*）	穴盤苗	5-7 (41-45)
粗肋草（*Aglaonema* 'Fransher'）	觀葉植物	12-16 (55-61)
粗肋草（*A.* 'Silver Queen'）	觀葉植物	16-18 (61-64)
麥桿石竹（*Agrostemma githago*）	切花	4 (40)
黃蟬類（*Allamanda* cultivars）	盆花	12 (54)
蔥類（*Allium* cultivars）	切花	4-7 (40-45)
圓頭大花蔥（*Allium sphaerocephalon*）	切花	0-2 (32-35)
水仙百合類（*Alstroemeria* cultivars）	切花	2-4 (36-39)
水仙百合類（*A.* cultivars）	盆花	4 (39)
庭薺類（*Alyssum* cultivars）	穴盤苗	0-5 (32-41)
尾穗莧（*Amaranthus caudatus*）	切花	2-5 (36-41)
蕾絲花（*Ammi majus*）	切花	3-4 (37-40)
白頭翁（*Anemone coronaria*）	切花	1-2 (33-35)
袋鼠爪類（*Anigozanthos* cultivars）	盆花	10 (50)
袋鼠爪類（*A.* cultivars）	切花	1 (34)
火鶴類（*Anthurium* cultivars）	盆花	10-15 (50-59)
火鶴花（*A. andraeanum*）	切花	13 (55)

（續下頁）

學名	植物材料	溫度 °C（°F）
金魚草（*Antirrhinum majus*）	花壇植物	10-13 (50-55)
金魚草（*A. majus*）	切花	0-2 (32-36)
耬斗菜類（*Aquilegia* cultivars）	切花	4-7 (40-45)
硃砂根（*Ardisia crenata*）	觀葉植物	10-13 (50-55)
檳榔類（*Areca* cultivars）	觀葉植物	12-14 (54-57)
瑪格麗特（*Argyranthemum frutescens*）	切花	0-2 (32-35)
瑪格麗特（*A. frutescens*）	盆花	2-6 (36-43)
柳葉馬利筋（*Asclepias tuberosa*）	切花	4-7 (40-45)
文竹（*Asparagus setaceus*）	切花	1-2 (33-35)
蜘蛛抱蛋（*Aspidistra elatior*）	觀葉植物	10-13 (50-55)
鐵角蕨類（*Asplenium* species）	觀葉植物	15-18 (59-64)
紫菀類（*Aster* cultivars）	盆花	2-6 (36-43)
紫菀類（*A.* cultivars）	切花	1- 2 (33-35)
泡盛草類（*Astilbe* cultivars）	切花	2-4 (35-40)
泡盛草類（*A.* cultivars）	盆花	3-8 (37-46)
麗格秋海棠（*Begonia* ×*heimalis*）	盆花	2-6 (36-43)
蝦蟆秋海棠（*B.* Rex Cultorum）	觀葉植物	4 (40)
四季秋海棠（*B.* Semperflorens-Cultorum）	花壇植物	14-17 (58-62)
四季秋海棠（*B.* Semperflorens-Cultorum）	穴盤苗	5 (41)
球根秋海棠（*B.* Tuberhybrida）	穴盤苗	6-8 (43-47)
球根秋海棠（*B.* Tuberhybrida）	盆花	4 (40)
雛菊（*Bellis perennis*）	切花	4-5 (39-41)
九重葛類（*Bougainvillea* cultivars）	盆花	3 (37)
寒丁子類（*Bouvardia* cultivars）	切花	1-2 (33-35)
藍英花類（*Browallia* cultivars）	盆花	10-16 (50-61)
番茉莉類（*Brunfelsia* species）	盆花	2-6 (36-43)
醉魚草類（*Buddleia* cultivars）	切花	2-5 (36-41)
黃楊類（*Buxus sempervirens*）	切花	2-4 (36-39)
彩葉芋（*Caladium bicolor*）	盆花	21 (70)
荷包花類（*Calceolaria* cultivars）	盆花	2-5 (36-41)
金盞花（*Calendula officinalis* ）	切花	4-5 (39-41)
紫珠類（*Callicarpa* species）	切花	0-2 (32-36)
翠菊（*Callistephus chinensis*）	切花	0-4 (32-39)

（續下頁）

學名	植物材料	溫度 °C（°F）
山茶花（*Camellia japonica*）	切花	7 (45)
山茶花（*C. japonica*）	切葉	4 (39)
風鈴草類（*Campanula* cultivars）	盆花	2-6 (36-43)
彩鐘花（*C. medium*）	切花	2 (36)
辣椒（*Capsicum annuum*）	盆花	9 (48)
蘭香草（*Caryopteris incana*）	切花	1-4 (34-40)
日日春（*Catharanthus roseus*）	穴盤苗	7-12 (45-54)
日日春（*C. roseus*）	盆花	12 (54)
嘉德麗雅蘭（*Cattleya* cultivars）	切花	8 (46)
嘉德麗雅蘭（*C.* cultivars）	盆花	10 (50)
雞冠花類（*Celosia* cultivars）	穴盤苗	10-13 (50-55)
雞冠花（*C. argentea*）	花壇植物	10-13 (50-55)
雞冠花（*C. argentea*）	切花	2-5 (36-41)
矢車菊類（*Centaurea cyanus*）	切花	2-5 (35-41)
紅纈草（*Centranthus ruber*）	切花	4 (40)
加拿大紫荊（*Cercis canadensis*）	切花	2 (36)
袖珍椰子（*Chamaedorea elegans*）	切花	7 (45)
袖珍椰子（*C. elegans*）	觀葉植物	10-13 (50-55)
雪佛里椰子（*C. seifrizii*）	觀葉植物	13-16 (55-61)
西澳蠟花（*Chamelaucium uncinatum*）	切花	1-2 (33-35)
黃椰子（*Chrysalidocarpus lutescens*）	觀葉植物	13-16 (55-61)
金紅花類（*Chrysothemis* cultivars）	盆花	12-14 (54-57)
大薊（*Cirsium japonicum*）	切花	3-5 (36-41)
白粉藤類（*Cissus* cultivars）	觀葉植物	6-12 (43-54)
送春花（*Clarkia amoena*）	切花	2 (36)
山字草（*C. unguiculata*）	切花	4 (39)
龍吐珠（*Clerodendrum thomsoniae*）	盆花	8-16 (46-61)
變葉木（*Codiaeum variegatum*）	觀葉植物	16-18 (61-64)
千鳥草（*Consolida ambigua*）	切花	1-2 (33-35)
鈴蘭類（*Convallaria* species）	切花	−1-0 (31-32)
朱蕉（*Cordyline terminalis*）	切花	7-10 (45-50)
朱蕉（*C. terminalis*）	觀葉植物	16-18 (61-64)
金雞菊類（*Coreopsis* cultivars）	切花	4-5 (39-41)

（續下頁）

學名	植物材料	溫度 °C（°F）
紅瑞木（*Cornus alba*）	切花	−2 (28)
大波斯菊類（*Cosmos* cultivars）	切花	2-5 (36-41)
閉鞘薑類（*Costus* cultivars）	切花	13 (55)
香鳶尾類（*Crocosmia* hybrids）	切花	1-3 (34-37)
番紅花類（*Crocus* cultivars）	盆花	1-2 (33-35)
鳥尾花（*Crossandra infundibuliformis*）	盆花	10-13 (50-55)
仙客來類（*Cyclamen* cultivars）	穴盤苗	0-5 (32-41)
仙客來類（*C.* cultivars）	盆花	2-5 (36-41)
仙客來（*C. persicum*）	切花	1 (34)
蕙蘭類（*Cymbidium* cultivars）	切花	−1-4 (31-39)
蕙蘭類（*C.* cultivars）	觀葉植物	10-16 (50-61)
大理花類（*Dahlia* cultivars）	切花	4-5 (39-41)
大理花類（*D.* cultivars）	花壇植物	10-27 (50-81)
大理花類（*D.* cultivars）	穴盤苗	5-13 (41-55)
翠雀類（*Delphinium* cultivars）	切花	1-2 (33-35)
菊花（*Dendranthema* ×*grandiflorum*）	切花	0-1 (32-34)
菊花（*D.* ×*grandiflorum*）	含根切穗	0-3 (32-37)
菊花（*D.* ×*grandiflorum*）	不含根切穗	0-2 (32-35)
菊花（*D.* ×*grandiflorum*）	盆花	2-4 (35-40)
石斛蘭類（*Dendrobium* cultivars）	切花	10-13 (50-55)
石竹類（*Dianthus* cultivars）	切花	1-0 (31-32)
石竹類（*D.* cultivars）	盆花	2-5 (36-41)
西洋石竹（*D. barbatus*）	切花	1-2 (33-35)
香石竹（*D. caryophyllus*）	切花	1-2 (33-35)
黛粉葉類（*Dieffenbachia* cultivars）	觀葉植物	12-15 (54-59)
捕蠅草（*Dionaea muscipula*）	盆花	10 (50)
龍血樹（*Dracaena deremensis*）	觀葉植物	16-18 (60-65)
香龍血樹（*D. fragrans*）	觀葉植物	16-18 (60-65)
紅邊竹蕉（*D. marginata*）	觀葉植物	13-16 (55-61)
百合竹（*D. reflexa*）	觀葉植物	16-18 (61-64)
星點木（*D. surculosa*）	觀葉植物	16-18 (60-65)
紫錐花（*Echinacea purpurea*）	切花	2-7 (36-45)
藍球薊（*Echinops bannaticus*）	切花	4 (40)
曇花類（*Epiphyllum* cultivars）	盆花	10-16 (50-61)
黃金葛（*Epipremnum aureum*）	觀葉植物	13-16 (55-60)

（續下頁）

學名	植物材料	溫度 ℃（℉）
狐尾百合類（*Eremurus* species）	切花	2 (36)
歐石楠類（*Erica* cultivars）	切花	4 (36)
刺芹（*Eryngium planum*）	切花	3-4 (38-40)
多花桉（*Eucalyptus polyanthemos*）	切花	1-2 (33-35)
亞馬遜百合（*Eucharis* ×*grandiflora*）	切花	7-15 (45-59)
緋苞木（*Euphorbia fulgens*）	切花	9-10 (48-50)
銀邊翠（*E. marginata*）	切花	6-13 (42-55)
聖誕紅（*E. pulcherrima*）	切花	10-15 (50-59)
聖誕紅（*E. pulcherrima*）	含癒傷組織切穗	12-13 (54-55)
聖誕紅（*E. pulcherrima*）	含根切穗	5 (41)
聖誕紅（*E. pulcherrima*）	不含根切穗	12-13 (54-55)
聖誕紅（*E. pulcherrima*）	盆花	10-16 (50-61)
洋桔梗（*Eustoma grandiflorum*）	切花	1-2 (33-35)
紫芳草類（*Exacum* cultivars）	觀葉植物	13-16 (55-60)
垂葉榕（*Ficus benjamina*）	觀葉植物	13-16 (55-61)
薜荔（*F. pumila*）	觀葉植物	6-12 (43-54)
榕樹（*F. microcarpa*）	觀葉植物	13-16 (55-61)
邊境連翹（*Forsythia* ×*intermedia*）	切花	5 (41)
金柑（*Fortunella japonica*）	觀葉植物	10 (50)
小蒼蘭類（*Freesia* cultivars）	切花	0-2 (32-35)
小蒼蘭類（*F.* cultivars）	盆花	0-2 (32-35)
吊鐘花（*Fuchsia* cultivars）	盆花	3 (38)
天人菊類（*Gaillardia* cultivars）	切花	4 (39)
梔子花（*Gardenia augusta*）	切花	0-1 (32-34)
北美白珠樹（*Gaultheria shallon*）	切花	0 (32)
龍膽類（*Gentiana* cultivars）	切花	2-5 (36-41)
非洲菊（*Gerbera jamesonii*）	切花	0-2 (32-35)
非洲菊（*G. jamesonii*）	盆花	12 (54)
唐菖蒲（*Gladiolus* cultivars）	切花	1-2 (33-35)
嘉蘭（*Gloriosa superba*）	切花	1-4 (34-39)
千日紅（*Gomphrena globosa*）	切花	3-4 (36-41)
擎天鳳梨（*Guzmania* cultivars）	盆花	10-12 (50-54)
圓錐石頭花（*Gyposphila paniculata*）	切花	1-2 (33-35)

（續下頁）

學名	植物材料	溫度 °C（°F）
假曇花（*Hatiora* cultivars）	盆花	10-15 (50-59)
常春藤（*Hedra helix*）	觀葉植物	4-12 (39-54)
常春藤（*H. helix*）	切花	2-4 (36-39)
向日葵（*Helianthus annuus*）	切花	1-2 (33-35)
糙葉向日葵（*H. maximilianii*）	切花	2 (36)
蠟菊（*Helichrysum bracteatum*）	切花	3-5 (36-41)
赫蕉類（*Heliconia* cultivars）	切花	13-16 (55-60)
朱槿（*Hibiscus rosa-sinensis*）	盆花	10-16 (50-61)
孤挺花（*Hippeastrum* cultivars）	盆花	7-10 (45-50)
孤挺花（*H.* cultivars）	切花	5-10 (40-50)
澳洲椰子（*Howea forsteriana*）	觀葉植物	16-18 (61-64)
風信子（*Hyacinthus orientalis*）	盆花	0-2 (32-35)
風信子（*H. orientalis*）	切花	0-2 (32-35)
繡球花（*Hydrangea macrophylla*）	盆花	2 (35)
嫣紅蔓（*Hypoestes phyllostachya*	觀葉植物	6-12 (43-54)
冬青類（*Ilex* species）	切花	0 (32)
新幾內亞鳳仙（*Impatiens hawkeri*）	盆花	16 (60)
非洲鳳仙花（*I. walleriana*）	穴盤苗	7-10 (45-50)
非洲鳳仙花（*I. walleriana*）	花壇植物	13-16 (55-61)
鳶尾類（*Iris* cultivars）	切花	0 (32)
素馨類（*Jasminum* cultivars）	盆花	2-6 (36-43)
刺柏類（*Juniperus* cultivars）	切花	0 (32)
長壽花（*Kalanchoe blossfeldiana*）	盆花	4-10 (40-50)
立金花（*Lachenalia* cultivars）	盆花	5-9 (40-48)
香豌豆（*Lathyrus odoratus*）	切花	0-2 (32-35)
大濱菊（*Leucanthemum maximum*）	切花	4 (39)
針墊花（*Leucospermum cordifolium*）	切花	4 (39)
麒麟菊類（*Liatris* cultivars）	切花	0-2 (32-35)
百合類（*Lilium* cultivars）	切花	0-1 (32-34)
百合類（*L.* cultivars）	盆花	2-5 (32-41)
星辰花（*Limonium sinuatum*）	切花	1-2 (33-35)
半邊蓮類（*Lobelia* cultivars）	穴盤苗	2-7 (36-45)

（續下頁）

學名	植物材料	溫度 °C（°F）
香雪球（*Lobularia maritima*）	花壇植物	4-13 (39-55)
香雪球（*L. maritima*）	穴盤苗	0-5 (32-41)
羽扇豆類（*Lupinus* cultivars）	切花	4 (39)
番茄（*Lycopersicon esculentum*）	穴盤苗	7 (45)
矮桃（*Lysimachia clethroides*）	切花	3-5 (36-41)
紅蟬花類（*Mandevilla* cultivars）	盆花	12-14 (54-57)
紫羅蘭（*Matthiola incana*）	切花	1-2 (33-35)
葡萄風信子類（*Muscari* cultivars）	盆花	2-5 (36-41)
勿忘草（*Myosotis sylvatica*）	切花	4 (39)
西洋水仙（*Narcissus pseudonarcissus*）	切花	0-1 (32-34)
西洋水仙（*N. pseudonarcissus*）	盆花	0-2 (32-35)
波士頓腎蕨（*Nephrolepis exaltata*）	觀葉植物	10 (50)
娜麗花（*Nerine bowdenii*）	切花	7-10 (45-50)
黑種草（*Nigella damascena*）	切花	2-5 (36-41)
伯利恆之星類（*Ornithogalum* cultivars）	切花	2-4 (35-39)
酢漿草類（*Oxalis* cultivars）	盆花	2-4 (35-39)
芍藥類（*Paeonia* cultivars）	切花	0-1 (32-34)
冰島罌粟（*Papaver nudicaule*）	切花	2-4 (35-39)
東方罌粟（*P. orientale*）	切花	4 (39)
芭菲爾鞋蘭類（*Paphiopedilum* cultivars）	切花	–1-4 (31-39)
天竺葵類（*Pelargonium* cultivars）	盆花	5 (41)
天竺葵類（*P.* cultivars）	不含根切穗	–1 (31)
天竺葵類（*P.* cultivars）	含根切穗	5 (41)
天竺葵（*P.* ×*hortorum*）	穴盤苗	2 (36)
毛地黃吊鐘柳（*Penstemon digitalis*）	切花	2-7 (36-45)
繁星花（*Pentas lanceolata*）	盆花	2-12 (36-54)
圓葉椒草（*Peperomia bicolor*）	觀葉植物	16-18 (61-64)
瓜葉菊（*Pericallis* ×hybrida）	盆花	5-10 (41-50)
矮牽牛類（*Petunia* cultivars）	花壇植物	10-13 (50-55)
矮牽牛類（*P.* cultivars）	穴盤苗	0-10 (32-50)
蝴蝶蘭類（*Phalaenopsis* cultivars）	切花	7-10 (45-50)
蝴蝶蘭類（*P.* cultivars）	營養生長植物	25 (77)

（續下頁）

341

學名	植物材料	溫度 °C（°F）
羽裂緣蔓綠絨（*Philodendron bipinnatifidum*）	觀葉植物	13-16 (55-61)
心葉蔓綠絨（*P. scadens oxycardium*）	觀葉植物	13-16 (55-61)
福祿考類（*Phlox* cultivars）	切花	4 (39)
軟葉刺葵（*Phoenix roebelinii*）	觀葉植物	12 (54)
酸漿（*Physalis alkekengi*）	切花	3-5 (36-41)
隨意草（*Physostegia virginiana*）	切花	1-5 (34-41)
桔梗類（*Platycodon* cultivars）	盆花	3-16 (38-60)
晚香玉（*Polianthes tuberosa*）	切花	0-5 (32-41)
裂葉福祿桐（*Polyscias* cultivars）	觀葉植物	12 (54)
馬齒莧（*Portulaca* cultivars）	穴盤苗	5-12 (41-55)
馬齒莧（*P.* cultivars）	觀葉植物	12-14 (54-57)
報春花類（*Primula* cultivars）	觀葉植物	2-6 (36-43)
海神花類（*Protea* cultivars）	切花	2-7 (35-45)
李類（*Prunus* cultivars）	切花	5 (41)
歐洲鳳尾蕨（*Pteris cretica*）	觀葉植物	18 (64)
菜豆樹（*Radermachera sinica*）	觀葉植物	12 (54)
毛茛類（*Ranunculus* cultivars）	盆花	2-6 (36-43)
陸蓮花（*R. asiaticus*）	切花	0-1 (32-34)
棕竹（*Rhapis excelsa*）	觀葉植物	10-13 (50-55)
杜鵑花類（*Rhododendron* cultivars）	切花	0 (32)
杜鵑花類（*R.* cultivars）	不含根切穗	1 (31)
杜鵑花類（*R.* cultivars）	盆花	5-10 (41-50)
玫瑰（*Rosa* cultivars）	切花	0-1 (32-34)
玫瑰（*R.* cultivars）	盆花	1-5 (34-41)
金光菊類（*Rudbeckia* hybrids）	切花	2-5 (36-41)
麗莎蕨（*Rumohra adiantiformis*）	切花	1-4 (34-40)
非洲堇（*Saintpaulia ionantha*）	盆花	13-16 (55-61)
柳樹（*Salix* species grown for stems）	切花	-1 (30)
柳樹（*S.* species grown for catkins）	切花	2-4 (35-40)
鼠尾草（*Salvia leucantha*）	切花	2-4 (35-40)
一串紅（*S. splendens*）	穴盤苗	5-12 (41-54)
高加索藍盆花（*Scabiosa caucasica*）	切花	3-5 (36-41)
鴨腳木〔*Schefflera actinophylla* (Brassaia)〕	觀葉植物	10-13 (50-55)
鵝掌藤（*S. arboricola*）	觀葉植物	10-13 (50-55)

（續下頁）

學名	植物材料	溫度 ℃（℉）
仙人指類（*Schlumbergera* hybrids）	盆花	10-15 (50-59)
西伯利亞錦棗兒（*Scilla siberica*）	切花	0-1 (32-33)
蔗草類（*Scirpus* cultivars）	觀葉植物	2-12 (36-54)
大岩桐類（*Sinningia* cultivars）	盆花	16 (60)
科西嘉薄荷（*Soleirolia soleirolii*）	觀葉植物	2-6 (36-43)
一枝黃花類（*Solidago* hybrids）	切花	2-5 (36-41)
白鶴芋類（*Spathiphyllum* cultivars）	盆花	13-16 (55-61)
白鶴芋類（*S.* cultivars）	觀葉植物	13-16 (55-61)
非洲茉莉（*Stephanotis floribunda*）	切花	4 (39)
非洲茉莉（*S. floribunda*）	盆花	12 (54)
天堂鳥蕉（*Strelitzia reginae*）	切花	8 (46)
菫蘭（*Streptocarpus* cultivars）	盆花	10-16 (51-60)
丁香類（*Syringa* cultivars）	切花	5 (41)
夕霧（*Tachelium caeruleum*）	切花	2-4 (36-40)
萬壽菊類（*Tagetes* cultivars）	切花	4 (39)
孔雀草（*T. patula*）	穴盤苗	5-7 (41-45)
紅花除蟲菊（*Tanacetum coccineum*）	切花	2-4 (36-39)
玲瓏菊（*T. parthenium*）	切花	4 (39)
唐松草類（*Thalistrum* species）	切花	3-5 (36-41)
紫燈花類（*Triteleia* cultivars）	切花	3 (37)
熱帶植物（Tropical green plants）	不含根切穗	15-18 (59-64)
鬱金香類（*Tulipa* cultivars）	切花	0-2 (32-35)
鬱金香類（*T.* cultivars）	盆花	0-2 (32-35)
柳葉馬鞭草（*Verbena bonariensis*）	切花	3-5 (36-41)
婆婆納類（*Veronica* species）	切花	3-5 (36-41)
香菫菜（*Viola odorata*）	切花	1-5 (34-41)
大花三色菫（*V.* ×*wittrockiana*）	穴盤苗	0-5 (32-41)
錦帶花類（*Weigela* cultivars）	切花	2-7 (36-45)
象腳玉蘭（*Yucca elephantipes*）	觀葉植物	10-13 (50-55)
海芋類（*Zantedeschia* cultivars）	切花	1-2 (33-35)
海芋類（*Z.* cultivars）	盆花	3-4 (37-39)
百日草類（*Zinnia* cultivars）	切花	4 (39)

低溫環境有利於大部分作物保鮮，少數作物則對於低溫敏感，例如非洲菫、萬壽菊、龍血樹屬、榕屬、赫蕉屬、白鶴芋屬和天堂鳥屬，這些作物於溫度低於 12 至 16°C（54-60°F）環境下容易發生寒害。多數切花於採收後需儘速維持植體水分並置於低溫，方法有：(1) 於低溫空間進行分級包裝；(2) 先去除田間熱，於分級包裝後再置於低溫空間貯藏（圖 10-5；圖 10-6；圖 10-7）；(3) 先進行分級包裝，接著將冷空氣由紙箱孔洞注入包裝紙箱中。若是於田間栽培切花，於採收後需立即將切花降溫，如果沒有降溫設備，儘量將切花置於陰涼環境並儘速貯運或販賣。另外也需注意切花於冷藏環境所形成之冷凝水，可能造成葡萄孢菌（*Botrytis*）病害，若發現冷凝水的產生，可暫時打開包裝紙箱使其蒸發。而當到達運輸目的地時，須儘速將紙箱打開，避免貯運期間植株進行呼吸作用所產生之熱能影響切花品質。

　　冷藏對於切花採後處理是不可或缺且急迫的（表 10-3）。大部分的切花於較低溫（高於冰點）有良好保鮮效果。最佳保鮮溫度為 1-2°C（33-35°F）（Nell and Reid, 2001）。許多冷藏設備中溫度會較最佳溫度高，尤其是員工時常出入冷藏設備時。田間栽培業者指出，有些切花如雞冠花和百日草在炎熱氣候採收後立即置於冷藏設備中，將會對 4°C（40°F）以下之低溫敏感。而此類切花需於冷藏前在 4°C（40°F）以上溫度預冷，並使切花充分吸水。

圖 10-5　鬱金香進行分級選別。（張耀乾攝影）

圖 10-6　鬱金香自動捆束機。（張耀乾攝影）

圖 10-7　鬱金香捆束後以紙質袖套包裝。（張耀乾攝影）

切花處理（Cut Flower Handling）

切花於採收後受許多因子影響逐漸衰老，包含水分失衡、碳水化合物減少與乙烯生成。

吸水（Water Uptake）

切花老化最主要的原因之一爲吸水量減少，一般可藉由使用高品質的水（可溶性鹽類含量低）來提升切花吸水。應避免使用含氟的水，因爲會影響唐菖蒲、玫瑰切花或蘭花之切花品質（V. Stamback，私人通訊；Waters, 1968）。記得時常測量瓶插液中 pH 值與 EC 值。切花保鮮液通常已含有酸化劑，然而，若水質鹼度及 pH 值較高，則需另外添加酸化劑。在保鮮液中添加介面活性劑將有助於切花吸水（Jones et al., 1993; Pak and van Doorn, 1991）。切花採收工具需銳利，若使用較鈍的刀刃，將於採收時造成植株組織被拉扯破壞。切花應避免失水，以避免採後壽命的減損，然而在實際操作上，貯運過程可能會造成某些作物輕微的失水。

微生物（Microorganisms）

切花導管系統可能因微生物、氣栓與生理性阻塞而阻礙水分運輸（van Doorn, 1995）。細菌和眞菌天然存在於植物組織和自來水中，且容易於保鮮液或瓶插液中大量積累（Hoogerwerf and van Doorn, 1992; van Doorn and de Witte, 1997）。微生物因吸水進入植物組織中，而造成物理性堵塞水分運輸，因此保持水質乾淨十分重要。殺菌劑可增加瓶插壽命（Jones and Hill, 1993）。切花的容器必須乾淨且經消毒，瓶插期間會低於水位的葉片應除去，因腐爛的植物殘體會促進微生物增生。如果花朵或葉片上有灰塵，可輕輕潤洗去除。於田間栽培的花卉作物，土面若未植草或未鋪覆蓋物，易有土壤飛濺汙損花、葉。

空氣栓塞（Air Embolisms）

空氣進入導管系統所造成之空氣栓塞，亦爲降低切花莖吸水能力之原因。水分於植株中會藉由蒸散作用自根部、莖部與葉片順利運輸，但當莖被切割時，水柱持續往上送，因此造成空氣被帶入木質部細胞中。氣栓會阻礙切花後續的水分運送，爲避免氣栓形成，可重新切下約 4 公分（1.5 吋）花莖並立即插入水中。雖然在水中重新削莖之操作已建議業者多年，但如果水被細菌汙染，此種做法實際上可能是有害的（Haines, 2000）。而於含有殺菌劑的水或於流動水中重新切割可能是可行的解決方案（Knight, 2001）。使用酸化的水（pH 值 3.0-4.0）及溫水（38°C；

100°F），可提升切花吸水。檸檬酸是常用的酸化劑，其所需的量將隨水質而變，而鹼性水可能需要使用高達 500 ppm 的檸檬酸。

生理性吸水阻塞（Physiological Blockage）

無論新鮮切材處理得如何，它們最終都會停止吸收水分，而這種自然衰老的過程被稱爲生理性吸水阻塞（physiological blockage）。

碳水化合物含量（Carbohydrate Level）

切花的莖部和葉片中低含量的碳水化合物將會縮短切花壽命，可透過保鮮液和瓶插液中的糖（蔗糖）來改善。增加切花中碳水化合物含量的最佳方法是在採收前使植株中碳水化合物含量達最大值，並於採收後立即送進低溫環境以降低呼吸作用，避免碳水化合物的耗損。保鮮液中的糖濃度可高達 7%，而 4-24 小時的預措處理則可使用 5%-20% 的糖濃度。

切花保鮮劑（Floral Preservatives）

切花保鮮劑的效果會隨著水質和作物的不同而有很大差異。使用前應測試幾種保鮮劑，以找到最適合之保鮮劑。務必遵照保鮮劑混合說明，因爲如果以錯誤的濃度處理，可能對於所處理之切花品種無效或有害。若保鮮劑的濃度過高，花朵可能受到損害；若殺菌劑的濃度過低，因其被水稀釋而無法發揮作用。以下爲幾種商業使用之切花保鮮劑類型。

· 水合溶液（Hydrators）：功效爲促進水分吸收，常含有降低瓶插液 pH 值的化學藥劑，通常不含醣類，因此不會長期使用，有些切花會因長期插於水合溶液中而造成損害。使用商業水合溶液時，切花莖在水合溶液中適宜的時間約從幾秒鐘到 48 小時。迅速浸泡型（quick dip）溶液主要減少切莖口上的微生物數量；長期浸泡型則用於處理切花 8-48 小時，直到採後處理完成，或用於帶水運輸。

· 預措 / 迫吸（Pretreatments / pulses）：爲短期處理，通常在 38°C（100°F）的熱水、5%-20% 的蔗糖與乙烯抑制劑混合下進行 4-24 小時。

· 保鮮溶液（Processing / holding solutions）：此類產品包含糖、酸化劑和殺菌劑，用於鮮花的運輸和貯藏，而有些含糖量高的產品則用於促進花苞發育，使花朵順利開放。

花卉學

· 消費者瓶插保鮮液（Consumer preservatives / vase solutions）：於消費者購買後進行布置或花束包裝時使用，溶液中包含糖、酸化劑和殺菌劑，散裝的保鮮劑可供零售商使用，也可以單獨包裝供顧客在購買鮮花回家後混入水中。

· 特定作物保鮮劑（Crop-specific preservative）：可用於需特殊處理的作物，例如防止鬱金香（*Tulipa*）花莖伸長。

可以在切花保鮮劑中添加多種化學物質，以延長切花的採後壽命。激勃素（如 GA_4 或 GA_7）和細胞分裂素〔如 kinetin、zeatin 或 6-benzylaminopurine(PBA)〕可延緩水仙百合（*Alstroemeria*）的葉片黃化（Hicklenton, 1991; Mutui et al., 2001; van Doorn et al., 1992）。有些業者將非洲菊的花浸入苄基腺嘌呤（Benzyladenine, BA）溶液中，以保持切花鮮重並延緩衰老。其他非嘌呤細胞分裂素，如 CPPU〔(2-chloro-4-pyridyl)-N-phenylurea〕和 TDZ（tidiazuron）可延緩福祿考和羽扇豆的葉片變黃與小花脫落（MacKay et al., 2003; Sankhla et al., 2003）。將切花莖水平放入盒中時會發生花序彎曲現象，而鈣螯合劑（EDTA、EGTA 和 CDTA）可抑制此現象（Philosoph-Hadas et al., 1995）。於金魚草切花的瓶插液中使用 B-Nine（daminozide），也可以抑制花序彎曲。當切花莖在採後用 0.02% 的清潔劑（如洗碗精、Tween-20 或 Triton X-100）作為水合溶液，可延長向日葵切花的瓶插壽命（Jones et al., 1993）。

乙烯與病害（Ethylene and Diseases）

瓶插壽命下降的原因還包括乙烯及病害（請參閱本章 321 頁的「乙烯」及「病蟲害」），而微生物可產生乙烯，並刺激植物組織產生乙烯。

零售處理（Retail Handling）

零售商可以藉由幾種方法以確保植物材料在商店和客戶家中具有最長的觀賞壽命。零售商於收到植物材料後應盡快拆開所有包裝、檢查昆蟲、疾病和損害，如有需要應立即澆灌所有盆栽植物。在流動水或經消毒的水中重新將切花削莖，並將它們放在乾淨的水或保鮮劑中。若零售商未清潔切花水桶，將會使切花壽命縮短（Hoogerwerf and van Doorn, 1992）。於採後立即將切花材料放在冷藏庫中，許多盆花開花植物也可以保存在冷藏庫中，例如菊花（*Dendranthema grandiflorum*）、

杜鵑花（*Rhododendron*）和荷蘭生產的鱗莖。

　　盆花植物和觀葉植物應在光線充足的環境下販售，光度至少應具有 500-1,000 fc（100-200 µmol · m^{-2} · s^{-1}）。如果在高於 18°C（65°F）的展示區域提供中等遮蔭（50%-60%），則花壇植物採後壽命也將延長（Armitage, 1993）。如果在架上擺放花壇植物，需確保最底層架上植物的光照量不會太低。花壇植物在溫度低於 18°C（65°F）的環境，則不宜遮蔭。在黑暗環境中運輸 3 天或 3 天以上的花壇植物，需於貯運前將光強度降低一段時間進行馴化，使植物更容易適應低光環境。在強光、高溫和強風的地區，相較其他地區需有更多保護措施，以防過度乾燥和破損。施用 50 ppm 的氮肥對長期放置於室內的觀葉植物有益。另外，所有展示擺放空間都應保持乾淨，並清除枯掉的花朵和葉片。

本章重點

· 作物必須於最高品質狀態下進行採收並妥善處理，以儘可能減少品質損失。

· 採前因子在農作物上市前就已經開始影響其採後壽命。

· 為了在銷售過程中及到達消費者手中時都能維持品質，盆栽植物及切花材料必須給予正確的溫度、維持碳水化合物含量，並且避免水分和乙烯逆境發生。

· 生產者應對不同作物或不同品種的盆栽植物或切花進行例行性取樣，以觀察採後表現和確定採後壽命。

· 栽培期間有許多因素會影響植株採後表現，包括品種差異、不適當灌溉、溫度、光線、介質 pH 值、介質 EC 值、營養、盆器大小、生長調節劑、病蟲害等。

· 高溫與低光環境會減少作物碳水化合物累積，並減少作物採後壽命。

· 大部分花卉作物對內生與外生乙烯敏感，而硫代硫酸銀（STS）與 1-MCP 為兩種常用乙烯抑制劑。

· 作物需於最適採收時間點採收，以達到最長的採後壽命。

· 作物採收後若是直接販賣給客人，而不經批發商或長程運輸，則可於植株較成熟時再採收。

· 切花通常於清晨採收，因其具最高含水量且組織溫度較低。

· 盆栽植物於包裝與運輸前需充分澆水，注意不可有水滴殘留在葉片或花瓣上。

· 包裝後與貯運期間需進行低溫處理，貯運時間儘量縮短。

· 切花於採收後的萎凋受許多因素影響，包含吸水量減少、碳水化合物含量下降及乙烯生成。

· 切花花莖之導管系統可能會因微生物、空氣栓塞及生理性吸水阻塞造成水分輸送障礙。

· 乾淨、低 EC 與低 pH 值的水質，以及低溫貯運環境（0.6-2℃；33-35℉），有利於延長切花壽命。

· 若莖和葉片中的碳水化合物含量較低，將會縮短瓶插壽命，可透過保鮮液和瓶插液中糖（蔗糖）的添加來補充。

· 商業花卉保鮮劑包括水合溶液、預措液／迫吸液、保鮮液、消費者瓶插液和特定作物保鮮劑。

· 零售商收到產品應儘快拆開所有植物材料的包裝，切花重新削莖，然後將它們放入乾淨的水或保鮮液中，之後存放於陰涼處。

參考文獻

Armitage, A.M. 1993. *Bedding Plants, Prolonging Shelf Performance*. Ball Publishing, Batavia, Illinois.

Armitage, A.M., and J.M. Laushman. 2003. *Specialty Cut Flowers*, 2nd ed. Timber Press, Portland, Oregon.

Biran, I., and A.H. Halevy. 1974. Effects of short-term heat and shade treatments on petal colour of 'Baccara' roses. *Physiologia Plantarum* 31: 180-185.

Blankenship, S.M., and J.M. Dole. 2003. 1-Methylcyclopropene: A review. *Postharvest Biology and Technology* 28: 1-25.

Blessington, T.M., and P.C. Collins. 1993. *Foliage Plants, Prolonging Quality*. Ball Publishing, Batavia, Illinois.

Cameron, A.C., R.D. Heins, and H.N. Fonda. 1985. Influence of storage and mixing factors on the biological activity of silver thiosulfate. *Scientia Horticulturae* 26: 167-174.

Dole, J.M., and M.A. Schnelle. 1991. *The Care and Handling of Cut Flowers*. Oklahoma State University Extension Facts No. 6426. Oklahoma State University, Stillwater, Oklahoma.

Haines, B. 2000. Controversial cutting. *Floral Retailing* 13(9): 30, 32, 34, 36.

Hasek, R.F., H.A. James, and R.H. Siaroni. 1969. Ethylene-Its effect on flower crops II. *Florists' Review* 144(3722): 16-17, 53-55.

Hausbeck, M.K., C.T. Stephens, and R.D. Heins. 1987. Variation in resistance of geranium to *Pythium ultimum* in the presence or absence of silver thiosulfate. *HortScience* 22: 940-944.

Hicklenton, P.R. 1991. GA$_3$ and benzylaminopurine delay leaf yellowing in cut *Alstroemeria* stems. *HortScience* 26: 1198-1199.

Hoogerwerf, A., and W.G. van Doorn. 1992. Numbers of bacteria in aqueous solutions used for postharvest handling of cut flowers. *Postharvest Biology and Technology* 1: 295-304.

Jones, R.B., and M. Hill. 1993. The effects of germicides on the longevity of cut flowers. *Journal of the American Society for Horticultural Science* 118: 350-354.

Jones, R.B., M. Serek, and M.S. Reid. 1993. Pulsing with Triton X-100 improves hydration and vase life of cut sunflowers (*Helianthus annuus* L.). *HortScience* 28: 1178-1179.

Karunaratne, C., G.A. Moore, R.B. Jones, and R.F. Ryan. 1997. Vase life of some cut flowers following fumigation with phosphine. *HortScience* 32: 900-902.

Kaur, N., and J.P. Palta. 1997. Postharvest dip in a natural lipid, lysophosphatidylethanolamine may prolong vase life of snapdragon flowers. *HortScience* 32: 888-890.

Kawabata, S., M. Ohta, Y. Kusuhara, and R. Sakiyama. 1995. Influences of low light intensities on the pigmentation of *Eustoma grandiflorum* flowers. *Acta Horticulturae* 405: 173-178.

Knight, D. 2001. Don't cut out the cutting. *Floral Management* 17(2): 6.

MacKay, W., N. Sankhla, and T. Davis. 2003. Effect of sucrose and CPPU on postharvest performance of cut phlox inflorescences. *HortScience* 38: 857. (Abstract)

Meir, S., S. Philosoph-Hadas, R. Michaeli, and H. Davidson. 1995. Improvement of the keeping quality of mini-gladiolus spikes during prolonged storage by sucrose pulsing and modified atmosphere packaging. *Acta Horticulturae* 405: 335-342.

Mutui, T.M., V.E. Emongor, and M.J. Hutchinson. 2001. Effect of Accel on the vase life and post harvest quality of alstroemeria (*Alstroemeria auranti-aca* L.) cut flowers. *African Journal of Science and Technology* 2: 82-88.

Nell, T.A. 1993. *Flowering Potted Plants, Prolonging Shelf Performance*. Ball Publishing, Batavia, Illinois.

Nell, T.A., and M.S. Reid. 2001. Can't take the heat. *Floral Management* 17(10): 33-34.

Nell, T.A., R.T. Leonard, and J.E. Barrett. 1990. Production and postproduction irradiance affects acclimatization and longevity of potted chrysanthemum and poinsettia. *Journal of the American Society for Horticultural Science* 115: 262-265.

Nell, T.A., J.E. Barrett, and R.T. Leonard. 1997. Production factors affecting postproduction quality of flowering potted plants. *HortScience* 32: 817-819.

Nowack, J., and R.M. Rudnicki. 1990. *Postharvest Handling and Storage of Cut Flowers, Florist Greens and Potted Plants*. Timber Press, Portland, Oregon.

Pak, C., and W.G. van Doorn. 1991. The relationship between structure and function of surfactants used for rehydration of cut astilbe, bouvardia and roses. *Acta Horticulturae* 298: 171-173.

Philosoph-Hadas, S., S. Meir, I. Rosenberger, and A.H. Halevy. 1995. Control and regulation of the gravitropic response of cut flowering stems during storage and horizontal transport. *Acta Horticulturae* 405: 343-350.

Qadir, A., E.W. Hewett, and P.G. Long. 1997. Ethylene production by *Botrytis cinerea*. *Postharvest Biology and Technology* 11: 85-91.

Redman, P.B., J.M. Dole, N.O. Maness, and J.A. Anderson. 2002. Postharvest handling of nine specialty cut flower species. *Scientia Horticulturae* 92: 293-303.

Sacalis, J.N. 1993. *Cut Flowers, Prolonging Freshness,* 2nd ed., J.L. Seals, editor. Ball Publishing, Batavia, Illinois.

Sankhla, N., W. MacKay, and T. Davis. 2003. Effect of thidiazuron and abscisic acid on flower abscission and senescence in cut racemes of Big Bend lupine. *HortScience* 38: 857. (Abstract)

Serek, M., E.C. Sisler, and M.S. Reid. 1994. Novel gaseous ethylene binding inhibitor prevents ethylene effects in potted flowering plants. *Journal of the American Society for Horticultural Science* 119: 1230-1233.

Shaw, J.A. 1997. The new anti-ethylene: Replacement for STS? *FloraCulture International* 7(3): 36.

Shelton, M.P., V.R. Walter, D. Brandl, and V. Mendez. 1996. The effects of refrigerated, controlledatmosphere storage during marine shipment on insect mortality and cut-flower vase life. *HortTechnology* 6: 247-250.

van Doorn, W.G. 1995. Vascular occlusion in cut rose flowers: A survey. *Acta Horticulturae* 405: 58-66.

van Doorn, W.G., and Y. de Witte. 1997. Sources of the bacteria involved in vascular occlusion of cut rose flowers. *Journal of the American Society for Horticultural Science* 122: 263-266.

van Doorn, W.G., J. Hibma, and J. DeWit. 1992. Effect of exogenous hormones on leaf yellowing in cut flower branches of *Alstroemeria pelegrina* L. *Plant Growth Regulation* 11: 59-62.

Waters, W.E. 1968. Influence of well water salinity and fluorides on keeping quality of 'Tropicana' roses. *Proceedings of the Florida State Horticultural Society* 81: 355-359.

Woltering, E.J., and W.G. van Doorn. 1988. Role of ethylene in senescence of petals-morphological and taxonomical relationships. *Journal of Experimental Botany* 39: 1605-1616.

CHAPTER 11

溫室構造及運作
Greenhouse Construction and Operations

前言

　　溫室的建造及運作需要許多研究、資訊及專業人士的協助。本章節提供可用於溫室運作基本資訊；特定的資訊要從可靠的供應商獲得。如果投資的金額較大，在購買前需要有數次報價及招標。

溫室設置（Greenhouse Placement）

氣候（**Climate**）

　　花卉的生產常利用國家間及國內不同地區氣候的差異進行。在北美，北部區域及太平洋沿岸夏季氣溫涼爽，比起南部更能精確的控制溫度。然而南部多季溫度適中，比起在北方生產的經濟效益高。美國西南部不僅有美國最強的光照，還有最低的相對溼度，除了在多雨潮溼的夏季中後期，用風扇水牆降溫系統可以精準地控制溫度。海岸氣候地區的氣溫適中，能週年生產涼季及暖季作物，但栽培者需要面對雲霧所造成的低光。相較於低海拔地區，山區具有光度高且溼度低的優點，但加溫的成本較高。在荷蘭，溫室產業甚至已經移至接近阿姆斯特丹的西岸區域，因為溫度大約會上升 2-3°C。然而在各個區域間的電力及燃料花費差異極大，例如在氣候冷涼的地區加溫成本可能會比一些溫暖地區的降溫成本低，電力、燃料的花費也相差甚大。

　　任何國家或地區都有氣候上潛在的缺點。例如在美國東岸，尤其是佛羅里達州受限於颶風；於北方是暴風雪；中西部及大平原則是龍捲風；西岸會遭遇地震。中南美洲的高海拔地區幾乎沒有使用加溫系統，遇到異常的低溫時期或下霜時，會嚴重的延後切花及觀葉植物的生產。

地形（**Topography**）

　　在選擇溫室未來的位置時，地形也是必須考慮的因素。水平的地點比較容易建造，溫室也較易運作。丘陵地帶或陡坡會讓每日要搬運植物及資材的工作更加困難，在準備建造時也需要進行更全面的評估。一些情況下溫室也會利用盛行風降

溫，例如在南加州丘陵，面對太平洋的溫室，利用海邊吹來的風降溫。在多風寒冷的內陸地區，山陵能擋住風，比起開闊的地區更能減少加溫的成本。如果計畫在戶外種植，要注意丘陵之間的低窪地區可能會形成凍穴。最後，在任何地區都要考慮排水及淹水的可能性。排水不良會增加維護困難及病害的問題。

可及性（Accessibility）

對於零售商來說可及性尤其重要，俗話說得好：「對公司最重要的三件事是什麼？地點、地點、地點。」零售商必須很容易被找到，並在社群中有很高的能見度。有展示花園或其他觀賞植物的區域會有很大幫助。此外，在一年中的銷售尖峰期，必須要有充足的停車位接待顧客。批發商也需要考慮可及性，地點需要靠近市場，特別是大都市，以減少運輸成本，尤其是盆花及花壇植物，因為重量運輸成本高。接近高速公路或機場也可以讓接收資材以及運輸產品更加方便，尤其是插穗以及穴盤苗等品項。燃料、其他資材的可及性以及位置也可能是考量的重點。許多地方無法取得天然氣。

水（Water）

水經常是溫室購買過程最易被遺忘的因素，但是水權、可取得性以及水質應該是第一個需要被考慮的因素。足夠的、高品質的水可以讓生產更加容易。必須要有足夠的水來應付尖峰時刻使用，最好有多於一個來源避免當一個來源中斷時的問題。確認水井的歷史紀錄，以確保在乾季時可正常供水。

不良的水質可能會使一些作物無法生產，且可能會限制生產選項。水質需要經過檢測，最好檢測多於一次並在不同季節檢測。資產尋找及購買的過程可能會很長，通常會有時間對水進行二次或更多次取樣。

法規（Laws）

大多數的社區有許多當地的法規需要遵守。一定要確認設施有符合規範，未來才能順利營運。如果要建造新的建築，需要獲得建造許可並遵從消防及建築規範。雖然實際上的建築規範會依社區有所不同，三個建築規範可以作為參照：基本建築規範（BOCA, by Building and Officials and Code Administrators）、統一建築規範

（UBS, by International Conference of Building Officials），以及標準建築規範（SBC, by Southern Building Code Congress International）。目前正在制定國際建築規範，以取代目前三種法規的使用（Sray, 1997）。一些社區並沒有建築規範；一些則是規範不適用於溫室。許多社區除建造許可外，也需要經審核的工程計算。大部分名聲良好的溫室建造商可以在溫室藍圖裡提供審核過的工程計算。

許多社區有關於停車位的尺寸、景觀美化的數量、與道路的距離、逕流的避免、出入口大小等的特定需求。一些區域也有對農業特別的考量。許多州以及聯邦的法規也適用於溫室，尤其是關於環境議題、殺蟲劑、水逕流、光汙染、安全性及溼地。

鄰近環境（Neighbors）

全世界均逐漸都市化，需要考慮鄰近環境對花卉產業的影響，反之亦然。從街道來的光汙染、停車場以及安全警示燈對生產短日植物有負面影響。噴施除草劑飄散出來也會危害田間及溫室內的作物。

擴張（Expansion）

購買土地時如果資金充足，建議取得多於目前需求的面積。基本上是一次購買需求土地兩倍的面積，以供事業擴張或其他沒預期到的需求。通常土地可以作為投資，過多的土地也可以在之後賣出。許多在都市或郊區的企業周遭都在開發，無法擴張。不僅僅是考慮溫室的擴張，其他附加服務的建築、貯藏室、停車場、展示區等等亦然。

勞動力供給（Labor Supply）

花卉公司的位置與勞動力供給的關係愈來愈重要。許多地區無法找到足夠的工人。零售溫室季節性、臨時性的特性通常適合退休的人。傳統上季節性的勞力來源為學生，但對花卉工作有興趣的學生數量不多。為了吸引額外的勞工，企業要考慮分享利潤、給予更高的工資與福利。切記，一個經過完整訓練、忠心的員工比起數個臨時員工更有價值，因為新的員工需要時間訓練、不熟悉公司也缺乏忠誠度。自動化是解決長期缺乏勞力的辦法。

溫室型式（Greenhouse Styles）

等跨度溫室〔Even-span (A-frame)〕

　　等跨度或 A-frame 的溫室，屋頂兩邊的長度相同（圖 11-1；圖 11-2）。因為不容易積雪，等跨度溫室在北部地區十分受歡迎。有兩種等跨度溫室的型式：美國式大屋頂面（high profile）溫室以及荷蘭式小屋頂面（low profile）溫室。後者減少屋頂及山型區域，可以減少熱量散失以及建造成本。大多數等跨度溫室利用力霸樑（truss）支撐而非支柱，可以使內部保持淨空，不阻礙裝設保溫毯、室內天花板或其他自動化設備。

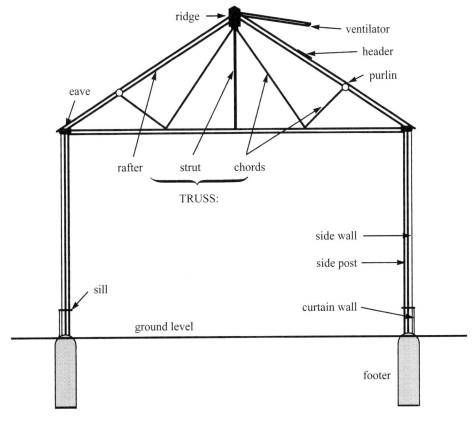

圖 11-1　等跨度溫室之組成。

圖 11-2　等跨度溫室。（張耀乾攝影）

不對稱跨度及鋸齒溫室（**Uneven-span and Sawtooth**）

　　不對稱跨度溫室的屋頂其中一邊會比較長（圖 11-3），在一些情況下（如鋸齒型溫室），可能會完全沒有較短的那一側屋頂。不對稱溫室通常用來促進溫室的自然冷卻，尤其是在丘陵或多風的地區。冷風會從側邊的通風口進入，冷風沿著屋頂的長邊上升時溫度逐漸變高，溫暖的空氣會從溫室的上方流出。不對稱溫室也能用來適應丘陵地區傾斜的地面。冬天低光的條件下，不對稱跨度溫室長邊的屋頂向著南方，進入溫室的光會比等跨度溫室多。

圖 11-3　不對稱跨度溫室。

拱形溫室（Quonset）

拱形隧道溫室的屋頂為圓形的，可能會延伸到土表（圖 11-4）。也可能會有側壁。建造拱形溫室相對容易、便宜。許多拱形溫室以兩層聚乙烯塑膠包覆〔也稱作雙層膜溫室（double poly）〕。

圖 11-4　拱形溫室。（張耀乾攝影）

連棟溫室（Gutter-connect）

連棟型的溫室是由兩棟以上的溫室連接，中間無內牆存在，可以有更多可用的生產空間（圖 11-5）。屋頂可以是等跨度、不對稱跨度或是拱形。等跨度、不對稱跨度屋頂的連棟溫室被稱為山形（ridge-and-furrow, rigid peak）溫室。拱形屋頂的連棟溫式則稱為圓頂形（barrel-vault, roundtop）溫室，是最受歡迎的設計之一。

雖然連棟溫室的運用彈性比起相近數量的個別溫室低，但就栽培環境而言，能源的使用最多可減少 40%，自動化以及在溫室間移動植物較為容易，設施的管理也更加方便。連棟溫室的建造成本比起相同空間的單座分離型溫室要低。然而相較於單座溫室，天溝會增加遮蔭，蟲害在連棟的環境下更難以管理，二氧化碳也因為溫室表面積的限制而減少。如果有需要，可以在兩個區域間以聚乙烯膜建造臨時的隔牆，以建立個別的環境。如果在多雪的地區建造連棟溫室，雪會堆積在屋頂之間的

天溝，因此必須精心設計以及建造。與單棟溫室不同，連棟溫室難以清理積雪，可以在天溝裡或天溝下方裝設加溫管或加溫電纜以加速融雪。

圖 11-5　連棟溫室。（李伊庭攝影）

可伸縮屋頂式溫室（Retractable-roof Greenhouses）

　　可伸縮屋頂式溫室為溫室設計的最新進展之一，有自然通風與自然光照的優勢（圖 11-6）。比起傳統溫室植物可生長得更緊實。溫度太高、太低或天氣惡劣時，可以關閉屋頂。新的設計提高了溫室的保溫、強度以及抗風性，同時減少成本。一些設計中屋頂板垂直升起打開；一些則是以力霸樑收起聚乙烯膜來打開屋頂。有數種版本可供使用。一些現存的溫室也可以加裝可伸縮式屋頂。在溫室建造的領域持續進步。開啟以及關閉屋頂可以手動或由電腦控制。

其他型式（Other Styles）

　　除了先前列出的項目，溫室也可以建造成其他多種的構型及樣式，但很少被用來進行商業生產。例如，球形溫室（domed greenhouse）或屋簷溫室（curve eave, lean-to greenhouse）用作展示植物的保育溫室（conservatory）。這類型的溫室比起商業溫室更加注重建築的設計感。當然在許多這類型的溫室放有大型標本，比起商業使用需要更高的屋頂。屋簷型溫室會連接在另一個建築上，以連接建築的牆作為溫室的牆。屋簷型溫室小，通常為趣味栽培者、花店或其他小型零售商所使用。屋

圖 11-6　可伸縮式屋頂溫室。（張耀乾攝影）

簷溫室因為光度較低，不適用於大規模的生產，但可能可以用作繁殖溫室。

架構及地基（**Framing and Foundations**）

　　溫室在過去是用木頭建造。現在大型的商業溫室則是用金屬建造。木頭適用在小型便宜的溫室或業餘興趣的溫室。金屬有壽命長、強度高、容易保養的優勢。最好用的金屬是鋁合金，有抗鏽蝕、強度高以及質輕的特性，減少溫室所需的框架組件數量。鋁是最貴的金屬；然而長期下來使用鋁最經濟，平均成本最低。

　　木頭架構的建造成本並不貴，但是必須要保養得很好，木頭容易腐爛或遭受白蟻及大黑蟻危害，建議只能使用防腐木。可以上漆幫助木頭的保存。木材可經由環烷酸銅（copper naphthanate）或環烷酸鋅（Zinc naphthanate）處理，以延長壽命；絕不要使用木榴油（creosote）與五氯酚（pentachlorophenol），因兩者會產生對植物有毒的氣體。木頭基本上僅限於較小的溫室，尤其是用聚乙烯塑膠膜包覆的溫室。木頭可以結合金屬製的力霸樑以及交叉連接樑（purlins），其他如牆壁、門框等可使用木頭建造以節省成本。

　　溫室的組件繪製於圖 11-1。並非所有溫室都有所有的組件架構。例如：拱形溫室可能沒有側牆，但可能有帷幕牆（curtain wall）。側牆從地面到屋簷的高度（圖 11-1），也被稱作肩高（gutter height），需要有足夠的高度讓工人舒服的移

動，代表屋簷需要 2 m 或更高。通常在歐洲溫室肩高為 3.7 m；在美國則是 2.4-2.6 m。然而挑高溫室在美國愈來愈普遍。高屋簷有利環境的控制，並且使吊籃生產及機械化更容易。栽種大型觀葉植物的溫室，則需要更高的屋簷。如果使用帷幕牆，可以使用混凝土（poured concrete）、混凝土磚（concrete blocks）或者其他固體材料建造。帷幕牆通常可以支撐加溫管，且應該延伸到地表下 15 cm 以阻擋動物及雜草根系進入溫室。帷幕牆要絕緣性良好，通常 60-90 cm 高。在溫室的每個末端需要有一個或多個門。對於大型的批發溫室，其中一個門的大小需要能讓交通工具及器材進入。

溫室需要建造得夠堅固以承受沉重的重量（載重）。有三種載重需要考慮：(1) 靜載重（dead load），溫室架構及被覆材料的重量；(2) 活載重（live load），溫室屋頂或天溝上的雪及水；(3) 風載重（wind load），由風壓造成，以垂直表面上 98 kg/m^2 計算。大雪通常最常在秋季及晚春時發生，可能需要排掉雙層聚乙烯膜之間的空氣，增加溫室內的熱量流失以融化積雪。對於連棟溫室，加溫管線可能需要放在天溝或天溝之下以融化積雪。此外，溫室營運者需要考慮吊籃以及其他可能會掛在溫室框架上的設備重量。對於溫室番茄的栽培者，如果番茄是由綁在溫室樑柱上的線所支撐，也需要考慮番茄的重量。對於大型或客製化的溫室，應該跟溫室建設公司的工程師諮詢並驗證建設計畫及規格（請參閱本章 357 頁「法規」）。

被覆材料（Glazings）

有數種因素會影響溫室被覆材料的選擇。首先，種植的植物種類會決定最低的光強度。高品質盆花以及切花生產需要較高的透光率，尤其在冬季。較暗的溫室可用來生產光需求低的觀葉植物以及春季的花壇植物，因為春季花壇植物是在一年當中光度自然增加時生產。在北部地區保溫為重要的因子；在南部地區或高海拔地區，通常避免紫外線的損害更加重要。溫室的建造可能不只一個被覆層，例如為了高透光率，屋頂使用聚碳酸酯浪板，而為了保溫，牆壁則使用雙層丙烯酸樹脂。有關被覆材料的研究一直持續進行，也持續發布新的產品。

玻璃（Glass）

玻璃是第一個使用在溫室的被覆材料，現在仍被認爲是頂級的溫室被覆材料。玻璃最主要的缺點是易碎，尤其是由冰雹導致。舊式的架構常以木頭建造，而新的則是金屬。雖然大部分的玻璃板相對較小，也有大至 2 × 3.7 m 的玻璃板可以使用。在美國，考量到冰雹、積雪以及大風，限制大片玻璃的使用；然而大片的玻璃板相對小玻璃板，能減少屋頂的橫樑進而增加透光率。鋼化玻璃應該用在上方，受到撞擊時會碎裂成許多小塊的圓片。相反的，浮製玻璃的碎塊大片、邊緣鋒利，僅限於側邊、後面或內牆使用。超白玻璃（low iron glass）透光率（90%-92%）比浮製玻璃或鋼化玻璃（88%）高。

透光率——高，上至 92%。

預期壽命——長；最持久的被覆材料之一。玻璃能抗熱、紫外光及風。

保溫——低；通常是最低的。

熱收縮——低；幾乎沒有熱脹冷縮。

可燃性——防火。

彈性——堅硬、不適用於拱形溫室，且容易破。鋼化玻璃較不容易破但比較昂貴。

成本—高，除了玻璃的成本，還需要額外建造能承受玻璃重量的架構。最初成本比較高，但壽命較長。

聚乙烯塑膠膜（Polyethylene Film Plastic）

聚乙烯塑膠膜因爲便宜而十分受歡迎。有多種型式的添加物或塗料能減少紫外線的傷害、霧氣、水凝結、增加防滴性以及延長保溫。有顏色的塑膠膜尤其是粉色或藍綠色，經過測試能促進生長或減少莖伸長。塑膠可以買到的標準尺寸是 30-134 m。購買塑膠膜尤其是含有紫外線保護劑的，要跟信譽良好專門販售溫室塑膠的供應商購買。劣質的膜可能只能維持一年，且使溫室在風暴中被摧毀。聚乙烯塑膠膜相對容易裝設，所需要的支撐結構也少於其他被覆材料如玻璃。聚乙烯膜特別適合作爲拱形溫室以及連棟圓頂溫室的被覆材料。塑膠膜的更換在風大的地區較難以執行，有許多種塑膠膜連接溫室框架的系統可以使用。裝設塑膠膜的時候一定要小

心不要造成任何破洞，破洞會成為將來塑膠膜撕裂的位置，尤其是裝設雙層塑膠膜的時候，要立即修補撕裂處，以避免進一步的損壞。裝設雙層膜相對單層膜而言，可以減少塑膠膜在框架上的晃動及疲乏，延長聚乙烯的壽命。外層通常為 0.15 mm 厚，內層則是 0.1 mm 厚。

透光率——單層膜高（87%），但更常使用雙層膜（83%）。

預期壽命——在一些地區最多 5 年，但通常只有 2-3 年的壽命。預期壽命在高光地區更短。聚乙烯塑膠膜隨著時間會變黃、脆化，使其更容易撕裂、被風損害。夏季在塑膠膜上方使用遮蔭網，如果有妥善的保護、沒有摩擦到塑膠，能延長壽命，並減少風的損害。

保溫——單層塑膠膜的保溫性非常差，但雙層膜有極佳的保溫性。兩層之間由小型風扇或鼓風機的氣壓維持分離。雙層膜間靜止的空氣層與玻璃相比可以減少 40% 的燃料成本。風扇應該要從溫室外引進空氣，因為通常較溫室內的空氣乾燥，會減少雙層膜之間的水氣凝結。在大雪期間可以放掉塑膠膜之間的空氣，讓溫室內的熱量快速融化積雪以避免屋頂塌陷。溫室的內層利用紅外線（infrared, IR）塑膠，在冬天會增加保溫性。紅外線塑膠會減少植物、植床、設備以及地板熱輻射的散失。

熱縮收——高。

可燃性——低，比玻璃纖維低。

彈性——非常彈性，能用在各種型式的溫室；耐衝擊，也可以承受一些冰雹。

成本——一開始成本低，但長期下來因為壽命短需要更換，尤其在高光的地方可能很高。記得塑膠膜的成本應該也要包含更換塑膠的勞力成本。

其他塑膠膜（Other Film Plastics）

聚氟乙烯（polyvinyl fluoride, PVF）膜的特性與聚乙烯膜相似，但是壽命能持續 10 年，以及更抗磨損及極端氣候。紫外線能完全穿透 PVF 塑膠，可見光的透光率高達 92%。然而 PVF 比聚乙烯更貴，限制了 PVF 的使用。

乙烯——醋酸乙烯酯共聚物（ethylene-vinyl acetate copolymer, EVA）塑膠膜強固、透明，且能減少熱量散失（請參閱本章 380 頁「溫室加溫」）。EVA 在寒冷的氣候下，比聚乙烯更加有彈性。雖然日本及斯堪地那維亞有使用 EVA，但 EVA

在北美價格高，使用度不高。

聚氯乙烯（polyvinyl chloride, PVC）的優勢是能夠減少長波長的紅外線穿透，減少晚間的熱散失。以 PVC 包覆的溫室也能保留土壤的熱輻射，比起聚乙烯包覆的溫室溫暖。然而 PVC 容易吸附顆粒及塵土，也無法做成大寬度的塑膠布，在氣溫低時會脆化；氣溫高時則會軟化。不常在北美使用，但經常在其他地區使用。

玻璃纖維強化塑膠（Fiberglass Reinforced Polyester）

玻璃纖維強化塑膠（fiberglass reinforced polyester, FRP）曾經是受歡迎的被覆材料，但因為可及性以及有更耐用的聚碳酸酯浪板，近年來的使用量下降。然而由於成本低，玻璃纖維仍然在使用。玻璃纖維容易製造及安裝，所需要的支撐架也相對少。雖然有平板可以使用，為了強度基本上是使用浪板。

玻璃纖維每平方公尺約為 1.4-1.5 kg，在強風或會積雪的地區應選用比較重的。有數種不同的表面處理能延長面板的壽命。溫室的玻璃纖維以丙烯酸或聚氟乙烯覆蓋能延長預期壽命。

透光率──初始高至 88%，在使用數年後大幅下降。

預期壽命──比聚乙烯塑膠膜長，但相較於玻璃非常短。玻璃纖維基本上能持續 20 年，但在高光地區使用 10 年後透光率便會十分低，玻璃纖維也會逐漸變黃、脆化。可以在面板上處理聚氟乙烯延長壽命。

保溫──低；浪板比平板的表面積大，會使更多的熱散失。

熱收縮──適中。

可燃性──非常高；燃燒迅速且燃燒時溫度高。

彈性──抗風及冰雹，適合各種型式的溫室；抗衝擊佳。

成本──適中。

壓克力（Acrylic）

壓克力可以做成單層或雙層（中間以一小層空氣層隔開）的結構。雙層結構能增加穩定性以及保溫。兩層之間的靜止空氣層可以作為隔熱層。面板也比玻璃輕以及大，可以減少建造成本。

透光率──中至低（83%）。

預期壽命——如果有妥當的製造及安裝，壽命長（大於 25 年）。壓克力抗紫外光以及風，但容易產生刮痕及裂縫並逐漸脆化。最初，壓克力的耐撞強度為玻璃的 8 倍，但強度隨時間而減弱，使其在某些地區成為一個隱憂。此外面板會膨脹及收縮，無法鎖在框架上，有數種連接溫室框架的系統。

保溫——雙層結構的保溫性高；相較於玻璃能減少 50%-60% 的加溫燃料。

熱收縮——膨脹／收縮勢高。

可燃性——高，與玻璃纖維相似。

彈性——容易製造、裝設，所需的支撐結構少；較堅硬不適合拱形溫室。

成本——高，但減少加溫成本，在冷涼的氣候下可以快速回收。

聚碳酸酯（Polycarbonate）

有單層浪板及雙層中間以空氣層隔開的結構。雙層結構能增加穩定性以及保溫。兩層之間的靜止空氣層可以作為隔熱層。面板也比玻璃輕以及大，可以減少建造成本。單層浪板壽命長又結合玻璃纖維的彈性，因此愈來愈普遍。

透光率——低至高（79%-90%）。

預期壽命——如果有妥當的製造及安裝，壽命長（大於 20 年）。聚碳酸酯抗紫外光及風，但隨著使用逐漸變黃及脆化。浪板不像雙層膜容易變黃。浪板能以螺絲鎖在框架上。有許多能固定雙層面板在框架上的系統。

保溫——雙層結構的保溫性佳。

熱收縮——膨脹／收縮勢。

高可燃性——相較玻璃纖維低。

彈性——容易製造及安裝，所需的支撐結構少。浪板適合任何型式的溫室，如果屋頂的曲度不會太大，雙層結構也可以裝設在拱形溫室。比起聚乙烯膜，聚碳酸酯裝設在拱形溫室時需要額外的連接管或支撐結構。

成本——高，但減少加溫成本，在冷涼的氣候下可以快速回收。

購買溫室（Purchasing a Greenhouse）

購買溫室的第一步是決定溫室的用途。例如，種植春季花壇作物的溫室與週年生產百合切花的溫室差異很大。以下數個問題能幫助你決定溫室的需求：

圖 11-7　不需要保溫時，移除拱形溫室屋頂之塑膠布。（張耀乾攝影）

· 每年會使用多久？如果只用來生產春季花壇植物，或許可放棄風扇水牆冷卻，改用聚乙烯膜的拱形溫室（圖 11-7）。然而在夏天生產則需要冷卻系統，如風扇水牆或捲揚式通風系統。

· 要種植什麼作物？花壇植物能種植在矮溫室的地面上，而吊籃植物則需要較高的溫室，提供工作者較舒適的空間，並增加強度支撐額外的重量。在植床上生產盆花以及切花栽培，需採用較大的空間，因此也需要較高的溫室。

· 需要多少空間？溫室是依照標準的長寬建造的，如果被覆材料使用聚乙烯，標準長度在 30-46 m。數座低成本獨立的拱形溫室已足夠使用，或者需要連棟溫室？

· 有哪些法律及規範影響溫室建造的地點？確認地區的要求、建築規範，以及許可證等。

· 你是否自行建造溫室或者請公司為你建造？後者似乎較貴，但請記得你的時間也是寶貴的，用在營運上可能會比較好。你有建造溫室的工人嗎？許多任務由兩個或以上的人執行比較好。

　　在確定你的需求後，要決定有多少錢可以使用。價格永遠是要考慮的問題。記得除了購買溫室及取得許可，油電管路等也要適當的配置。此外建造期間會有預期之外的開銷、溫室的供應商也會提供實用的建議，但這是需付費的。將這些因素都

考慮進去的做法是決定總共要支出的金額，預留 10%-20% 的金額給預期之外的花費，再預留 10%-20% 的金額來取得供應商或建造商的建議。因此當問題發生時，或者建造商有好的建議而需支付額外的費用，就會有 20%-40% 金額的緩衝。

· 溫室的計畫需要舉行數次標案。與各個公司討論價格內是否包含運費、保修、藍圖及售後服務。

· 詢問其他溫室購買者，該供應商的口碑。向其他溫室的擁有者取得他們的經驗以及建議。

· 確認溫室供應商是否有具經驗的建築團隊，或者會外包給其他建造溫室經驗較不足的團隊。

· 購買二手溫室需要謹慎，雖然最初的成本極低也很吸引人，需要考慮重建以及重新組裝所需要的時間。愈老的溫室愈可能有嚴重的問題發生，以及部分需要整修。

植床及床圍（Benches and Beds）

植床效率（Benching Efficiency）

植床效率是指溫室可用於生產面積的百分比：

$$\frac{可用於生產的面積}{溫室的地板面積} \times 100 = \% \ 植床效率$$

高的植床效率表示有更多的空間用於生產及收益。整個溫室需要加溫及維護——愈高的植床效率，有愈多的面積可以均分開銷。植床效率低的溫室可以提供效益的面積愈低，裝設活動植床的批發溫室植床效率最高可以到 90%。零售用的溫室裝設島形植床（island）或半島形植床（peninsular）植床效率會低至 40%。

植床排列（Benching Arrangements）

雖然植床在溫室內可以排列成許多型式，有三種最常見的排列方式。縱向形（longitudinal）／島形（island）植床所有邊都可以接觸。這種型式通常是零售使用，

但植床效率低（50%-60%），因此不常用於批發生產。

半島型植床（peninsular benching）的植床連接至溫室的一側，植床的三邊可接觸。這種類型的排列可以用作零售或批發，有低至中等的植床效率（60%-70%）。

活動植床（rolling bench）系統的植床置於滾輪（金屬管）上方，讓植床能夠左右移動。通常整個溫室只有一個走道。這種系統藉由減少走道空間能極大的增加植床效率（75%-90%）。因為會限制顧客接觸，顧客也不熟悉植床移動，只用於批發生產。此外，活動植床也不適用於勞力比較密集的作物生產，因為同時間只有一個走道可以觸及植物。

植床建造與走道（Bench Construction and Aisles）

幾乎任何型式的承重構造都可以（至少暫時性地）用在植床上。植床上方通常是由邊緣銳利的金屬網板四周包覆金屬構成。也可以由電焊絲、處理過的木材、防雪柵欄、或者塑膠板建造，這些都是容易彎曲凹折的材料。使用潮汐灌溉時（請參閱第 5 章「水」），植床上方由不透水的塑膠或者鋁製植床組成。植床頂部會有側邊保留住水，並且會有通道可以快速排水。除了植床的頂部，支撐結構可以由混凝土磚、金屬柱或者處理過的木材製成。

植床的寬度取決於作物種類以及是否便於工人使用。零售的作物或高勞力密集的作物應該要種植於只有 90-120 cm 寬的植床，較容易處理植物材料。批發生產時如果植床兩邊都可以接觸，植床寬度可以到 1.7 m，尤其是在使用自動灌溉的情形下。植床高度通常為 75-90 cm。主要的走道寬度通常為 90-120 cm，可以容納推車，側走道則是可以容納人的寬度，為 45-75 cm。一些情形下，主要走道需要寬 1.8-3.7 m，讓大型設備可以穿越溫室。

容器式／活動植床（Containerized/Mobile Benches）

有一種專門的植床系統稱為容器式植床或盤床。植物在植床上藉由滾軸可以在整間溫室移動。這些植床由鋁製成，植物通常由頂部灌溉或者使用潮汐灌溉系統。容器式植床能減少勞力成本，因為可以同時移動大量的植株，而非個別移動。容器式植床藉由滾軸、起貨機或者電腦控制，植株從繁殖到生產結束可以在同一個植床上於溫室不同區域移動。這種系統僅適用於批發生產。

推出式植床（**Rollout Benches**）

推出式植床可以用在批發及零售生產。植床置於滾輪上，在天氣好的時候會推出溫室外，可以讓植株健化並保持植株矮小緊密。一些情況下，可以雙層方式生產植株，下層的植株在需要的時候移到外面。然而天氣不好時溫度也需夠低，來避免下層的植株徒長。

地面生產（**Floor Production**）

許多溫室並沒有植床，但取而代之的是作物直接種植於地面。這種情形下，溫室的地面通常是混凝土或碎石。混凝土可能是多孔隙的讓水能夠排放，或者防水的以進行淹灌（請參閱第 5 章「水」）。後者的情況下，地板會建造成輕微的坡度，能迅速的淹水及排水。使用碎石地板時，在碎石下方及上方皆能鋪設抑草蓆減少潑濺、雜草或碎石陷落到土壤中。植床效率可以相當高。不推薦土壤的地面，因為容易增加疾病傳播的可能性以及控制雜草與藻類的困難度。土壤的地面也會造成移動設備的困難。要減少建造的成本，走道可以由混凝土建造，植床下面的區域則以碎石及抑草蓆鋪蓋。勞力密集的作物每條生產區域要窄些，以避免勞工受傷，因為勞工需要向前彎腰工作。如果排水不良，盆器及育苗盤要離開地面，可以放置於倒置的盆器、育苗盤或托盤等其他東西上。

地植（**Ground Beds**）

通常切花如玫瑰（*Rosa*）、康乃馨（*Dianthus*）以及百合（*Lilium*）是以地植的方式來生產。通常地植的區域會稍微抬高與走道區隔，以利排水以及控制病害。地植時，通常會建造高出介質及走道的側牆，避免從走道傳播來的病害汙染。側牆由混凝土或木頭建成。應該使用防腐木如紅木、環烷酸銅防腐劑塗層（一些防腐劑會產生有毒氣體）。在植床的底部切出一個 V 形凹槽，並在排水管上鋪上碎石來增加排水效果。水管的坡度要至少每 30 m 下降 2.5 cm 方利於排水。植床鋪滿殺菌過且排水良好的介質。植床通常 105-120 cm 寬，至少要有 15 cm 深，但根據作物種類可能會更深，如玫瑰。

地面上淺的、有木頭側牆的植床，也可以建造在混凝土或碎石地板上。底部可

以是抑草蓆或是處理過的木頭。植床至少要 15 cm 深，讓大部分切花作物的根系能充足生長。

容器（Containers）

花卉作物物種多樣，但僅相對有限的容器種類可與之匹配。購買容器時，要注意塑膠的厚度與品質。要留意一樣直徑或外觀尺寸的容器通常體積不相同，會影響作物需要介質的量、灌溉頻率以及採後壽命。

盆器（Pots）

溫室生產時，盆器是由直徑做分類，直徑的範圍從 4.4-40 cm（1.75-16 吋）。多年生及苗圃生產的盆器基本上是圓形，以體積來做區分，從 1-19 L 甚至更大。要注意盆器的尺寸可能不是太準確。例如方形的盆器比起相同直徑的圓盆，盛裝更多介質。盆器的深度也依據製造商而有所不同，最常見的深度有「standard」以及「azalea」兩種。實際上購買任何顏色的塑膠盆都可以，但常見的是深綠色。黑色以及紅陶色也是受歡迎的顏色。白色以及其他淺色的盆器可能會限制一些作物的根生長，如聖誕紅（*Euphorbia pulcherrima*），並會讓藻類在盆器內部的介質上生長。盆器底部排水孔的數量以及構型也有很大的不同。裝盆器的托盤有多種樣式，其中一些托盤本身就帶有把手。一些盆器的樣式包含可分離的水盤。雖然黏土盆或陶盆偶爾會用在專門的生產項目，大部分的盆器還是以塑膠製成。放置盆器於植床上時，彼此錯開不排成一列（每三盆排成三角形），比起方正的排列方式（四個盆器排成正方形），在植床上可以增加 10%-12% 的盆器數量（Will and Faust, 1997）。

吊籃（Hanging Baskets）

與盆器相同，吊籃也是以直徑來區分，從 15-30 cm 每 5 cm 為一個規格。吊籃可以選擇吊鉤的型式（金屬線或塑膠線）、是否有水盤（無水盤、可拆除或無法拆除的水盤）、體積，以及顏色（綠色最常見）。許多吊籃底部有個碟子可以保存水，之後水再藉由毛細現象被介質吸收。許多栽培者使用可拆除底盤的吊籃；在栽

培時移除底盤來增加排水，並在銷售之前裝上底盤。有一種吊籃的底盤可以伸縮，在生產時往下摺疊幫助排水，在銷售時將底盤往上裝回。

育苗穴盤組（Flats and Inserts）

育苗盤（flat）以整體的尺寸來分類。目前最常見的尺寸為標準 1,020 育苗盤，實際的大小為 54.5×28.5 cm（21.5×11.13 吋）。其他的育苗盤型式還有 Acurrate Dimension 或 True Style 育苗盤，尺寸為 25×51 cm（10×20 吋）。這種育苗盤比起標準的 1,020 育苗盤，一個空間內可以放的育盤苗數量增加 6%-7%。許多面對大眾客群的栽培者，甚至轉用更小的育苗盤如 Slim Jim（SJ），尺寸為 21.5×50 cm（8.5×20 吋）。其他育苗盤也有比標準 1,020 更窄的種類，幫助在有限的空間中有更多的生產量。由於不容易提高價錢，尤其是大眾營銷的生產者，儘管會增加生產的成本，仍轉而使用較小的育苗盤生產較少的植株。其他選擇育苗盤的因素包含深度、底部的樣式（網狀或實心）、育苗盤內軸的數量以及構型。大多數育苗盤的顏色為黑色或深綠色。

穴盤（insert）與育苗盤的尺寸相符，可放入育苗盤使用。由一個育苗盤內獨立穴格組的數量來分類。穴盤的名稱標示成 3-4 碼數字，表示每穴格組的穴格數量（倒數兩碼），以及一個育苗盤內的穴格組數量（前一或二碼）。例如 1,803 insert 表示共有 18 個穴格組，每個穴格組有 3 個穴格，而 606 insert 則表示共有 6 個穴格組，每個穴格組有 6 格。

穴盤（Plug Flats）

穴盤是用來繁殖種子或插穗過程中暫時的容器。在繁殖後幼苗再移植到其他容器，如盆器、吊籃或其他育苗盤。穴盤規格也有所不同，如穴格的數量（50-512）、形狀（圓形、方形、八角形）、直徑以及深度。方形以及八角形的穴格被認為會減少根部盤繞，盤根導致植株移植後生長較差。大多數的穴盤是由塑膠製成，但有一些是由保麗龍製成。

特殊容器（Specialty Containers）

有許多特殊容器包括各種樣式的花壇、窗臺花盆以及吊柱。大多數的特殊容器是由塑膠製成，但也能找到紅陶、木頭、壓縮纖維、金屬以及陶瓷製的款式。

回收（Recycling）

容器經過清洗以及浸泡消毒液後能重複使用。基本上繁殖時要使用新的、滅菌過的容器，因爲消毒之後還是有感染疾病的可能性。然而一個典型的溫室會累積許多破損、無法再利用、形狀奇怪的容器，尤其是育苗盤。在歐洲、美國一些地區以及加拿大，能夠回收使用過後的塑膠容器。可聯繫當地的供應商詢問所在區域容器回收的流程。育苗穴盤組爲最普遍的回收容器。

溫室降溫（Greenhouse Cooling）

溫室很大並且設計成在白天能夠捕捉到充足的陽光，光能會轉變成熱。甚至在明顯多雲的天氣，溫室的溫度也容易上升到令人不舒服，且達到傷害植株的程度。此外，在一些夜溫也十分高的氣候條件下，溫室需要 24 小時進行降溫。

關於降溫有兩種不同的情況，在一年當中較冷的時候，溫室外的空氣比較冷，溫室藉由導入室外的空氣來降溫。這也被稱作冬季降溫（winter cooling），利用通風口及風扇通風管引入冷空氣。相反的在暖季時，室外的溫度會接近或高於溫室內部，這被稱爲夏季降溫（summer cooling），唯一降低溫度的辦法是藉由風扇水牆、噴霧的水氣蒸發或者自動空調。當光強度高的時候，溫度可以藉由減少光照而降低，此時可利用遮蔭網或在被覆材料上噴施擋光的化合物。在溫帶氣候區從晚春到早秋，在赤道或者是山區則是全年使用遮蔭網來降溫。

自然冷卻（Natural Cooling）

任何冷卻系統的第一步皆是藉由通風口進行自然冷卻。脊部或頂部的通風口讓暖空氣自然上升並離開，側牆上的通風口則讓冷空氣進入溫室。通風口基本上是自動化的，通常由溫室的被覆材料與絞鍊構成。側邊通風口則是充氣的聚乙烯管，依照需求升起或下降來提供冷卻效果。可以捲起或放下的側牆也十分常見。一些例子中會捲起整個側牆作爲通風口使用（圖 11-8）。隧道溫室僅有屋頂沒有側牆。溫室的設計也可以加強自然冷卻的效果，如鋸齒溫室或可伸縮屋頂式溫室（請參閱本章 359 頁「溫室型式」）。利用通風口自然冷卻降溫時，冬季及夏季在溫室內皆會

形成較冷或較熱的區域。自然冷卻時,同時使用水平攪拌風扇(請參閱本章 388 頁「空氣循環」)加強溫室內的空氣流通,即可解決此問題。當然,自然冷卻的極限便是使用可伸縮式屋頂的溫室。自然冷卻或其他冷卻方式也同時會藉由引入外界空氣來增加二氧化碳濃度。

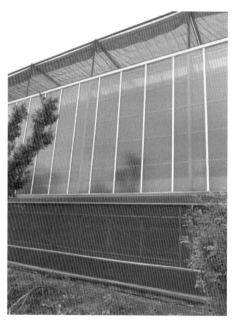

圖 11-8　上捲式側邊通風口。(張耀乾攝影)

遮蔭網(Shading Cloth)

　　自然冷卻的下一步為利用遮蔭網,可以減少 25%-98% 的光強度(請參閱第 4 章「光」)。遮蔭網能永久性地使用在溫室上或溫室光度需求低的部分,如繁殖區域。遮蔭網在夏季光度過強時裝設,減少光照的同時也能降低溫度。當整個溫室外部拉上遮蔭網時,降溫效果最佳,但在多風的地區較難以達成。用遮蔭網包覆整個溫室,也可降低被覆材料因光線造成的劣變,如聚乙烯膜或玻璃纖維,並且能加強抗風性。遮蔭網基本上在春季安裝並在秋季移除,但如果需要減少光強度也能全年裝設。當遮蔭網不使用的時候,保存在黑暗的環境中。持續接觸光照會使纖維分解並縮短壽命。更多關於遮蔭網的資訊,請參閱第 4 章「光」。

　　保溫簾或室內天花板也能用來提供植床遮蔭（請參閱本章 391 頁「節能」）。這些例子中，風扇與水牆安裝在簾子或天花板下。藉由遮蔭來降溫，也讓需要冷卻的空氣體積較小。天花板的開啟及關閉可以由光度感測器自動控制，故在多雲時會拉開。

通風管系統〔Fan-tube (Fan-jet) System〕

　　通風管系統由風扇將空氣吹進水平的塑膠管，塑膠管上有間隔的開孔，讓空氣排出及循環。放置一個或多個與溫室長度相同的通風管。風扇與通風管會連接對外的百頁通氣窗，將室外的空氣抽進溫室來降溫。通風管系統在室外空氣溫度低於預期的室內溫度時使用，基本上使用期間為冬季。這些條件也會在一年之中的其他時間發生，尤其是北部的氣候。通風管系統除了降溫外，也可以用來循環空氣或者連接加溫機用於溫室加溫。空氣循環時風扇開啟，但通氣窗以及加溫機是關閉的。以通風系統加溫的溫室，通常分布在氣候溫和的地區，對加溫的需求較低。

　　通風管的數量、大小、排列以及風扇的尺寸，一定要在裝設之前依照室內外溫差、海拔及光強度等因素準確的計算過（Aldrich and Bartok, 1989）。室內及室外溫度差異越小，就需要更多室外的空氣來冷卻溫室。針對室內外空氣溫度差異小而設計的通風管系統，能讓通風管系統更有效率，並減少在春季及秋季每天溫度變化大的時期風扇水牆的運作（請見以下）。海拔上升會減少空氣能保留的水分，且漸強的光強度會更快的提高溫度；在兩種情況之下，都需要更多的空氣通過水牆來降溫。可以從儀器供應商取得計算降溫需求的公式及圖表。

遮蔭化合物（Shading Compounds）

　　白色的遮蔭化合物厚施一層或者薄施兩到三層於被覆材料外（請參閱第 4 章「光」）。購買專門用於溫室的遮蔭化合物後，若遮蔭程度高，以 1：6 的水稀釋，遮蔭程度低則是 1：15 到 1：20 倍的水稀釋。通常大多數的遮蔭化合物在夏季會自然的消失，但記得在夏季結束時可能需要擦洗。這份工作不會太輕鬆，但如果有殘留就必須進行。白色的乳膠漆也可以在稀釋後施用，但可能會損害被覆材料，故不建議。在施用乳膠漆之前要與被覆材料的製造商或供應商確認。商業的遮蔭化合物專門為溫室設計，由於其中的添加物設計成在結霜或凍結後更容易釋放，比起乳膠漆更容易去除。

流水遮蔭（Flowing Water Shade）

有一個試驗性的系統使用有顏色的水從被覆材料上通過。這個系統的被覆材料使用雙層壓克力或聚碳酸酯，液體流過被覆材料。有顏色的水吸收熱之後，將熱帶離溫室。顏色可用來控制植株生長；例如，硫酸銅的藍綠色過濾掉遠紅光，可使許多物種的節間縮短。

風扇水牆系統（Pad-fan System）

風扇水牆系統在室外溫度接近室內或高於預期的室內時使用，通常在晚春到早秋之間。這些條件也會發生在冬季溫暖的期間或大晴天，尤其是在氣候溫暖的地區。

風扇水牆降溫系統依靠蒸發的水氣吸收熱量。水藉由重力向下經過充滿孔洞的水牆。空氣由裝設在另一頭的排氣扇經過水牆抽進溫室。水牆上未蒸發的水會收集到水箱或儲水坑中再次循環。儲水坑可以在地表上或地表之下。風扇水牆降溫系統在溼度適中到低的氣候下效率最好，在溼度高的地區效率不佳。

水牆與風扇的尺寸在裝設之前一定需要依照海拔、光強度、從水牆到風扇之間可接受的上升溫度、水牆風扇的距離計算（Aldrich and Bartok, 1989）。海拔高度增加使空氣中能保留的水氣減少，且光強度漸強造成溫度上升更加快速；在這兩種情況之下，會需要更多空氣經過水牆來降溫。當冷空氣經過溫室，離開溫室之前，會吸收從植物、植床、走道以及結構散失的熱量。通常從水牆到風扇的過程溫度上升 4℃ 是可接受的；然而如果要溫度上升更少，就需要更多的空氣通過水牆。

溫室栽培者通常利用溫室內的溫度差，在靠近排氣扇的地方栽培需要暖溫的物種，而靠近水牆處則栽培需要涼溫的物種。風扇水牆冷卻在距離 30-60 m 時最有效；大於 60 m 或少於 30 m 則需要較貴、更大的風扇。

水牆通常覆蓋整個牆面。為了最好的空氣流動，風扇之間的距離不要超過 8 m，並平均裝設在水牆對面植株高度的牆面上。需要風扇的尺寸及型式依製造商而不同。一旦計算過需要的空氣流動之後，製造商會給你風扇大小、數量以及水牆尺寸及型式的選項。

水牆最常使用的型式為纖維紙水牆（cellulose pad），由堅固的波浪狀瓦楞紙

板製成，浸泡不可溶的防腐鹽類來避免腐爛。纖維紙水牆容易維護，依不同水質可以使用 4-10 年。纖維紙水牆比起其他型式更貴，但除以使用時間可視為較為便宜。水牆的厚度可以依照需要冷卻的空氣量來決定：10 cm 厚的水牆可以冷卻 250 cfm/ft^2（cfm = cubic feet per minute, 1ft^3/min/ft^2 = 76 m$^3 \cdot$ min$^{-1} \cdot$ m^{-2}），15 cm 的水牆則是 350 cfm/ft^2（107 m$^3 \cdot$ min$^{-1} \cdot$ m^{-2}）。水牆的高度每 30 cm 為一個規格，如 0.6、0.9、1.2、1.5 或 1.8 m。

在維護上需要定時清潔水牆累積的鹽類（水垢）以及藻類，因為兩者皆會阻塞水牆減少空氣流通以及降溫效率。在回到儲水坑之前排掉高鹽度的水，並換成新鮮的水，或者每 7-14 天將水坑的水完全置換掉，能減少鹽類的累積。在水的鹽度異常高的地區，循環水可能需要持續排放或者定期置換。從一開始即使用水質好、低鹽度的水，能減少鹽類的累積。

除藻劑也能加入儲水坑來抑制風扇上藻類的生長。其他減少藻類阻塞的方法，包括每天乾燥水牆一次、遮蔭水牆系統以減緩藻類生長、去除水牆周遭的雜草，以及定期清洗整個系統。在空氣進入水牆的那側裝設防蟲網也能減少阻塞；然而因為網子會增加空氣阻力及靜壓力，也需要增加風扇的功率。

其他型式的水牆可由鉋花（白楊木、碎木）、塑膠、鋁、玻璃纖維或鬃毛製成。鉋花製的水牆只能使用一年，但價格不貴。這些水牆比起纖維紙水牆薄，能冷卻 150 cfm/ft^2（47 m$^3 \cdot$ min$^{-1} \cdot$ m^{-2}）。鉋花裝在金屬框內，並放置於流水之下作為冷卻水牆。水牆及風扇在順風時會更有效率。如果有數間溫室的距離較近，要確定從溫室排出溼潤的熱空氣不會進入另一間溫室的水牆。如果兩間溫室的距離過近，兩間溫室的排氣扇以及水牆應該要互相面對。如果兩間溫室的風扇互相面對，風扇要相互交錯避免直接正對。風扇應該要與其他建築及障礙物達扇葉直徑的 1.5 倍以上的距離。

薄霧（Fog）

薄霧是另一種蒸發冷卻的方式。細水霧從溫室頂部或側牆的噴嘴注入溫室，空氣在水霧蒸發時冷卻。水滴要小到落在葉片上之前蒸發，否則會增加疾病的風險。薄霧比起風扇水牆冷卻，通常降溫更均勻、冷卻效果更佳（Bartok, 1997）。薄霧

在需要高溼度進行繁殖的區域也十分有用。爲了有效使用薄霧，要使用水質好、EC 低的水。水質差或可溶性鹽沉澱會造成噴嘴阻塞及長期維護的困難。

因爲使用的水量相對較少，在使用之前可以先去除鹽類以及沉澱物（請參閱第 5 章「水」）。與風扇水牆系統相同，薄霧系統在低溼度區域的效果較佳。

正壓系統（Positive Pressure Systems）

一些研究或育種、繁殖用的溫室建造成正壓冷卻溫室，使用大型的蒸發冷卻機或風扇對著水牆將空氣送入溫室。空氣流過冷卻機或水牆時溫度下降，在溫室另一側的壓敏風門排出。風門在空氣壓力上升時打開。這種系統將空氣排出門或通風窗，減少昆蟲以及病原微生物被帶入溫室的機會。基本上風扇水牆冷卻是強制將空氣排出，在門或通風窗打開時，會將昆蟲或病原微生物吸進溫室中。

機械空調（Mechanical Air Conditioning）

雖然十分昂貴，小型溫室尤其是屋簷型的趣味栽培使用的溫室可以使用空調降溫。應該要使用重工冷氣機，因爲溫室高溼度以及溫暖的環境對機械設備不利。

溫室加溫（Greenhouse Heating）

在冷涼氣候地區的溫室，加溫之成本高，通常是僅次於勞力之生產成本。甚至在氣候較爲適中，冷涼的海岸地區，通常也有很高的加溫成本，因爲可能全年都需要加溫。熱會因溫室漏氣、傳導以及輻射流失。漏氣包含預期的開放，如門、通風窗、百葉窗，以及預期外如被覆材料的裂縫、被覆材料與溫室框架的間隙。傳導是熱能從被覆材料及框架移動到戶外冷空氣的過程。例如，熱咖啡的熱能會提高杯子的溫度，再提高握著杯子的手的溫度。輻射是熱量在兩個無直接接觸的物體中轉移。例如，我們在晴天感受到太陽的熱能。熱從溫室中輻射出來，尤其在冷涼、多雲的夜晚。依據所需要的熱量、設備的花費、燃料的可及性，以及溫室的大小與樣式選擇加溫系統的型式。

中央加熱系統（Central Heating System）

中央加溫系統由可以產生熱水或蒸氣來加熱整個溫室的鍋爐組成。鍋爐在大範圍時使用效率佳，可使用的燃料範圍也廣，包含煤炭、碎木、天然氣及油。基本上，一個鍋爐比起許多個別的加溫設備更容易保養。然而，鍋爐系統比起其他加溫系統更加昂貴。

鍋爐會裝設在溫室的管理室（headhouse），讓餘熱能加溫管理室。如果裝設在分離的建築物中，餘熱就散失掉。鍋爐每年需要清洗及檢查以維持適當的運作，通常在夏天鍋爐沒有運作時進行。小型的備用鍋爐可以在晚春、早秋、緊急狀況或蒸汽消毒時使用。在這些情形下使用小型鍋爐更具經濟效益。

蒸氣（Steam）

蒸氣是北方大範圍加溫最常見的型式。與熱水加溫相比，由於蒸氣是氣體，耗水量較少、流動較容易。因此使用蒸氣加溫時，所需要的鍋爐較小、不需要循環幫浦，管線也較少。蒸氣也可以用作消毒使用。蒸氣比熱水更熱，可以使溫室的溫度快速上升。然而蒸氣在系統運作失靈時，沒有回收的循環水可以保護水管防止結凍。因此蒸氣系統在寒冷的時期需要持續監看。蒸氣的溫度永遠是 100-102°C，不用藉由開啟或關閉系統就可以避免熱量過高或過低。此外，蒸氣的保險開銷以及市政規範比熱水系統更多。例如，一些社區需要一天 24 小時監督蒸氣鍋爐的設備。蒸氣加溫系統需要有凝氣閥回收凝結水回到鍋爐內。

熱水（Hot Water）

熱水系統能保留溫水在循環管中，如果系統故障時，比起蒸氣能更長時間保護管線不結凍。熱水能調整輸送系統的溫度，且不需要凝氣閥。然而熱水比起蒸氣需要更大的鍋爐、幫浦以及循環管，因為熱水攜帶的熱較少，且需要幫浦推動。此外熱水系統沒有蒸氣可用於消毒，且因為熱水的溫度較低，會花更多的時間加熱溫室，而當溫室不需要以熱水加溫時，要讓溫室的溫度下降也要更久的時間。

熱傳輸（Heat Delivery）

溫室中的熱以管線傳輸，所需管線的數量會因需要的熱量、熱源（水或蒸

氣）、管徑、管線的型式及放置地點有所不同。通常熱水比起蒸氣需要更多更大的
管線。使用翅片管（fin pipe）能極大的增加表面積，增加傳送到溫室空氣中的熱，
並減少所需的管線數量。然而翅片管十分昂貴。翅片管使用會生鏽的鍍鋅金屬製
成，而生鏽的部分會減少熱的傳輸。銅管更貴但可以輸出更多熱能。

　　溫室中有數個地點可用來設置加溫管。最常沿著側邊走道裝設在較低的位置，
在管線與側牆之間留一些足以使管線後面氣體上升移動的空間。這個位置可供蒸氣
及熱水系統使用。然而管線裝設得太遠，氣流會造成溫室加溫不均勻。加熱的空氣
沿著溫室側邊上升，冷空氣從溫室中央的上方下降。加溫的時候，氣流可以藉由空
氣循環的方式打亂，或者在上方設置加溫管。當加溫管疊在一起的時候，會降低加
溫的效率。加溫管的排列由加溫的方式決定（圖 11-9）。使用蒸氣時，使用長號形
線圈（trombone coil），因為蒸氣的阻力較小，也容易在管線中移動（圖 11-10）。
管線起點與終點的溫度會略微不同。使用熱水時，則使用箱形線圈（box coil），
因為水流動的阻力比起蒸氣更大。水冷卻得較快，箱形線圈的排列方式能減少起點
與終點之間的溫度差。

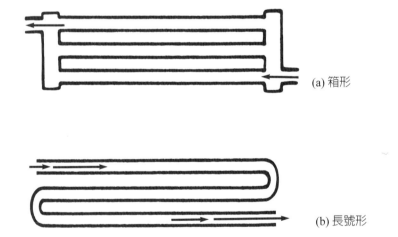

圖 11-9　箱形以及長號形管線排列，在溫室加溫系統中運送熱水及蒸氣。

圖 11-10　蒸氣加溫管。

　　管線也可以放置在上方，但會阻擋光線且因為加熱的空氣在植株上方，效率不高。熱水或蒸氣加溫皆可以這樣設置，偶爾是用來擾亂向下流動的冷空氣，使熱在溫室中的分布更加均勻。裝設在上方的管線也可以裝設在天溝排水槽旁邊，加速積雪融化。

　　管線也可以在地面下，埋在碎石或多孔隙的混凝土中讓熱往上升。這種系統十分有效，因為熱會經過植物上升。這種配置僅適用於熱水加溫，且在冬季非常冷的時期通常無法提供足夠的熱能。地板加熱經常與溫室其他區域的管線或者獨立式加溫機一起使用，僅在需要維持適當的溫度時使用。

　　管線也可以直接裝設在植株的位置──緊鄰畦的側邊或植床底下。這種設置方式通常是熱水，但也可以使用蒸氣。因為熱在植株旁邊釋放，使用燃料較有效率。通常在繁殖區域使用植床加溫，因為能有效的維持介質溫度。

獨立式或強制風熱加溫機（Unit or Forced Air Heaters）

　　空氣吹過由天然氣、石油、煤油或液態丙烷加熱的薄壁金屬管燃燒箱。溫室的空氣抽進管內加熱。獨立式加溫機基本上設置於植株上方，但也可以擺在地面的高度直接在植床下加溫，提供介質及根圈加溫。後者的情況通常用於繁殖區域。當設置於上方時，空氣直接水平的加溫，熱由水平攪拌風扇（horizontal airflow fan,

HAF）以及風扇通風管傳播。獨立加溫機的定期保養十分重要，因為不適當的燃燒或燃燒箱上的洞會造成空氣汙染，尤其會產生乙烯造成植株傷害。調整燃燒器的設定產生乾淨的藍色火焰；黃色的火焰表示燃燒不適當。燃燒的廢氣需要通風排出。儘管需要節省能源，溫室不應該維持氣密。每 0.028 m^3 的天然氣燃燒會需要 0.40 m^3 的空氣。如果全部的氧氣皆被使用完畢，火焰會消失且作物可能會凍結。在火焰消失之前，也會產生對人致命的一氧化碳。

微氣候管（Microclimate Tubing）

微氣候管由一個小、具彈性的黑色橡膠管網路組成，放在植床上、貼在植床床面下方，或者裝在地面上。從水加溫機循環的熱水流經管線，使熱量上升提高正上方的植株溫度。可以在介質中放置溫度感測器以維持適當的介質溫度。這是最需要加熱的位置，並讓植株上方的空氣溫度較低，減少熱量的散失以及能源開銷。一些物種的莖在較低的溫度下，會有節間縮短、莖徑加粗，生長更緊密的現象。因為微氣候管可能不足以在極度寒冷的天氣下加熱溫室，因而需要額外的加溫系統。

輻射（Radiant）

輻射加熱系統釋放出紅外線來加熱植物、盆器、植床以及走道，但無法加熱空氣（圖 11-10）。這些物體的熱量會再加熱空氣。因此空氣的溫度比起傳統加熱溫室的方式低 4°C，但植株生長情況相似。空氣在傳統的加溫系統中被加溫，再將熱量轉移給植物。輻射系統燃料效率高，比起傳統的加溫系統估計節省 30%-50%。燃料與空氣混合後在管線中燃燒，管線會變得非常熱並發出紅外線。管線的溫度不足以釋放出可見光。高溫的管線必須設置於作物及走道上方，避免接觸到植株與人。管線的上方表面覆蓋金屬反射板，將紅外線引導向下。輻射系統運作時不使用空氣循環設備，因為冷空氣移動會使植株冷卻。輻射系統節省燃料的三個原因：(1) 空氣較冷以及較少熱輻射或散失到室外；(2) 從燃料中提取更多的熱，因為氣體離開管線時溫度為 66°C，低於傳統加溫方式的 205-315°C；以及 (3) 加熱的是植物而非空氣。輻射加溫的裝設成本昂貴，然而在溫室有遮蔽的地方會形成冷區。較短的行株距以及較密的樹冠層會減少熱的穿透，造成介質溫度低，延後作物的生產。輻射加溫在零售的情況下也可能是有害的，因為輻射能會加熱上方的花或葉片，造成

植株更快老化以及失水。加溫系統也會遮擋陽光。然而輻射加溫在晚間能維持葉片溫度稍微高於周遭空氣，避免水凝結在葉片上，以減少發生疾病的可能性。

對流加溫（Convection Heating）

對流加溫與強制風熱相似，除了熱直接從排氣管散發到溫室的空氣，如柴爐。然而管線的溫度不足以產生紅外線。對流加熱在大範圍的空間使用沒有效率，但可以用於展示空間或趣味栽培溫室。避免排氣管漏氣十分重要，因為在燃料燃燒不完全時會形成乙烯以及一氧化碳。

太陽能（Solar）

從最簡單的意義上來說，溫室是大型的被動太陽熱收集器。植株、盆器、牆壁以及植床在白天吸收熱能，在晚間會輻射到空氣中。被動式的熱收集系統不足以維持溫室整晚的溫度。

主動式太陽能加溫，收集光的設備能將熱能保留在水或岩石中之後，再使用於溫室加溫。主動式太陽能加溫不常見，也相對昂貴，需要額外的土地裝設太陽能收集器。基本上大型溫室所需要的太陽能收集器過大及昂貴，因為溫室在晚間十分快速的流失熱量。對趣味栽培溫室，太陽能加熱很有用或者當作傳統加溫系統的輔助。科技的進步可能會讓其在未來廣泛使用。此外光電池可能可以提供溫室電力，可以裝設在管理室的屋頂。

加溫系統計算（Heating System Calculations）

在溫室建造之前可以規劃好的溫室藍圖來估計可能散失的熱，用來計算加溫系統的尺寸及型式。熱散失的計算包含以下因素：溫室型式、建造材料、平均風速，以及最大室內外溫差（Aldrich and Bartok, 1989）。建造材料讓散失的速率不同；例如金屬溫室搭配玻璃被材熱散失大於木頭溫室搭配雙層聚乙烯膜。風速以及室內外溫差增加，會增加熱散失以及維持溫室理想溫度所需要的熱。當選擇計算使用的溫度時，不要使用月低溫的平均值，因為平均值的溫度會比實際的低溫高。依此結果計算，加溫系統會太小，當室外溫度低於月低溫平均值時，溫室無法維持理想的溫度。根據統計資料，有 50% 的每日最低溫會低於月的平均溫度。最好使用一年

中的最低溫，在北美通常落於一月中後期。然而室內外溫差愈大，加溫系統愈大，花費也愈多。一旦估計了熱散失，加溫系統的樣式、尺寸以及燃料的用量皆可以計算。計算熱需求的公式及圖表可以從溫室設備的供應商取得。

燃料（Fuel）

天然氣（**Natural Gas**）

天然氣是多用途、燃燒乾淨的燃料，適用於獨立式加溫機或鍋爐。美國許多地區會選擇天然氣，因為容易使用且低汙染。然而天然氣在許多地區無法取得，尤其在農村地區。

成本——便宜到中價位。天然氣的價格通常基於顧客需求的優先程度，優先程度越高的顧客需要付更多錢。溫室因為在多天溫度低於冰點會造成植株死亡時散失熱量，優先程度高。如果使用備用加溫機及燃料，如石油或丙烷，優先程度以及價錢會降低。

汙染潛力——燃燒乾淨。

維護——低。

貯藏——不需要貯藏桶。

丙烷及丁烷（**Propane and Butane**）

與天然氣相同，丙烷及丁烷的用途廣泛，可以用於大多數的加溫系統。

成本——高。

汙染潛力——燃燒乾淨。

維護——低。

貯藏——需要貯藏桶。

石油燃料（**Fuel Oil**）

與天然氣相同，石油用途廣泛可以用於全部的加溫系統。石油在天氣冷的時候變稠（黏度增加）。石油燃料分為 1、2、3、4、5 及 6 級。石油在天氣冷的時候需

要加溫，才能順利的從貯藏桶中流入鍋爐。

成本──變化大，中到高價位。

汙染潛力──燃燒得不如天然氣乾淨。

維護──比天然氣多。

貯藏──需要貯藏桶。

煤炭（Coal）

除非煤炭的供應商位在附近，否則極少使用煤炭。僅限於集中式鍋爐使用。

成本──可以很便宜，但需要額外的勞力處理炭以及灰燼，需要加到成本計算。

汙染潛力──高，與使用的煤炭有關。高品質、低硫的煤炭燃燒最乾淨，可能需要防汙染的設備。

維護──高；會產生許多灰燼，需要移除及處理。

貯藏──需要大的貯藏空間。

木頭（Wood）

木頭通常是來自木頭加工廠或造紙廠的碎片或木屑。木屑壓縮成粒能更好操作。木頭僅限於集中式鍋爐及容易取得的地區使用。

成本──木頭成本低，但要考慮勞力成本。對木材廠來說，廢棄木材的處理曾是一大難題，但現在廢棄的碎木以及木屑有其價值，已被利用在多種商品中。

汙染潛力──高。

維護──高；產生極多灰燼，需要移除及處理。

貯藏──需要大的貯藏空間。

地熱（Geothermal）

地熱是極好的能量來源，但有地理上的限制。地熱來源為地球內的自然熱，來自於接近地表的熱水或蒸氣。冰島以豐富的地熱聞名。附近發電廠的廢熱水也能與地熱有相似的使用。熱水排放至地表逕流會影響水域的生態，利用廢熱水中的熱也能保護當地的環境。

成本──熱是免費的，但提取熱的熱交換系統成本高。

汙染潛力──低，但地熱點的廢水通常鹽度高，很難適當的處理，除非回到源頭。

維護──低。

貯藏──不需要貯藏桶，能量貯藏在地表下。

空氣循環（Air Circulation）

溫室內經常需要空氣循環，即便在不需要加溫或冷卻的時段。空氣循環能提供一致的生長溫度，生產整齊的作物。生長不一致的作物，在灌溉、準確的施用生長調節劑和殺蟲劑以及銷售時都更加困難。空氣循環對於預防及控制灰黴病、白粉病、以及細菌性葉斑病十分重要。適當的空氣循環也促進二氧化碳的分布及使用。有數種空氣循環的方法已經在加溫及冷卻的部分討論過。風扇通風管系統可以在未加溫情況下使用鼓風機或獨立式加溫機循環空氣。風扇水牆的降溫過程同時分配以及循環空氣。風扇水牆系統可以在沒有水流動的情況下運作。頂部或側邊通風扇的自然冷卻也能幫助空氣循環。

水平攪拌風扇（Horizontal Airflow Fan）

水平攪拌風扇（horizontal airflow fan, HAF）是由康乃狄克大學研發，將空氣以液體的方式處理（圖 11-11；圖 11-12）。一旦空氣開始流動，只需要花費少量的能量就能保持氣流。使用小的箱形風扇去移動溫室內的空氣，數量以及排列方式依溫室的大小及構型來設計。HAF 散播熱能以及循環空氣，在使用水牆風扇或通風管降溫時不需要開啓。溫室中風扇每分鐘帶動的空氣體積（$m^3 \cdot min^{-1}$）要等同於溫室體積的四分之一。直徑 40 cm、馬達 1/15 hp 的風扇就足夠了（Aldrich and Bartok, 1989）。

垂直風扇（Vertical Air Fan）

垂直風扇很大，裝設在溫室上方並與地面平行。風扇從溫室中央頂部引導溫暖的空氣向下。垂直風扇將累積在溫室頂部的熱循環到需要熱的植床與地板。垂直風

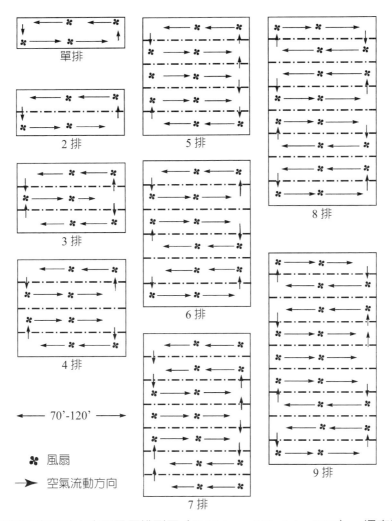

單排

2 排

3 排

4 排

5 排

6 排

7 排

8 排

9 排

←— 70'-120' —→

✿ 風扇

➤ 空氣流動方向

圖 11-11 不同溫室尺寸中水平風扇排列圖（Aldrich and Bartok, 1989）。溫室長度每增加
5 m（50 ft），增加一排風扇。

扇無法讓環境的熱均勻分布，故不能設置在作物上方，能源效率也不如其他空氣循
環方法。垂直風扇已經大量地被其他循環方法取代。

圖 11-12　水平攪拌風扇。（張耀乾攝影）

環境監測（Environment Monitors）

恆溫器（**Thermostats**）

　　恆溫器是監測以及控制溫度的儀器，會與熱源連接。控制加溫及冷卻系統啟動的時間。恆溫器應該要放置在溫室平均溫度的地方，不能放在溫度過低或過高的地方，否則會造成溫室的溫度長期過高或過低。恆溫器要放置在植株的高度，因為這是最重要的加溫區域。恆溫器最好放置於白色箱子中避免受到陽光加熱，且需要用小型風扇通風，以確保不會累積熱量以及監測更大量的空氣。大型或連棟溫室會區分為個別的溫度區域，每個區域需要有各自的恆溫器及加溫／冷卻的子系統。如此分區讓大型開放溫室中同時可以有多於一個溫度環境。然而，區域之間的溫度差不能太大，否則無法維持每個區域的溫度。可以使用塑膠簾暫時地區分各個區域。

環境控制系統（**Environment Control Systems**）

　　環境控制系統是由加溫、冷卻以及空氣循環等方法組成一個階段性的控制系統。環境控制是基於一個設定溫度，當溫度超過或低於設定溫度時，啟動或關閉溫室的各種設備。例如，溫室環境控制系統可以運作如下：

與設定溫度之差值	操作
低 2.2°C	啟動兩個獨立式加溫機
低 1.1°C	兩個獨立式加溫機啟動其中一個
設定溫度	啟動水平攪拌風扇
高 1.1°C	開啟頂部通風扇
高 2.2°C	兩個排氣扇開啟其中一個，關閉水牆
高 3.3°C	開啟兩個排氣扇
高 4.4°C	開啟兩個風扇與水牆

控制器設置於管理室而非溫室，因為溫室內溼度及溫度高，會增加維護的問題。可以設定接近的溫度區段，但溫度差異太小會使得儀器短時間內開啟及關閉，尤其在多雲的天氣時。這會增加設備的維護頻率，並導致設備更快損壞。

除了溫控，電腦環境控制系統也可以監控光、溼度，以及二氧化碳濃度、溫度。依據系統，電腦可以每 1-10 秒監測及記錄環境條件，並且每數分鐘調整溫室的設備。電腦控制系統有精準的環境調控，由於花卉作物生產已要求更有效率及更精準，因此電腦控制系統愈來愈重要。電腦控制系統也可以用於進行植物的模組化產程序，可以用來使作物生產至特定的規格，如高度、植株形態以及開花日期。這種系統依據天氣條件控制溫室的溫度、光強度以及二氧化碳。電腦控制系統也可以用來控制灌溉及施肥。雖然電腦控制系統可能表面上看起來昂貴，但減少的勞力成本以及更佳的環境控制、資訊會減少淨支出，並提高植物品質。當然我們可以預期在溫室管理方面看到更多的進步。

節能（Energy Conservation）

節能是溫室營運者常見要考慮的主題。能源的價格、毛利率下降以及競爭增加都需要繼續節能。

設計及建造（Design and Construction）

節能從溫室的設計及建造開始，雙層聚乙烯塑膠膜、壓克力或聚碳酸酯能保

留最多熱能。單層聚乙烯及玻璃的能源效率最低，可以在玻璃上方設置雙層聚乙烯膜，或在溫室內的作物上方，使用單層膜沿著屋簷連接在牆壁上，以減少從玻璃溫室散失的熱。兩種方法皆能減少熱量散失，但也會減少光的穿透率。拱形溫室表面積與體積的比率低，因此能源效率比起等跨度溫室高。連棟溫室因為減少了外牆的數量，表面積對體積的比率也低。

保溫簾及室內天花板（Thermal Screens and Interior Ceilings）

保溫簾每晚在溫室內作物上方及側邊拉上，最高可以減少 60% 的熱散失。保溫簾通常不透光，也可以作為短日處理用的黑布。保溫簾的上表面通常是白色或反光材質，以減少在接近中午或下午使用時熱累積在保溫簾下方。室內天花板與保溫簾相似，由屋簷張開至另一側的屋簷，但沒有包覆溫室的側面。兩個系統都分隔了屋簷之上及植物周遭的空氣，去除了在晚間加熱屋簷之上空氣的需求，並減少從屋頂散失的熱。室內天花板也可以是半透明的，並在白天用作遮蔭網降低光強度，且幫助控制溫度。

為了易於使用，保溫簾以及室內天花板為自動控制。然而在大雪時需要保持開啟讓雪能融化，避免結構崩塌。保溫簾及室內天花板在早上迅速打開，讓上層的冷空氣向下流到植物周遭，提供驟降的涼溫（DROP）（請參閱第 3 章「溫度」）來控制株高。這種情況下，除非溫度對作物來說太低，否則不需要加溫，並且應該在打開簾子後讓溫室在自然回暖。當沒有使用 DROP 的操作時，應該緩慢地打開保溫簾或者在陽光加溫空氣後再開啟。

溫室維護（Greenhouse Maintenance）

定期的溫室維護對節能的溫室運作是必要的。應該要頻繁地檢查被覆材料是否有裂痕或開口，尤其是風扇及水牆周遭。在冬天時，風扇及水牆經常緊密封閉。在冬天百葉窗應該可以緊密關閉，而風扇可以用保麗龍覆蓋以減少熱散失。記得，漏縫除了會使熱能散失，也會造成溫室內部分區域溫度較低，影響作物的整齊度。

加溫系統必須檢查及定期保養。要記得獨立式加溫機不適當的燃燒燃料或排放氣體，會釋放對人體有毒的一氧化碳，也會釋放乙烯造成植株受傷。

加溫系統（Heating System）

　　輻射熱基本上是最有效率的燃料，因為會加熱植株及植床，而不是加熱空氣，並且能從燃料中提取更多熱能。

作物選擇及時機（Crop Selection and Timing）

　　在冬天種植適合冷涼溫度的作物如瓜葉菊（*Pericallis ×hybrida*）、荷包花（*Calceolaria*）以及報春花（*Primula*），可以減少冬天的加溫成本。這個策略的成功取決於可否銷售這些作物。在一種作物中有品種的差異，如聖誕紅 'Freedom Red'（*Euphorbia pulcherrima*）比較耐低溫，而聖誕紅 'Red Velvet' 比較耐高溫。技術較好的栽培者知道溫室內較溫暖及較冷的區域，並相應地利用。需要暖溫的作物種如日日春（*Catharanthus roseus*）或彩葉芋（*Caladium bicolor*），應該要種在溫室最溫暖的區域，避免需要提高整棟溫室的溫度。其他加熱特定植床的方式，包含以塑膠包覆植床以保留熱能，或使用獨立式加溫機搭配植床底下的熱風管。這項技術對於繁殖特別有幫助。在花壇植物的第一個栽培週期，購買穴盤或較大的穴格，在晚冬購買吊籃可以減少一次需要加溫的空間，並延後加溫整個溫室的時程。一些情況下，可以購買尚未達到出貨標準的植株，栽種數週達到出貨標準後，再進行販售，相較於從種子、插穗或其他幼苗開始生產作物，能極大的減少栽培時間。

覆蓋朝北的牆（Cover North Wall）

　　在朝向北邊的牆覆蓋一層白色的保麗龍，在冬天會減少熱散失，並反射光回到附近的植株上。在冬天只有 5%-10% 的光從北邊的牆進入，白色的隔絕覆蓋會反射足夠的光線，補足北邊的牆隔絕的光。透明的塑膠氣泡紙也可以使用，比起保麗龍有更好的透光率，但保溫效果較差。

防風（Windbreaks）

　　藉由防風林或裝設破風設備來避免風對溫室的損害。破風設備不僅能減少熱能散失，也可以減少塑膠膜被覆材料上的水。破風設備與溫室的距離應該要是破風設備高度的 2.5 倍以上，避免遮蔭發生。破風可以減少 5%-10% 的熱量流失。如果使用植株進行防風，以所使用的樹木或灌木成株的高度計算距離。有大雪的區域防風

設備應該在結構的 30 m 以外。防風設備能降低風速，並使雪堆積在防風設備的下風處。如果破風設備離溫室結構太近，雪會堆積在溫室結構上。

備用及警報系統（Backup and Alarm Systems）

因為溫室作物的價值高，應考慮一個或更多的備用發電、加溫及警報系統。在斷電時應急的發電機可以持續運作鍋爐、加溫機、電磁閥以及其他設備。副加溫系統如移動式的獨立式加溫機，在加溫系統失效且溫室外溫度低於冰點時，能避免全部的作物損失。如果使用天然氣，備用的石油或丙烷貯藏設施，可使對天然氣的依賴程度降低，因而減少天然氣的成本費用。記得，備用系統不需要足夠加溫整座溫室或供應整座溫室的電力，但只需要能夠維持應急系統運作，並維持溫度高於冰點或高於寒害發生溫度。

除了備用系統，設置溫室時也需要警報系統。大型溫室在晚間僱用巡邏隊確認溫度並提供保安。運作規模小可添購電話警報系統，當溫室溫度過高或過低，會自動通知栽培者或擁有者。

自動化（Automation）

傳統上生產花卉作物是勞力密集的過程。國內以及國際間競爭愈來愈激烈，勞力的支出受到額外關注，自動化是降低勞力成本的一種方式。在美國許多區域的花卉公司也很難找到充足的員工。自動化可以讓現有的員工產出更高的產值，或讓員工完成更重要的任務。自動化也有其他多種益處，包含減少員工肌肉拉傷、增進植物品質及增加植床效率。許多機器的計數功能甚至能消除持續追蹤植株盆數或花束數量的困擾。

實際上每一個商業溫室都已經使用了一些自動化設備，如環境控制加溫或冷卻溫室，以及開啟或關閉空氣循環設備。然而溫室控制只是自動化的開始。每一間公司都應該分析公司本身的運作。第一步是看有什麼藉由簡化布局以及減少員工移動的事情來增進運作效率。例如，介質及相關資材是否貯藏在接近上盆的區域？是否

有什麼尺寸或型式的盆器過量？作物的採收作業常是低效率的：員工是否能一次包裝及運送一整個植床或區域，或者需要在植床間移動挑選特定要採收的的植株或莖段？每個公司應該要分析各自的運營，並且做出適當的改變來增進效率。下一步是決定這些區域是否適合機械化。

灌溉（Irrigation）

自動灌溉已經成爲大規模生產任何作物需要的設備。甚至小規模運作也得益於自動灌溉系統，且應該安裝在任何可安裝的地方。盆花可以選擇微管滴灌（microtube）、低流量灑水器（low-volume sprinkler）、動臂灌溉（boom）、淹灌（flood）、槽式灌溉（trough）或毛細管墊（capillary mat）系統。穴盤及育苗盤生產的選項較少，包含低流量灑水器、動臂灌溉以及淹灌系統。吊籃因爲栽培在頭頂上，澆水困難且更容易快速喪失水分，灌溉條件特別苛刻。縱使是小型的栽培者也應該在吊籃上使用微管滴灌或其他滴灌系統。切花生產可以使用滴流水帶（trickle tape），一些情況下可以使用低流量灑水器。

每種灌溉系統有特定的優點及缺點，但全部系統從長遠看皆具成本效益。一些系統如滴灌、低容量灑水器以及滴流管，一年內即會回本。比較貴的系統的回本時間可能較長。除了勞力的節省，自動化系統可能會減少水及肥料的使用以及逕流和相關花費。一些系統如滴灌、淹灌、毛細管墊以及槽式灌溉，因爲比起手動澆灌及頂部灌溉系統而言，葉片不會淋溼，可以減少葉片或冠部的疾病以及殺菌劑的使用。

自動灌溉系統基本上會增加植株的整齊度，能減少生產上的問題，且更容易運送及處理。自動化系統在作物的大小、發育階段及物種一致時最容易操作，並能在上盆到運送時幫助維持一致性。

介質混合及種植（Media Mixing and Planting）

許多溫室現在已在使用介質攪拌機、盆器填介質機以及播種機。穴盤苗移栽機將穴盤苗從穴盤中移出，並自動移植至介質中。在種植前或後灑水在介質上（圖11-13）。標籤器將標籤在裝填介質後插入育苗盤、盆器或吊籃。雖然這些種類的機器通常需要一至兩人確認是否有缺漏並更正，但能極大的增加員工的產出。

圖 11-13　澆灌新種植的盆栽。（張耀乾攝影）

下一個階段的自動化是將攝影機整合至移植以及生產過程。可以在種植前用影像進行分級，並確認是否有缺漏。影像也可以合併在生產的過程，依植物大小進行分級。因此較小的植株在必要的時候可以先留下，再栽培一些時間，而較大的植株則可以進入下一個栽培階段。

移動植株（Plant Movement）

有非常多種類的設備及流程可以用來減少生產作物的步驟，並減少員工移動的時間。以在地面上種植來說，一個人用手持端盤能一次移動 10 個盆器。但端盤明顯比較適合移動較輕的盆器，但用端盤移動 2,000 個 4.5 吋盆的天竺葵似乎有點令人卻步。

可以用推車、傳送帶、高架起重機以及單軌在溫室的一個區域內運輸植株，極大的減少員工勞動並節省時間。推車最容易在混凝土的走道上操作，但輪子較大較寬的推車也可以在碎石走道上移動。可以考慮能連接在電動運輸工具上推移的推車。運輸帶可以很好的做短距離移動，如從上盆區運輸到冷藏室。也有便攜式的運輸帶，能依需求移動。也可以作為植床暫時放置短期作物，如上盆的球根或者再批發的植株。基本上高架單軌在開放溫室中運作最佳，但也能有效率的在數個小溫室之間移動植物（圖 11-14）。一些系統將推車與單軌連接，增加單軌以及推車的機動性。

圖 11-14　移動植物用的吊車。（張耀乾攝影）

　　自動化的下一步是利用移動植床（盤床或荷蘭式盤床）——植床上方放滿植物。移動盤床可以一次處理大量植株，而非分次應付單一個盆器。盤床可以由堆高機移動到植床支架上，由機械推車自動移動或由滾軸手動移動。最精密的系統藉由傳送帶或推車連接上盆、繁殖以及生產系統的每一個部分。一些系統中，電腦對推車編程，將盤床從上盆區域運輸到生產區域中指定的地點。盤床在經過生產過程之後，空下來的盤床可用來運輸及銷售。盤床會運送回管理室進行清潔及貯藏（若需要），並重新進入植株栽培的循環。可以藉由手動或自動化的移盆機裝載或清空盤床，移盆機會抓取、移動並且以適當的行株距將盆器放置於盤床上。

　　移動盤床使用先進先出的栽培系統時最有效率。移動盤床系統的植床效率可以大於 90%，但也經常有不容易接觸到溫室中央植株的問題。起重機或機械手可以用來接近中央的盤床。

噴施（Spray Applications）

　　通常噴施殺蟲劑、生長調節劑以及其他化學藥劑是件不舒服又熱的工作。現已有機械化噴施設備可用，程式設定好的自動機械，於特定區域噴施殺蟲劑或生長調節劑。自動化機械可以在正常的上班時間設定好程式，並於員工不在的時間進行噴施。

採收插穗（Cutting Harvesting）

計算或持續追蹤採收插穗數量的過程會減緩採收的速度。插穗計數器是員工採收插穗後丟入收集容器時，由電眼記錄經過開口的插穗數量。推車也可以設計成讓工具如刀子、消毒水、容器及手套容易取得，增加採收插穗效率。

採收及採後處理（Harvest and Postharvest Handling）

影像分級系統可以用相機掃描栽培完成的植株；由花色、葉片、高度以及直徑評分，並分至特定的等級。

切花處理（Cut Flower Handling）

花卉產業中，切花生產尤其採收及處理最為勞力密集。有非常多種機器能使處理過程更容易。除葉、除刺器、集束器、上袖套機能減少處理的時間。機器也能協助水桶的清潔與裝填。花束生產者可以考慮花束處理機，其中一種利用運輸帶集中工人放置到運輸帶上的切花，收集到需要數量或重量的切花後，自動包裝花及葉片並上袖套。

經濟（Economics）

自動化有明顯的優點，但真的值得嗎？每種運作都需要比較支出以及預期能節省的成本。一些機器帶來的非實際利益，如減少員工受傷或無聊感也需要考慮。記得裝設新儀器都需要時間將儀器與溫室運作結合。到完整節省成本實現之前，最多需要 2 年。

實施方式（Implementation）

在施用新的操作方法以及或儀器時，可能會發生數個問題。第一個問題是相關員工的抵抗，第二個則是缺乏使用或在一段時間後棄置。試著用以下的建議避免這些問題：

· 確保這個改變能實際解決問題或其結果能達到實質的進步。如果員工沒有看到改變的需求，他們比較不可能進行改變。

· 確保新的儀器或過程與系統其他部分順利銜接。例如，如果使用太多不同的混合

介質，安裝介質攪拌機可能不會省錢。甚至如購買手推車這樣很簡單的改變，如果沒有處理好或者不容易在走道上移動也會造成效率低落。

· 確保儀器容易操作及維護。定期的訓練及再訓練員工如何操作儀器及排除故障，這會減少儀器閒置的時間。

· 再次確保員工不會被取代，如果情況是如此。許多種節省勞力的機器需要一定數量的人才能順暢的操作，通常需要一樣數量的員工——他們只是完成更多的工作。如果職缺將會消失，最好在要擴張的時候進行改變，能減少需要額外僱人的需求，並且不需要開除現有的員工。

非溫室結構及生產區域（Nongreenhouse Structures and Production Areas）

管理室（Headhouse）

管理室通常有行政辦公室、儀器、貯藏空間、廁所、休息室及冷藏室。混合介質、裝填容器、上盆以及運輸通常也在管理室完成。殺蟲劑也可以貯藏在獨立的隔間或另一棟建築中（請參閱第 9 章「病蟲害管理」）。如果有可能，管理室也應該包含環境控制系統，因為管理室較乾燥、溼度較低，溫度比起溫室的環境也較恆定。控制系統於溫室內受限於容易損壞。當然，溫控器、熱電耦及其他感測器維持在溫室內。基本上管理室的空間等同或小於溫室空間的 10%。管理室與溫室連接，能更容易取得及移動植株材料及儀器。通常管理室的建築沿著溫室的北牆協助破風。大型的溫室由數個溫室排列組合而成，可能有多於一個管理室，或一個位於中央的管理室。

冷藏室（Coolers）

冷藏室對切花及盆花生產者是必要的。切花在運送前及貯藏時需要冷藏。生產杜鵑（*Rhododendron*）、繡球花（*Hydrangea macrophyllum*）及球根花卉時，也需要冷藏室來進行低溫處理。作物太早開花或產量過剩時，也需要貯藏在冷藏室直至出售。

冷藏室的花費甚鉅，一定要儘可能有效率的使用。大型營運的溫室中，冷藏室的門能容納小型堆高機進出，以利移動一層架的植物。通常架子有許多層可以延伸到天花板，需要堆高機來抬高並移動植株。應該要考慮空氣交換及有限的溼度控制，植物材料快速冷卻需要好的空氣循環，因此植物不要在箱子或推車內包裝的太緊密。長期貯藏的作物需要有接近的水資源來灌溉，並需要地面排水。門開啓時，需要有可以自動且快速開啓與關閉的懸掛塑膠簾或布簾，在移動植物進出時維持溫度而不浪費能源。

冷框及熱床（Coldframes and Hotbeds）

冷框及熱床最常在家庭花園或植物園中使用，但對商業栽培者也有一定的價值。用處理過的木頭、混凝土漿或混凝土磚爲冷框或熱床建造堅固的牆，並且有硬質、透明的覆蓋物可以打開及蓋上。白天溫暖時開啓，夜間則蓋上覆蓋物來保護植株及保存溫度。與冷框不同，熱床有加溫系統，通常是加熱電纜或是從主溫室的加溫系統延伸的蒸氣或熱水管。冷框及熱床可以用來貯藏額外的植株或者健化花壇植物、多年生植物、切花或者蔬菜移植苗，尤其在溫室空間有限的情況下。熱床對木本植物材料的繁殖尤其有用。家庭園藝可能也會使用冷框以及熱床進行涼季作物的生產，如萵苣（*Lactuca sativa*）、蘿蔔（*Raphanus salivus*）及一些藥草。

盆器鋪面（Container Pads）

盆器鋪面是在戶外栽培盆栽植物時，作爲臨時放置的區域或者長期生產的區域（圖 11-15）。鋪面可以簡單的在水平區域覆蓋碎石，也有比較複雜能排水的混凝土鋪面。許多鋪面是以碎石爲基底，再覆蓋抑草蓆避免雜草生長。在碎石底下再覆蓋一層抑草蓆避免碎石進入土壤。如果要施用大量的水，注意在現場要搭配排水系統。大太陽、炎熱的天氣，在室外生長的植株乾燥較快，通常需要機械化的灌溉系統。雖然高架的灑水器可以應用在某些作物上，滴灌系統通常適合大部分的作物。典型在盆器鋪面上生產的植株種類有菊花（*Dendranthema ×grandiflorum*）、葉牡丹（*Brassica oleracea*）以及樹木、灌木及藤本植物。鋪面也常在春季或秋季，於銷售之前臨時貯藏一年生草花或多年生的盆栽。

圖 11-15　生產花壇植物的戶外苗圃。

遮蔭網室（Shade or Saran Houses）

　　遮蔭網室是開放結構，沒有加溫或降溫系統。遮蔭網室本質上是盆器鋪面搭配遮蔭（圖 11-16）。遮蔭減少光強度，並在下雨、冰雹或颱風時給予一些保護。遮蔭網室與盆器鋪面許多的使用目的相同，但可以是用於更多種類的作物。例如，許多觀葉植物在溫暖的氣候下於遮蔭網室生產。基本上，任何不需要精準控制溫度的作物幾乎都可以在適中的氣候下於遮蔭網室內栽培。遮蔭網室要注意妥善的建造，避免遮蔭網被強風吹開。如果遮蔭網有一部分會透風，暴風雨時，遮蔭網之下會累積壓力。

圖 11-16　生產火鶴花的遮蔭網室。

木條遮光室（Lath Houses）

　　木條遮光室與遮蔭網室相似，但是由頂部及側邊的木條來進行遮光。木條遮光室與遮蔭網室的目的相同，但建造費用更高。比起遮蔭網室更具裝飾性，也通常在零售時使用。

本章重點

・溫室的設置取決於許多因素，包含氣候、地形、可及性、水、法律、鄰近環境、勞力供給以及未來擴張的需求。

・商業溫室有數種可用的型式，包含等跨度溫室（A-frame）、不等跨度溫室（鋸齒溫室）、拱形溫室、連棟溫室以及可伸縮式屋頂溫室。

・溫室結構主要由金屬製成，但一些情況下也會由木頭建成。

・溫室的被覆材料有玻璃、聚乙烯塑膠膜或聚碳酸酯。

・植床效率指可用於生產的空間除以溫室的地板面積，植床效率高對於生產的成本效益很重要。

・植床的排列可以為縱向型、島型、半島型及活動型，並且由木頭、塑膠或金屬製成。經常使用金屬網。植株也常栽培於地面，此時不需要使用植床。

・零售用的植床通常為 90-120 cm 寬，方便顧客觸及，批發生產的植床則可以長達 2 m 寬。

・走道的寬度方面，主要通道從 0.9-3.7 m 寬，側走道則為 45-75 cm 寬。

・有兩種溫室降溫的情況。一年當中較冷的時間，溫室外的空氣較冷，溫室可藉由通風窗或通風管帶進冷空氣來降溫（冬季降溫）。在溫暖的季節，溫室外空氣的溫度接近或高於溫室內（夏季降溫），只能由風扇水牆或噴霧蒸發水分，或由空調降溫。

・當光強度高時，可以由遮蔭網或遮蔭化合物減少進入溫室的光達到降溫效果。

・溫室通常透過中央加溫系統（鍋爐產生熱水或蒸氣）、獨立式或強制風熱式、微氣候管或者輻射系統加溫。

・經常使用的燃料包含天然氣、丙烷、丁烷及燃料石油；煤炭、木頭以及地熱則較少使用。

・溫室的空氣循環使用水平攪拌風扇（horizontal airflow fan, HAF）或通風管。

・適當的溫室設計、建造、保溫簾、室內天花板、溫室維護、加溫系統選擇、破風及覆蓋北方的牆面能達到節能效果。

・雖然花卉作物生產曾經是勞力密集的過程，大多數的生產區域逐漸自動化，包含灌溉、混合介質、噴施、插穗採收、成株採收、採後處理及切花處理。

・非溫室結構及生產區域包含管理室、冷藏室、冷框及熱床、盆器鋪面、遮蔭室及木條遮光室。

參考文獻

Aldrich, R.A., and J.W. Bartok, Jr. 1989. Equipment for heating and cooling, pp. 73-91 in Greenhouse Engineering, 2nd ed., NRAES-33. Northeast Regional Agricultural Engineering Service, Cornell University, Ithaca, New York.

Bartok, J.W., Jr. 1997. Keep greenhouses cool, reduce plant stress with fog.

Greenhouse Management and Production 17(7): 64-65.

Sray, A. 1997. Three codes in one. Greenhouse Grower 15(4): 30.

Will, E., and J.E. Faust. 1997. Comparison of container placement patterns for maximizing greenhouse space use. HortScience 32: 479. (Abstract)

CHAPTER 12

行銷及業務管理
Marketing and Business Management

前言

　　許多人因為喜歡種植物而想投入花卉產業；但實際上，種植只是花卉產業成功經營的一小環：

| 種出高品質植株 | → | 賣出植株 | → | 取得利潤 |
| 生產 | → | 行銷 | → | 業務管理 |

　　經營花卉事業必須能充分銷售其產品，並妥善管理以獲利。雖然本書大部分內容著重於生產與採後處理，但仍必須強調適切的行銷及業務管理之重要性。若缺乏後兩者，則無法永續經營。新加入之業者應該要了解，一個事業通常需要 3-5 年才能有利潤，因此要預作適當的財務規劃。全球各地的生產者互相競爭，因此管理不良的經營者很難成功。本章節專注於花卉產業中特有的幾個要項；讀者可自行參考其他有關一般企業的行銷及管理資訊。

生產高品質產品（Growing A Quality Product）

　　當今產業競爭環境下，生產高品質產品是必要的。生產者必須從最初的栽培、生產、貯運及收款等都要注意。公司會因為販售次等品而持續萎縮市場訂單。即使成功售出次等品，客戶也會失去信心而不易再下單。即使再取得訂單，也可能是低價成交。低品質植物材料難以銷售，也無法與其他公司之同等價位或高價的高品質商品競爭。經營管理者必須要自問以下問題，以定位或確立商譽：

1. 欲生產何種品質等級的產品？
2. 是否確實做到該品質等級？
3. 是否持續精進產品品質等級？
4. 售出的產品品質或服務是否都高於市場平均？
5. 是否如期出貨？

　　生產高品質作物的第一步是了解構成品質的要素。一般來說，高品質作物的要素包含生長良好、在適當階段採收或貯運無斑點及病蟲害的植物材料，使消費者能

購得較長的產／採後壽命之花卉。盆花必須有足夠的枝條、葉片、花朵及花苞數，方能引人注目；切花則必須有長而強壯的花莖、大小適中的花朵及足夠的花朵數與葉片數。同樣地，觀葉盆栽及切葉（potted and cut foliage）也有類似的標準，只是花不是考量重點。應注意植株大小不等同於品質——大型植株也有可能品質低落。

然而除了上述標準外，其他定義花卉產品品質的要素則相對模糊不清。買賣的需求除了花卉本身外，尚需考量以下因子：

1. 容器大小——盆花、觀葉盆栽、多年生作物、吊盆。
2. 每穴盤苗組所含植株數量——花壇植物穴盤苗組。
3. 莖長及每束所含數量——鮮切花及切葉。
4. 每束重量、每束所含數量——鮮切配材、多數切葉及乾燥花類。

長久以來，僅有切花類有明確的分級制度及分級標準。不幸的是，即使是切花也沒有全球通用的分級制度及標準。目前市場主要遵守三個分級系統：歐洲（非洲地區遵循此制度）、拉丁美洲（邁阿密及佛羅里達亦遵循之）及加州（美國多數州遵循之）系統。表 12-1 即以茶花型雜交玫瑰切花爲例，解說其間差異。美國花店協會（The Society of American Florists）曾試圖建立數個切花及盆花商品的分級制度及標準（表 12-2；表 12-3），但通用的分級制度及標準仍十分有限。

表 12-1　歐洲、拉丁美洲及美國加州市場之茶花型雜交玫瑰切花（cut hybrid tea roses）的包裝要求。除表列要求外，花莖應筆直，花朵與花莖比例適當，花束之花朵開放程度一致。

項目	歐洲	拉丁美洲	美國加州
每束枝數	20	25	25
排列方式	齊平	分成上下兩排	齊平
花莖長度（分級）	30 公分	30 公分	10-14 吋（短）
	40 公分	40 公分	14-18 吋（中）
	50 公分	50 公分	18-22 吋（長）
	60 公分	60 公分	22-26 吋（豪華）
	70 公分	70 公分	≥ 26 吋（超豪華）
	80 公分	80 公分	
袖套標示	標示長度	標示長度及品種	

表 12-2　美國花店協會針對茶花型雜交玫瑰切花之分級代號制度。花莖強度必須大於彎折 20° 且至少帶一朵花。

項目	分類 / 分級代號									
	1	2	3	4	5	6	7	8	9	10
顏色	藍	黃	紅	綠	橘	紫	白	淺藍	灰	棕
最小長度：										
吋	28	26	24	22	20	18	16	14	12	10
公分	70	65	60	55	50	45	40	35	30	25
花莖彎曲長度：										
吋	1	1	1	0.75	0.75	0.75	0.5	0.5	0.5	0.5
公分	2.5	2.5	2.5	2	2	2	1.5	1.5	1.5	1.5

　　大致上，歐洲系統要求 10 枝（花莖）為一束，但仍有許多例外。加州系統通常視生產者自行依作物種類而決定每束之包裝數量。即使是同一家公司，有時也會因庫存量而改變每束包裝數量；業者可能因產期高峰而採用大包裝，而在產期外或商品價格高時，減少包裝內數量。如此迥異的每束包裝數量，將使生產者難以估計每束生產成本，也使買家難以預期到手商品樣貌。當然，隨著全球貿易盛行，全球通用的標準對區域切花生產業者更為重要。

　　許多大型買家及進出口商提出其自有標準，並要求供貨商配合。例如，以花壇植物為例，育苗盤或穴盤類型（穴格數或每育苗盤 / 穴盤苗組所含植株數）、最小及最大株高、最少花朵數及最小花朵大小。不論何種植物材料，生產者及買家之間應溝通明確。可以電子郵件或其他通訊軟體交換訊息或數位圖片方式，有效聯繫及避免誤解。

表 12-3　美國花店協會之聖誕紅分級及標準。植株上之苞片必須著色完整、帶有花序、葉色濃綠、莖幹強壯、根系健康、介質溼潤且帶有養護說明牌 / 標籤。

項目	分級				
	小	中	大	特大	超大
			摘心多花型		
株高：					
吋	8-12	11-14	14-19	17-23	22-26
公分	20-30	28-36	36-48	43-58	56-66

（續下頁）

項目	分級				
	小	中	大	特大	超大
植株高度處之幅寬：					
吋	9	12	15	18	26
公分	23	30	38	46	66
盆徑：					
吋	4-4.5	5-5.5	6-6.5	7-8.5	10
公分	10-11.5	12.5-14	15-16.5	18-21.5	25
花序數：					
	3	4	5	8	15
無摘心單花型					
株高：					
吋	8-12	14-20	18-22	20-24	22-26
公分	20-30	36-50	46-56	50-60	56-66
植株高度處之幅寬：					
吋	6	12	14	16	18
公分	15	30	36	41	46
盆徑：					
吋	4-4.5	5.5-6	6-7	6.5-8	7-8
公分	10-11.5	12.5-15	15-18	16.5-20	18-20
花序數：					
	1	2	3	4	5

行銷及銷售（Marketing and Sales）

　　行銷最簡單的定義即是銷售產品；然而，行銷其實還包括許多其他細節。例如，選擇正確的商品、發展正確的訂價策略、促銷活動、為特定市場設立銷售批發店。銷售則是指行銷過程中促使消費者購買商品或服務的步驟。與消費者聯繫的銷售行為，包括業務員親自拜訪、電話推銷、傳真推銷、印刷品廣告信函、電子郵件或廣告等。

　　讀者應與大學、輔導單位專員、銷售顧問公司、公眾傳播公司或其他販售類似商品的公司尋求更多資訊。研討會、小組討論及會員大會等場合，都很適合與非直接競爭對手的同行碰面討論行銷技巧。

　　美麗的花卉如果賣不出去，則毫無價值可言，在生產開始前，生產者就應該了解產品要銷往何方、售予何人。有時，產品在出售前即已被簽約訂購。以下敘述經銷及行銷花卉作物的策略選項（圖 12-1）。

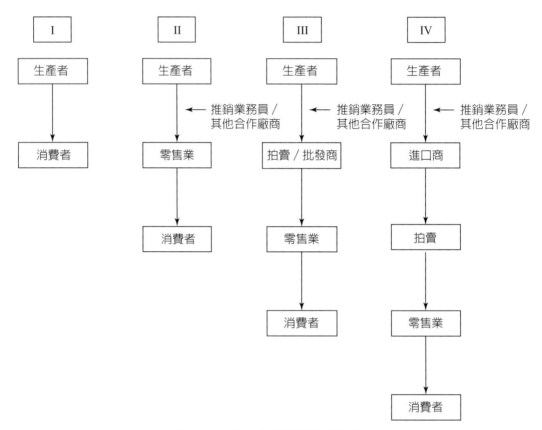

圖 12-1　花卉產品行銷通路選項。

行銷選項一（Marketing Option I）

　　最直接的銷售途徑——生產者直接售予最終消費者，即美國一般大眾。許多花壇作物及特用切花、小部分觀葉植物盆栽及盆花，是由此一途徑售出。雖然直接售予消費者的銷售價格應該偏高，但行銷成本也較高。直接行銷過程的成本，包括維持一個吸引消費者前來的銷售設施、銷售人員及廣告。

行銷選項二（**Marketing Option II**）

其餘的花壇作物、大多數觀葉植物盆栽和盆花及一部分切花，則是先行銷售至花店或園藝中心等零售業者，然後再賣給消費者。零售業者給予生產者的價格相較於直接售予消費者會較低，但相對地整體行銷成本也較低。因為個別零售業者相較於一般大眾的採購量大，形同消費者數量減少，故而行銷成本下降。

產品銷售給零售業者的過程中，可能會經過推銷業務員聯繫，其並不擁有商品，但能協調生產者與零售業者的需求。推銷業務員一般從數個生產者取得產品，以儘量迎合零售業者需求的數量。因為推銷業務員是從銷售額中抽出一定的百分比為其收入，因此生產者每單位售出的收入相應減少。然而，是由推銷業務員負擔行銷支出而非生產者。

有時，合作廠商會取代推銷業務員。合作廠商有幾種型式，不過最常見的是生產者合作社。合作社可以讓生產者達成下列一點或數點：

1. 資源整併後大量採購以取得折扣。
2. 生產者相互協調，以減少合作社內成員發生競爭。
3. 相較於單一生產者，合作社提供消費者大量產品及產品選擇性。
4. 減少各企業生產的品項，使各企業可以專精於少數品項上。

部分合作社還能為社員提供中央集貨區，多數合作社則是為社員安排銷售機會。如同推銷業務員，合作社是以銷售抽成方式維持營運。

行銷選項三（**Marketing Option III**）

此一銷售途徑包含另一中介者——批發業者或拍賣公司（有時合作廠商也可肩負此責任）。批發業者或拍賣公司將許多生產者之貨物集中，使零售業者可以在單一地點取得所有產品。在北美，許多在地生產切花及一部分觀葉植物與盆花，是藉由批發業者行銷各地；拍賣公司則相對規模小且數量少。然而，在歐洲、巴西及日本，拍賣公司則在經手切花及盆栽類中扮演重要角色。

對生產者而言，批發業者之定價相對低，但行銷成本也很低。低廉的單價，則需要藉由有效率地生產及銷售大量產品以獲利。批發業者則要考量與有良好聲譽的生產者合作，以持續取得高品質產品。

行銷選項四（**Marketing Option IV**）

　　最後一項行銷途徑最為複雜，有進口商參與，將非當地生產的產品（多半為切花）帶入市場中。最重要的切花類——玫瑰、香石竹、菊花及許多花卉種類，多是由進口商經手。進口商將商品售予批發業者（行銷選項三），或直接售予量販業者。在部分國家，拍賣公司也扮演進口商角色。

　　因為此一行銷途徑中，有很多的參與者，生產者所能取得的價格當然很低。國外生產者只有在相對於當地生產者有些許優勢時，才能獲利。一般來說，低廉的勞工成本及其他廉價的生產支出是國外生產者最主要的優勢，但適當的環境條件也是一項重要因素。像熱帶切枝葉、切花類，例如赫蕉（*Heliconia*）及帝王花（*Protea*），在熱帶國家較之美國或歐盟地區會更容易生產。此外，南美洲及非洲的高原有高光涼溫之環境，是生產優良玫瑰、香石竹及菊花切花的必要條件。然而，外國生產者也有不同於當地生產者的問題，例如難以取得繁殖材料及生產必備資材、高運輸成本及政局動盪等。

繁殖材料（**Propagation Materials**）

　　穴盤苗、插穗、發根待定植苗、球根、休眠植株及種子也可以如成品一般，在行銷途徑中流通（圖 12-2）。業務行銷人員在穴盤苗、插穗、發根苗、球根、休眠植株行銷中相對重要。種子多半經由種子批發業者銷售。

半 / 近成品（**Prefinished Plants**）

　　使銷售過程更為複雜的是，一部分盆栽作物會以半成品 / 近成品方式銷售。即是植物材料經過一段生長期間，但仍未達一般銷售標準，或已可銷售但由第二業者接手放置一段時間使其開花或馴化。生產半成品或近成品的業者，必須負責繁殖、初期植株建立，有些甚至要達到植株花芽創始。有時，採購半成品 / 近成品可使買家得以小量採購多種商品，例如買家買少量但多種花壇植物，以規避穴盤苗、種子及其他繁殖所需材料的最少採購量之限制。

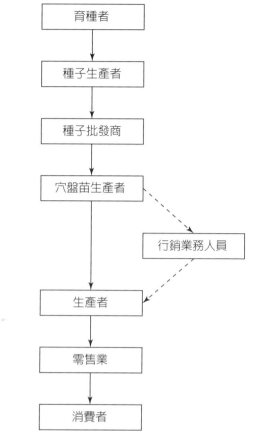

圖 12-2　盆花產品從育種者到消費者的行銷情景。

銷售賣場（Marketing Outlets）

生產者利用以下途徑，將商品直接販售給消費者。

園藝中心（Garden Center）

園藝中心成為美國花卉產業主要銷售途徑，與近年花壇植物銷售量快速增長有關（圖 12-3）。園藝中心主要販售戶外庭園使用的草本及木本植物，及家庭園藝相關的資材。多數園藝中心同時也販售室內觀葉植物及季節性盆花，少數園藝中心則設有花店，以供應切花、花束等需求。園藝中心通常有特定的主題，以吸引鄰近社區顧客，例如「多年生植物就找我」、「造景我最行」、「我家有植物專家」等。有些園藝中心生產及銷售自家產品，有些則從生產者處批發，多數則兩種都有。

圖 12-3 　園藝中心。

農夫市集（**Farmers' Market**）

農夫市集對於花壇植物、多年生植物、香藥草及切花栽培新手業者而言，是相對容易的行銷方法。攤位設立費用低，且絕大部分廣告及策劃都由農夫市集組織負責。農夫市集販售產品的時間有限，因為一天只營業幾個小時，且一週只營業幾天。在溫帶地區，市集會因低溫凍害而中止，至隔年春天再恢復營業。在市集的消費者期望直接從生產者購得商品，且多半不講究包裝。商品價格可能偏高，因為多半認為產品是新鮮入手；然而也可能偏低，因為有時消費者會預期直接從生產者購買的產品會較便宜。

路邊攤（**Roadside Stand**）

如同農夫市集，路邊攤的攤位設立費用較低。攤位可以設立在生產地點旁（與下述農場現場銷售對照），也設在可見度高的地點或人潮流動熱點。通常花壇植物、鮮切花、乾燥花會與水果及蔬菜一同銷售。花卉可與食材搭配，因為花朵鮮豔與吸睛之特性，會吸引原本不會駐足的消費者。也如同農夫市集，商品價格可能偏高，但也視消費者訴求而變。

臨時市集／帳篷（**Tents**）

與路邊攤相似，多半設立在可見度高且交通便利的人潮熱點（圖 12-4）。攤

位設立成本低且多半銷售花壇植物，多為中等價位。

圖 12-4　在道路兩旁營業的帳篷式園藝市集。

農場現場銷售（**On-farm Sales**）

　　以水果及蔬菜產業較為常見，但也可應用於花卉產業。農場現場銷售的行銷方式，規模可由最簡單的路邊攤，到自己下田採收切花活動，甚至可為家庭趣味農場，包含動物、兒童遊樂區、農場導覽及教學展示活動等。不論切花或花壇植物，多半與水果及蔬菜一同販售。現場銷售的一項好處是能夠從農場管理銷售的各個方面，當然，缺點是維持農場經常有良好景觀的環境而支出較高。地點尤其重要，因為一般大眾必須能輕易抵達所在地，然而整體又必須維持鄉村風情。

郵購（**Mail Order**）

　　種子、多年生植物、球根類、切花、盆栽、觀葉植物也可以郵購方式銷售。郵購得以使無法就近採購的消費者，能有機會選擇更多樣的植物產品。企業通常會以專門銷售特定植物種類以建立聲譽，例如主要經營原生植物、喜陰植物、特用作物或香藥草等。

　　郵購成功的關鍵是提供產品目錄（或網站）及寄件（電子信箱）名單。產品目錄或網站不需要過度華麗，只要能引起消費者興趣即可，但從消費者一年能收到的目錄數量或瀏覽的網站數量而言，要能引起消費者購買慾望實屬艱鉅。考量產品目錄印製成本高昂且寄件費用不菲，寄件名單必須主要為有可能購買產品者，儘量減

少寄往購物意願低者。網路企業或可略過產品目錄一節。

花店（**Florists**）

與園藝中心一般，傳統花店是花卉產品的主要銷售途徑。花店通常以插花布置型式售出大量切花及切葉（圖 12-5）。花店也販售包裝過的盆花或觀葉植物盆栽。花店的許多銷售額是因應節日、假日、生日、葬儀、紀念日及宴會而來。除了本地銷售，花店也作為全國性銷售組織，例如 American Floral Service 和 Florist Telegraph Delivery，要給遠地親友送花可透過本地花店遞送訂單予遠地花店。

圖 12-5　街道旁販售多種切花的花店。

大賣場（**Mass Markets**）

大賣場包含雜貨店、百貨公司、農業用品、居家工具材料賣場、五金用品店等，其銷售多樣產品中包含植物材料者。雖然花卉產品是銷售項目中重要的一環，但卻鮮少占營業額的大宗。大賣場可能是春季為期數週的花壇植物展售會，也有可能是全年無休的花店或園藝中心。大賣場通常注重日常性消費或衝動購買（impulse purchases）。在美國，有許多花卉產品是經由大賣場售出。

手工藝品店（**Craft Stores**）

手工藝品店是乾燥花類商品重要的銷售途徑。此類產品包括單一種類或混合種類乾燥花束、香藥草。許多使用乾燥花產品的藝術創作及手工藝品，則進一步經手工藝展覽、農夫市集或其他非傳統型式售出。

規劃行銷計畫（Developing A Marketing Plan）

市場行銷亦包含企業如何與客戶交流及呈現的企業形象。行銷手段視產業而異（表 12-4；圖 12-6；圖 12-7）。每一個企業應規劃行銷計畫，應包含如下項目：

1. 誰是你的客戶（或誰會成為你的客戶）？哪一類客戶對於本企業最具重要性？
2. 客戶為何需要向你購買商品（本企業試圖滿足客戶何種需求）？
3. 從何途徑接觸客戶？
4. 如何判定行銷計畫有效？
5. 期望行銷計畫達成何種目標？
6. 希望營造何種企業形象？

表 12-4　行銷技巧與資訊傳播。

客戶服務項目		
一般資訊	印刷宣傳品	電子媒體
公司名稱	名片	廣播廣告
商標	文具／信封	電視廣告
營業時間	訂購單	錄音／錄影
聯絡電話號碼	室內招牌	錄音式電話行銷
服務風格	戶外招牌	電話保留語音行銷
服裝	每樣商品標價	影音輔助行銷
熱情	分類廣告	網路（網頁）
微笑	報紙廣告	
問候	電話簿廣告	促銷活動
聯絡時間／人脈	高中畢業紀念冊廣告	競賽／抽獎
定期回訪	雜誌廣告	樣品
賣店／園藝中心／溫室	餐廳菜單廣告	貿易展
地點	折價券	氣球
裝潢	節目通告	夜間探照燈
商品擺設	折頁	店內展示
整潔	出版品欄位廣告	茶會／酒會
乾淨的廁所	出版品及文章	禮籃

（續下頁）

客戶服務項目		
一般資訊	印刷宣傳品	電子媒體
公司位置 / 定位	直接廣告信件	捐款
便利	直接廣告明信片	賣場攤位
快捷	產品目錄	街邊小攤
名聲	定期通訊	名人代言
信譽	帳單廣告	公共人物代言
競爭力 / 定價	年曆月曆	研討會
主要方向	提包 / 背包	傳單盒
主題音樂	海報	
展示櫥窗	研究報告	其他
客戶脈絡	電子布告欄 / 告示牌	社會服務
注重品牌命名	巴士廣告	搭配其他企業
自信	現正熱銷品清單	聯名信用卡
品牌保證 / 保固	公告 / 新聞稿	募資
客戶寄件名單 / 資料庫	禮券	會員制度
	房地產折價券	贊助隊伍
	傳真	接受諮詢
		銷售訓練
		銷售業務報告
		銷售員

圖 12-6　誘蝶花園可為行銷賣點。

圖 12-7　饒富創意的展售植物可創造品牌名氣。

　　舉例來說，一家量販型園藝中心或許會認為，中、高收入的有宅人士為其最重要的客戶（問題 1），這些客戶會被此地區內品質最好的花壇植物所吸引（問題 2）。以報章廣告、體育隊伍贊助商廣告及直接信函廣告較易接觸客戶（問題 3）。園藝中心可以在每則廣告附上條碼折價券，最後根據消費使用的條碼判定最為有效的行銷活動（問題 4）。下一年度行銷活動的實際目標是園藝中心銷售額增加 5%（問題 5）。企業的整體形象是友善的、熱心的，在都會中提供高品質的花壇植物及少見的多年生植物（問題 6）。

企業管理及成本會計（Business Management and Cost Accounting）

　　除了植物生產及採（產）後處理外，花卉業者也和一般企業相同，有企業管理及成本會計之需求及問題，讀者同樣可以從各種途徑取得。成功的企業要有良好的組織。最簡單的企業架構即一人公司，企業所有人身兼所有職位。大多數企業則更為複雜。不論是一人公司或千人企業，所有花卉生產或銷售企業都應有以下責任分工。

整體管理及協調者（Overall management and coordination）——可爲企業所有人或聘僱經理

工程部門（engineering）——維護硬體設施。

生產部門（production）——生產作物。生產部門可依區域（例如，繁殖區、田間、溫室 A、溫室 B）、作物類別（球根、盆花、花壇植物）、工作項目（介質調配及上盆、病蟲害防治）或綜合上述劃分之。研發部門常包含在此項次。

行銷部門（marketing and sales）——含銷售、包裝、輸送、廣告及諸如此類。貨運及銷售兩者常另行區分。

會計部門（financial affairs）——採購、帳戶收支、薪餉、規費、成本會計及相關工作。

每一個部門都應該有人負責，每一個企業都有其組織以處理各項分工。可能有許多協理或副理負責特定區塊。例如，一般生產僱員可能由溫室或田間部門管轄，或可能爲大部門中的小組，專門處理一天或一週中最緊要的工作。如同生產技術日新月異，管理策略亦持續改變及改進。近年的概念是利用跨領域團隊以增進效率、士氣及節省成本。僱員組成的各個小組監控、參與組織中的各個流程，並分層責任，管理者不再做所有的決策。

多數公司認爲員工是其成功與否的關鍵，並維持人事管理與輪調。最初測試該員工的工作能力及個性是否符合職位所需。僱用之後，給予恰當的職位、賦予責任，確保員工與公司間有對等的期望。確保員工保持工作熱情及進步的做法很多，由年終考評到額外報酬，如銷售紅利、全勤獎及企業分紅等。

紀錄簿是良好管理的關鍵之一。考量時間的限制，記錄調查應該儘量精簡。若可行，應任命一或多個員工爲記錄員，使公司所有人或生產者得以專注工作。記錄項目應包括以下：

栽培方面（cultural）——定植日期、病蟲害問題及相關防治、行株距及其他。

環境方面（environmental）——天氣情況、溫度。

生產方面（production）——作物產量及品質。

採後處理方面（postharvest）——各物種（或品種）採（產）後壽命或設立簡

易試驗，乾燥花類應測試耐受性及持色時間。

　　財務方面（financial）──所有支出及銷售數據（表 12-5）。

表 12-5　花卉企業的潛在支出項目。

勞工（工資、分紅、補償金、薪酬稅）：
　　員工薪水
　　雇主薪水
植物材料（種子、穴盤苗、幼苗）
一般性生產資材（肥料、支柱、網具、殺蟲／菌劑、介質；依作物而定）
設備、建築物、運輸工具保養及維修
設備採購
建築及設備折舊
公共費用（電力、水費、下水道清汙、垃圾處理）
辦公室支出（電話費、紙張、信封、郵票、迴紋針等文具用品）
會計費用、律師費用
土地支出：
　　房貸／押金
　　房屋稅
保險費
運輸／傳遞支出（車輛、郵件、包裝）
企業貸款利息
行銷支出（廣告、名片、市場調查）
其他支出（協會入會費、出版品）

　　栽培、環境、生產及採後數據之紀錄，是為了決定產品產量及銷售量，以及生產該產品的資材、能源及人力需求等。藉由這些數據可以計算得出每單位產品之生產成本，幫助訂立銷售價格，及決定該作物是否可獲利與未來是否繼續生產等。精確且完整的數據紀錄可建立資料庫，用以持續改進生產及企業組織中的流程。所有企業管理的共通處即是要求支出清楚，以便訂定合理售價使企業持續經營維持。

選擇作物（Crop Selection）

　　花卉業者首要考量是生產何種花卉作物。當然，最主要的原因是該花卉可獲利。然而，有些花卉品項可能不是為了獲利而生產，甚至可能不會賺錢。

1. 該輪作物可能剛好填補生產空窗期。例如秋季出貨盆菊生產期間，約可填補在春季出貨花壇植物及冬季出貨聖誕紅盆栽之間。此種生產管理方式可使主要員工持續工作，避免短期失工而使重要的員工離職。

2. 該作物可作為行銷工具。許多特用切花作物及花壇植物只少量生產及銷售，僅占總銷售額小部分。然而，業者持續生產此類花卉，是為了使消費者感到有較多的花卉作物選項。被特用作物吸引而來的消費者，可能因此選購其他更可獲利的產品。

3. 消費者之需求。例如聖誕紅盆栽是許多國家 12 月的主要花卉作物。有些生產者栽培聖誕紅只為了留住客戶，以待更具獲利的春季銷售期。

　　不論生產何種花卉，生產者仍應妥善評估該花卉是否可賺錢。不賺錢的花卉就不應生產，除非具備上述條件。

創立自己的企業（Starting Your Own Buisness）

　　許多人夢想擁有自己的事業，不論是小型精品園藝中心，或是大型切花量販貿易。一般來說，都由小型企業開始，可能僅是一項嗜好，例如種蘭花或原生植物，然後逐漸發展成可維持、自營的企業。有時，也可能併購蓬勃發展的公司。在創業前，有幾點必須仔細考量：

1. 第一步是評估自己是否具有企業管理的人格特質。可多拜訪已經擁有公司的企業主。是否已經準備好投入時間、願意負責及承擔？分析自己的長處與短處。自己適合擔任生產者、人力管理者或業務員？是否厭惡處理人際關係或客戶投訴？將親友對自己的意見表列，以評估所擁有的技能和缺點。自己不需要是全才，但一定要聘用具備自己所缺乏技能的人才或與他人合夥。

2. 取得創業的足夠資本，並妥善操作以獲利。除非夠幸運，多數企業最初幾年都不

會賺錢。持有的資本不僅只讓企業在這段期間能夠運營，可能還要足以支撐自身或家族所需。甚至在企業開始賺錢後，剛開始幾年的獲利可能尚不足以支撐自身生活所需。有一些花卉產業的創始資本門檻較低，例如在農夫市集或路邊攤販售花壇植物、切花。露天生產切花並出貨予花店、超市甚至量販業者，對於許多人來說也是可行方案。特用作物生產者可以利用郵購或網路購物行銷產品，緩慢地擴大企業規模，而不需要將資本投入建設銷售設施。提供室內綠化植物維養服務（care service）也是可行的方式。

3. 評估市場消費是否夠大，販售予一般大眾時，應考量該地域是否有夠多的客戶以支撐企業？要定義服務的區域範圍：店面零售仰賴客戶能直接開車或步行抵達現場，也意味著企業或銷售點所在必須是、或鄰近交通便利的都會區。以量販型式而言，可將服務區域設定較為寬廣，例如半徑 160 公里，但可能需要自行提供送貨服務。當然，以產品目錄或網頁方式行銷，可能可以擴展到全國範圍；可參考下述。

4. 企業所提供的產品或服務是否有市場需求？潛在客戶可能夠多，但會因市場上競爭者太多而無法支撐企業持續運營。分析競爭來源：是否有競爭者而導致無法提供產品或服務？分析企業的利基所在：消費者為何一定向你購買商品而非他人？謹記削價競爭並非長遠之途。削價競爭僅適用大型企業，因其可大量生產或販售產品或服務，以量取勝而獲利。

　　臚列兩類客戶是聰明的做法：主要客戶群即絕大部分購買自己企業產品或服務。這些主要客戶為行銷的主要目標。次要客戶群則部分購買自己企業產品及服務，因數量較少，故不足以支撐企業經營。企業應隨時關注次要客戶，特別當主要客戶群無法支撐企業運轉時；但又不過度關注而導致主要客戶群流失。舉例來說，量販型園藝中心會將鄰近的中、高收入住戶視為目標客戶，並將造景業者視為次要客戶。同樣地，切花生產者會將產品主要銷往農夫市集，次要銷予花店業者。

　　當自己已確實關注以上注意事項，則可以開始準備企業計畫書（表 12-6）。企業計畫書通常是向貸款者或投資者尋求資金。然而，就算是自行籌備資金的公司仍應備有企業計畫，以求充分準備且增加企業成功的可能性。

表 12-6　新企業計畫之概括項目（Paulson, 2000 及其他個人經驗）。並非所有項目皆適
　　　　用於每一個新企業，特別是新企業不會有以前年度財務紀錄等。

執行摘要（executive summary）：最後撰寫。先以 1-2 頁或段落為限，概述整體企業計畫。

產業分析（industry analysis）：假設銀行或投資者對於整體花卉產業毫無所知，在本節給予簡單概
　　述：機會所在、市場內容、主要參與企業有哪些、這些企業如何成功生存。

市場分析（market analysis）：在粗略介紹花卉產業後，仔細敘述本地市場動向：機會所在、競爭
　　者、突出於其他競爭者之特點、在現今的市場需求與趨勢下如何成功生存。

企業簡述（business description）：概述企業之營運歷史、法律架構（legal structure）、企業所有者、
　　短期目標、長期目標、目前資金需求理由──擴張、行銷、設備採購、減債。

競爭優勢（competitive advantage）：為說服潛在投資者對企業投入資金，必須清楚表述本企業如何
　　優於其他競爭者，又會如何成功生存。

行銷計畫（marketing plan）：說明目前客戶所在、期望誰成為客戶、為何會有意自本企業購買商
　　品、定價策略、如何配送商品、如何促進企業銷售。

組織架構（organization）：在敘述企業運行方式後，接述使企業成功之擔當者。以簡短段落敘述各
　　優秀僱員（如經理、生產者、業務員），詳實其專業及背景。說服投資者這些僱員是使企業成
　　功的關鍵。以組織架構表呈現，描述增員或裁員計畫。

生產計畫（operations）：對生產廠而言，敘述栽培作物別、栽培方法、採後處理流程、土地利用
　　計畫、設施計畫、資材需求、設備需求。對服務型或量販型企業，敘述企業如何運營、企業部
　　門、未來擴張（聘僱、設備採購、挪移至新地點、委外代工等）計畫。

投資需求（funding needs）：說明總資金需求、運用計畫（行銷所需、營運資本、聘僱、設備採購）
　　及其合理性。

財務報告（financial statements）：呈現近 3 年資產負債表及損益表。此外，還需包含近 5 年收支變
　　化、資產負債表及損益表，及近 3 年以每月方式呈現、後兩年以每季呈現的近 5 年資金流向。

附錄（appendix）：本節僅呈現無法配於計畫書章節中的重要附件。例如，摘要近年合約、計畫區
　　域地圖、重要經理人履歷或行銷文件。

本章重點

・花卉企業必須能生產高品質產品、行銷產品，並妥善管理企業，方能獲利。

・高品質作物的要素包含生長良好、在適當階段獲得健康、無病蟲害的植株、妥當
　採後處理，以使消費者手中有較長的產品採後壽命。盆花商品必須有足夠的枝條
　數、葉片數、花朵數及花苞數，方能引人注目；切花商品則必須有長而強壯的莖

部、大小適中的花朵、足夠的花朵數與葉片數。

· 賣不出去的花卉，即使完美也無法賺錢。行銷含括選擇正確的商品、發展正確的訂價策略、促銷活動、為特定市場設立銷售中心。銷售則是指行銷過程中，凡促使消費者購買商品或服務的步驟。

· 行銷途徑——將產品從生產者移至消費者手中之方式，可有數種。

· 部分盆栽或花壇作物會以半成品／近成品方式銷售。即是植物材料經過一段生長期間，但仍未達一般銷售標準，或已可銷售但由第二業者接手，培養一段較短時間使其開花或馴化。

· 有多種賣場型式可將花卉作物售出，包括園藝中心、農夫市集、路邊攤、臨時市集／帳篷、臨場選購、郵購、花店、大賣場及手工藝品店。

· 企業應為其公司規劃行銷計畫。

· 成功的企業組織很重要。其中包括整體管理及協調者、工程部門、生產部門、行銷及銷售部門、會計部門。

· 紀錄簿或簿記是良好管理的關鍵之一。記錄項目應包括栽培、環境、生產、採後處理及財務。

· 計畫生產花卉要考量：獲利、填補生產空窗期、作為行銷工具、滿足消費者需要等。

· 生產者應妥善評估各項產品或服務之盈利性，並依此調整企業計畫。

· 許多人夢想擁有自己的事業，事前應妥善準備，包括撰寫企業計畫書。

參考文獻

Paulson, E. 2000, *The Complete Idiots Guide to Starting Your Own Business*, Alpha Books, New York, New York.

國家圖書館出版品預行編目資料

花卉學／John M. Dole, Harold F. Wilkins
著；葉德銘, 張耀乾譯. -- 初版. -- 臺北
市：五南圖書出版股份有限公司, 2022.02
面；　公分
譯自：Floriculture : principles and
species, 2nd ed.
ISBN 978-986-522-945-0 (平裝)

1.園藝學　2.花卉　3.栽培

435.4　　　　　　　　　　110011067

5N42

花卉學

作　　　者 — John M. Dole & Harold F. Wilkins

譯　　　者 — 葉德銘、張耀乾

發 行 人 — 楊榮川

總 經 理 — 楊士清

總 編 輯 — 楊秀麗

副總編輯 — 李貴年

責任編輯 — 何富珊

封面設計 — 王麗娟

出 版 者 — 五南圖書出版股份有限公司

地　　　址：106台北市大安區和平東路二段339號4樓

電　　　話：(02)2705-5066　　傳　　　真：(02)2706-6100

網　　　址：https://www.wunan.com.tw

電子郵件：wunan@wunan.com.tw

劃撥帳號：01068953

戶　　　名：五南圖書出版股份有限公司

法律顧問　林勝安律師事務所　林勝安律師

出版日期　2022年2月初版一刷

定　　　價　新臺幣660元

經典永恆・名著常在

五十週年的獻禮 —— 經典名著文庫

五南，五十年了，半個世紀，人生旅程的一大半，走過來了。

思索著，邁向百年的未來歷程，能為知識界、文化學術界作些什麼？

在速食文化的生態下，有什麼值得讓人雋永品味的？

歷代經典・當今名著，經過時間的洗禮，千錘百鍊，流傳至今，光芒耀人；

不僅使我們能領悟前人的智慧，同時也增深加廣我們思考的深度與視野。

我們決心投入巨資，有計畫的系統梳選，成立「經典名著文庫」，

希望收入古今中外思想性的、充滿睿智與獨見的經典、名著。

這是一項理想性的、永續性的巨大出版工程。

不在意讀者的眾寡，只考慮它的學術價值，力求完整展現先哲思想的軌跡；

為知識界開啟一片智慧之窗，營造一座百花綻放的世界文明公園，

任君遨遊、取菁吸蜜、嘉惠學子！